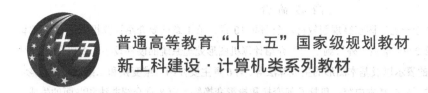

普通高等教育"十一五"国家级规划教材

新工科建设·计算机类系列教材

计算机图形学基础

（第3版）

◆ 陆 枫 何云峰 编著

U0282874

电子工业出版社

Publishing House of Electronics Industry

北京·BEIJING

内 容 简 介

本书是普通高等教育"十一五"国家级规划教材。全书共 10 章，第 1 章简要介绍计算机图形学的基本概念、应用和发展动态。第 2～5 章由"外"到"内"介绍计算机图形处理系统的硬件设备、人机交互处理技术、图形对象在计算机内的表示以及基本图形的生成算法等。第 6 章主要介绍二维变换和二维观察的概念。第 7 章介绍三维变换及三维观察的基本内容，包括几何变换和投影变换等。第 8 章介绍曲线和曲面的生成。第 9 章简要介绍常用的消隐算法。第 10 章对真实感图形绘制的基本思想做了简单描述。

本书内容全面翔实，概念简明清晰，实例丰富实用。配套教学资源，包含教学大纲、电子课件和相关教学编程实例等，可免费下载。

本书可作为高等学校计算机等相关专业本科生教材和科技人员参考书。

未经许可，不得以任何方式复制或抄袭本书之部分或全部内容。

版权所有，侵权必究。

图书在版编目（CIP）数据

计算机图形学基础/陆枫，何云峰编著. —3 版. —北京：电子工业出版社，2018.7
ISBN 978-7-121-34668-2

Ⅰ. ① 计…　Ⅱ. ① 陆…　② 何…　Ⅲ. ① 计算机图形学—高等学校—教材　Ⅳ. ① TP391.41

中国版本图书馆 CIP 数据核字（2018）第 149827 号

策划编辑：章海涛
责任编辑：章海涛　　　　　　　特约编辑：何　雄
印　　刷：北京七彩京通数码快印有限公司
装　　订：北京七彩京通数码快印有限公司
出版发行：电子工业出版社
　　　　　北京市海淀区万寿路 173 信箱　　邮编　100036
开　　本：787×1092　1/16　　印张：19.25　　字数：490 千字
版　　次：2002 年 3 月第 1 版
　　　　　2018 年 7 月第 3 版
印　　次：2024 年 7 月第 12 次印刷
定　　价：52.00 元

前　言

近几十年来，交互式计算机图形学有了引人瞩目的发展。可以说："已经没有哪一个领域未从计算机图形学的发展和应用中获得好处。"

目前，几乎所有的高等学校均已开设了"计算机图形学"课程。**国内外知名大学**通常这样来安排计算机图形学的**课程体系**：**本科生**开设"计算机图形学基础"或"计算机图形学引论"课程，讲述计算机图形学的基本知识和基础技术，为在这一领域深入学习和研究奠定基础；**研究生**开设"高级计算机图形学""计算机图形学热点话题""真实感图形显示""虚拟现实技术"等课程，重点讨论计算机图形学的发展动态与研究热点。

我们在多年教学实践的基础上，参阅国内外最新版本的教材，主要针对高等院校本科生编写了本书。力争达到三个目标：

一是着重介绍计算机图形学的基本内容，让学生逐渐掌握和熟悉这个学科中涉及的基本概念和思维方式；

二是尽量给出计算机图形学最新发展所需要的基础知识；

三是坚持理论与实践相结合，尽可能多地采用现有的成熟技术，提供相关的编程实例。

本书第2版入选**普通高等教育"十一五"国家级规划教材**。结合教学实践、教材使用反馈和最新技术发展，由陆枫和何云峰进行了修订和改写。

本书内容全面翔实，概念简明清晰，实例丰富实用，教学资源配套。本书**配有教学资源**，包含作者多年来教学改革和实践的成果——**电子教案和相关教学编程实例**，教师可通过华信教育资源网 http://www.hxedu.com.cn 负责注册下载。

全书共10章。

第1章，简要介绍计算机图形学的基本概念、应用和发展动态。

第2~5章，由"外"到"内"介绍计算机图形处理系统的硬件设备、人机交互处理、图形对象在计算机内的表示以及基本图素的生成算法等。

第6章，主要介绍二维变换和二维观察的概念。

第7~10章，主要涉及三维图形的变换、处理和绘制。

第7章介绍三维变换及三维观察的基本内容，包括几何变换和投影变换等。

第8章介绍曲线和曲面的生成。

第9章简要介绍常用的消隐算法。

第10章对真实感图形绘制的基本思想做了简单描述。

感谢烟台大学的韩明峰教授为本书提出的一些有益建议。

在本书的编写过程中，得到了华中科技大学计算机科学与技术学院卢正鼎、王炎坤、金海、李桂兰、刘乐善、周功业等教授的支持，在此表示衷心感谢。感谢杨薇薇、于俊清、徐海银、李丹、万琳、凌贺飞、邹复好、陶文兵、李国宽等华中科技大学计算机科学与技术学院计算机图形学课程组的教师们，他们参与了本书的教学实践并提出了宝贵的修改意见。感谢李其申、龚文杰、谢琦珺、张林、庞敏、张潇、白云、王重、闵敏、李涛、杨红圆、陈文辉、沙晋、华睿、宋承璐、马琰、慎厚雄、王玉琼、邓黎明、陈霞、洪雪松、曾辉、严川鳏、吴峰、方涛、黎良、章昆、熊炎、谢欣荣、朱唯波、姚杰、钱达胜、李磊、吴为、王敖、章仙军、陈慧、杨波、潘龙、潘伟文、盛斌、夏永、高玉琴、杨文、杨亮、张聪、卢嘉、任天兵、李晓宇、何文珺、刘紫兆、万季、方哲翔等同学在计算机图形学教学中提出的建议和制作的相关程序。

由于作者水平有限，书中难免有不妥甚至错误之处，恳请读者不吝指正。作者的 E-mail 地址：lufeng@hust.edu.cn。

作者

于武汉喻家山

目　　录

第1章 绪 论

图形图像技术是现代社会信息化的重要技术。据统计，人类主要通过视觉、触觉、听觉和嗅觉等感觉器官感知外部世界，其中约 80%的信息由视觉获取，"百闻不如一见"就是一个非常形象的说法。因此，旨在研究用计算机来显示、生成和处理图形信息的计算机图形学成为一个非常活跃的研究领域。

1.1　计算机图形学及其相关概念

计算机图形学（Computer Graphics）是研究怎样利用计算机来显示、生成和处理图形的原理、方法和技术的一门学科。世界各国的专家学者对图形学有着各自不同的定义。国际标准化组织（ISO）将其定义为：计算机图形学是研究通过计算机将数据转换成图形，并在专门显示设备上显示的原理、方法和技术。电气与电子工程师协会（IEEE）将其定义为：计算机图形学是利用计算机产生图形化的图像的艺术和科学。（*Computer graphics is the art or science of producing graphical images with the aid of computer.*）

计算机图形学的研究对象是图形。通常意义的图形是指能够在人的视觉系统中形成视觉印象的客观对象，既包括了各种照片、图片、图案、图像以及图形实体，也包括了由函数式、代数方程和表达式所描述的图形。构成图形的要素可以分为两类：**一类**是刻画形状的点、线、面、体等几何要素；**另一类**是反映物体本身固有属性，如表面属性或材质的明暗、灰度、色彩（颜色信息）等非几何要素。例如，一幅黑白照片上的图像是由不同灰度的点构成的；方程 $x^2+y^2=r^2$ 确定的图形是由具有一定颜色信息并满足该方程的点所构成的。因此，计算机图形学中所研究的图形可以定义为"从客观世界物体中抽象出来的带有颜色信息及形状信息的图和形"。

计算机中表示带有颜色及形状信息的图和形常用两种方法：点阵法和参数法。点阵法是用具有灰度或颜色信息的点阵来表示图形的一种方法，强调图形由哪些点组成，这些点具有什么灰度或色彩。参数法是以计算机中所记录图形的形状参数与属性参数来表示图形的一种方法。形状参数可以是形状的方程系数、线段的起点和终点对等几何属性的描述；属性参数则描述灰度、色彩、线型等非几何属性。这样可以进一步细分：把参数法描述的图形叫做图形（Graphics），而把点阵法描述的图形叫做图像（Image）。

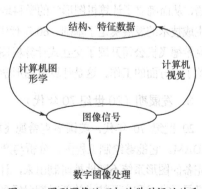

图 1-1　图形图像处理相关学科间的关系

随着人们对图形概念认识的深入，图形图像处理技术也逐步出现分化。目前，与图形图像处理相关的学科有计算机图形学、数字图像处理（Digital Image Processing）和计算机视觉（Computer Vision），它们之间的关系如图 1-1 所示。计算机图形学试图将参数形式的数据描述转换生成（逼真的）图像。数据图像处理则着重强调在图像之间进行变换，旨在对图像进行各种加工以改善图像的视觉效果，如对图像进行增强、锐化、平滑、分割，以及为存储和传输而进行的编码压缩等。计算机视觉是研究用计算机来模拟生物外显或宏观视觉功能的科学和技术，它模拟人对客观事物模式的识别过程，是从图像到特征数据、对象的描述表达的处理过程。

近年来，随着多媒体技术、计算机动画、三维数据场可视化以及虚拟现实技术的迅速发展，计算机图形学、数字图像处理和计算机视觉的结合日益紧密，它们之间的互相渗透，反过来也促进了学科本身的发展。

1.2 计算机图形学的发展

1.2.1 计算机图形学学科的发展

自 20 世纪 50 年代形成以来，计算机图形学先后经历了酝酿期、萌芽期、发展期、普及期和提高增强期等阶段，逐步发展成为一门以图形硬件设备、图形专用算法和图形软件系统为研究内容的综合学科。计算机图形学软件与硬件的发展是相互促进、相辅相成的。

1. 酝酿期（20 世纪 50 年代）

1950 年，美国麻省理工学院旋风 1 号（Whirlwind）计算机配备了由计算机驱动的类似于示波器所用的阴极射线管（CRT）来显示一些简单的图形。1958 年，美国 CAL-COMP 公司将联机的数字记录仪发展成滚筒式绘图仪，GERBER 公司则把数控机床发展成平板式绘图仪。整个 50 年代，计算机图形学处于准备和酝酿时期，称为"被动"的图形学。

2. 萌芽期（20 世纪 60 年代）

20 世纪 60 年代，美国麻省理工学院（MIT）林肯实验室的基于旋风计算机开发的北美空中防御系统 SAGE（Semi-Automatic Ground Environment system）具有了指挥和控制图形对象的功能。该系统能够将雷达信号转换为显示器上的图形，操作者可以借用光笔指向屏幕上的目标图形来获得所需要的信息。与此同时，类似的技术在设计和生产过程中也陆续得到应用。1962 年，美国麻省理工学院林肯实验室的 Ivan.E.Sutherland 在参与了一个用于 CAD（Computer Aided Design）的 Sketchpad 系统的研制后，发表了博士论文《Sketchpad：一个人机通信的图形系统》的，其中首次使用了"Computer Graphics"术语，从而确立了计算机图形学的学科地位。Ivan.E. Sutherland 的 Sketchpad 系统被公认为对交互式图形生成技术的发展奠定了基础。60 年代中期，美国麻省理工学院、通用汽车公司、贝尔电话实验室和洛克希德飞机公司开展了交互式计算机图形处理技术的大规模研究。与此同时，英国的剑桥大学等也开始了这方面的工作。这是计算机图形学的萌芽期。

3. 发展期（20 世纪 70 年代）

20 世纪 70 年代，美国洛克希德飞机公司完成了一个用于飞机设计的交互式图形处理系统，即 CADAM。它能够绘制工程图，分析与产生数据加工纸带，在许多国家得到应用。之后，许多新的更加完备的图形系统不断地被研制出来，计算机图形处理技术进入了实用化阶段，表明一个广泛应用计算机显示技术和交互技术的新时期已经到来。但应注意到，与其他学科相比，此时的计算机图形学还是一个很小的学科领域，主要原因是图形设备昂贵，功能简单，基于图形的应用软件缺乏。

4．普及期（20世纪80年代）

20世纪80年代是图形处理技术开花结果的时期，除了传统的军事和工业方面的应用，计算机图形学进入了教育、科研、艺术和事务管理等众多领域，甚至进入了家庭。这时由于出现了带有光栅图形显示器的个人计算机和工作站，如美国苹果公司的Macintosh、IBM公司的PC及其兼容机，Apollo、Sun工作站等，使人机交互中图形的使用日益广泛。光栅图形显示器付诸应用后不久，就出现了大量简单易用、价格便宜的基于图形的应用软件，如图形用户界面、绘图、字处理、游戏软件等，由此推动了计算机图形学的发展和应用。

5．提高增强期（20世纪90年代以后）

进入20世纪90年代后，随着数字视听、虚拟现实、系统仿真以及数字娱乐等应用领域的发展，对计算机图形学提出了更高的要求。近年来，计算机图形学与视频、图像、虚拟现实、人机交互、多媒体等新技术日益结合，成为一个多学科交叉融合的研究领域。与传统的计算机图形学相比，当前图形学的发展呈现以下趋势：① 结合图形硬件实现实时绘制；② 基于数据采集进行真实感建模；③ 绘制与建模任务相结合。基于计算机图形处理和显示技术的数字多媒体、虚拟现实、可视化、数字娱乐等已经形成庞大的产业。

1.2.2　图形硬件设备的发展

从图形显示设备的发展来看，20世纪60年代中期出现的是随机扫描的显示器，具有较高的分辨率和对比度，具有良好的动态性能。但为了避免图形闪烁，通常需要以30次/秒左右的频率不断刷新屏幕上的图形。为此需要一个刷新存储器来存储计算机产生的显示文件，还要求有一个较高速度的处理器，这些在当时是相当昂贵的，因而成为影响交互式图形系统普及的主要原因。60年代后期，针对上述情况，出现了存储管式显示器，它不需要缓存及刷新功能，价格较低廉，分辨率高，显示大量信息也不闪烁，但是它不具有显示动态图形的能力，也不能进行选择性删除。存储管式显示器的出现使一些简单的图形实现交互处理，而其低廉的价格使计算机图形学得以推广和普及（其后出现了与刷新技术相结合的存储管式的图形显示器）。70年代中期，廉价的固体电路随机存储器出现了，可以提供很大的刷新缓冲存储器，因而能构造基于电视技术的光栅扫描的图形显示器。在这种显示器中，被显示的线段、字符、图形及其背景等都按像素一一存储在刷新缓冲存储器中，系统按光栅扫描方式以30次/秒的频率对存储器进行读写，以实现图形的刷新而避免闪烁。光栅扫描图形显示器的出现使计算机图形生成技术和现有的电视技术相衔接，生成的图形更加形象、逼真，图形处理系统更易于推广和应用。这也是光栅扫描图形显示器受到普遍重视和迅速发展的原因之一。其后还发展了几种显示器，包括液晶显示器、等离子显示器、激光显示器等，它们朝着小型化、低电压和数字化等方向发展。

图形显示设备能够在屏幕上生成各种图形，但计算机图形系统还应能把图形画在纸上，这类设备就是图形绘制设备，也称为图形硬拷贝设备，分为打印机和绘图仪两种。打印机从针式打印机发展到喷墨式打印机和激光打印机，速度越来越高，性能越来越优越。绘图仪包括静电式绘图仪和笔式绘图仪等。

伴随着图形显示设备和绘制设备的发展，图形输入设备也从早期的键盘和光笔发展为各种类型的图形输入板、操纵杆、跟踪球、鼠标和拇指轮等，还发展了将光笔与屏幕相结合的产品——触摸屏和坐标数字化仪等。在三维图形处理系统如虚拟现实系统中，必须有可以操纵三维场景信息的三维图形输入设备，包括空间球和数据手套等，可以输入包括空间坐标和旋转方向在内的6个自由度的数值。

1.2.3　图形软件的发展

伴随着图形硬件的进步，与计算机图形学有关的软件开发和应用都在迅速发展，并在图形系统中占据越来越重要的地位。早期，各硬件厂商生产的图形设备具有不同的功能，各自开发专用于自己硬件平台的图形软件包和相应的高级语言接口，致使图形软件包和建立于其上的应用程序互不兼容，没有可移植性。这一方面限制了图形技术的发展，另一方面也阻碍了图形硬件设备的推广普及。于是人们希望图形软件能够朝着标准化、开放式和高效率的方向发展，这使得图形应用软件不仅可以在不同的计算机系统及外部设备之间移植，而且其研制开发能够更为简捷和高效。

1974 年，美国计算机协会图形专业委员会（ACM SIGGRAPH）召开了一个题为"与机器无关的图形技术"的工作会议，开始进行有关图形标准的制定和审批工作。该委员会于 1979 年提出了 CORE 图形软件标准。经国际标准化组织（ISO）和美国国家标准局（ANSI）批准的第一个图形软件标准却是图形核心系统 GKS，这是一个二维图形软件包。它的三维扩充 GKS-3D 在 1988 年被批准为三维图形软件标准。20 世纪 80 年代又公布了更强调图形层次结构及动态性和交互性的图形标准 PHIGS，以及基本图形转换标准 IGES 和 STEP 等。近几十年来，ISO 已经批准的与计算机图形处理有关的标准有：计算机图形核心系统（GKS）及其语言联编、三维图形核心系统（GKS-3D）及其语言联编、程序员层次交互式图形系统（PHIGS）及其语言联编、计算机图形元文件（CGM）、计算机图形接口（CGI）、基本图形转换规范（IGES）、产品数据转换规范（STEP）等。

除了由官方组织制定和批准的标准，还存在一些非官方的图形软件，它们在业界被广泛应用，成为事实上的标准，如 SGI 等公司开发的 OpenGL、微软公司开发的 DirectX、Adobe 公司开发的 Postscript 等。其中，OpenGL 实现了二维和三维的高级图形处理技术，是实现逼真三维效果与建立交互式三维景观的强大工具。目前，OpenGL 规范的管理者包括 SGI、Microsoft、Intel、IBM、Sun、HP 等软/硬件公司，已经成为工业标准。本书将结合 C、C++编程语言和 OpenGL 库函数给出相关教学参考实例。

1.3　计算机图形学的应用

近年来，计算机图形学已经广泛用于各领域，如科学、医药、商业、工业、政府部门、艺术、娱乐业、广告业、教育和培训等。

1.3.1　计算机辅助设计与制造

计算机辅助设计（CAD）与计算机辅助制造（CAM）是计算机图形学应用最广泛、最活跃的领域之一。将计算机图形处理技术运用于大楼、汽车、飞机、轮船、宇宙飞船、计算机、纺织品、建筑工程、机械结构和部件、电路设计、电子线路或器件等的设计和制造过程中，已成为目前 CAD/CAM 的总体发展趋势。

CAD 技术提供了一种强有力的工具，通过交互式的图形设备对部件进行设计和描述，产生工程略图（线框图）或者更接近实际物体的透视图等，通过迅速地将各种修改信息进行组合，用户可以自由、灵活地对图形进行实验性改动和形体显示。在电子工业中，无论是集成电路设计、印制线路板设计，还是电子线路和网络分析等，CAD 系统都可以成为电子电气工程师们喜爱的得力工具。建筑 CAD 在建筑学和房屋设计领域广泛采用了计算机图形处理技术。利用专门的图形软件包，可以进行楼层的设计、门窗的安排、建筑的空间利用等布局规划；利用三维建筑模型，可以研究单座建筑或建筑群的外观；利用高级图形软件包，设计人员甚至可以"漫游"于各个房间，环视整座建筑的外部，更好地核实特殊设计的整体布局和效果。

CAM 技术在各种工业制造业中得到广泛应用。在汽车工业、航空航天工业、船舶制造业中，可以利用实体的边界模型来模拟各独立的零部件，设计规划汽车、飞机、航天器以及轮船的表面轮廓。这些独立的表面区域和交通工具的各零部件可以分别设计，然后采用系统集成的方式（拟合）组装到一起，从而构成并显示整个设计实体。在设计和生成产品加工图的过程中，部件表面以一种颜色表示；加工路径（即在产品加工过程中沿形体表面形成的轨迹）用另一个颜色表示，数控机床就可以按照这样的加工构形来生产部件。

1.3.2　计算机辅助绘图

图形、图表和模型图的绘制是计算机图形学应用的另一个重要方面。许多已经商品化的图形软件专门用于针对特定数据生成二维或三维图形或者图表。二维图形包括直方图、线条图、表面图或扇形图等；三维作图多用于显示多种形体间或多种参数间的关系，如统计关系百分比图、分布关系图等，采用三维图形还可以方便地表达数据的动态性质，如增长速度、变化趋势等。

计算机辅助绘图发展得最快的一个领域就是商务领域，将可视化作为汇总分析财政、数学和经济等方面数据的手段。特别是在分析大量数据时，具有不同颜色、亮度的结构图和模型图将有助于研究者对于数据的理解。没有这类图形的帮助，研究者要分辨含有上百个数据的数据表，会感到十分困难。

计算机辅助绘图应用的典型例子包括科学计算的可视化。传统科学计算的结果是数据流，这种数据流不易理解，也不易于检查其中的错误。科学计算的可视化可以对空间数据场构造中间几何图素或用体绘制技术在屏幕上产生可见图像。近年来，这种技术已用于有限元分析的后处理、分子模型构造、地震数据处理、大气科学、生物信息、生物化学等领域。

1.3.3　计算机辅助教学

计算机图形显示与处理技术已广泛地应用于计算机辅助教学（CAI）系统中，它使教学过程，特别是基础学科的教学过程形象、直观和生动。例如，将数学中的各种函数图形、方程和表达式的变化，物理中的各种动态图形以及化学中的各种原子、分子结构等，都形象地展示在学生面前，可以提高学生的学习兴趣和教学效果。财政金融与经济系统的计算机生成模型技术也常常用于计算机辅助教育，例如生理系统、人口趋势或者物理设备（如原子反应堆）等模型都能很好地帮助学生理解系统的操作。

1.3.4　办公自动化和电子出版技术

图形显示技术在办公自动化和事务处理中的应用，有助于数据及其相互关系的有效表达，因而有利于人们进行正确的决策。利用电子计算机进行资料、文稿、书刊、手册等的编写、修改、制图、制表、分页、排版，这是对传统活字印刷技术进行的重大变革。图文并茂的电子排版系统代替了传统的铅字排版，这是印刷史上的一次革命。随着图、声、文结合的多媒体技术的发展，可视电话、电视会议及视频、音频等正在家庭、办公室得到普及。伴随着计算机和高清晰度电视相结合产品的推出，这种普及率将越来越高，进而改变传统的办公和家庭生活方式。

1.3.5 计算机艺术

计算机图形技术已广泛应用于各种图案、花纹、工艺外形及传统的油画、中国国画和书法等艺术品的制作，为创作艺术和商品艺术提供了更为广阔的空间。例如，通过用不同的颜色按照一系列数据函数绘制的分形图可以产生各种抽象的任意的显示图景，这些图形变化无穷，使人眼花缭乱。采用笔型绘图仪又可以绘制出另一类艺术设计图，如人物头像，这些造型、图形画法细腻真实。借助于计算机图形技术，艺术家们可以利用一种称为"画笔"（Painbrush）的作图程序在荧光屏上创作图形画面，也可以利用图形输入板作图绘画。计算机不仅可以绘制动画中的景象，还可以生成各种艺术模型和景物，如山水风景、花草树木和动物图案等。此外，图形程序已在出版印刷和文字处理方面得到了大量的开发和研究，将图形操作与文本编辑融合在一起，将有助于各种艺术形式，如书法与绘画的结合。许多商业广告中还经常用到一种"变形"（Morpher）的图形处理方法，它可以将一辆汽车变形成为一只老虎，将一个人的脸变成另一个人的脸等。

1.3.6 在工业控制及交通方面的应用

在过程控制中，用户利用计算机图形处理和显示技术实现与其控制或管理对象间的相互作用。例如各种实时过程，如火箭的运行、某种物理过程、电力系统的实时监测、监控等，常常利用交互式计算机图形系统将可描述的实时状况（如火箭的运行轨迹，电力机组发电情况等）显示出来，与正常值作比较，同时通过反馈控制过程来进行校正。图形显示技术还可用于石油化工、金属冶炼过程中的监视和控制，如管道、泵、储油罐的工作状态及其阀门的开闭状态，监视流程的运行情况。在电网管理上，操作者可通过显示器监视电网的工作状态，用鼠标在荧光屏上打开或关闭某一发电站或电网中的某一开关。

在各种交通管制方面，如民航、铁路和公路系统的管制与监视，在显示屏上实时地显示一个地区铁路上机车及公路上车辆的运行状态，一片领空中飞机飞行的状态，并可向飞行中的飞机发出二次雷达信息，指挥飞行着陆等。除了用于各工业系统的监视，还可设计许多生产过程的未来状态，从而改进生产，提高效率。

1.3.7 在医疗卫生方面的应用

在医疗卫生方面的应用包括用显示设备显示病历，显示各种药物的剂量、性能；对某种病的治愈率进行统计分析；对病人的医疗方案（如放射线照射）进行研究，以提高治疗效率等。

医学上往往结合图像处理和计算机图形学来建模和研究物理功能。计算机图像显示技术是现代医疗方面受欢迎的一门新技术，彩色超声波、彩色胃镜、CT 和核子医学扫描仪等医疗仪器已陆续应用于临床。实践证明，用计算机图像显示协助诊断和治疗癌症，可显著提高诊断准确度及治疗效果。

还有一种应用称为计算机辅助手术（Computer-Aided Surgery），通过使用图像技术可获得身体的二维剖面，然后使用图形方法模拟实际手术过程，观察并操纵每个剖面，以试验不同的手术位置。

1.3.8 图形用户界面

在人与计算机之间，完成人与机器通信工作的部件被称为人机界面（Human Computer Interface，

HCI），它由软件和硬件两部分组成。随着计算机技术的发展，人机界面也从最原始的由指示灯和机械开关组成的操纵板界面，过渡到由终端和键盘组成的字符界面，发展到现在基于多种输入设备和图形显示设备的图形用户界面（Graphical User Interface，GUI）。典型的图形用户界面包含窗口管理程序、显示菜单和图符等。窗口管理程序允许用户显示多个窗口区域，每个窗口可以获得包括图形和非图形显示在内的不同处理，仅仅简单地使用交互式定位设备在某窗口内按一下就可以激活该窗口，从菜单中可选择不同的处理、颜色值和图形参数。图符则设计成与它代表的选择对象含义相符合的图形符号。图符的优点是它比相应的文本描述占用较少的屏幕空间，并且容易理解。这些带来诸多方便的窗口管理系统中用到了大量的计算机图形处理技术。

计算机图形学的应用远远不止上述几方面，它在艺术、广告、教学、游戏、商业等方面都有很好的应用和发展前景。总之，交互式计算机图形学的应用极大地提高了人们理解数据、分析趋势、观察现实和想象形体的能力。随着各种软、硬件设备和图形应用软件的不断推出，计算机图形学的应用前景将更加具有魅力。

1.4 计算机图形学研究动态

1.4.1 计算机动画

计算机动画是指用计算机自动或半自动生成一系列的景物（帧）画面，其中当前帧画面是对前一帧画面的部分修改，通过以足够快的速度显示这些帧以产生动态的效果。一般来说，动画的播放速度要求在 15 帧/秒以上，电影界的标准是 24 帧/秒。

计算机动画始于 20 世纪 70 年代，最初只是作为动画设计师的辅助工具。在传统动画的制作过程中，需要动画设计师根据动画剧本设计出关键画面（关键帧），再由其助手根据关键帧逐帧画出中间画面（中间帧），工作量非常巨大。引入计算机技术后，动画设计师可以利用计算机设计角色造型和景物造型，确定关键帧，然后由计算机根据一定的规则逐帧生成各中间帧，这就大大地简化了动画的制作过程。这种由动画设计师绘制出关键帧，由计算机通过插值方式生成中间帧的方式通常称为关键帧动画。另一种动画形式为逐帧动画。逐帧动画将动画中的每帧都绘制出来。一般来说，计算机动画大多采用关键帧动画，而中间帧在计算机自动计算生成后，可以进行细微调整，以获得最佳的动画效果。

传统的动画是一种胶片动画，一直被固定在二维空间之中，三维情况如明暗处理和阴影只是偶尔考虑。而计算机动画生成的是一个虚拟的三维世界，所有角色和景物都可以以三维的方式创建，色、光、影、纹理和质感十分逼真，并且采用各种运动学模型，使物体运动的计算更加准确。依据三维造型方式的不同，可以有刚体动画、变形动画、基于物理的动画、粒子动画、关节动画与行为动画等。

刚体动画是人们熟悉的计算机动画中最原始的形式，最简单的刚体动画是在一定范围内移动物体或观察点（虚拟摄像机）。在刚体动画中，物体可以运动，虚拟摄像机可以运动，还可以是两者同时运动，动画主要通过关键帧和插值系统及用于描述运动路径和方式的脚本系统来确定。

变形动画是把一种形状或物体变成另一种不同的形状或物体，中间过程则通过形状或物体的起始状态和结束状态进行插值计算。电影《终结者 II》中的 T-1000 液体机器杀手自由变化成不同物体的情形就是典型的变形动画。通常而言，变形动画的生成与物体的表示方法有关。对于用多边形表示的物体，变形可以通过移动多边形的顶点来实现，但在变形过程中由于多边形顶点间的连接关系，容易导致三维走样问题，如原来共面的多边形出现了不共面的情况。对于用参数曲面表示的物体，变形主要通过移动控制点来实现，此时只改变了曲面基函数的系数，曲面仍然是光滑的，不会出现三维走样。

基于物理的动画也称为运动动画，采用物理学规律来模拟运动。由于考虑了物体在真实世界中的各种属性，如质量、弹性、摩擦力等，并采用运动学原理来生成物体的运动，因此基于物理的动画可以产生比手工制作更加真实的动作，但是它失去了动画制作者对艺术性的控制。

粒子动画主要采用大量的粒子产生动画，来模拟某些自然现象，如烟火、雾等。在粒子动画中，粒子是很小的物体，每个粒子的运动都由一个预定的动画脚本指定，包括粒子的形状、大小、产生和消失的时间、运动的方式等。

关节动画通过建立计算机模型来模拟四足动物和两足动物的运动。四足和两足动物的运动是由各个肢体骨骼协同合作的结果，骨骼连接的位置就是关节，运动时关节的位置、角度和形状都会发生变化。设置关节动画的方法主要包括正向和逆向运动学。正向运动学主要通过对关节的位置和角度设置关键帧，从而获得其关联的各肢体的位置。例如，在人的行走动画中，通过设置人体髋关节的位置和角度，由计算机计算出膝关节和踝关节的位置和角度。正向运动学是一种低层次的方法，通过设置各关节的关键帧来生成逼真的动画，需要大量的工作和一定的工作经验。逆向运动学是一种高层次的方法，通过设置末端关节的位置和角度，由计算机计算出所有相关的中间关节的位置和角度，减轻了动画制作者的烦琐工作，也相应地减少了角色运动的创作空间。

行为动画是指对物体的行为进行建模。行为是指比基本运动更复杂的运动。物体的运动既有自主的运动，也有受到场景中其他物体的影响而生成的运动，它们需要通过行为规则去确定。例如，一群鸟在飞行时，单只鸟有自身的运动，也会根据在鸟群的位置而运动。行为动画常用于描述群体的运动。

实际的动画生成过程中，通常会结合多种方式产生理想的动画效果。例如，在用粒子动画描述烟雾时，可以采用风力模型来描述烟雾在风中的状态，这属于基于物理模型的动画。

得益于计算机图形学和相关软硬件技术的快速发展，计算机动画开始渗透到各领域，如电影、广告、工业设计和教育领域等。在电影特别是科幻电影中，计算机动画带来电影技术的变革。在电影《终结者II》中，由于采用计算机动画技术生成了大量的 T-1000 机器人变形动画，使其获得非常高的票房收入；在电影《侏罗纪公园》中，通过计算机动画技术将一亿四千万年以前的恐龙复活，并同现代人的情景组合在一起，构成了活生生童话般的画面；在《狮子王》《玩具总动员》《蜘蛛侠》《加勒比海盗2》等影片中都大量使用了计算机动画，实现了三维动画与实景的合成，获得了非常好的视觉效果。计算机动画技术也被用于制作电视片头和广告。例如，我国在 1990 年第十一届亚运会用计算机动画技术制作的"亚运会片头"，使我国广大观众享受到崭新的视觉效果，这也是我国第一个由计算机制作的动画片头。在广告中，计算机动画能够实现奇妙无比、超越现实的夸张色彩和图形，制作出神奇的视觉效果，加深人们的印象。在工业设计领域，采用计算机动画的设计为设计人员提供了一个崭新的电子虚拟环境，可以使人们将设计好的产品构造出来，进行力学分析和性能实验，并可以改变光照条件、调整反射、折射等因素，对产品进行各种角度的观察。在教育领域，大量的基本概念、原理和方法采用计算机动画的形式进行直观演示和形象教学，增加了学生的感性认识。

计算机动画已经发展了几十年，经历了从二维到三维，从逐帧动画到实时动画的发展过程。由于受到计算机运行速度、图形处理能力的限制，目前高分辨率的真实感三维实时动画还没有实现，人体动作和脸部表情的模拟还不太成功。

1.4.2　地理信息系统

地理信息系统（Geographic Information System，GIS）是一种用于采集、模拟、处理、检索、分析和表达地理空间数据的计算机信息系统，是社会经济与环境保护协同持续发展中，信息集成和分析的先进工具。目前广泛应用于环境污染治理、灾害评估监测、森林综合考察、地质矿产勘探、自然资源开发、城市科学管理、产业布局规划和持续发展研究等领域。

通常来说，GIS 处理来自于卫星遥感图像、航空照片、各类地图、全球定位系统、地表野外勘察调查记录、统计表格和历史文献资料等方面的地理信息，对其进行分析和处理，并采用图形符号化的方式表达各种地理特征和现象间的关系。GIS 主要包括空间位置、属性特征和时域特征三类数据。空间位置数据描述地物或现象所在的位置；属性数据又称为非空间数据，是属于一定地物或现象的、描述其特征的定性或定量指标；时域特征是指地理数据采集或地理现象发生的时刻或时段。

GIS 与其他信息系统的重要区别之一，就是系统具有对空间信息数据的管理功能。系统具有较强的图形和图像处理功能，它包括了对图形和图像的空间分析和管理。

依照其应用领域，GIS 可分为土地信息系统、资源管理信息系统、地学信息系统等；根据其使用的数据模型，可分为矢量、栅格和混合型信息系统；根据其服务对象，可分为专题信息系统和区域信息系统，等等。

1.4.3 人机交互

人机交互学（Human-Computer Interface）是一门关于设计、评估和执行交互式计算机系统和研究由此而发生的相关现象的学科，伴随着计算机的出现而出现，伴随着计算机技术的发展而发展的。有了计算机，就有了如何进行人机交互的问题，产生了人机交互技术。

依据计算机科学的观点，人机交互技术的关键是交互，尤其是一人或多人与一台计算机或多台计算机之间的交互。传统上关注的主要是个人在工作站上的交互式作图过程，然而，从现代意义上说，"人"不单指个人，而应是人群或组织。人群和机群之间必然涉及分布式系统并依靠计算机通信网络进行协同工作。一般可以将人机交互行为分为 4 种感知过程。

① 人对于现实世界的感知。在人机交互过程中，人将尽可能地接受来自所有传感器的信息，而这种感知过程包含了一部分对于现实世界的心理因素。

② 计算机对外部世界的感知。这种感知过程取决于计算机识别人和物的能力，以及检测人机交互中人的情绪变化或者用户个性的能力，这是与人的心理作用无关的。事实上，从计算机的角度，机器的感知是不会总依从于人的感知规则的，另两种感知则与人机界面的心理因素密切相关。

③ 如果计算机是可以感知外部世界的机器，那么这种感知是人通过计算机传递的感知信息。例如，远程会议、远程会诊等系统中的两人或多人之间的相互交流，计算机只是他们之间的交流媒介。在这种情形下，由于外界信息是经计算机处理之后的信息，一个人对于其他参与交流的人或物的感知可能同他（它）们所提供的源信息不完全一致。

④ 计算机作为虚拟世界的一员自动做出的反应。在虚拟世界里，人和计算机的地位是同等的。

在高级的人机协同工作系统中，以上 4 种感知过程都存在。为了提高协同工作的效率，面临的问题就不单是人和机器之间的接口问题了，也就是说，这不仅是一个计算机科学领域里的问题，还涉及其他学科领域。人机交互学涉及的学科领域包括：计算机科学（人机界面的设计和工程）、心理学（人的认知过程和行为分析）、社会学和人类学（技术、工作和组织之间的交互作用）以及工业设计（交互式产品）等。人机交互学包含的内容有人机任务的分派，人机通信的架构，人使用机器的能力，界面的算法、规划和编程，设计与实现工程，界面的规范、设计和执行的处理过程以及设计协议等。总之，人机交互学是涉及科学、技术、工程和设计等方面的综合学科。

1.4.4 真实感图形显示

真实感图形显示指通过综合利用数学、物理学、计算机科学及其他相关学科知识逼真地表示真实世界的图形显示技术。随着计算机图形显示和处理技术的发展，真实感图形显示已日益广泛地深入到人们日常的工作、学习和生活中。在影视特技、广告动画中，人们已经领略到真实感图形的神奇魅力。在机械和建筑 CAD 中，现有的商用软件都提供真实感图形的显示功能，以便设计者检查他们设计的作品并进行交互修改。在各种情景仿真、飞机驾驶员仿真训练中，特别是关于房间和座舱的情形模拟中，真实感图形技术更是大显身手。

图形的真实感显示来自于空间中物体的相对位置、相互遮挡关系、由光线的传播产生的明暗过渡的色彩等。真实感图形的生成一般经历场景造型、取景变换、视域裁剪、消除隐藏面及可见面光亮度计算等步骤。

场景造型是指用数学方法建立对所构造的三维场景的几何描述，并将它们输入计算机。这部分工作可由三维立体造型或曲面造型系统完成。三维几何对象是在场景坐标系中建立的，而屏幕上所显示的画面只是在给定视点和视线方向时，三维景物在垂直于视线方向的二维成像平面（屏幕）上的投影。将几何对象的三维坐标转换到屏幕上的像素位置，需要进行一系列的坐标变换，这些变换统称为取景变换。裁剪的目的在于从几何数据中抽取所需的信息。其最典型的用途是从一幅大画面中裁取局部视图。在真实感图形显示中，一个重要的问题是给定视点和视线方向，决定场景中哪些物体的表面是可见的，哪些是因被遮挡而不可见的，这一问题称为场景的消隐。所有隐藏线、面的消除算法都涉及各景物表面离视点远近的排序。一个物体离视点越远，它越有可能被另一个离视点较近的物体遮挡。可见面的亮度由基于光学物理的光照模型计算得到的可见面投射到观察者眼中的光亮度大小和色彩组成。进而将它转换成适合图形设备的颜色值，从而确定投影画面上每个像素的颜色，最终生成图形。

1.4.5 虚拟现实

虚拟现实（Virtual-reality）系统，又称为虚拟现实环境，是指由计算机生成的一个实时三维空间，用户可以在其中"自由地"运动，随意观察周围的景物，并可通过一些特殊的设备与虚拟物体进行交互操作。在此环境中，用户看到的是全彩色主体景象，听到的是虚拟环境中的音响，手或脚可以感受到虚拟环境反馈给它的作用力，由此使用户产生一种身临其境的感觉。

虚拟现实技术主要研究交互式实时三维图形在计算机环境模拟方面的应用，其研究最早始于 20 世纪 60 年代，但由于此项技术涉及的学科面宽，对实时三维计算机图形的要求高，国外除少数军工单位进行研究外，几乎很少被大家所注意。直到 80 年代后期，由于小型液晶显示和 CRT 显示器技术、高速图形加速处理技术、多媒体技术及跟踪系统等方面的进步，以及图形并行处理、面向对象程序设计方法的发展，虚拟现实技术的研究才开始活跃起来。尤其是近年来，虚拟现实的研究工作进展较快，并已在航空航天、建筑、医疗、教育、艺术、体育等领域得到初步应用。

1. 系统构成

虚拟现实系统除了具有常规的高性能计算机系统的硬件和软件，还必须对下列 4 项关键技术提供强有力的支持。

❖ 能以实时的速度生成有逼真感的景物图形（即三维全彩色的、有明暗、纹理和阴影的图像）。
❖ 能高精度地实时跟踪用户的头和手。

❖ 头戴显示器能产生高分辨率图像和较大的视角。

❖ 能对用户的动作产生力学反馈。

在虚拟现实环境中，高速（要求实时）三维图形处理硬件是关键设备。目前，高性能工作站所配置的图形加速处理器的实时图形能力离虚拟现实环境的要求还有一定的距离，因此在研制虚拟现实环境时，开发高性能的实时三维图形专用硬件就是其中最重要的任务。

2．三维输入设备

三维输入设备是虚拟现实环境中不可缺少的部分，目前有 4 种常用的手动输入设备。

❖ 控制球：一种内装 Polhemus 传感器的空心球，球面装有两个按钮，传感器用于指出空间位置的变化，按钮的功能由软件定义。它易于使用，定位精度比数据手套高。

❖ 指套：控制球的一种变体，由形状如弹吉他用的指套组成，其上装有传感器和微动开关。它形状直观、使用方便，对于在虚拟现实环境中进行抓取操作特别合适。

❖ 操纵盒：带有滑尺的具有三个自由度的操纵杆，是二维操纵杆的发展和变形，是一种老式的三维输入设备。

❖ 数据手套。这也是一种戴在手上的传感器，能给出用户所有手指关节的角度变化，由应用程序判断用户在虚拟现实环境中进行操作时手的姿势。

3．跟踪球

虚拟现实环境中的另一项关键技术是跟踪，即对虚拟现实环境中的用户（主要是头部）的位置和方向进行实时精密的测量。跟踪需要专门的装置——跟踪球，其性能可用分辨率（精度）、刷新速率、滞后时间、可跟踪范围来度量。不同的应用要求可选用不同的跟踪器，它们主要采用如下 4 种技术。

① 机械式。这是较老式的一种，由连杆装置组成，其精度和响应速度还可以，但工作范围相当有限，对操作员的机械束缚也较多。

② 电磁式。这是目前使用最多的一种，如 Polhemus 电磁跟踪器。其原理是在三个顺序生成的电磁场中装有三个接收天线（安装在头盔上），由所接收的 9 个场强数据可计算出用户头部的位置和方向。其优点是体积小、价格便宜，缺点是滞后时间长，跟踪范围小，且周围环境中的金属和电磁场会使信号畸变，影响跟踪精度。

③ 超声式。其原理与电磁式相似，头盔上安装有传感器，通过对超声传输时间的三角测量来定位。其重量小、成本不高，但是易受空气密度的改变及物体遮挡等因素影响，跟踪精度不太高。

④ 光学式。这类跟踪器可用激光、红外光等作为光源，并按一定结构安装在周围环境中作为信号标志。在头盔式显示器中装有发光二极管传感器，通过光电管产生电流的大小及光斑中心在传感器表面的位置来推算出头部的位置与方向。一般的光学跟踪器精度高、刷新快、滞后时间短，但用户的活动范围小。

一种更有前途的光学跟踪器叫做自跟踪，它利用图像处理的原理，通过头盔显示器上安装的光传感器和专用图像处理机，以每秒取样 1000 帧图像的速率，不断地对相继的帧图像进行相关分析，从而推算出头部的位置和方向。由于它不要求在环境中安装任何信号标志，因此工作范围将不受限制。但如何控制测量中的累积误差来控制跟踪精度是一个难题。

4．头盔显示器

头盔显示器戴在用户头上，为用户提供虚拟现实中景物的彩色立体显示。目前，头盔式显示器有两种：遮挡式、透视式，可视不同的应用需求进行选择。遮挡式头盔显示器使用 LEEP 广角光学镜头和彩色液晶显示器，分辨率为 360×240，它的图形质量不高，使用寿命也不长。使用遮挡式头盔显示器时，用户只能看见虚拟现实中的景物，实际景物被头盔挡住完全看不见。而透视式头盔显示器将计算机产生的景物重叠在实际的环境之上，两者同时可见，这在许多场合是非常有用的。

5. 应用前景

虚拟现实系统的研究得益于国防、工业设计、医学、娱乐等领域的应用需求。通过对这些领域的应用研究揭示出其中的许多问题，不断地推动虚拟现实技术的发展。下面仅列举几个有代表性的实例。

（1）在军事方面的应用

美国加州 Monterey 的海军研究院在 SGI 工作站（240VGX，内存 64 MB，每秒可画 106 个三角形）上，用 6 年时间开发了一个虚拟现实环境，其中包括：FOG-M 导弹模拟器、VEH 飞行模拟器、可移动平台模拟器、自动水下运输模拟器等。用此环境能显示飞行器在地面和空中的运动，展现地面建筑、道路、地表等景象，用户可以选择各种车辆和飞行器（多达 500 种），并能控制它的 6 个自由度。根据虚拟现实景物的复杂程度及地表特征，显示速度可达 6～9 帧/秒。此系统的研究目的是为了使远程的、有危险的、昂贵的环境成为可见，并可使用户能与其进行交互操作。

（2）在建筑设计中的应用

设计中比较令人头痛的就是建筑、结构、设备等各方的协调问题。如果把虚拟现实技术与目前的集成化 CAD 系统的设计思想结合起来，创建虚拟现实的集成化 CAD 系统，完成从设计、建筑与结构方案的选择到最后结果的实现，必将大大提高设计效率和设计质量。

首先，建筑师利用虚拟现实 CAD 系统可以很方便地建立和修改建筑方案。建筑师仿佛置身于待建场地中，能方便地从库中提取各种物件和材料、家具、设备，像搭积木一样搭起一座虚拟的建筑。该虚拟建筑的尺寸可以和实际设计中的建筑一样，色彩逼真，并且有材料的质感。建筑师可以对其进行着色、修改，并可以在随时改变视角和光源的条件下从任何视点去观察这座建筑，以便得出满意的方案。然后，结构设计师就可以利用已经建起的模型，选取结构方案，调整荷载和定义荷载，由系统自动进行结构分析，得出如配筋量和配筋图等结果。如果不满意，则可修改参数或方案。

（3）在医疗中的应用

在使用放射疗法治疗癌症病人时，必须寻找最佳光线照射角度，使癌细胞能有效地被杀死，而周围的健康组织最小限度地受到损害。使用虚拟现实技术时手术医师头戴头盔显示器看着虚拟的病人解剖模型，手戴指套或数据手套模拟 X 光机发射出射线，试验各种不同的照射位置，从而找到最合理的治疗方案。

虚拟现实技术包括计算机、图像生成与显示、传感器、测控、通信、多媒体、人工智能技术和软件工程等技术，形成了一个综合的系统技术群。未来虚拟现实技术将是一门走向成熟的科学和艺术，是一种全新的信息处理方式。

1.4.6 科学计算可视化

科学计算可视化（Visualization in Scientific Computing）是发达国家 20 世纪 80 年代后期提出并发展起来的一个研究领域。1987 年 2 月，美国国家科学基金会在华盛顿召开了有关科学计算可视化的首次会议，与会者有来自计算机图形学、图像处理及从事各不同领域科学计算的专家。会议认为"将图形和图像技术应用于科学计算是一个全新的领域"，并指出"科学家们不但需要分析由计算机得出的计算数据，而且需要了解在计算过程中数据的变化，而这些都需要借助于计算机图形学及图像处理技术"。

会议将这一涉及多个学科的领域定名为"Visualization in Scientific Computing"，简称"Scientific Visualization"。经过多年的发展，科学计算可视化理论和方法的研究已经在国际上蓬勃开展起来并开始走向应用。

什么是科学计算可视化呢？它是运用计算机图形学和图像处理技术，将科学计算过程中的数据及计算结果的数据转换为图形和图像在屏幕上显示出来，并进行交互处理的理论、方法和技术。

科学计算可视化可按其功能分为三个层次：一是科学计算结果数据的后处理。它将计算过程和可视化过程分开，在脱机状态下对计算的结果数据或测量数据实现可视化。由于不要求实时地用图形、图像显示数据，因而这一层次的可视化工作对计算能力的需求较之下面两个层次要低一些。二是科学计算结果数据的实时处理及显示。即在进行科学计算的同时，实时地对计算的结果数据或测量数据实现可视化。三是科学计算结果数据的实时绘制及交互处理。在这里，绘制（Rendering）指由物体的几何模型生成屏幕图像的过程。这一层次的功能不仅能对数据进行实时处理及显示，如有必要，还可以通过交互方式修改原始数据、边界条件或其他参数，使计算结果更为满意，实现用户对科学计算过程的交互控制和引导。显然，这一层次的功能不仅要求计算机硬件具有很强的计算能力，还要求可视化软件具有很强的交互功能。

1.4.7　并行图形处理

随着各应用领域中数据量在规模上急剧扩大，计算速度也相应成为计算机图形算法中日益突出的一个问题。仅仅依靠计算机本身存储空间的扩大、计算能力的提高，尚不足以满足实时显示复杂真实图形的要求。其中有三方面的障碍：其一，用一个浮点处理器不能满足对体素作几何变换和裁剪的要求；其二，用一个显示处理器和存储器不能满足扫描转换和像素处理的需要；其三，常用的存储器系统的带宽不能支持对帧缓冲存储器快速读写的要求。为了解决影响图形处理性能的速度问题，将并行处理技术引入计算机图形学领域，利用并行体系结构加速计算过程，成为计算机图形学领域的一个非常活跃的研究方向。

图形处理技术的并行计算大致可以分为三个层次。第一层次是多计算机的并行图形处理，即利用工作站网络（Network of Workstation，NOW）或工作站集群（Workstation Cluster）的计算机机群进行并行图形计算。第二层次是在单个工作站或个人计算机上，用两个以上的图形显示子系统（显卡）实现并行计算，采用相应的技术，如 nVidia 公司的 SLI（Scalable Link Interface，可升级连接界面）和 ATI 公司的 CrossFire（交叉火力），实现图形渲染上的并行处理。第三层次是多 GPU/VPU（Graphics/Visual Process Unit，图形/视觉处理单元）的并行处理，即在一个显示子系统中有多个图形/视觉处理单元，通过调度算法，实现并行图形处理，这也是目前研究的热点之一。

目前，较为典型的并行图形绘制系统包括 SGI 公司的 InfiniteReality、HP 公司的 PixelFlow、斯坦福大学与 Intel 公司合作的 WireGL、斯坦福大学与 IBM 合作的 Chromium、浙江大学 CAD&CG 中心的 AnyGL 和 MSPR 等。

习 题 1

1.1　名词解释：图形、图像、点阵法、参数法。

1.2　图形包括哪两方面的要素，在计算机中如何表示它们？

1.3 什么叫计算机图形学？分析计算机图形学、数字图像处理和计算机视觉学科间的关系。

1.4 有关计算机图形学的软件标准有哪些？

1.5 试从科学发展历史的角度思考计算机图形学以及硬设备的发展过程。

1.6 试发挥你的想象力，举例说明计算机图形学有哪些应用范围，解决的问题是什么？

1.7 你用过哪些图形处理软件包？对比它们的功能和特点。

第2章　计算机图形系统及图形硬件

随着计算机图形技术的发展，大量的计算机图形系统应用到了非常多的领域。本章将探讨计算机图形系统的功能和结构；对部分图形硬件设备，特别是图形显示设备进行简要介绍；最后，为方便后面章节的讲述，给出图形软件包OpenGL的基本概念。

2.1　计算机图形系统概述

计算机图形学的基本任务是研究如何用计算机生成、处理和显示图形，它必须包含以下几个方面的任务：一是如何用恰当的硬件来实现图形处理功能；二是如何设计好的图形软件；三是图形处理所需的数学处理方法；四是如何解决实际应用中的图形处理问题。因此，一个计算机图形系统可以定义为计算机硬件、图形输入/输出设备、计算机系统软件和图形软件的集合。

2.1.1　计算机图形系统的功能

一个交互式计算机图形系统应具有计算、存储、交互（对话）、输入和输出等5种功能，如图2-1所示。

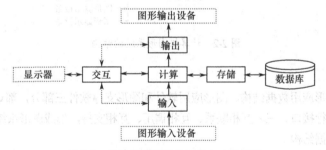

图 2-1　计算机图形系统的基本功能框图

① 计算功能：应包括形体设计、分析的方法程序库和有关描述形体的图形数据库。数据库中应有坐标的几何变换（如比例、平移、旋转和投影等）、曲线/曲面的生成、图形交点的计算、性能检验等功能。

② 存储功能：指在计算机的内/外存中存放各种图形数据及图形数据之间的相互关系。可根据设计人员的要求实现有关信息的实时检索，图形的变更、增加和删除等处理。

③ 交互功能：决定了用户通过图形显示器和图形输入设备进行人机通信的方式。用户通过显示屏幕观察设计的结果，用鼠标或键盘等图形输入设备对不满意的部分做出修改。此外，还可以由系统追溯到以前的工作步骤，跟踪检索出错的地方，还可以对用户操作中的错误给予必要的提示。

④ 输入功能：指将设计过程中图形的形状、大小和颜色属性等必要的参数和命令输入到计算机中。

⑤ 输出功能：用于长期保存计算结果或交互需要的图形信息。由于对输出的结果有精度、形式、

时间等要求，因此输出设备是多种多样的。

上述 5 种功能是一个图形系统所具备的最基本功能，至于每种功能中具有哪些能力，则因不同的系统而异。

2.1.2　计算机图形系统的结构

根据基本功能的要求，一个交互式计算机图形系统的结构如图 2-2 所示，主要由图形软件和图形硬件两部分组成。

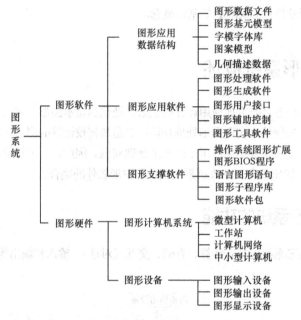

图 2-2　计算机图形系统的结构

1. 图形软件

图形软件分为图形应用数据结构、图形应用软件和图形支撑软件三部分，都处于计算机系统内，与外部的图形设备进行接口。三者互相联系、互相调用、互相支持，形成图形系统的整个软件部分。

（1）图形应用数据结构

图形应用数据结构实际上对应一组图形数据文件，其中存放着将要生成的图形对象的全部描述信息。这些信息包括：定义该物体的所有组成部分的形状和大小的几何信息；与图形有关的拓扑信息（位置与布局信息）；与这个物体图形显示相关的所有属性信息，如颜色、亮度、线型、纹理、填充图案、字符样式等；还包括那些在实际应用中要涉及的非几何数据信息，如图形的标记与标识、标题说明、分类要求、统计数字等。这些数据以图形文件的形式存放于计算机中，根据不同的系统硬件和结构，组织成不同的数据结构，或者形成一种通用的或专用的数据集。它们正确地表达了物体（形体）的性质、结构和行为，构成了物体的模型。在计算机图形学中，根据这类信息的详细描述，生成对应的图形，并完成这些图形的操作和处理（显示、修改、删除、增添、填充等）。所以，应用数据结构是生成图形的数据基础。

（2）图形应用软件

图形应用软件是解决某种应用问题的图形软件，是图形系统中的核心部分，包括各种图形生成和处理技术，是图形技术在各种不同应用中的抽象。图形应用软件与图形应用数据结构接口，从后者中取得物体的几何模型和属性等，按照应用要求进行各种处理（裁剪、消隐、变换、填充等），然后使用图形支撑软件所提供的各种功能，生成该对象的图形并在图形输出设备上输出。图形应用软件还与图形支撑软件接口，根据从图形输入设备经图形支撑软件送来的命令、控制信号、参数和数据，完成命令分析、处理和交互式操作，构成或修改被处理物体的模型，形成更新后的图形数据文件并保存起来。图形应用软件中还包括若干辅助性操作，如性能模拟、分析计算、后处理、用户接口、系统维护、菜单提示以及维护程序等，从而构成一个功能完整的图形软件系统环境。

（3）图形支撑软件

一般而言，图形支撑软件是由一组公用的图形子程序组成的。它扩展了系统中原有高级语言和操作系统的图形处理功能，可以把它们看成计算机操作系统在图形处理功能上的扩展，或者是计算机高级语言在图形处理语句功能上的扩展。标准图形支撑软件在操作系统上建立了面向图形的输入、输出、生成、修改等功能命令、系统调用和定义标准，而且对用户透明，与采用的图形设备无关，同时具有高级语言接口，支持高级语言程序设计。图形支撑软件采用标准图形支撑软件，即图形软件标准，不仅降低了软件研制的难度和费用，也方便了应用软件在不同系统间的移植。

在采用了图形软件标准如 OpenGL、PHIGS、GKS、CGI 等后，图形应用软件的开发将得到如下三方面好处：① 与设备无关，即在图形软件标准基础上开发的各种图形应用软件，不必关心具体设备的物理性能和参数，它们可以在不同硬件系统之间方便地进行移植和运行；② 与应用无关，即图形软件标准的各种图形输入/输出处理功能，综合考虑了多种应用的不同要求，因此有很好的适应性；③ 具有较高性能，即图形软件标准能够提供多种图形输出原语（Graphic Output Primitives），如线段、圆弧、折线、曲线、标志、填充区域、图像、文字等，能处理各种类型的图形输入设备的操作，允许对图形分段或进行各种变换。因此应用程序能以较高的起点进行开发。

2. 图形硬件

图形硬件包括图形计算机系统和图形设备两类。与一般计算机系统相比，图形计算机系统的硬件要求主机性能更高、速度更快、存储容量更大、外设种类更齐全。目前，面向图形应用的计算机系统有微型计算机、工作站、计算机网络和中小型计算机等。

微型计算机采用开放式体系结构，CPU 以 Intel 和 AMD 公司为主，操作系统以 Microsoft 公司的 Windows 为主（Windows + Intel 通常称为 Wintel 平台），厂商以 IBM、Dell、Acer 和联想公司为主。微型计算机系统体积小，价格低廉，用户界面友好，是一种普及型的图形计算机系统。

工作站自 20 世纪 80 年代流行开来，采用封闭式体系，不同的厂商采用的硬件和软件不相同，且互不兼容，主要厂商有 SUN、HP、IBM、DEC 和 SGI 等。工作站是具有高速的科学计算、丰富的图形处理、灵活的窗口及网络管理功能的交互式计算机系统，不仅可用于办公自动化、文字处理和文本编辑等领域，还可以用于工程和产品的设计与绘图、工业模拟和艺术模拟。例如，SGI IRIS 工作站采用图形处理技术和 VLSI 技术相结合的产物——几何图形发生器和与其相配套的 IRIS 图形库 GL，用几何图形发生器可以产生各种线框图，实现图形的几何变换和各种光照效果。用户应用交互式三维图形程序设计库 GL，可以创建各种物理模型，实现几何变换、光线、色彩、明暗、阴影、表面纹理和复杂帧缓存处理等图形处理功能。由于 GL 已经固化，使 SGI IRIS 工作站在三维图形动态显示和实时仿真方面的功能尤为突出。SGI IRIS 普及型工作站每秒可处理 120 万条三维线段、200 万个多边形以及 3.23 亿次纹理及反走样处理。

中小型计算机是一类高级的、大规模计算机工作环境，一般在特定的部门、单位和应用领域采用。

它是建立大型信息系统的重要环境，其中的信息和数据的处理量很大，要求机器有极高的处理速度和极大的存储容量。这类平台以其强大的处理能力、集中控制和管理能力、海量数据存储能力、数据与信息的并行或分布式处理能力而在计算机界中自占一域，具有强大的竞争力。一般情况下，图形系统在这类平台上作为一种图形子系统来独立运行和工作，这个图形子系统与主机的关系可以是主从式的或分离式的，但都借助于大型主机的强大性能。

基于网络的图形系统是另一种类型的计算机系统，是将上述三类计算机系统以及其他计算机环境，或者其中某一类，通过互连技术彼此连接，按照某种通信协议进行数据传输、数据共享、数据处理而形成的多机工作环境。其特点是多种计算机相连，可以充分发挥各机器的性能和特点，以达到很高的性能价格比。目前，网络中多采用服务器和工作站方式，这里的服务器可以采用高性能微机、超级微机、工作站或中小型机中的任一种。基于网络的图形计算机系统可以将图形系统的应用扩展到更远、更宽的范围。不过，网络图形系统要考虑的关键问题是网络服务器的性能、图形数据的通信、传输和共享以及图形资源的利用问题。

计算机图形系统除大容量外存储器、通信控制器等常规外围设备外，还有图形输入和输出设备。图形输入设备种类繁多，在国际图形标准中，按照逻辑功能，分为定位设备、选择设备、拾取设备等。通常，一种物理设备往往兼具几种逻辑功能。在交互式系统中，图形的生成、修改等人机交互操作由用户通过图形输入设备控制。图形输出设备分为图形显示器和图形硬拷贝设备两类，各类图形显示器属于前者，图形打印机（点阵、喷墨、静电、激光打印机等）、绘图仪、图形复制设备属于后者，如表2-1所示。

表2-1 常用图形输出设备的分类

图形显示器	CRT 显示器	光栅扫描图形显示器 随机扫描图形显示器（刷新式） 随机扫描图形显示器（存储管式）
	其他显示器	液晶显示器（LCD） 发光二极管显示器（LED） 激光显示器
图形硬拷贝设备	绘图仪	平板绘图仪 滚筒绘图仪（静电式、机械式）
	图形打印机	点阵打印机 喷墨打印机 激光打印机
	其他设备	缩微胶片输出设备 复印输出设备 录像设备（录像带、录像盘）

2.2 图形输入设备

在一个图形系统上，有许多装置可用于数据输入。在大多数交互式图形系统中，都配置有一个键盘和一个或多个专门用于交互式图形输入的附加设备，如鼠标、跟踪球、空间球、操纵杆、数字化仪、拨号盘和按钮盒等。适合特殊应用的其他输入设备有数据手套、触摸屏、图像扫描仪和声音系统等。

2.2.1 键盘

键盘（Keyboard）可用于屏幕坐标的输入、菜单选择、图形功能选择，以及输入那些非图形数据，如辅助图形显示的图片标记等。

功能键和光标控制键是通用键盘的共同特色。功能键允许用户以单一击键输入常用的操作，而光标控制键可用来选择被显示的对象或通过定位屏幕光标来确定坐标位置。某些键盘上还包含其他类型的光标定位设备，如跟踪球和操纵杆。另外，键盘中的数字键盘常用于快速输入数值数据。

2.2.2　鼠标器

鼠标器（Mouse）简称鼠标，它是目前最常用的计算机输入装置，用于移动光标和选择操作。鼠标的基本工作原理是：当推动鼠标在平面上移动时，它将记录移动的方向和距离，这个方向和距离被传送给计算机，转换成对应光标的位移。由于鼠标能放到任一位置而不会改变光标的位移，所以常用它来产生屏幕光标位置的相对变化。不过，在不同的应用软件中定义的鼠标按键的操作方式及其功能含义是各不相同的。

按测量位移方法的不同可将鼠标分为两类：一类用鼠标底部的转轮或滚轮来记录移动的总量和方向；另一类则采用光学感应器来检测鼠标运动。按使用的按键数又可将鼠标分为 MS 型鼠标（Microsoft Mouse Mode，双按键鼠标）和 PC 型鼠标（Mouse System Mode，三按键鼠标）两种。

鼠标设计还可以包括一些附加设备功能，以增加允许输入的参数的数量。如 Multipoint Technology 公司提供的 Z 鼠标，它包含三个按钮、侧边的拇指转轮、顶部的跟踪球以及底部的标准鼠标球。这种设计提供了 6 个自由度的空间位置选择、旋转和其他参数。Z 鼠标可以拾取一个对象，使之旋转，并按任意方向移动，或者通过三维场景来驾驭观察位置和方向。Z 鼠标的应用包括虚拟现实系统、CAD 和动画等。

2.2.3　光笔

光笔（Light Pen）是一种检测装置，靠检测荧光屏上的发光点来选择屏幕的位置坐标。光笔的形状和大小就像一支圆珠笔，笔尖处开有一个圆孔，让荧光屏上的光通过这个孔进入光笔。光笔的头部有一组透镜，把所收集的光聚集到光导纤维的一个端面上，光导纤维再把光线无折射、无衰减地传到另一端，然后将光信号转换成电信号，经过整形后输出一个有合适信噪比的逻辑电平，并作为中断信号送给计算机和显示器的显示控制器。光笔的结构和工作过程如图 2-3 所示。光笔对因瞬时电子束照射特定点而从荧光粉涂层发出的少量的光脉冲十分敏感，而对其他光源，如屋子里的背景光，是不敏感的。发光点的检测是短暂的。另外，借助机械的或电容性的触钮开关可实现对光笔的启动和操作。

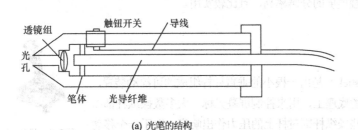

(a) 光笔的结构　　　　　　　　　　　　　　　　(b) 光笔的工作过程

图 2-3　光笔的结构和工作过程

光笔有三个基本功能：定位、拾取和笔画跟踪。拾取是选中显示器上已显示的图形或字符以便作进一步的加工处理。笔画跟踪用光笔拖动光标实现定位，可用于图形编辑。

光笔的应用在早期曾一度兴旺、普及。但同其他已开发的输入设备比较，光笔有其明显的不足。一是当光笔指向屏幕时，屏幕图像的一部分被手和笔迹遮挡，而且长时间使用光笔，会造成手臂和手腕的疲劳。再者，光笔输入是通过探测从显示荧光体所发出的光来工作的，所以在选择的坐标位置上必须设置相应的亮度级别，否则光笔笔端辨别不了。

2.2.4　触摸屏

触摸屏（Touch Screen）也叫触摸板（Touch Panel），这种装置以手指触摸的方式选择屏幕位置。如图2-4所示，当用手指或者小杆触摸屏幕时，触点位置便以光学的（红外线式触摸屏）、电子的（电阻式触摸屏和电容式触摸屏）或声音的（声音探测式）方式记录下来。

图2-4　触摸屏

红外线式触摸屏通常是在屏幕的一边用红外器件发射红外光，而在另一边设置接收装置检测光线的遮挡情况。这里可用两种方式：一种是利用互相垂直排列的两列红外发光器件在屏幕上方与屏幕平行的平面内组成一个网格，而在相对应的另外两边用光电器件接收红外线光，检查红外光的遮挡情况。当手指触在屏幕上时，就会挡住一些光束，光电器件就会因为接收不到光线而发生电平变化。另一种是倾斜角光束扫描系统，它是利用扇形的光束从屏幕两角照射屏幕，在与屏幕平行的平面内形成一个光平面。产生触摸时，通过测量投射在屏幕其余两边的阴影覆盖范围来确定手指的位置。这种方式产生的数据量大，要求有较高的处理速度，但其分辨率要比直线式的高。红外线式触摸屏存在的一个问题是，当屏幕是曲面时，由于光束组成的平面与屏幕有一定的距离，特别是在屏幕边缘处距离较大，就会在人的手指还没有接触到屏幕时就已产生了一个有效的选择，给人一种突兀的感觉。

电阻式触摸屏使用一个两层导电和高透明度的物质做成薄膜涂层涂在玻璃或塑料表面，再安装到屏幕上，或直接涂到屏幕上。这两个透明涂层之间约有 0.0025 mm 的距离，当手指触到屏幕时，在接触点产生一个电接触，使该处的电阻发生变化。在屏幕的 x、y 方向上分别测得电阻的改变量就能确定触摸的位置。

电容式触摸屏是用一个接近透明的金属涂层覆盖在一个玻璃表面上，当手指接触到这个涂层时，由于电容的改变，使连接在一角的振荡器频率发生变化，测量出频率改变的大小即可确定触摸的位置。

电阻式触摸屏和电容式触摸屏对涂层的均匀性、测量精度和耐用性要求较高。

声波触摸屏在一块玻璃板的水平方向和垂直方向上产生高频声波。触摸屏幕引起声波的某一部分被手指反射到发射器，通过计算声波从发送与反射到发射器的时间间隔来得到接触点的屏幕位置。目前声波触摸屏的分辨率比红外线触摸屏的分辨率高，且比较实用。

2.2.5　操纵杆

如图 2-5 所示，操纵杆（Joystick）是由一根小的垂直杠杆组成的可摇动装置，该杠杆装配在一个其四周可移动的底座上，用来控制屏幕光标。大多数操纵杆都以杆的移动来选择屏幕位置，有一些操纵杆则对杆上的压力作出响应。对于一个移动操纵杆，它向任一方向的偏移都对应于该方向上相对中心位置的屏幕光标移动的距

图2-5　操纵杆

离。在操纵杆中使用电位器来测量移动距离，释放操纵杆时，弹簧使操纵杆回到中心位置。压力检测操纵杆也称立方体操纵杆，其手柄是不可移动的，但它可以测量手柄上的压力并将此压力转换成指定方向上的光标位移。

2.2.6　跟踪球和空间球

跟踪球（Trackball）是一个球，可用手心或掌心旋转以使屏幕光标移动，如图 2-6 所示。附加的电

位计量器可测量球的旋转量和方向。跟踪球常安装在键盘或其他设备，如 Z 鼠标上，用作二维定位设备。如图 2-7 所示，与跟踪球不同，空间球（Spaceball）提供 6 个自由度。当空间球在不同方向被推、拉时，张力标尺测量施加于空间球的压力，提供空间定位和方向输入。在虚拟现实系统、造型、动画、CAD 和其他应用中，空间球用作三维定位和选择设备。

图 2-6　跟踪球　　　　　　图 2-7　空间球　　　　　　　图 2-8　数据手套

2.2.7　数据手套

数据手套（Data Glove）是一种戴在手上的传感器，用来抓住"虚拟对象"。如图 2-8 所示，手套由一系列检测手和手指运动的传感器构成。发送天线和接收天线之间的电磁耦合，可提供关于手的位置和方向的信息。发送和接收天线各自由一组三个相互垂直的线圈构成，形成三维笛卡儿坐标系。数据手套能给出用户所有手指关节的角度变化，由应用程序判断用户在虚拟现实环境中操作时的手势。来自手套的输入，可定位虚拟场景中的对象或操纵该场景。虚拟景物的二维投影可在常用视频显示器上观察，其三维投影可用头盔　观察。

2.2.8　数字化仪

数字化仪（Digitizer）通常用来扫描二维或三维图形对象，以输入一系列二维或三维的坐标值。这些坐标值代表的坐标点，在系统中将以直线段或曲线段连接，以逼近图形对象的描绘曲线或表面形状。数字化仪常用来输入地图或人体雕像等图形对象。

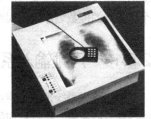

如图 2-9 所示，一类数字化仪是图形输入板。它通过在图形板平面上选择相应的点来确定坐标位置。可用一个手动光标块来选择相应点，这个输入小装置与鼠标的大小差不多，上有一个用于观察位置的十字准线；也可采用触针来选择，触针是一个类似铅笔形状的装置，用来标出图形输入板上的位置。图形输入板提供了一种选择坐标位置的最准确的方法，十字线或触针在图形输入板表面移动时，不会遮住显示屏的任何部分，也不会妨碍用户的观察视线。就像鼠标的使用一样，当需要输入选定的位置时，

图 2-9　二维数字化仪

按动手动标块或触针上的按钮来激活系统。在手动光标块或触针上往往有几个按钮供选用，当光标在整个图形输入板表面移动时可以分别存储一个点，也可以存储一串点。

许多数字化仪具有矩形网状结构，该结构由嵌在数字化仪表面的导线构成。每根导线的电压有微小的差别，该电压值与导线的坐标位置相关。水平方向和垂直方向上线间电压之差，对应于显示屏上相应方向上的坐标差。通过激活数字化仪上某点的触针或手动标块，用户可将该点的电压记录下来，然后这些电压值被转换为在图形程序中要使用的屏幕位置。另一些图形板则使用电磁场来记录坐标位置，此时，常使用触针来探测导线网格中的编码脉冲或相位的移动。

还有的数字化仪使用声波原理，它由两个相互垂直的条状麦克风构成（装配成 L 状）。条状麦克风

探测来自触针尖的电火花所发出的声音，根据两个麦克风中所产生声音的到达时间计算出触针的位置。此外，在某些系统中用点麦克风代替较大的条状麦克风，点麦克风系统的体积小，便于携带，但其作用范围比具有 L 框架的麦克风小。这些声音设备的工作域可以设置在平板的顶部或任何其他表面。例如，三维声音数字转换仪采用三个或多个记录空间位置的麦克风。如使用 4 个点麦克风，可以数字化一个表面的三维系统，当触针在固体表面移动时，根据三个麦克风中的声音脉冲到达的时间可计算出每点的 x、y、z 坐标，然后将物体投影到显示屏上显示。对于至少具有三个麦克风的系统，要求有一个清晰的线条，以便将物体表面的位置数字化，第四个麦克风是为在物体表面跟踪方便而设置的，因为某些表面可能会遮住麦克风的触针。

三维数字化仪还可用与数据手套类似的电磁传播方法：发送器和接收器之间的耦合用来计算当触笔在对象表面移动时的位置。当在非金属物体表面选择点时，表面的线框轮廓显示在计算机屏幕上。表面轮廓一旦构成，可用光照效应绘制，产生该物体的逼真显示。

2.2.9　图像扫描仪

图像扫描仪（Scaner）可直接把图纸、图表、照片、广告画等输入到计算机中，在将它们传过一个光学扫描机构时，灰度或彩色等级被记录下来，并按图像方式进行存储。按所支持的颜色划分，扫描仪分为单色扫描仪和彩色扫描仪；按所采用的固态器件划分，又分为 CCD（电荷耦合器件）扫描仪、MOS 电路扫描仪、紧贴型扫描仪等；按扫描宽度和操作方式划分，分为大型扫描仪、台式扫描仪（如图 2-10 所示）和手动式扫描仪。

图2-10　图像扫描仪

扫描仪的技术指标一般有幅面、分辨率、支持的颜色数、灰度等级等。幅面有 A0、A1、A4 等。分辨率是指在原稿的单位长度（英寸）上取样的点数，单位是 dpi（dot per inch），常用的分辨率有 300～1000 dpi。扫描图像的分辨率越高，所需的存储空间就越大。现在多数扫描仪都提供可供选择的分辨率，还有 4、8、24 位面颜色、灰度等级的扫描仪，扫描仪支持的颜色数、灰度层次越多，图像的数字化表示就越准确，同时意味着表示一个像素点的位数增加了，因而增加了所需的存储空间。

2.2.10　声频输入系统

声频输入系统也称为声音输入系统，在某些图形工作站中，采用话音识别器作为输入设备，以接收操作者的命令，执行相应的图形操作或数据输入。声频输入系统通过使用一个预定义的词典或语音命令集来工作，这个词典是为某个指定的操作员建立的，通过让该操作员读讲系统中使用的命令词，逐个建立一个声音词典。每个命令反复说几遍，由系统分析该命令的发声，在词典中为该命令建立一个频率模式，并与相应的执行功能建立联系。以后，当给出声音命令时，系统即搜索该词典，获得频率模式匹配，继而执行对应的操作和处理。头戴式受话器输入装置就是一种典型的声音输入装置，设计话筒的目的是减少背景声音的输入干扰。注意，如果另外的操作员使用该系统，则必须为他建立相应的声音词典。声音输入系统在某些方面优于其他输入设备，因为操作员在输入命令时，其注意力不必从一个设备转移到另一个设备。

2.2.11　视频输入系统

近年来，视频图形图像的输入与应用使视频图像输入装置和设备迅速发展。常用的视频输入装置有：视频信号采集板（卡）、视频信号输入卡、视频信号处理装置等，其中大量采用了数字信号处理芯片（DSP）。通过这些接口装置，来自电视天线的电视信号，来自摄像机、录像机的视频信号都可以记录下来、存储到计算机中。这样，就使计算机所能处理的图形图像信息的来源得到了扩展，许多非常自然、逼真、活动的图像在应用系统中作为图形背景，为应用的深层次发展打下了坚实的基础。

2.3　图形显示设备

显示器件是显示设备的一个组成部分，它的发展推动了显示技术的发展。最初，人们只能用机械式器件或大型白炽灯等用作显示器件，随后采用静电偏转式 CRT 示波管作为显示器件，一直到采用电视中的黑白显像管作为显示器件才使显示技术更进了一步。彩色显像管的出现对彩色显示器的产生起了推动作用。目前，技术上较为成熟的阴极射线管（CRT）在显示器件中占有重要地位，而以液晶显示器和等离子体显示器为代表的平板显示器也逐渐在市场中占有一席之地。

显示设备的另一个重要组成部分是显示控制器（卡），它是控制显示器件和图形处理、转换、信号传输的硬件部分。随着 VLSI 技术的发展，自 20 世纪 80 年代以来，图形显示控制器发展很快，其功能除包括产生与控制信号有关的视频刷新访问、管理存储器的刷新功能外，还承担了矢量绘制、区域填充、位图数据传送等图形计算的任务，把 CPU 从低级任务中解放出来。

2.3.1　阴极射线管

1. 阴极射线管的组成及工作过程

阴极射线管 CRT（Cathode Ray Tube）是一种真空器件（如图 2-11(a)所示），利用电磁场产生高速的、经过聚焦的电子束，偏转到屏幕的不同位置，轰击屏幕表面的荧光材料，从而产生可见图形。从结构上看，CRT 由电子枪、偏转系统及荧光屏三个基本部分组成，如图 2-11(b)所示。

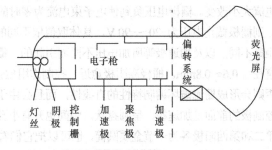

(a) CRT 的工作过程　　　　　　　　(b) CRT 的构造（磁偏转）

图 2-11　阴极射线管的工作过程

（1）电子枪

电子枪的主要功能是产生一个沿管轴（Z 轴）方向前进的高速的细电子束，用于轰击荧光屏，电子束应满足下列要求：

① 具有足够的电流强度，这是使光点达到一定亮度必需的。

② 电流的大小和有无必须是可控的。因为在显示字符或图形的过程中，光点在荧光屏上的运动轨迹不是连续的，要求亮度具有不同等级。轨迹的某些部分需要消除，某些部分需要使光点变暗，某些部分又需要更亮一些。

③ 具有很高的速度。因为只有这样，轰击荧光屏的电子束才具有足够的动能，使荧光粉发出相当强度的光亮。

④ 在荧光屏上应能聚焦很小的光亮，以保证显示器有足够的分辨率。

电子枪的结构示意图如图 2-12 所示。图中给出两种常见电子枪的结构，这里主要针对四针电子枪进行介绍。由图 2-12(b)可见，四极电子枪一般由 5 个或 6 个电极构成，它们是阴极、栅极（亦称调制极、控制极）、第一阳极（亦称加速极）、第二、四阳极（连在一起）和第三阳极（聚焦极）。

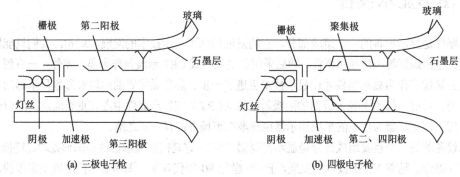

(a) 三极电子枪　　　　　　　　　　　　　　(b) 四极电子枪

图 2-12　电子枪结构示意

阴极的外形是个圆筒，一般由镍金属制成，筒的顶端涂有氧化物材料，称为氧化物阴极。氧化物阴极比其他金属制成的阴极更容易通过加热发射电子。筒内装有加热灯丝。灯丝加热发热时，阴极被间接均匀加热，当热至约 2000K 时，阴极便大量发射电子。

栅极，也称调制极或控制极。它是一个小圆筒，套在阴极圆筒的外面，在对准阴极顶端的中心处，开有一个小圆孔，使电子流经此孔成束地飞出去。电子飞出去多少，由栅极所加电压的大小决定，从而控制光点亮暗，使图像有亮暗的层次之分。栅极在正常运用时，相对于阴极，在它上面所加的电压为负，对从阴极来的电子起排斥作用，因而只有部分电子能通过栅极到达屏幕，大部分电子被排斥阻挡，回到阴极附近，形成电子云。改变栅极负电压的大小，可使电子被排斥的程度改变，从而使电子束的电流大小改变。栅极电压负到使电子束电流为零时的电压值，称为 CRT 的截止电压。设阴极电压为零，则栅极截止电压为-20～-90 V，具体取值依不同的管型而异。取值变化的原因是由于栅极对阴极的距离不同，以及加速极等所加电压不同而引起的。栅极离阴极较近，通常在 1 mm 以下，栅极中心孔直径为 0.6～0.8mm。栅极离阴极愈近，控制作用愈强。栅极对阴极而言，不允许用于正电压范围内，否则会形成栅流破坏调制特性的直线性，而且会由于电流过大而损伤氧化物阴极。

控制极的前面是加速极，呈圆盘状，中间也开有小孔。加速极的电压相对阴极为+300～+450 V。

第二和第四阳极各为一节金属圆筒，也可以把它们看成两节圆筒组成的一个整体，两节电极相连，第四阳极通过金属簧片与锥体内壁的石墨导电层相接，所以实际上和荧光粉后面的铝背膜相连。它们上面统一加有 8000～16000 V 的高压，使电子束以足够高的速度轰击荧光屏，激发荧光粉发出亮光。

第三阳极是一个金属圆筒，装在第二和第四阳极之间，加有相对于阴极为 0～450 V 的可调直流电压，改变这个电压可以改变电子束聚焦的质量，所以第三阳极也叫聚焦极。

以上几个电极用玻璃绝缘柱支撑组装成一个坚实的整体，总称为电子枪。电子枪发射很细的电子束向荧光屏轰击。

（2）偏转系统

为了在荧光屏上的所有位置显示图形及字符，必须用电子束偏转扫描来实现。电子束偏转有电偏转和磁偏转两种方法。磁偏转法能在大偏转角情况下保持电子束的聚焦质量，从而保证 CRT 图形的清晰度，因此在 CRT 显示技术中被广为采用。

磁偏转系统是利用磁场使电子束产生偏转，扫描荧光屏产生字符或图形。图 2-13(a)为偏转线圈与 CRT 的相对关系，一对偏转线圈在水平方向分为两部分，紧靠在 CRT 颈部，产生穿出纸面方向的有限范围的均匀磁场。偏转线圈外面包以电磁屏蔽使磁场仅集中在内部。CRT 尾部电子枪产生电子束射向荧光屏，电子束经过磁场便产生偏转。当电子束穿出磁场范围后，不再受偏转力，沿着穿出点运动方向的切线直射向荧光屏。

可以导出，当偏转线圈的匝数一定时，偏转电流 I 与偏转角的正弦成正比。因而只有在偏转角很小时，偏转角与偏转电流之间才为线性关系。当在 CRT 颈部的水平与垂直两个方向各放一对偏转线圈分别通入场频与行频锯齿波电流，使电子束扫描出一个矩形光栅时，由于荧光屏 4 个角距中心最远，偏转角较大，同样的偏转电流增量所造成的偏转距离增量最大，结果造成光栅的枕形失真，见图 2-13(b)。

校正的措施有两种：一是使产生偏转磁场的锯齿形电流预先产生一些失真；二是故意将偏转磁场做成略有不均匀性，接近管轴中央处略强，周围略弱。在这种预失真的偏转磁场中，光栅将有桶形失真的倾向，见图 2-13(c)，用以抵消枕形失真。此种磁场可由偏转线圈的结构来保证。但这时，由于电子束中不同轨迹的电子在偏转时将遇到不同的偏转场强，势必使抵达荧光屏时产生散焦现象，影响图像的清晰度。实际上，上述两种措施往往是同时采用的，只是针对具体情况所占比重不同。

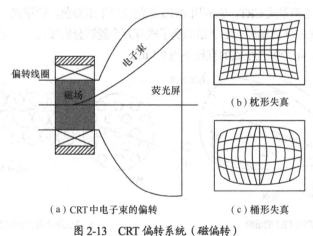

（a）CRT中电子束的偏转　　　　（c）桶形失真

图 2-13　CRT 偏转系统（磁偏转）

图 2-14 中 CRT 采用的是电偏转方式。电子束通过两对金属偏转板，一对是垂直安装的，另一对是水平放置的，电子束的方向在它们之间受到偏转作用。当电子束通过每一对偏转板时，电子朝带正高压的极板偏转。

（3）CRT 的荧光屏

CRT 荧光屏（Phosphor Screen）是用荧光粉涂敷在玻璃底壁上制成的，常用沉积法涂敷荧光粉。玻璃底壁要求无气泡，表面光学抛光。对荧光粉的性能要求是：发光颜色满足标准白色、发光效率高、余辉时间合适及寿命长等。

荧光粉的余辉特性是指这样一种性质：电子束轰击荧光屏时，荧光粉的分子受激发而发光，当电子束的轰击停止后，荧光粉的光亮并非立即消失，而是按指数规律衰减，这种特性叫余辉特性。余辉

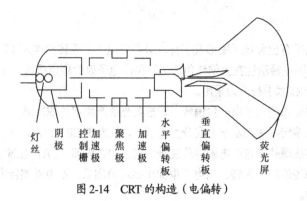

图 2-14　CRT 的构造（电偏转）

时间定义为从电子束停止轰击到发光亮度下降到初始值的 1% 所经历的时间。若 CRT 的余辉时间长于帧周期，则同一像素点处第一帧余辉未尽而第二帧扫描又到了，前一帧的余辉会重叠在后一帧图像上，整个图像便会模糊。若余辉时间太短，屏幕的平均亮度会降低。

2. 彩色阴极射线管

阴极射线管可以利用能够发射不同颜色光的荧光粉的组合来产生彩色图形。根据色度学原理，应用物理三基色色域：红色、黄色和蓝色，可以组合成各种颜色。但是，考虑到荧光粉性能的稳定以及制造工艺的难易等因素，实际上是将能够发出红（R）、绿（G）、蓝（B）三种颜色的荧光粉涂在荧光屏上。荧光粉受到不同强度的电子束激发使发出的色光产生混合形成彩色图形。这就是我们常说的 RGB 颜色模型。

常见的彩色 CRT 是荫罩式 CRT，它利用 RGB 颜色模型生成彩色。荫罩式 CRT 如图 2-15(a) 所示，在荫罩前面的三色荧光屏（玻璃屏）上交错涂满了成百万个能够分别发出红、绿、蓝三色光的荧光小点，如图 2-15(b) 所示，每个荧光小点的直径不到 0.1 mm。

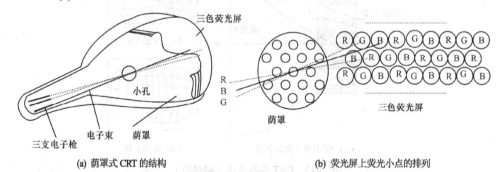

(a) 荫罩式 CRT 的结构　　　　　　　　　　　　(b) 荧光屏上荧光小点的排列

图 2-15　荫罩式 CRT

红、绿、蓝三色荧光点需用三支电子束分别轰击发光。荫罩式 CRT 的尾部装有三支电子枪，每支电子枪都由阴极、控制栅极、加速极和聚焦极组成，相当于把三支阴极射线管的电子枪装在一个管颈中。三支电子枪安装成"品"字形，其间互成 120° 的角，组成一个等边三角形。为了使三支电子枪能同时击中一组荧光小点，每只电子枪都略向管轴倾斜。若各个电子枪射出的电子束只击中各自的荧光小点，那么，把代表 R、G、B 三色的控制信号分别加在三个电子枪的控制栅极，使各自的电子束强弱跟随相应信号变化，则在屏幕上即出现合成的颜色图像。

为了保证三支电子束在连续的扫描运动中，正好击中各自相应的荧光小点，在离荧光屏 1 cm 处安装了一块薄钢板制成的网板，它像一个罩子将屏幕罩起来，所以被称为荫罩板。在荫罩板上大约有 40 万～50 万个小孔，小孔可以是圆形、椭圆形或腰圆形，每个小孔准确地和一组三色荧光小点对应。安装时，调整三支电子枪的位置，使其发射的电子束正好交汇在荫罩的小孔上，然后再各自打在相应的荧光小点上，图2-15(b)为其作用情况。

实际上，电子束的截面比荫罩小孔的直径大得多，它常常是同时穿过几个荫罩小孔，使几个荧光小点同时发光，但由于荫罩的隔离作用，电子束都是各打各的点，不会产生误击。图2-16表示一支红色电子束同时穿过三个荫罩小孔轰击三个红色荧光小点的情形。由图可见，电子束中只有少量（15%左右）电子到达屏幕，其余大部分电子轰击在荫罩上。荫罩吸收了大量电子，容易因发热而产生变形，影响管子工作；另一方面由于到达屏幕的射束电流较小，管子的亮度低。而为了提高亮度，则必须提高第二阳极的电压（高达25 kV），从而提高了阴极射线管的绝缘要求，并且20 kV以上的高压还带来X射线的辐射问题。

为了克服上述缺陷，人们研制了黑底荫罩管。如前所述，在普通荫罩管中，荧光小点是一一紧靠着，密集地涂满整个屏幕。为了避免混色，荧光点的面积比电子束截面要大些。因此，只有荧光点中心部分受到电子束轰击发光，黑底管则把小点的面积缩小到等于实际发光面积，小点之间的空隙全用石墨涂上，如图2-17所示。因为石墨是极好的吸光材料，它吸收了环境光和荧光粉发光时在管屏玻璃内产生反射的散射光。这些杂散光是无用的，影响图像的对比度。在普通荫罩管中，为了吸收杂散光，管屏都用透明度较低的灰玻璃制成。而对黑底管来说，则可采用透明度较高的玻璃，增强管屏的透光率，提高亮度。同时，由于荧光小点面积缩小，并包围于石墨之中，就不易发生混合，荫罩小孔的直径可以加大。这样既增加了亮度，又减少了荫罩的发热损耗。通常，其亮度比普通荫罩管提高约1倍。

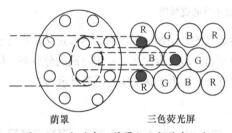

图2-16　电子束、荫罩小孔与荧光小点

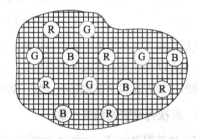

图2-17　黑底荫罩式彩色荧光屏

为了使荫罩式彩色CRT的颜色正确、影像轮廓清晰，必须满足色纯、会聚和白色平衡的要求。所谓色纯，就是使单色颜色纯净。而要使其纯净，就必须使三支电子束只击中各自对应的荧光点，不能误击。此外，还必须使三支电子束会聚准确，即不论电子束扫描到何处，三支电子束都应在某一荫罩小孔处会聚到一起，穿过此小孔准确打在同一组荧光小点上。三个单色影像重合愈好，影像愈清晰。此外，三支电子束的强度必须调整合适，要做到收看黑白节目时，屏幕上不会出现彩色，从而保证白色和灰色的正确重现，这是正确重现彩色的先决条件。通常称白色和灰色正确重现为白色平衡。

以上要求，一方面靠严格的制作工艺，提高管子的精度来保证，另一方面靠安装在管颈上的附加调整装置来达到。荫罩式彩色CRT能显示出质量较高的彩色影像，但是制造工艺要求高，调整亦较难，并且偏转功率大，这是因为第二阳极电压高，要使电子束得到足够的偏转，必须要有很大的偏转功率。同时，荫罩透明度低，影响管子的亮度和工作的稳定。

2.3.2　CRT图形显示器

1. 随机扫描的图形显示器

在随机扫描（Random Scan）图形显示器中，电子束的定位和偏转具有随机性，即电子束的扫描轨

迹随显示内容而变化，只在需要的地方扫描，而不必全屏扫描。这种扫描方式免除了全屏扫描中无图

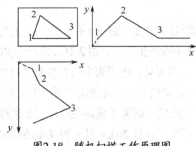

图2-18 随机扫描工作原理图

形处的冗余扫描，因此速度快、图像清晰。图2-18为随机扫描工作原理图。可以看出，随机扫描显示器一条线一条线地画图，因此也称为向量（Vector）显示器、笔画（Stroke Writing）显示器。图形的组成线条由随机扫描系统按任意指定的顺序绘出并刷新。图中示出在水平、垂直偏转线圈中分别加上 x、y 信号时，在屏幕上合成的几何图形。在电子束的轨迹中一些不需要辉亮的地方，就在 Z 轴上加上消隐信号，如图中虚线部分就是相应的时间在 Z 轴上加消隐信号，使光点不辉亮。

随机扫描显示器的基本工作过程如图 2-19 所示。从显示文件存储器中取出画线指令或显示字符指令、方式指令（如高度、线型等），送到显示控制器（显示处理单元），由显示控制器控制电子束的偏转，轰击荧光屏材料，从而出现一条发亮的图形轨迹。随机扫描显示器设计成按 30～60 次/秒画出图形的所有线条。高性能的向量系统在这样的刷新速率中能处理大约 100 000 条短线。当显示的线条很少时，则延迟每个刷新周期，以避免刷新速率超过 60 帧/秒。否则，线条刷新过快，可能烧坏荧光层。

DFT—显示文件转换器；DPU—显示处理单元

图 2-19 随机扫描显示器的逻辑图

随机扫描系统是为画线应用设计的，并不能显示逼真的有阴影场景。由于图形定义是作为一组画线命令来存储而非所有屏幕点的亮度值，所以向量显示器一般具有比光栅系统更高的分辨率。但这种显示器的扫描方式和电视标准不一致，驱动系统也较复杂，只用于高质量的图形显示器中。

2. 直视存储管图形显示器

保存屏幕图像的另一种方法是把图像信息存储在 CRT 内，而不再刷新屏幕。直视存储管 DVST（Direct-View Storage Tube）通过紧贴在屏幕荧光屏层后的电荷分布来存储图形信息。

从表面上看，直视存储管的特性像一个有长余辉的荧光屏，一条线一旦画在屏幕上，在一小时内都将是可见的。从内部结构上看，直视存储管类似 CRT（因此，将直视存储管图形显示器列在 CRT 图形显示器一类中），具有类似的电子枪、聚焦和偏转系统，在屏幕上有类似的荧光涂层。不同的是，这种显示器的电子束不是直接打在荧光屏上，而是由写电子枪将图形信息"写"在一个细网格（存储栅，250 条细丝/英寸）上。存储栅装在靠近屏幕的后面，其上的栅格涂有绝缘材料。工作时，写电子枪发射出高能高速的电子，这些电子轰击存储栅上的栅格后，可以击出大量电子（类似撞球），由于栅格吸收的电子少于被击出的电子，使该处呈现出正电荷。当写电子枪完成一次扫描后，在存储栅上形成了一个"正电荷靶像"。此时，读出电子枪工作，它发射出连续低能的泛流电子，因此也称为泛流枪，它能够把存储栅上的图形"重写"在屏幕上。紧靠着存储栅后面的第二栅级也称为收集栅（如图 2-20 所示），它是一种细的金属网，其主要作用是使读出的电子流均匀，并以垂直方向接近屏幕。这些电子以低速度流经收集栅，并被吸引到存储栅的正电荷上（即相当于存有图形信息的部分），而被存储的其余部分所排斥，被吸引过去的电子直接通过存储栅并轰击荧光材料。为了增加低速电子流的能量以产生一个明亮的图形，在屏幕背面的镀铝层上维持了一个较高的正电压（约+10 kV）。

显示图形时，由 x 和 y 输入信号来偏转写入电子束。擦去图形的正常方法是给存储栅加一个正脉

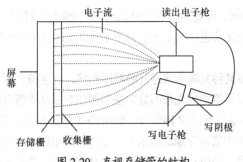

图 2-20 直视存储管的结构

冲，持续 1~400 ms 或更长时间，这时存储栅表面充电到与收集栅同样的电压，即地电压，图形就被擦去了。当加在存储栅上的脉冲向负值变化时，这时存储栅上的电子彼此排斥，存储栅的电压将保持在负值上，为重新画图做好准备。

直视存储管显示器与刷新式 CRT 显示器相比有优点也有缺点，由于无须刷新，复杂的图形都可以在极高的分辨率下无闪烁地显示，并且直视存储管显示器的成本比较低。不过，这种显示器的缺点是不能显示彩色，而且已记录的图形部分不能擦去，要想去掉画面的某部分，只能擦除整个屏幕，重新让正电荷充满存储栅的各部分，重新画出新的画面。擦除和重画过程对复杂图形来讲，可能要几秒钟。

3. 光栅扫描图形显示器

目前使用最广泛的 CRT 图形显示器是基于电视技术的光栅扫描显示器。在光栅扫描系统中，电子束横向扫描屏幕，一次一行，从顶到底顺次进行。当电子束横向沿每行移动时，通过电子束的强度不断变化来建立亮点图案。对光栅扫描显示器的刷新是按 60~80 帧/秒的速率进行的，但有些系统设计成更高的刷新速率。有时，刷新速率以多少周期/秒或赫兹（Hz）为单位来描述，这里一个周期对应于一帧。用这些单位时，简单地说，就是 60 帧/秒的刷新速率为 60 Hz。在每条扫描线末端，电子束返回到屏幕的左边，又开始显示下一条扫描线。每条扫描线扫过后，返回到屏幕左端，称为电子束的水平回扫（Horizontal Retrace）。每帧结束后（按 1/80~1/60 秒显示），电子束返回（垂直回扫，Verticle Retrace）到屏幕的左上角，开始下一帧，如图 2-21 所示。

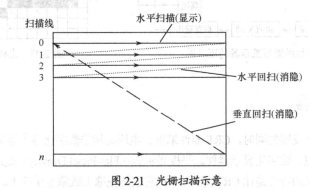

图 2-21 光栅扫描示意

在某些光栅扫描系统（和 TV）中，有逐行扫描和隔行（Interlaced）扫描两种方式。前者的扫描线从屏幕顶端开始，即从 0 行光栅（偶数行）开始，逐行下扫，直到屏幕底部；后者将每帧显示分为两趟，采用隔行刷新方式，第一趟，电子束从顶到底，隔行扫描偶数扫描线，即按照 0、2、4、…的偶数行扫描。垂直回扫后，电子束则进行第二趟，扫描奇数行 1、3、5、…扫描线。这种隔行方式仅需逐行扫描时间的一半就能看到整个屏幕显示。隔行扫描技术主要用于较慢的刷新速率，如对一个较老的 30 帧/秒的非隔行扫描显示器，可观察到它的闪烁。但采用隔行扫描后，两趟中的每一趟可以在 1/60 秒内完成，也就是说，刷新速率接近 60 帧/秒。这是避免闪烁且提供相邻扫描线包含类似显示信息的有效技术。

光栅扫描是控制电子束按某种光栅形状进行的顺序扫描，而字符、图像是靠 Z 轴信号控制辉亮来形成的，如图 2-22 所示。由显示器把预先填写好的图形图像数据从刷新存储器中读出，经 D/A 转换成视频信号，送到辉亮放大器放大后形成 Z 轴信号，驱动 CRT 的控制极，控制电子束的有无和强弱。显示控制器发出的水平、垂直同步信号分别送给水平、垂直扫描电路，水平垂直振荡器在各自的同步信号控制下产生各自的扫描信号，经驱动放大和输出级的功率放大，推动偏转线圈使电子束作水平、垂直扫描运动。

在这种显示器中，被显示的线段、字符、图形及其背景色都按像素一一存储在刷新缓冲存储器（Refresh Buffer）或帧缓冲存储器（Frame Buffer）中。该类存储器中保存的每单位信息对应屏幕上的一个点，每个屏幕点称为一个像素（Pixel 或 Pel，Picture element）。由于光栅扫描系统具有存储每一个屏幕点亮度信息的能力，所以最适合显示浓淡和色彩图形。随机扫描显示器则局限于线框图形。像素信息从应用程序转换并放入帧缓冲区的过程称为扫描转换过程，系统在垂直回扫期内，把亮度信息放入帧缓存。

光栅扫描图形显示器是画点设备，可看做一个点阵单元发生器，并可控制每个点阵单元的亮度。它不能直接从单元阵列中的一个可编地址的像素画一条直线到另一个可编地址的像素，只可能用尽可能靠近这条直线路径的像素点集来近似地表示这条直线。显然，只有画水平线、垂直线及正方形对角线时，像素点集在直线路径上的位置才是准确的，其他情况下的直线均呈台阶状，或称为锯齿线，如图 2-23 所示。采用反走样技术可适当减轻这种台阶效果。

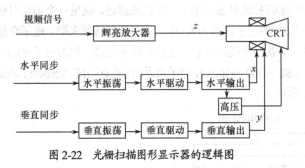

图 2-22　光栅扫描图形显示器的逻辑图

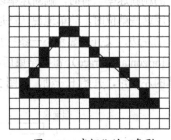

图 2-23　光栅化的三角形

2.3.3　平板显示器

在图形显示设备不断发展的同时，CRT 器件笨重、电压高和非数字化寻址等缺点日益突出，迫切需要一种低电压、轻小型、数字化显示器件。平板显示器（Flat-Panel Display）是这类显示器的代表。平板显示器的一个有意义的特性是比 CRT 薄，可以把它们挂在墙上或戴在手腕上。其应用包括电视机、计算器、袖珍式视频游戏机、便携式计算机、航空座椅扶手上的电影屏幕、电梯内的告示牌等。

平板显示器一般分为两类：非发射显示器（None-Missive Display）和发射显示器（E-Missive Display）。非发射显示器利用光学效应，将来自太阳光或来自某些其他光源的光转换为图形图案，典型的设备是液晶显示器。发射显示器是将电能转换为光能的设备，典型的设备有平板 CRT、等离子体显示器、薄片光电显示器、发光二极管等。

1. 液晶显示器

液晶是"液态晶体"的简称，它是一类有机化合物，在一定温度范围内不但有像液体那样的流动性，而且有像晶体那样的各向异性。它由奥地利植物学家尼采尔（F.Reinitzer）于 1888 年发现，1963 年制成液晶温度计，此后应用于显示器中，得到了迅速发展和广泛应用。

液晶显示器（Liquid Crystal Display，LCD）中使用的大多是线状液晶化合物，其分子呈现细长的棒状，并且在空间上具有一维的规则性排列，即所有分子的长轴会选择某一特定方向作为主轴并相互平行排列。这种线状液晶的折射率、介电系数、电导率和磁化率等物理性质在分子的长轴方向和与长轴垂直的方向上具有不同的值，表征为液晶物理性质的各向异性。液晶分子的排列在微弱的外部电场、磁场或者应力、温度变化等作用下非常容易改变。当液晶分子的某种排列状态在电场作用下变为另一种状态时，液晶的光学性质随之改变，这种产生光被电场调制的现象称为液晶的电光效应。

液晶显示器就是利用液晶的电光效应，通过施加电压改变液晶的光学特性，从而造成对入射光的调制，使通过液晶的透射光或反射光受所加电压的控制，达到显示的目的。简单地说，液晶显示的机理是通过能阻塞或传递光的液晶材料，传递来自周围的或内部光源的偏振光。如图 2-24 所示，液晶显示器包含两个玻璃基板，基板之间充满了线状液晶，两块基板的外侧各有一个光偏振器，两个偏振器互成一定的角度。此外，在两块基板的内侧分别放置着水平和垂直透明导体，两者相交的地方定义为一个像素位置。

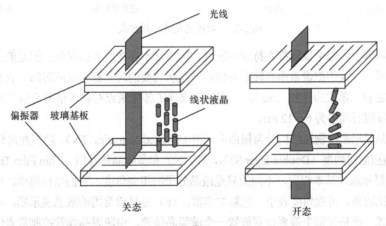

图 2-24　液晶显示原理

通常情况下，液晶分子呈"开态"排列，光线经过偏振器成为偏振光，偏振光在通过液晶材料时发生扭曲，可以顺利通过对面的偏振器，这时像素是亮的；当在水平和垂直导体的交叉位置加上电压，液晶分子会因为电场的作用对齐排列，此时通过液晶材料的偏振光不会发生扭曲，无法通过对面的偏振器，此时像素是暗的。这是一种 NW（Normal White）型的 LCD，在液晶面板不施加电压时，我们所看到的面板是透光的画面，也就是亮的画面。反之，还有一种 NB（Normal Black）型的 LCD，当对液晶面板不施加电压时，面板无法透光。通常这两者的差别仅在于偏振器的极化方向不同，NB 型 LCD 的上、下两个偏振器的偏振极性是平行的。NW 和 NB 主要是针对不同的应用，如在桌面和便携计算机中，屏幕上亮点非常多，软件多为白底黑字的应用，此时采用 NW 的方式较为方便。

由于液晶显示器仅能控制光线通过的亮度，本身并无发光功能，因此需要一个背光板来提供一个亮度高且分布均匀的光源。背光板一般在液晶面板的内侧，包含导光板、反射板以及多个灯管。灯管发出的光通过导光板分布到各处，反射板限制光线只往与液晶面板垂直的方向前进，最后光线将均匀地分布到各区域。液晶显示器通过电压控制液晶的转动，控制通过光线的亮度，以形成不同的灰度。

实际上，并不是所有的光线都能够通过液晶面板，如显示器中驱动芯片用的走线等，这些地方无法用电压来控制，因此常被遮蔽。并且光线穿透上、下偏振器、玻璃基板等材料时都会发生损耗，因此液晶显示器的亮度不如 CRT 高。

液晶显示器同样可以利用 RGB 模型实现彩色，此时需要在一侧的玻璃基板上加上一个彩色滤光片（CF，Color Filter）。彩色滤光片上均匀分布着红、绿、蓝色小点，每个小点有不同的灰度，相邻的一组 RGB 小点构成一个基本的彩色显示单元，即一个像素。常见的彩色滤光片排列包括条状（Stripe）、马赛克（Mosaic）、三角形（Triangle）及正方形排列等方式，如图 2-25 所示，其中正方形排列把 4 个点当做一个像素。条状排列多用于桌面或便携式计算机，因为这类计算机中多使用窗口系统，条状排列可以使窗口的边缘看起来更直一些。而在电视机等大多数视觉系统中，由于信号中的物体基本上不是方框，轮廓多是不规则曲线，因此多采用马赛克或三角形排列的方式。液晶显示器只能显示大约 26 万种颜色，虽然通过抖动算法可以增加颜色数，但在色彩的表现力和过渡方面仍然不及传统的 CRT。

条状排列　　　　马赛克排列　　　　三角形排列　　　　正方形排列

图 2-25　彩色滤光片排列方式

在液晶显示器中，每个像素都在持续的发光，因此它不存在刷新的问题。但是液晶分子排列对电压的响应需要时间，我们把像素由亮转暗并由暗转亮所需要的时间称为反应时间，它是响应的上升时间和下降时间之和，单位为毫秒（ms）。反应时间描述了各像素点对输入信号反应的速度，目前主流液晶显示器的反应时间多为 6～12 ms。

常见的液晶显示器按物理结构分为扭曲向列型（Twisted Nematic，TN）、超扭曲向列型（Super TN，STN）、双层超扭曲向列型（Double-layer STN，DSTN）和薄膜晶体管型（Thin Film Transistor，TFT）4 类。前 3 种显示原理基本相同，不同的只是液晶分子的扭曲角度。它们结构简单、价格低廉，但其对比度和亮度比较差、可视角度较小、色彩欠丰富。TFT 是目前常用的液晶显示器，不是采用水平、垂直导体的方式，而是在每个像素位置放置一个薄膜晶体管，由薄膜晶体管控制像素位置的电压，并阻止液晶单元慢性漏电。TFT 液晶显示器具有屏幕反应速度快、对比度好、亮度高、可视角度大以及色彩丰富等特点。

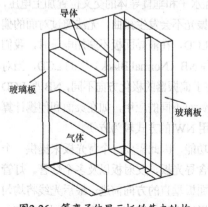

图2-26　等离子体显示板的基本结构

2．等离子体显示板

等离子体显示板（Plasma Panel）也称为气体放电显示器（Gas-Discharge Display），如图 2-26 所示。通常用包括氖气在内的混合气体充入两块玻璃板之间的区域。一块玻璃板上放置一系列垂直导电带，而另一块玻璃板上构造一组水平导电带。在成对的水平和垂直导电带上施以点火电压，导致两导电带交叉点处的气体进入辉光放电的电子和离子等离子区。图形的定义被存储在刷新缓冲器中，点火电压以 60 次/秒的速率施加于刷新像素位置（导电带的交叉处）。使用交变电流方法快速提供点火电压，可得到较亮的显示。像素之间的分隔是由导电带的电场提供的，可以达到 2048×2048 的分辨率。等离子体显示板的一个缺点是，通常它只能显示单色，但现在已开发出能显示彩色和灰度等级的等离子体显示板。

等离子体显示板的优点是平板式、透明，它是一种非常稳定的器件，可与透过后面板的摄影胶片或其他图片重叠，从而进行图形的分析比较。

3. 薄片光电显示器

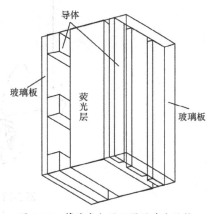

图 2-27　薄片光电显示器的基本结构

薄片光电显示器（Thin-Film Electroluminescent Display）有与等离子体显示板类似的结构。不同之处在于，它在玻璃板之间填充的是荧光物，如锌的硫化物同锰的胶状物，而不再是气体，如图 2-27 所示。当一个足够高的电压加到一对交叉的电极上时，荧光层在两电极交叉区域成为一个导电体。电能由锰原子吸收，尔后释放能量为一发光亮点，这类似于等离子体显示板的辉光放电的等离子体效应。光电显示器比等离子体显示板需要更多的功耗，而且难以达到好的彩色和灰度等级显示。

4. 发光二极管

发光二极管（Liquid-Emitting Diode，LED）采用二极管激发的光来显示图像。二极管以矩阵排列方式形成显示器的像素位置。图形的定义存储在刷新缓冲器中。如同 CRT 的扫描线刷新一样，信息从刷新缓冲器读出，并转换为电压施于二极管，在显示器上产生发光图案。它常用于大型的室内/外显示屏的设计。目前，许多大型广告牌都采用 LED 显示，它既可以显示数字，也可以显示视频图像，并且能与电视同步显示，形成一种大型和超大型的图形显示屏幕系统。

当前大型 LED 显示屏是开发的重点。不过其缺点是：由于蓝色光波长很短，蓝色发光管的成本较高，所以大多数已有的 LED 大屏幕的显示只有"暖色"，即只有红色和绿色，以及两者的混合色——黄色，整个显示色调偏黄，显示质量受到影响。

发射显示器除了上述的等离子体显示器、薄片光电显示器以及发光二极管等外，还包括平板 CRT 显示器，它的基本原理是电子束以平行于屏幕的方向加速，尔后偏转 90°，冲击屏幕。

5. 激光显示器

产生图像输出的另一种非 CRT 技术是对彩色照相软片上的图案进行跟踪，这些图案因曝光而暂时变暗，利用激光光束可以形成这些图案，并通过机电控制的镜面形成反射，再用另一光源把图像投向屏幕。屏幕图像的变化是先将胶片转至下一空白帧，再重复上述显示过程而产生，这就是激光显示器的工作原理。这种系统可以在非常短的时间内显示很复杂的图像，但遗憾的是它不能擦除。要改变图形，只有在下一帧重新绘制图形图案。

2.3.4　三维观察设备

显示三维场景的一种方式是采用从变焦距的柔性震动镜面反射 CRT 图像的技术，如图 2-28 所示。当变焦距镜震动时改变焦距长度，这些震动与 CRT 上对象的显示同步。对象上的每个点都由镜面反射出来，点的位置刚好对应于原来三维对象上点的深度，所以观察者可以围绕一个对象或场景行走，并从不同的角度来观察。

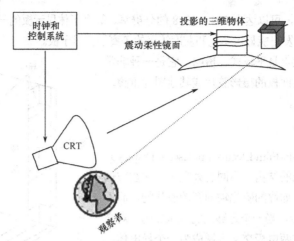

图 2-28　采用震动镜面的三维显示系统

该显示技术能显示按不同深度选择的二维对象的剖面图，它们在医学上可用于分析来自超声波和CAT 扫描设备的数据信息，或用来分析地理学上的地形、地势和地震活动的数据，以及三维形体和系统的模拟，如分子图、地形图的设计和处理等。

显示三维对象的另一种技术是显示具有立体感的视图。这种方法并不产生真实的三维图像，而是为观察者的每只眼睛提供不同的视图，使场景具有深度感，从而产生三维效果。为了得到立体感的场景，首先需要得到对应于每只眼睛（左眼与右眼）的观察场景视图。可以采用由计算机生成或用一对立体照相机拍摄的方法来获得这两个视图。当我们用左眼观察左视图，右眼观察右视图时，两个视图就合成单个图像，并感觉到场景带有深度。

该技术的实现方法之一是使用光栅系统，在不同的刷新周期交替地把两个视图分别显示到整个屏幕上，观察者利用一种特殊的眼镜来观察，每个镜片设计成高速交替的快门，它能同步地封锁另一视图。比如一副立体眼镜，它由液晶快门和使眼睛与屏幕视图同步的红外线发射器构成。

另一种实现方式是在 CRT 屏幕的两半区域各显示一幅场景的两个视图，分别对应于左眼和右眼。然后用一个偏振光滤波器装在每一半屏幕上，观察者通过偏振光眼镜来观察屏幕。眼镜的两块镜片都已被极化，光线只能到达屏幕的某一半，所以观察者就看到一幅三维景象的立体图景。

还有一种实现方式是虚拟现实系统中常用的头盔式结构，该结构中有两个小型视频显示器和一个光学系统，一个显示器对应左眼视图，另一个对应于右眼视图，头盔中的传感系统不断跟踪观察者的位置，使观察者可以看到形体的各部分。

2.4　图形显示子系统

显示器必须由图形显示子系统中的显示控制部件进行控制，由于基于光栅扫描的图形显示子系统具有普遍意义，这里主要对其进行介绍。

2.4.1　光栅扫描图形显示子系统的结构

对于光栅扫描子系统，有两个重要的部件：帧缓冲存储器和显示控制器。其中显示控制器可能是单一的芯片，也可能由几个芯片组成。

光栅扫描显示器上的图形由像素构成，每个像素可呈现多级灰度或不同的颜色，呈现的颜色或灰度又是以数值来表示的。帧缓冲存储器（帧缓存）就是用来存储像素颜色（灰度）值的存储器，即通常所说的显示存储器（显存），可由显示控制器直接访问，以便随时刷新屏幕。其中存放的点阵数据格式取决于预先设定的显示工作方式。

显示控制器（Display Controller），又称为视频控制器（Video Controller），是显示子系统的心脏，可看做完成图像生成与操纵的、独立于 CPU（最终还是受 CPU 控制的）的一个本地处理器。显示控制器的主要功能是依据设定的显示工作方式，自主地、反复不断地读取帧缓存中的图像点阵（包括图形、字符文本）数据，将它们转换成 R、G、B 三色信号并配以同步信号送至显示器，即可刷新屏幕。

早期的光栅图形显示子系统结构如图 2-29 所示。帧缓冲存储器可在系统主存的任意位置，显示控制器访问帧缓存，以刷新屏幕。此时显示控制器访问帧缓冲存储器均须通过系统总线，故总线成为系统的主要瓶颈。PC 常用的光栅图形显示器大多采用如图 2-30 所示的显示子系统结构。帧缓冲存储器由显示控制器直接访问，既可以使用系统主存的固定区域，也可以是专用的显示内存。

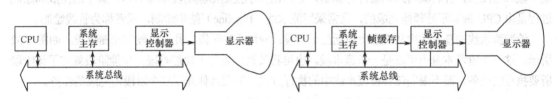

图 2-29　简单光栅图形显示子系统结构　　　图 2-30　常用的光栅图形显示子系统结构

显示控制器提供一个由系统总线至帧缓存的通路，以支持 CPU 将主存中已修改好的点阵数据直接写入帧缓存中，即修改或更新屏幕。这些修改数据写入帧缓存时，一般都利用回扫时间进行，因此显示屏幕不会出现凌乱。在高性能系统中，常常提供两个帧缓存，一个缓存用来刷新的同时，另一个缓存写入数据信息，然后这两个缓存可互换角色。这种方式称为双缓存，使所显示的动画流畅而没有滑动感。

在图 2-30 所示的显示子系统中，显示图形时所需的扫描转换（Scan Conversion）工作直接由 CPU 完成，即由 CPU 计算出表示图形的每个像素的坐标并将其属性写入相应的帧缓存单元。由于扫描转换的计算量相当大，这样做会加重 CPU 的负担，于是产生了如图 2-31 所示的高级光栅图形显示子系统结构。除了帧缓存和显示控制器，它还包含显示处理器和独立的显示处理器存储区域（器）。独立的显示处理器存储区域主要用来存放显示处理时的一些程序和数据。显示处理器（Display Processor），又称为图形控制器（Graphics Controller）或显示协处理器（Display Coprocessor），它把 CPU 从图形显示处理的事务中解脱出来，其主要任务是扫描转换待显示的图形，如直线、圆、弧、多边形区域、字符和曲线、曲面等。较强功能的显示处理器还能执行某些附加的操作，如生成各种线型（虚线、点线或实线），进行光栅操作（像素块的移动、复制、修改），执行几何变换、窗口裁剪、消隐、纹理映射等。显示处理器常具有与鼠标等交互式输入设备的接口，此时的帧缓存大多是专用的显示内存，但可以将部分数据（如纹理数据）从帧缓存移到系统主存，以便减少显示内存容量，从而降低成本。

在微型计算机中，图形显示子系统大多做成插卡的形式，通过加速图形端口 AGP（Accelerated Graphic Port）或者 PCI-Express 总线接口与 CPU 总线连接。于是，通常将 PC 中的图形显示子系统简称为图形显示卡（显卡）。

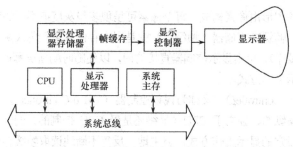

图 2-31　高级光栅图形显示子系统结构

2.4.2　绘制流水线

图形显示子系统的主要功能是在给定视点、三维物体、光源、照明模式、纹理条件下，生成或绘制一幅二维图像，并将其写入帧缓冲存储器，然后由显示控制器驱动显示器显示。其中的生成和绘制过程是由 CPU 或显示处理器完成的，常常采用流水线（Pipeline）结构绘制，或者称为管线绘制。

绘制流水线的基本结构从概念上包括三个阶段：应用程序阶段、几何阶段和光栅阶段，如图 2-32 所示。这三个阶段本身也可以是一条流水线，也可将其划分为若干功能阶段。功能阶段规定了该阶段所要执行的任务，而不限制任务在流水线中的执行方式。下面具体介绍三个阶段需完成的任务。

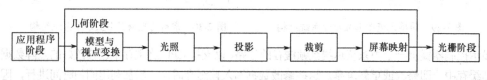

图 2-32　绘制流水线的基本结构

1. 应用程序阶段

应用程序阶段主要任务是接受各种输入设备的输入，完成相应的操作，并将生成的所有图形对象送至几何阶段。该阶段通过软件方式实现，由程序设计人员根据具体的应用而设计，其实际性能可通过改变实现方法来改善。虽然应用程序阶段是一个单独的过程，不能划分出几个功能阶段，但是随着多核 CPU、并行图形处理单元的广泛使用，这一阶段可以实现流水线化或并行化。

2. 几何阶段

几何阶段主要实现大部分的多边形和顶点操作，分为模型与视点变换、光照、投影、裁剪和屏幕映射 5 个功能阶段。

模型与视点变换实现图形对象从定义到在屏幕上显示过程中需要经过的一系列变换，第 6 章和第 7 章的几何变换部分将讨论这一阶段的实现。

为了使图形看起来更加真实，可以在场景中增加一个或多个光源，确定受光源影响的图形对象，然后依据光照方程在光照阶段计算图形对象上每个顶点的颜色，具体内容见第 10 章。

光照处理之后，系统开始进行投影。投影主要解决从三维图形坐标空间到二维图形坐标空间的变换（屏幕是二维的）。它包括指定投影类型是平行投影还是透视投影，以及定义包含需要在屏幕上显示的所有图形对象的一个观察空间，或称为视景体。只有完全落在观察空间内或部分落在观察空间内的图形对象，才需要进行光栅化。

依据观察空间对图形进行裁剪，保留观察空间内的所有图形对象是裁剪阶段的主要功能。

最后，屏幕映射实现二维图形坐标空间到屏幕坐标空间的变换。

有关投影、裁剪和变换等内容将在第 6 章和第 7 章的二维、三维观察部分详细讨论。

3. 光栅阶段

几何阶段完成后，就进入光栅阶段，实现图形对象的扫描转换。即根据几何阶段输出的顶点、颜色和纹理坐标，计算出屏幕上每个像素的颜色属性并存入帧缓冲存储器。为与下述的 z 缓存区别，此处称为颜色缓冲存储器。光栅阶段还实现可见性判断，即在颜色缓冲存储器中保留可见的图形对象，这一过程是通过深度缓冲存储器（z 缓存）来实现。深度缓冲存储器的大小和形状与颜色缓冲存储器一致，其中保存着屏幕上每个像素的一个深度值（z 值）。在扫描转换图形时，除了计算当前像素的颜色属性还要计算其深度值，然后将深度值与深度缓冲存储器中对应像素的深度值进行比较以确定是否要以当前像素的属性更新颜色和深度缓冲存储器。在高性能图形系统中，光栅阶段必须在硬件中完成，具体地说，就是对帧缓冲存储器进行操作，这里所说的帧缓冲存储器包括颜色缓冲存储器、深度缓冲存储器以及其他一些用于特殊效果处理的缓冲存储器，如处理三维立体感视图的立体缓存器，处理景深和运动模糊的积累缓存器等。

图 2-32 给出了绘制流水线的一种实现。在某些情况下，一系列连续的功能可以形成单个的流水线，然后与其他的流水线并行处理。例如，目前的图形显示处理核心大多有 4～16 条绘制流水线，可以并行处理多个图形对象的绘制。在另一些情况下，功能阶段也可以分成几个更小的绘制流水线阶段。

随着硬件设备性能的提高，绘制流水线结构使许多高级的图形处理算法可以用硬件来实现，这极大提高了图形显示子系统的性能。

2.4.3 相关概念

为了更进一步理解显示子系统的显示原理，这里介绍一些有关概念。

1. 分辨率

首先需要明确光点与像素点的概念。光点一般是指电子束打在显示器的荧光屏上，显示器能够显示的最小发光点，一般用其直径来标明光点的大小。像素点是指图形显示在屏幕上时，按当前的图形显示分辨率所能提供的最小元素点。像素点可以看做光点的集合，其最小尺寸等于光点。

图形显示技术中的分辨率有三种，即屏幕分辨率、显示分辨率和存储分辨率。它们既有区别又有着密切的联系，对图形显示的处理有极大的影响。

（1）屏幕分辨率

屏幕分辨率也称为光栅分辨率或物理分辨率，决定了显示系统最大可能的分辨率，任何显示控制器所提供的分辨率都不可能超过这个物理分辨率，通常用水平方向上的光点数与垂直方向上的光点数的乘积来表示。屏幕分辨率与显示器物理屏幕尺寸、物理光点的尺寸有关。目前，CRT 显示器的物理光点尺寸，即光点直径有 3 种：0.31 mm、0.28 mm 和 0.21 mm，显示器的屏幕尺寸有 12、15、17、19 英寸（屏幕对角线）等。据此可以计算出屏幕分辨率，例如，光点直径为 0.31 mm，可知 12 英寸显示器的有效显示区约为 200×160 mm^2，则可知其最大屏幕分辨率为 640×480（200 mm 约排 640 个点，160 mm 约排 480 个点）。当然，较小的光点直径使屏幕分辨率更高，使显示器的线条更细腻、清晰，目前用于高精度显示的显示器，其分辨率高达 3300×2560。由于显示器可以与不同的计算机系统相配接，因此能够使用的屏幕点数，还取决于该计算机系统的处理能力。

（2）显示分辨率

显示分辨率是计算机显示控制器能够提供的不同显示模式下的分辨率，在实际应用中简称显示模式。对于文本显示方式，显示分辨率用水平和垂直方向上所能显示的字符总数的乘积表示；对于图形显示方式，则用水平和垂直方向上所能显示的像素点总数的乘积表示。通常，一类计算机的显示控制器可以提供多种显示模式供用户选择。例如，常用的 VGA 显示卡所提供的文本模式就有 40×25、80×25 等，而其支持的图形模式有 320×200、640×200、640×480、800×600 等。当然，这些显示分辨率并不一定都能在显示器上显示出来，它受到显示器屏幕分辨率的限制。另外，显示分辨率不同，它对应的像素点大小也不同，如 800×600 显示分辨率下的像素点就比 320×200 分辨率下的像素点小得多。这是因为屏幕上光点总数是一定的，当显示分辨率较高时，屏幕上的像素点较多，每个像素点包含的光点数较少，可视面积就较小。

（3）存储分辨率

存储分辨率是指帧缓冲存储区的大小，一般用缓冲区的字节数表示。在光栅系统中，像素点亮度值的二进制表示存储在帧缓冲存储区中，因此像素点的数目受到缓冲区大小的限制。光栅中的像素数目称为帧缓冲区的分辨率。高质量系统的分辨率一般为 1024×1024，当然还有更高的。由于帧缓冲区中存储的是像素点亮度值的二进制表示，因而对于黑白图像，每个像素只需要一位二进制数表示其亮度值，即 0 或 1 表示黑或白；对于彩色图像，每个像素则需要用 n 位二进制数来表示 2^n 色的彩色图像，如 256 色彩色图像的一个像素点需要 8 位二进制数表示。这样，存储分辨率不仅与显示分辨率有关，还与像素点的色彩有关。例如在显示分辨率定为 640×480 时，为显示一幅二值图像（黑白图像），需要 640×480÷8≈32 KB 的帧缓冲区，而要能显示一幅 256 色的图像则需要 640×480≈300 KB 的帧缓冲区。若显示分辨率为 1024×1024，要显示一幅 16（$=2^4$）色的图像则需要 1024×1024÷2=516 KB，要显示一幅 256 色的图像则需要 1 MB 的帧缓冲区。

上述三种分辨率的概念既有区别又有联系，对图形的显示都会产生一定的影响。屏幕分辨率决定了所能显示的最高分辨率；显示分辨率和存储分辨率对所能显示的图形分辨率也有控制作用。如果存储分辨率小于屏幕分辨率，尽管显示分辨率可以提供最高的屏幕分辨率，屏幕上也不能够显示出应有的显示模式。存储分辨率还必须大于显示分辨率，否则不能显示出应有的显示模式。

2. 像素与帧缓存

屏幕上一个像素点对应帧缓存中的一组信息。实现这种对应通常采用两种技术：组合像素法（Packed Pixel Method）和颜色位面法（Color Plane Method）。图形显示在屏幕上是以像素点来表示的，这些像素点包含颜色、灰度和其他可能的属性，要把像素点显示在屏幕上，可将对应点的编码填写到帧缓存对应的字节中。

在组合像素法中，一个图形像素点的全部信息被编码成一个数据字节，按照一定方式存储到帧缓存中，编码字节的长度与点的属性（如颜色、灰度等）有关。

在颜色位面法中，帧缓存被分成若干独立的存储区域，每个区域称为一个位面，将几个位面中的同一位组合成一个像素，这种像素显示方式在目前的彩色显示器中较为常见。如图 2-33 所示的彩色帧缓存就是按颜色位面法存储的，每种原色电子枪有 8 个位面的帧缓存和 8 位的数/模转换器，每种原色可有 256（$=2^8$）种颜色数（灰度），三种原色的组合是 $(2^8)^3=2^{24}$ 种颜色。这种显示器被称为全彩色（或真彩色）光栅图形显示器，其帧缓存称为全色帧缓存。这类帧缓存中每个像素点需要 3 字节保存。

3. 颜色查找表

显示控制器一般还配置颜色查找功能。颜色查找表也称调色板，由高速随机存储器组成，用来存储表达像素色彩的代码，此时帧缓冲存储器中每一像素对应单元的代码不再代表该像素的色彩值，而是作为颜色查找表的地址索引，如图 2-34 和图 2-35 所示。根据这一索引值读出颜色查找表中存储的像

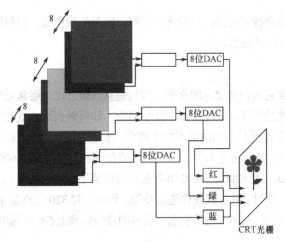

图 2-33 具有 24 位面彩色帧缓存的显示器

素色彩，经过数/模转换后送显示器。调色板中每个单元包含的位数一般大于帧缓冲存储器的色彩值位数，采用查找表使可显示的颜色数目超过了同屏可显示的颜色数。

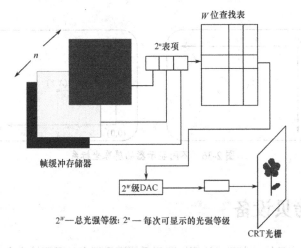

2^W—总光强等级；2^n—每次可显示的光强等级

图 2-34 具有 n 位帧缓存和 W 位颜色查找表的光栅显示器

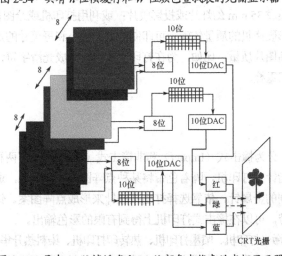

图 2-35 具有 24 位帧缓存和 30 位颜色查找表的光栅显示器

注意，尽管采用颜色查找表可提高总的光强等级，即总的颜色数，但每屏可显示的颜色数还是由帧缓存中单个像素点所占用的位数决定。

4. 显示长宽比

显示器的一个特性是它的长宽比，即水平点数与垂直点数之比。通常要求在屏幕两个方向上相同的像素点数产生同样长度的线段，以使图形不发生畸变。如何做到这一点呢？例如，当屏幕显像管的长宽比等于 4:3 时，为了使所显示的图形不发生畸变，水平方向上的光点数和垂直方向上的光点数之比也应尽量满足这个比例。所以显示分辨率就出现了诸如 640×480、800×600、1024×768 等，它们的比都是 4:3。但 320×200、640×200、720×350 等显示分辨率不满足上述比例，这时图形显示会产生变形。要解决这个问题，必须利用软件或硬件进行补偿。例如，对 320×200 显示模式，要使 320:200 满足 4:3 的效果，则前者需乘上 5/6，将所有水平显示的点坐标乘上 5/6 再送出显示即可。

5. 屏幕坐标系

许多图形显示器将坐标原点定义在屏幕的左上角，但也有些显示器将原点定义在屏幕的左下角，如图 2-36 所示。其中，像素点(X, Y)坐标的取值范围是 0 到 x 或 y 方向的最大分辨率-1。本书采用原点在左上角的情况。

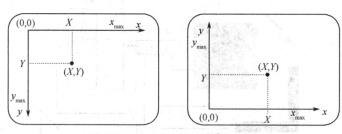

图 2-36　不同显示器的屏幕坐标系

2.5　图形硬拷贝设备

除了显示输出图形信息外，交互式计算机图形系统还需要多种图形输出方式。比如为了展示和存档，可以将图像文件转换成 35 mm 幻灯片或投影胶片；或利用打印机或绘图仪将图形印制到图纸上，得到图形的硬拷贝。图形硬拷贝的质量依赖于可印制的点的大小和每英寸的点数，或每英寸的行数。当然也有其他的手段提高图片质量，比如，为在打印文本串时生成光滑字符，高质量的打印机要移动点的位置，使相邻点互相重叠。

2.5.1　打印机

打印机是画点设备，分为撞击式（Impact）和非撞击式（Nonimpact）两种。

撞击式打印机主要指针式打印机，隔着色带将某种点阵图案压在纸上，通常有一个打印头，其上包含一组按矩阵方式排列的金属针，依靠选择打出某些针来形成点阵图案。针的数目决定打印机的质量。采用不同颜色的色带，可以在撞击式打印机上得到有限的彩色输出。

非撞击式打印机包括激光打印机、喷墨打印机、热转印打印机、染料热升华打印机和静电打印机等。

在激光打印机（Laser Printer）里，激光光束在涂敷光电材料（如硒）的旋转鼓上建立电荷分布，调色剂施于鼓，然后转印到纸上实现输出。激光打印机通过分趟沉积青色（Cyan）、品红（Magenta）和黄色（Yellow）三种颜料来实现彩色绘制。

喷墨打印机（Ink-jet Printer）通过喷墨头在打印纸上横向移动，逐行水平喷墨于打印纸上来实现图像印制。打印纸包裹在鼓上，充电荷的墨水受电场偏转，产生点阵模式。喷墨法将青、品红和黄三种颜色同时在一趟中沿每个打印行喷射在纸上产生彩色图案。

热转印打印机（Thermal-Transfer Printer）也叫热蜡打印机。其基本原理是用细密排列的加热针（每英寸 200 个以上）将蜡纸上的颜色转印到打印纸上。呈长条状的加热针被蜡纸与打印纸同时覆盖，由图像信号控制对应的加热针加热进行转印。彩色打印时，蜡纸分别为青、品红、黄和黑 4 卷彩带，每卷彩带的长度都与打印纸相同。由于加热针加热和冷却的速度很快，所以在一分钟内即可打印出一幅彩色图像。

染料热升华打印机（Thermal Sublimation Dye Transfer Printer），简称热升华打印机。其工作原理与热转印打印机类似，但其彩色染料的每种基色都可以有 256 个等级，从而可以产生高质量的真彩色图像，且分辨率达到 200dpi 以上。它的打印速度比热转印打印机要慢，但打印效果接近于照片。

静电打印机（Electrostatic Printer）是画点设备，其工作原理是：将点阵数据输出到静电写头上，写头内装有很多电极针，根据输入信号控制对应的电极针沿打印纸的宽度方向一次一整行地放出高电压，在打印纸上形成由负电荷描绘的电子图像；带负电荷的打印纸经过墨水槽时，由于墨水的碳微粒带有正电荷，因此被打印纸上的负电荷吸附，在纸上形成图像。彩色静电打印机需要将打印纸来回往返几次，分别套上青、品红、黄和黑 4 种颜色。静电打印机能输出具有明暗度的图形，分辨率高、速度快。目前，彩色静电打印机印制的彩色图片质量已超过彩色照片，但是静电打印机需要高质量的墨水和特殊的打印纸，这些耗材的价格昂贵。

2.5.2 绘图仪

另一种常用的硬拷贝设备是笔式绘图仪。笔式绘图仪（Pen Plotter）是画线设备，又分为平板式绘图仪（Flatbed Plotter）和滚筒式绘图仪（Drum Plotter）。

笔式绘图仪的笔可以有一支或多支，湿墨水笔、圆珠笔和毡尖笔都可用于笔式绘图仪，各种彩色和不同粗细的笔用来产生各种阴影和线型。平板式绘图仪有一块绘图平板，绘图纸以静电方式、真空方式或直接铺在绘图平板上。平板式绘图仪上的笔装在机器的托架或横杆上，横杆可在绘图平板上移动（x 坐标），同时横杆上的笔可以沿横杆移动（y 坐标）。平板式绘图仪一般精度高、速度快，但是价格相对较高。滚筒式绘图仪通常把有孔的绘图纸卷在有突出针的滚筒上，滚筒式绘图仪的机架是静止的，笔可以在托架上运动（y 坐标），绘图纸也可在滚筒上沿托架前后移动（x 坐标），从而绘制出图形。滚筒式绘图仪结构比较简单，价格相对较低，但是精度和速度不太高。

2.6 OpenGL 图形软件包

OpenGL（Open Graphics Library，开放图形库）是图形硬件的一个软件接口，实现了各种二维和三维的高级图形处理技术，是实现逼真的三维效果与建立交互式三维景观的强大工具。OpenGL 的前身是 SGI 公司为其图形工作站开发的 IRIS GL 库，性能良好，该库在跨平台的移植中发展成为 OpenGL，并于 1992 年 6 月发布 1.0 版。目前，OpenGL 规范由 OpenGL ARB（OpenGL Architecture Review Board，

OpenGL 结构评审委员会）负责管理，成员包括 SGI、Microsoft、Intel、IBM、Sun、HP 等知名的软件和硬件厂商。委员会通过投票产生规范，并制成文档公布，各软件、硬件厂商以此为基础在各自的系统上予以实现。由于 OpenGL 应用广泛，它已经成为一个事实上的工业标准。

OpenGL 独立于硬件设备和窗口系统，在运行各种操作系统的各种计算机上都可使用，并能在网络环境下以 C/S 模式工作，具有很高的可移植性。OpenGL 中的图形函数定义为独立于任何程序设计语言的一组规范，在各种编程语言中，如 C、C++、FORTRAN、Ada 和 Java 等，都可调用 OpenGL 的库函数。后面的章节中将用 C 和 C++语言的例子给出 OpenGL 的应用及图形函数的实现算法。

2.6.1　OpenGL 的主要功能

OpenGL 作为一个性能优越的图形应用程序设计接口（API），主要具有以下 9 种功能。

① 模型绘制。OpenGL 能够绘制点、线和多边形。应用这些基本形体，可以构造出几乎所有的三维模型。此外，OpenGL 函数库还提供球、多面体、茶壶等复杂物体及贝塞尔、NURBS 等曲线曲面的绘制函数。

② 模型观察。在建立三维景物模型后，可利用 OpenGL 描述如何观察所建立的三维模型。这需要建立一系列的变换，包括坐标变换、投影变换和视窗变换等，坐标变换可以使观察者观察到与视点位置相适应的三维模型景观。投影变换决定了观察三维模型的方式，不同的投影变换得到的三维模型的景象也不同。最后，视窗变换对模型的景象进行裁剪和缩放，决定整个三维模型在屏幕上的图像。

③ 颜色模式。OpenGL 提供两种颜色模式——RGBA 模式和颜色索引模式。在 RGBA 模式中，颜色直接由 RGB 值来指定；在颜色索引模式中，颜色由颜色表中的一个颜色索引值来指定。此外，三维物体在着色时还可以选择平面着色和光滑着色两种着色方式。

④光照应用。用 OpenGL 绘制的三维模型必须加上光照才能与客观物体更加相似，物体色彩的表现是光照条件与物体材质属性相互作用的结果。OpenGL 提供了管理辐射光（Emitted Light）、环境光（Ambient Light）、漫反射光（Diffuse Light）和镜面光（Specular Light），以及指定模型表面的反射特性，即材质属性的方法。

⑤ 图像效果增强。OpenGL 提供了一系列的增强三维景观图像效果的函数，包括反走样、混合和雾化。反走样用于改善图像中线段图形的锯齿而使其更平滑。混合用于处理模型的半透明效果。雾化使得影像从视点到远处逐渐褪色，更接近于真实。

⑥ 位图和图像处理。OpenGL 提供一系列专门对位图和图像进行操作的函数。位图和图像数据均采用像素矩阵来表示。

⑦ 纹理映射。三维景物通常因缺少景物的具体细节而显得不够真实。为了更加逼真地表现三维景物，OpenGL 提供了纹理映射功能。它所提供的一系列纹理映射函数可以十分方便地把真实图像贴到景物的多边形上，从而绘制逼真的三维景观。

⑧ 实时动画。OpenGL 采用双缓存技术（Double Buffer），并为其提供了一系列的函数。

⑨ 交互技术。OpenGL 提供了方便的三维图形人机交互接口，用户通过输入设备可选择和修改三维景观中的物体。

2.6.2　OpenGL 的绘制流程

通常，OpenGL 图形处理系统在计算机系统中的层次结构如图 2-37 所示。底层为图形硬件，第 2

层为操作系统，第3层为窗口系统，第4层为OpenGL，最上层为应用软件。

OpenGL 的绘制流程通常如图2-38所示，应用软件调用OpenGL API 函数进行图形绘制，OpenGL函数将绘制命令（含命令、顶点数据和纹理数据等）传送到命令缓冲区，命令缓冲区中的几何顶点数据通常还要进行几何变换和光照计算，以及通过指定的方法进行投影，然后与其他数据一起送到光栅化流程中，光栅化根据图形的几何形状、颜色和纹理数据产生一系列图像的帧缓存地址和像素点值，光栅化的结果最后被放置在帧缓冲存储器中，这样图像就显示在屏幕上了。注意，只有当命令缓冲区被清空时，缓冲区中的命令和数据才会传递给流水线的下一个阶段，OpenGL命令才会被执行。

图2-37 OpenGL图形处理系统在计算机系统中的层次结构

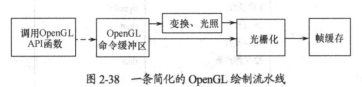

图 2-38 一条简化的 OpenGL 绘制流水线

2.6.3 OpenGL 的基本语法

1. 相关库

OpenGL 主要由以下函数库组成。

① OpenGL 核心库：包含115个最基本的命令函数，以"gl"为前缀，可在任何OpenGL工作平台上应用。这些函数用于常规的、核心的图形处理，如建立各种几何模型，产生光照效果，进行反走样及投影变换等。

② OpenGL 实用程序库：包含43个函数，以"glu"为前缀，在任何OpenGL平台都可以应用。这些函数通过调用核心库函数，实现一些较复杂的操作，如纹理映射、坐标变换、网格化、曲线曲面以及二次物体（圆柱、球体等）的绘制等。

③ OpenGL 编程辅助库：包含31个函数，以"aux"为前缀，主要用于窗口管理、输入/输出处理以及绘制一些简单的三维形体等，它们并不能在所有的OpenGL平台上使用。

④ OpenGL 实用程序工具包（OpenGL Utility Toolkit，GLUT）：包含30多个函数，前缀是"glut"，主要提供基于窗口的工具，如窗口系统的初始化，多窗口管理，菜单管理，字体以及一些较复杂物体的绘制等。由于GLUT库中的窗口管理函数是不依赖于运行环境的，因此该实用程序工具包可在所有的OpenGL平台上运行。在后面的示例中，均使用GLUT库建立OpenGL程序运行框架。

⑤ Windows 专用库：包含6个函数，以"wgl"开头，用于连接OpenGL和Windows NT。这些函数用于Windows NT环境下使OpenGL窗口能够进行渲染着色，在窗口内绘制位图字体，及把文本放在窗口的某一位置等，这些函数把Windows和OpenGL糅合在一起。

2. 命名规则

OpenGL 函数都遵循一个命名约定，通过这个约定可以了解函数来源于哪个库，需要多少个参数以及参数的类型。命名规则格式如下：

<库前缀> <根命令> <可选参数个数> <可选参数类型>

例如，函数 glColor3f 中的"gl"表示来自核心库 gl.h，"Color"是该函数的根命令，表示该函数用于颜色设定，"3f"表示这个函数采用三个浮点数参数。这种把参数数目和参数类型加入 OpenGL 函数尾部的约定使人们更容易记住参数列表而无须查找它。

有些函数使用一个或多个符号常量，这些符号常量均使用 GL 开头，常量名中的每个组成词间用下划线（_）分开，且都采用大写形式，如 GL_RGB、GL_POLYGON、GL_CCW 等。

3. 数据类型

由于 OpenGL 具有平台无关性，而不同机器的数据类型所描述的范围有可能不同，因此 OpenGL 定义了自己的数据类型，如表 2-2 所示。这些数据类型可以映射为常规的 C 数据类型。

表 2-2　OpenGL 数据类型和相应的 C 数据类型

OpenGL 数据类型	内部表示法	定义为 C 类型	C 字面值后缀
GLbyte	8 位整数	signed char	B
GLshort	16 位整数	short	S
GLint，GLsizei	32 位整数	long	L
GLfloat，GLclampf	32 位浮点数	float	F
GLdouble，GLclampd	64 位浮点数	double	D
GLubyte，GLboolean	8 位无符号整数	unsigned char	Ub
GLshort	16 位无符号整数	unsigned short	Us
GLuint，GLenum，GLbitfield	32 位无符号整数	unsigned long	Ui

2.6.4　一个完整的 OpenGL 程序

下面用"绘制一个红色矩形"的简单实例来说明利用 OpenGL 绘图的一般过程，包含以下步骤。

1. 头文件包含

利用 OpenGL 实现图形绘制，首先要引入 OpenGL 核心库以及其他需要使用的库的头文件。此外，由于 OpenGL 没有包含窗口系统，因此需要通过头文件引入窗口系统。例如，在 Windows 操作系统中，应包含 windows.h 文件。典型的 OpenGL 程序的头几行如下：

```
#include <windows.h>
#include <gl/gl.h>
#include <gl/glu.h>
```

若使用 GLUT 库函数实现窗口管理，则不需要包含 gl.h 和 glu.h，因为 GLUT 保证了这两者被正确包含，所以可以使用下面的方式代替 GL 和 GLU 的头文件包含。

```
#include <gl/glut.h>
```

当然，如果程序中还使用了其他的 C 或 C++ 程序库，也需要引入相应的头文件。

2. 使用 GLUT 库实现窗口管理

要使用 GLUT 库首先需要进行初始化，对命令行的参数进行处理，相应的语句是

```
glutInit(&argc, argv);
```

接着用 glutCreateWindow 函数创建一个窗口，该函数的参数是一个保存了窗口标题名称的字符串。

在创建窗口之前应使用 glutInitDisplayMode 函数设定窗口的显示模式，包括缓存和颜色模型等，该函数的参数是一些符号常量的组合。下面的 glutInitDisplayMode 函数指定了窗口使用单缓存以及 RGB 颜色模型。

```
glutInitDisplayMode(GLUT_SINGLE | GLUT_RGB);
```

在创建窗口时，系统可使用默认值设定显示窗口的大小和位置，或使用 glutInitWindow Size 和 glutInitWindowPosition 函数指定显示窗口的大小和位置，其中位置以屏幕左上角为原点，用整数坐标表示。例如，下面的程序段定义了一个距离屏幕左边界 100 像素，距离屏幕上边界 120 像素，宽度为 400 像素，高度为 300 像素的窗口。

```
glutInitWindowSize(400, 300);
glutInitWindowPosition(100, 120);
```

此时还需要定义窗口显示的内容。通常，利用 OpenGL 绘制图形的过程将显示内容定义在一个不带任何参数的函数内，如果这个函数的名字是 Display，则通过函数

```
glutDisplayFunc(Display);
```

将 Display 指定为当前窗口的显示内容函数。实际上，显示在窗口内的图形因为屏幕的刷新而不断地被重绘，而 glutDisplayFunc 指定了 Display 函数作为每次窗口重绘时调用的函数，因此也把 Display 函数称为显示回调函数。

不过，这时窗口仍然不会显示在屏幕上，需要调用函数

```
glutMainLoop();
```

使窗口框架运行起来，使设置的显示回调函数开始工作，直到用户终止程序为止。

3. 利用 OpenGL 绘图

在实现了窗口管理之后，需要调用一些 OpenGL 函数来实现图形的绘制。首先来看如何指定窗口的背景颜色。下面的函数指定窗口的背景色为白色。

```
glClearColor(1.0f, 1.0f, 1.0f, 1.0f);
```

函数的前三个变量指定颜色的红、绿、蓝三个颜色分量。在 OpenGL 中，一种颜色用红、绿、蓝三种颜色成分混合而成，每种颜色成分使用 0.0～1.0 之间的任意有效浮点数来表示颜色值。这样做，虽然在理论上可以产生无限多种颜色，但实际可输出的颜色是有限的。最后一个参数是颜色的 Alpha 成分，用于指定颜色混合后的特殊效果，如半透明效果等。当 OpenGL 混合参数被激活时，Alpha 值为 0.0，表示对象是完全透明的，Alpha 值为 1.0，则表示对象是完全不透明的。由于没有使用混合参数，因此这个值不起作用，可以简单的设为 1.0。OpenGL 一些常用的混合色如表 2-3 所示。

表 2-3　OpenGL 一些常用的混合色

混合色	红色成分（R）	绿色成分（G）	蓝色成分（B）
黑	0.0	0.0	0.0
红	1.0	0.0	0.0
绿	0.0	1.0	0.0
黄	1.0	1.0	0.0
蓝	0.0	0.0	1.0
紫	1.0	0.0	1.0
青	0.0	1.0	1.0
深灰	0.25	0.25	0.25
浅灰	0.75	0.75	0.75
棕	0.60	0.40	0.12
南瓜橙	0.98	0.625	0.12
粉红	0.98	0.04	0.70
紫红	0.60	0.40	0.70
白	1.0	1.0	1.0

指定窗口的背景色之后，在每次绘制图形前需要用到函数

  glClear(GL_COLOR_BUFFER_BIT);

它用 glClearColor 函数中指定的值设定颜色缓存中的值，即将窗口中每个像素的颜色设为背景颜色。

  除了设定背景颜色，还可以使用 glColor( )函数设定绘制图形的颜色，其参数与 glCleanColor( )类似。

  在绘制图形之前，还有一个问题要解决。虽然这里只是绘制一个二维矩形，但是 OpenGL 处理图形的方式仍然是三维的，也就是说，二维矩形要在一个三维坐标空间中创建。窗口显示的是二维图形，因此需要一个投影过程将三维图形（实际上是二维矩形）投影到显示窗口中，这里使用语句

  glMatrixMode(GL_PROJECTION);

  gluOrtho2D(0.0,200.0,0.0,150.0);

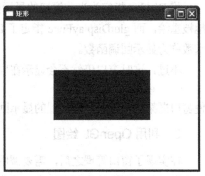

设定投影参数。其中，gluOrtho2D 指定使用正投影将一个 x 坐标在 0.0～200.0，y 坐标在 0.0～150.0 的矩形坐标区域投影到窗口内，任何在这个区域内绘制的图形都可以显示在窗口中，任何坐标范围外的图形都不能显示。

  最后，利用函数

  glRectf(50.0f, 100.0f, 150.0f, 50.0f);

绘制一个左上角点在(50.0,100.0)、右下角点在(150.0,50.0)的矩形。

  将这三个过程组合起来，将所有的初始化过程及只需要调用一次的函数放在函数 Initial()中，将图形绘制过程放在函数 ReDraw()中。这样就得到了一个完整的 OpenGL 图形绘制程序 2-1，其结果如图 2-39 所示。

图2-39 用OpenGL绘制的一个矩形

【程序 2-1】 OpenGL 绘制矩形的简单例子。

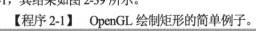

```
#include <gl/glut.h>
void Initial(void) {
    glClearColor(1.0f, 1.0f, 1.0f, 1.0f);              // 设置窗口背景颜色为白色
    glMatrixMode(GL_PROJECTION);                       // 指定设置投影参数
    gluOrtho2D(0.0,200.0,0.0,150.0);                   // 设置投影参数
}
void Display(void) {
    glClear(GL_COLOR_BUFFER_BIT);                      // 用当前背景色填充窗口
    glColor3f(1.0f, 0.0f, 0.0f);                       // 设置当前的绘图颜色为红色
    glRectf(50.0f, 100.0f, 150.0f, 50.0f);             // 绘制一个矩形
    glFlush();                              // 清空 OpenGL 命令缓冲区，执行 OpenGL 程序
}
int main(int argc, char*argv[]) {
    glutInit(&argc, argv);
    glutInitDisplayMode(GLUT_SINGLE | GLUT_RGB);       // 初始化窗口的显示模式
    glutInitWindowSize(400,300);                       // 设置窗口的尺寸
    glutInitWindowPosition(100,120);                   // 设置窗口的位置
    glutCreateWindow("矩形");                          // 创建一个名为矩形的窗口
    glutDisplayFunc(Display);                          // 设置当前窗口的显示回调函数
    Initial();                                         // 完成窗口初始化
    glutMainLoop();                                    // 启动主 GLUT 事件处理循环
    return 0;
}
```

注意，在 Display 函数的最后调用了 glFlush()函数，该函数用于清空 OpenGL 命令缓冲区，强制执行命令缓冲区中的所有 OpenGL()函数。

习 题 2

2.1 名词解释：鼠标、光笔、触摸屏、操纵杆、跟踪球、空间球、数据手套、数字化仪、图像扫描仪、平板显示器、发射显示器、非发射显示器、等离子体显示板、薄片光电显示器、激光显示器、LCD、LED、余辉时间、随机扫描、光栅扫描、刷新、刷新频率、图形显示子系统、显示控制器、像素点、光点、屏幕分辨率、显示分辨率、存储分辨率、组合像素法、颜色位面法、位平面、颜色查找表、显示长宽比、屏幕坐　　　标系。

2.2 一个交互式计算机图形系统必须具有哪几种功能？其结构如何？

2.3 试列举出你所知道的图形输入与输出设备。

2.4 说明三维输入设备的种类和应用范围。

2.5 阴极射线管由哪几部分组成？它们的功能分别是什么？

2.6 简述什么叫桶形失真？如何校正？

2.7 简述荫罩式彩色阴极射线管的结构和工作原理。

2.8 简述黑底荫罩式彩色阴极射线管的结构和特点。

2.9 简述光栅扫描图形显示器的工作逻辑。

2.10 简述液晶显示器的基本显示原理。

2.11 基于光栅扫描的图形显示子系统由哪几个逻辑部件组成？它们的功能分别是什么？

2.12 采用颜色查找表有什么好处？

2.13 确定你所用的系统中的视频显示器 x 和 y 方向的分辨率，确定其纵横比，并说明系统怎样保持图形对象的相对比例。

2.14 图形的硬拷贝设备有哪些？简述其各自的特点。

2.15 上机实验：利用 OpenGL 给出一个以特定名称命名的窗口，并在窗口中绘制一个由简单二维图形组合而成的图案。

第 3 章　用户接口与交互式技术

在交互式计算机图形系统的构建中，不仅要考虑完成图形功能，还要考虑提供一个有效的用户接口（User Interface），让用户方便地来使用这些功能。用户接口设计得成功与否，关系到该软件是否易学好用，对用户的工作效率影响很大，是软件产品能否实用化、商品化的重要因素。

3.1　用户接口设计

用户接口确定用户与计算机如何进行信息交换，包括用户通过什么途径与图形系统进行联系，通过什么手段来操作系统的功能实现等。用户接口的设计对整个软件的成败影响很大，它在很大程度上决定着用户是否能接受设计者对系统的总体考虑以及系统的实用性。在一个交互式图形系统中，用户接口设计可能占整个系统设计 30%～50%的工作量，而且它的性能往往又最不容易预测。

好的图形用户接口应具备以下 3 个特点：① 易于被用户理解并接受，使用户能迅速掌握系统的特点。② 易于操作和使用，用户可以通过用户接口以最简单的方式提出自己的应用要求，使用图形系统的全部功能。③ 高效率、可靠性和实用性，保证用户在运行系统时能经常高效率地工作，并尽可能减少错误。

以上最重要的是高效率和对用户的友好性，这也是大多数图形系统设计者研究和努力的方向。

3.1.1　用户模型

用户模型（User Mode）是用户接口设计的基础，它提供给用户有关它所处理的对象以及作用于这些对象的处理过程的一个概念模型。用户模型依照所定义的对象和对象操作来定义图形系统。通过用户模型，用户可以了解系统能做什么，具备什么样的图形操作，能显示哪些对象类型以及如何管理这些对象等。这样，用户即使只具备很少的计算机知识，借助于用户模型，也能逐步深入地了解系统可以做些什么，并预估每一个操作的效果。

用户模型通常在软件开发的任务说明书和需求分析报告中描述，并要求应尽可能地使用用户熟悉的概念而回避一些计算机专业术语，比如树形结构、数据库存储模式等。用户模型还应该简单、明确、一致，尽可能地使用形式化方式来表示，以利于用户对系统功能有全面、完整而正确的理解。其中，模型的简单体现在模型中图形对象数目和对象操作数目应根据应用的必要性而达到最小化；一致性是指对于不同的对象与操作，不应当出现差别很大的定义方式。

3.1.2　显示屏幕的有效利用

显示屏幕的有效利用是指以最有效的方式在显示屏幕上表现信息。所谓最有效的方式，是指能促进用户与计算机之间进行最有效对话的方式。交互式图形系统向用户所提供的信息是图形、菜单、数据以及其他对话形式输出的组合，这些输出信息的屏幕布局和表现方式有多种，图形软件的设计者必须考虑如何设计最好的输出形式以获得最大的可见效率。因此，在用户接口设计中进行信息显示一般需考虑如下三个问题。

1．信息显示的布局合理性

图形用户接口中通常将屏幕分为三部分：用户工作区、菜单区、显示提示及反馈信息区。一般应使工作区尽可能大，而菜单区和信息区尽可能小，且当菜单区和信息区不需要时可隐藏或关闭，使工作区扩展至整个屏幕。这就需要系统能提供让用户自己控制菜单区和信息区大小的功能，让有经验的用户减少或者消除不需要的提示，减小信息区域，扩大显示区域。由于屏幕信息容量有限，因此使用多窗口显示、弹出式菜单（Pop-up Menu）、滚动与移屏、缩放（Zooming）等技术是组织信息显示的一些有效手段。

2．充分而又正确地使用图符

1975 年，D.C.Smith 在他的 Stanford 博士论文（受到 ARPA 和 NIMH 的资助）中首次提出"Icons"这个新名词，以后展开了对图符的广泛应用，如图 3-1 所示。

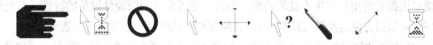

图 3-1　各种图符示例

图符一般分为两类：一类是应用图符（Application Icons），用来代表家具或电子元件等操作对象；另一类是控制图符（Control Icons），代表旋转、放大、比例、裁剪和粘贴等对对象的操作和控制。使用图符进行信息显示不仅形象直观，而且易于为用户理解和接受。

但图符显示应尽量符合人们已有的经验和方法，符合有关的标准和习惯。不正确或不适当地使用图符显示，非但无助于改善用户接口反而会增加用户的负担。此外，图符设计应尽可能地直观，使用户一看便知道它代表什么操作。在 Microsoft Word 中输入数学公式的 Equation 模块的图符就是一个很好的例子，它充分利用数学符号的特点使用户一看便知道它所代表的操作。

当然，有的图符不好设计，可以使用另一种技术：当光标在图符上停留数秒钟后，在图符的下方会出现一段对这个图符的文字说明，以解除用户的困惑。

3．恰当地使用各种显示方法进行选择性的信息显示

在程序的执行过程中，无论是命令输入反馈，还是命令执行结果的输出，都需要显示信息，有时甚至会有大量的信息需要显示。信息显示必须符合用户的习惯，使用户易于正确理解和接受，并尽量减少用户在操作过程中的疲劳感，增强作业过程中的乐趣。为了突出屏幕上的某些显示内容，以引起用户注意，或减少视觉混乱，有时必须采取一定的措施，如加框、加亮、闪烁、动画、变色等，具体采取何种措施，需视效果和硬件的能力而定。

3.1.3　反馈

反馈是计算机与用户交互的一个基本成分，由计算机图形终端给出反馈信息，帮助用户对系统进行操作。在系统运行中经常会发生这样的问题：用户在向系统发出命令后没有任何反应，随着等待时间的增加，用户对他的命令后果越来越担心，产生一系列的疑问，如计算机是否收到命令、给出的命

令是否正确、是否需要重新启动系统等。反馈的目的就是动态地显示系统运行中所发生的一些变化，以便更有效地进行交互操作。

反馈要求系统在接收到每次输入以后给出某种类型的反应。目前，反馈在图形用户接口中的应用非常广泛，如醒目地显示某个对象，出现某个图符或显示某个信息，这些不仅告诉用户系统接收到了什么样的输入，而且还告诉用户系统正在做什么。如果在几秒钟之内不能完成某个操作，则可以显示一些信息来告诉用户系统的进展情况。有些情况下，可以给出一个闪烁的信息指出系统正在按输入的要求工作。系统也可以在完成操作的过程中逐步显示进程或部分结果。系统还可以在执行一条指令过程中让用户输入另外的命令。

反馈信息通常应足够简洁和清晰，引人注目，但这些信息也不能过分突出，以至于干扰用户的注意力。例如，当按下功能键时，可用声响反馈来表示键已按下，其优点是它不需要占用屏幕，用户也不必把注意力从工作区转向信息接收区。如果反馈信息要显示在屏幕上，可以开辟一个固定的信息区，使用户总是从这个区域得到反馈信息。有时，反馈信息可以安排在靠近光标附近的区域，也可以采用不同的颜色来区分正常的图形显示和反馈信息。

实现反馈必须考虑的因素是速度。因为反馈要耗费计算机资源（占用空间、耗费运算时间），而任何形式的反馈延迟都会对用户产生不良的影响。为此，必须充分利用硬件设备的特性。对光栅显示来说，像素的亮度可以很方便地反转（反视频），这种方式可以产生非常快的反馈效果。

某些输入过程需要"回显"（Echo）式反馈。如文本输入时要求所输入的字符显示在屏幕上，用户可以立即发现并纠正错误。而利用按键和标尺输入数值通常要求将数值回显在屏幕上，以便检查输入值的精度。坐标点选择操作可用光标或其他符号在所选位置回显。当要求选择位置回显更精确时，可将坐标值在屏幕上显示出来。这种反馈方式形成了一种重要的人机对话风格——所见即所得（WYSIWYG，What You See Is What You Get）。

3.1.4　一致性原则

一致性原则是指在设计系统的各个环节时，应遵从统一和简单的规则，保证不出现例外和特殊的情况，无论信息显示还是命令输入都应如此。一般来说，一个复杂的、不一致的模型不仅难以被用户理解，而且工作效率低。

通常，一致性原则包含这样一些内容：① 一个特定的图符应该始终只有一个含义而不能依靠上下文来代表多个动作或对象；② 菜单总是放在相同的关联位置，使用户不必总是去寻找；③ 键盘上的功能键、控制键以及鼠标上按钮的定义需前后一致；④ 总是使用一种彩色编码，使相同的颜色在不同的情况下不会有不同的含义；⑤ 输入时交互式命令和语法的一致性等。

有时，一致性会与系统的其他设计原则相冲突。例如，把一个代表文件的图符拖到垃圾图符上就表示执行删除操作。那么，把文件图符拖到打印机图符上呢？是否执行了打印命令后，为保持与拖到垃圾图符的功能一致而执行删除操作呢？显然不行。因此，比保持一致性更高的更一般的设计原则是：按用户认为最正常、最合乎逻辑的方式去做，这比保持单纯的一致性更重要。

3.1.5　减少记忆量

用户接口的操作应该组织得容易理解和记忆。例如，模糊的、复杂的、不一致的缩写和命令格式会导致软件使用时的混淆和低效。可以采用图符和窗口系统来帮助用户减少记忆量，将不同类别的信息分别显示在不同的窗口，并轮流在窗口之间转换，这样不同信息重叠显示时不必依赖记忆。另外，对所有删除操作使用同一个键可减少混淆。选择代表不同对象和操作的容易辨认的图符也可以减少记忆。重要的原则是唤醒用户的识别而不是记忆。

3.1.6　回退和出错处理

谁都会有出错的时候，好的用户接口设计应使用户不会因为害怕出错而缩手缩脚，处处小心，这需要多种处理机制。

首先是回退（Undo）机制，绘图系统允许用户沿着执行过的操作步骤，一步步倒退，并删除已做的操作。这使得用户可以把系统退回到某些特定的状态。在具有多步回退功能的系统中，所有输入均被保存，因而可以回退并"重演"任一部分。

其次，对操作过程中的任何错误或失误，无论在任何级别，都应有一定的改错、取消和修复措施。例如，取消机制，一个操作常常在完成之前被取消，系统保存有操作之前的状态。还有的操作不能被回退。例如，一旦删除了桌面垃圾筒，就不能再找回被删除的文件，此类操作应在请用户确认之后再进行删除操作。

再次，设计一些好的诊断程序或提供出错信息，可帮助用户确定发生错误的原因。

最后，还可通过对可能导致错误的一些动作进行约束来减少错误发生率。例如，当没有选中对象时，不允许移动一个对象位置或删除对象；当选中的对象不是"线"时，不允许选择线属性；当剪贴板上没有对象时，不允许选择粘贴操作。

3.1.7　联机帮助

为用户提供联机帮助（On Line Help）措施，能在用户操作过程中的任何时刻提供请求帮助，它是用户学习和使用图形用户接口软件最为理想有效的方式。对初学者来说，联机帮助可以随时告诉用户一步步怎么做，即使对有经验的使用者，有时也会对熟悉操作步骤和细节有所帮助。注意，从帮助返回时，应回到程序调用帮助的地方，使用户能继续做下去而不会中断原来的思路。

3.1.8　视觉效果设计

用户接口视觉效果设计的好坏，直接影响用户对这个接口的最初印象和长期使用。视觉效果设计涉及用户接口的各方面，如屏幕的布局、色彩的使用、信息的安排等，这里强调的是色彩的使用。色彩主要与眼睛的分辨能力和视觉疲劳有关。

实验证明，在视野范围内，人们的视觉适应能力在有色彩对比时较仅有亮度对比时要强一些。由于人眼对明亮度和颜色饱和度的分辨力不敏感，所以，通常在选择色彩对比时以色调对比为主。另外，就色调而言，最容易引起视觉疲劳的是蓝色和紫色，其次是红色和橙色；而黄色、绿色和淡青色等色调不容易引起视觉疲劳程度。为减轻视觉疲劳，还应该在视野范围内保持均匀的色彩明亮度。因为如果被视对象的明亮度差别太大，在视线转移的过程中，眼睛对明暗的调节频繁，势必增加眼睛的疲劳。饱和度高的色彩给人眼以刺激感，也会增加眼睛的疲劳程度。

3.1.9 适应不同的用户

针对同一交互任务，交互式图形接口通常提供多种交互方式以适应不同的用户。例如，菜单的选择可以通过将光标指向一个选项，然后按下不同的鼠标按钮来实现；也可以通过功能键或热键方式来实现；还可以通过输入命令来实现。另外，帮助功能也可以分成几个层次来设计。比如，初学者可以进行较详细的对话；针对有经验的用户则可以减少或去掉提示信息；而对于熟练用户过多的细节提示反而成为冗余。特别地，由于熟练用户记住了常用动作的缩写，它们可以使用功能键或热键方式来操作，这种方式使用户的手无须离开键盘，因而可获得较好的输入性能。

3.2 逻辑输入设备与输入处理

交互式图形系统需要输入多种数据，如需要输入确定坐标位置的数值、代表图名的字符串、指定菜单的选项以及标识图的成分等。这需要使用到 2.2 节中讨论的各种输入设备。为了使图形软件具有设备无关性，就需要用到逻辑输入设备的概念。每种逻辑输入设备均与多种实际输入设备相对应。

3.2.1 逻辑输入设备

PHIGS 和 GKS 等图形软件标准将各种图形输入设备从逻辑上分为 6 种：定位设备、笔画设备、数值设备、选择设备、拾取设备和字符串设备，如表 3-1 所示。

表 3-1 图形输入设备的逻辑分类

名　称	基　本　功　能
定位设备（Locator）	指定一个点的坐标位置(x, y)
笔画设备（Stroke）	指定一系列点的坐标
数值设备（Valuator）	输入一个整数或实数
字符串设备（String）	输入一串字符
选择设备（Choice）	选择某个菜单项
拾取设备（Pick）	选择显示着的图形的组成部分

1. 定位设备

定位设备用于在屏幕上交互地指定一个点的坐标位置。定位设备有鼠标器、操纵杆、跟踪球、空间球、数字化仪的触针或手动标块等。定位的过程大多是将这些物理设备的位移转换成相应的屏幕光标的位移，当屏幕标处于所需求的位置时，通过按下上述装置上的按钮以保存该点的坐标。定位设备可以按照绝对坐标或相对坐标、直接或间接、离散或连续等标准进行分类。

绝对坐标设备包括数字化仪和触摸屏，它们都有绝对原点，定位坐标相对原点来确定。相对坐标设备有鼠标器、跟踪球、操纵杆等，这类设备没有绝对原点，定位坐标相对于前一点的位置来确定。相对坐标设备可指定的范围可以任意大，然而只有绝对坐标设备才能作为数字化绘图设备。绝对坐标设备可以改成相对坐标设备，如数字化仪，只要记录当前点位置与前一点位置的坐标差（增量），并将前一点看成是坐标原点，则数字化仪的定位范围也可变成无限大。

直接设备指诸如触摸屏一类用户可直接用手指指点屏幕进行操作从而实现定位的设备。间接设备则指诸如鼠标、操纵杆等用户通过移动屏幕上的光标实现定位的设备。

连续设备把手的连续运动变成光标的连续移动，鼠标、操纵杆、数字化仪等均为此类设备；键控光标则为离散设备。连续设备比离散设备更自然、更快、更容易用，且在不同方向上运动的自由度比离散设备大。此外，使用离散设备也难以实现精确定位。

2. 笔画设备

笔画设备用于在屏幕上交互地指定多个点的坐标位置，等于多次使用定位设备。所以，用作定位的设备都可用作笔画设备。如将鼠标作为笔画设备，可以将鼠标从一端移向另一端，同时不停地按动鼠标上的键，就可产生一系列的坐标值。根据输入的坐标值可产生多边形或曲线等，如图 3-2 所示。

3. 定值设备

定值设备用于输入各种参数和数据。首先，任何一种带有数字键的键盘都可以用作定值设备。其次，拨号盘、滑动电位器、跟踪球等设备的控制旋钮也可用作定值设备，通过旋转旋钮可输入预先指定范围内的标量。例如，将旋钮从左到右旋转使数值增大，那么从右到左则使数值减小。再次，操纵杆、跟踪球等设备可以将压力或运动对照一个标量范围转换为一个标量值。比如，从左向右移动，增大输入的标量值，反向移动则减小标量值。最后，通过在屏幕显示标尺、刻度盘、拉杆或按键等，利用定位设备也可以进行数值的输入，如图 3-3 所示。当标尺或刻度盘上的游标到达用户需要的数值后，按一下键，即可输入此数。在标尺或刻度盘的两端可以显示增大或减小的标志，如上、下箭头等。当定位设备在向上的箭头上按动按钮，则数值增大，相反则数值减小。还可以改变标尺和刻度盘的取数范围和精度范围。

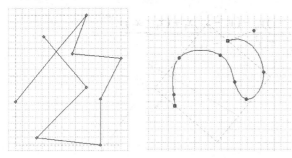

图 3-2　笔画设备输入多边形和曲线

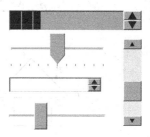

图 3-3　用标尺进行定值输入

4. 字符串设备

字符串设备用于输入字符串，典型设备是键盘。当然，还有一些其他的设备通过软件辅助也可以进行字符串输入。比如，在屏幕上产生一个键盘（软键盘），由定位设备来模拟字符键盘输入；或用笔画设备输入字符图形，由识别软件进行识别输入；或用语音设备进行字符串输入，这时可用建立"语音字典"的方式，由操作员首先将单词读出来，在机器上建立一个音频与单词的对照"字典"，在输入时查找音频就可以找出要输入的单词。

注意，输入一个字符串与输入一个命令是有区别的。输入一个命令时，其字符串具有特殊意义。

5. 选择设备

选择设备用于选择菜单选项、属性选项和用于构图的对象形状等。选择设备须从一组任选项中给定一个选择，常用的选择设备有功能键、热键和定位设备等。功能键是最常用的选择设备，按下某个功能键即可实现用户希望的某个功能。其次，键盘上的每个键都可经过应用程序的重新定义而具有选择功能，此时称为热键方式。再次，可以用定位设备通过确定屏幕光标位置选择候选项。另外，还有语音选择、笔画识别选择等。

6. 拾取设备

拾取设备用于选择场景中即将进行变换、编辑和处理的部分。用拾取技术拾取一个图形对象，在屏幕上是要改变该对象的颜色、亮度，或使该对象闪烁；在存储用户图形的数据结构中则要找到存放该对象的几何参数及其属性的地址，以便对该对象进行进一步的增、删、改操作。根据图形系统的不同，往往采用定位设备、选择设备、定值设备及它们的组合来实现拾取功能。

① 利用定位设备。将屏幕上的光标移到被选择的对象上，再按一下相应的键，即指示要拾取这个对象，此时需将光标位置与场景中各个图形对象的显示领域（包围矩形）比较，如果某一对象的包围矩形包含该光标坐标，则找到这一拾取对象。但如果两个或两个以上的对象区域同时包围该光标坐标，则必须进一步地判断。如图 3-4 所示，拾取点 P 同时落在 ABC 和 DEFG 等图形对象的显示领域中，此时如何确定哪个图形被拾取？通常采用三种方法：一是在图形对象生成时就对每一个对象确定其拾取优先级，在拾取对象时如遇到拾取点包含在多个图形显示领域的情况，只要判断这些图形的拾取优先级即可确定哪个图形被拾取。二是采用依次对拾取图形设立标志的办法，可以采用加亮、闪烁、变颜色等方式设立标志，或用其他形状简单的标志，逐个地让用户确认或否认拾取，如输入空格键为不拾取图形，输入回车键为拾取图形。三是找距离最近的对象优先拾取，如图 3-5 所示，要判断是拾取线段 AB 还是 CD。首先计算拾取点 $P(x, y)$ 到每一条其显示领域包含该点的线段的距离的平方。对一条以点(x_1, y_1)和点(x_2, y_2)为端点的线段来说，从点 $P_0(x_0, y_0)$ 到该线段距离的平方由下式计算（要加速计算过程，可使用各种近似方法或其他标识方法）：

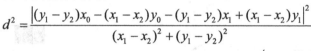

$$d^2 = \frac{\left| (y_1 - y_2)x_0 - (x_1 - x_2)y_0 - (y_1 - y_2)x_1 + (x_1 - x_2)y_1 \right|^2}{(x_1 - x_2)^2 + (y_1 - y_2)^2}$$

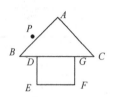

图 3-4　拾取的不确定情况

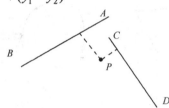

图 3-5　拾取最近的线段（CD）

② 指定拾取窗口。根据光标位置指定拾取窗口，该窗口以光标位置为中心，对每一候选对象确定相交性，通过让拾取窗口变得适当的小，就可以找到唯一穿过该窗口的图形对象，如图 3-6 所示，只要拾取窗口足够小，则不存在不确定性。

③ 矩形包围。如图 3-7 所示。通过指定一组对角点确定矩形（BOX），完全包含在 BOX 之内的对象被拾取，凡在 BOX 之外或与 BOX 相交的对象均被排斥。当然，如果两个不同对象有同样的 BOX，那么仍然不能区分开来。

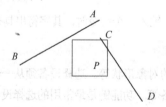

图 3-6　拾取窗口只与线段 CD 相交

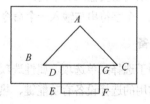

图 3-7　矩形包围拾取（拾取 ABC）

④ 直接输入结构名字。在某些图形应用软件中，允许指定图形对象或结构的名称，然后通过键盘或鼠标选择名称实现拾取操作。这种方法是一种直接但交互性较差的拾取方法。

通常，交互式图形系统中会提供多种拾取方式以供用户选择。而且根据拾取对象的不同，还需要制定相应的拾取策略和算法，如点拾取、折线集的拾取、曲线的拾取，等等。许多情况下还需要采取一些加速措施，如区域粗判法、算法硬件固化等。

要针对交互设备的不同特点对交互设备进行控制、使用。对设备的评价可以从三个层次上来看。

一是设备层，这一层比较多的关注设备的硬件性能，比如关心键盘的键是否轻巧、灵敏；鼠标握起来是否舒适；数字化仪的台面面积是否足够大等。

二是任务层，这一层对相同的交互任务用不同的交互设备来比较效果，比如有经验的用户用功能键或键盘输入一个命令比用菜单选择一个命令快，用鼠标拾取一个显示着的对象比用键控光标快等。

三是对话层，该层不是对单个交互任务进行比较，而是对一系列的交互任务进行比较，显然用鼠标定位比用键控光标快，但如果用户的手已放在键盘上，且定位操作后还需要用键盘输入信息，此时用键控光标定位就会比用鼠标定位优越。

3.2.2　输入模式

在交互式图形系统中，由于输入设备是多种多样的，而且对于一个应用程序而言可以有多个输入设备，同一个设备又可能为多个任务服务，这就产生了如何管理这些设备的问题。常用的管理方法有请求（Request）、取样（Sample）、事件（Event）和组合4种。

1．请求方式

在这种模式下，应用程序先以请求方式指定输入设备。所请求的设备指定后，可以向该设备发出输入请求。当一个输入请求发出后，处理过程（程序）等待接收数据，此时，输入设备在应用程序的控制下工作，程序在输入请求发出后一直被置于等待状态直到数据输入。

2．取样方式

取样方式与请求方式的不同之处在于，一旦对一台或多台设备设置了取样方式，立即就可以进行数据输入，而不必等待程序中的输入语句。此时，应用程序和输入设备同时工作。当输入设备工作时，存储输入数据，并不断更新当前数据；当程序要求输入时，程序采用当前数据值。例如，当鼠标被置为取样方式下的定位设备时，则系统会立即存储鼠标的当前位置坐标，并且当鼠标的位置变化时，会立即更新当前的坐标位置。

3．事件方式

每次用户对输入设备的一次操作以及形成的数据叫做一个事件。一般一个事件发生时，往往来不及进行处理，于是就把事件按先后次序排成队列，以便先进先出，即先到的事件进入排队，先被取出进行处理。事件方式就体现了这种思想。

当某台设备被置成事件方式后，程序和设备同时工作，由输入设备来初始化数据输入、控制数据处理进程，一旦有一种逻辑输入设备以及特定的物理设备已被设成相应的方式后，即可用来输入数据或命令。它与取样方式不同的是，从设备输入的数据都存放在一个事件队列中。在任一时刻，事件队列中存储了尽可能多的最近发生的输入数据事件。在队列中的输入数据可按照逻辑设备类型、工作站号、物理设备码进行检索。

4．组合方式

一个应用程序同时可以在几种输入方式下应用几个不同的输入设备来工作。例如，在屏幕上绘制一个圆时，首先用鼠标确定圆心位置，此时鼠标是取样方式；按下鼠标左键确定圆心位置，此时鼠标被设为事件方式；接着可以在对话框中用键盘输入圆的半径，此时键盘被设为请求方式。

3.3 交互式绘图技术

3.3.1 基本交互式绘图技术

除了允许用户进行定位、笔画、字符串、数值、选择、拾取等操作，交互式图形系统还使用其他一些技术来帮助用户进行交互式绘图。

1. 回显

作为一种最直接的辅助方式，大部分交互式绘图过程都要求回显。比如在定位时，用户不仅要求所选的位置可在屏幕上显示出来，还希望其数据参数也在屏幕上显示，这样可以获得精确位置来调整定位坐标。在选择、拾取等过程中，用户也都希望能够直观地看到选择或拾取的对象以便确认，如图3-8～图3-10所示。

图 3-8　选择图符的回显

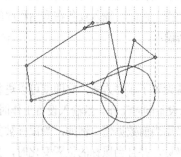

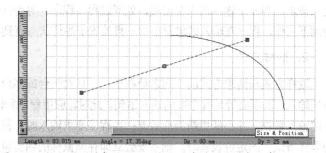

图 3-9　拾取图形对象的回显　　图 3-10　拾取图形对象的回显（底行是有关拾取对象的参数）

2. 约束

约束是在图形绘制过程中对图形的方向、对齐方式等进行规定和校准。约束方式有多种，最常用的约束是水平或垂直直线约束，使用户可以轻松地绘制水平和垂直线而不必担心线的末端坐标的精度范围，如图 3-11 所示。另外，其他类型的约束技术用于产生各种校准过程，如画矩形时按住一定的键可约束画正方形，画椭圆时按住一定的键可约束画圆等。

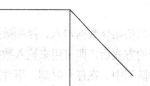

图3-11　约束画垂直、水平和斜率为±1的直线

3. 网格

叠加在屏幕绘图坐标区的矩形网格可以用来定位和对准对象或文本，这种技术可帮助用户方便地在高分辨率图形显示器上定义一个精确的坐标位置，以便画出更加准确、清晰的线条和图形。采用这种技术时，网格本身可以显示出来（见图3-9和图3-10），也可不显示，而且可以在不同的屏幕区域使用部分网格和不同尺寸的网格。

4. 引力域

用户在绘图过程中常常需要精确定位到已知的某些点上，如连接新线到一条已画好的线上。但是要在连接点上精确地定位屏幕光标是比较困难的，这时可采用一种所谓引力域的方法将靠近一条线的任意输入位置转换到该条线上的一个坐标位置上，这一转换是通过在该线的周围产生一个"引力域"来完成的。也就是说，该技术将端点周围的部分设为"引力域"，使引力域中的任意位置都被"引力"吸引到端点上来。注意，引力域范围的大小应选择适当，既要大到能帮助用户方便、精确定位，又要小到足以减少同其他线重叠的机会。此外，如果连接点处还有许多其他线的端点，则线端点的引力域就会交叉，这时选择正确的连接点可能比较困难。通常，引力域的边界不用显示，用户只需直接选择那些靠近连接点的点即可。

5. 橡皮筋技术

橡皮筋技术指针对用户的要求，动态地将绘图过程表现出来，直到产生用户满意的结果为止，其中最基本的工作是动态、连续地改变相关点的设备坐标。例如，利用橡皮筋技术画线，如图 3-12 所示，随着屏幕光标的移动，用户从起始位置延伸该线段，此线段一直不脱离线的起点，而线的另一端点则随着输入设备的移动可以在屏幕上的任意位置移动，就像一端固定，另一端在拉伸的橡皮筋一样，直到用户最终确定该线的终点。除了橡皮筋画线技术以外，常用的还有带水平或垂直约束的橡皮筋画线、橡皮筋画圆、橡皮筋画矩形（如图 3-13 所示）、橡皮筋画多边形等技术。

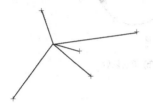

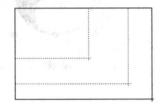

图 3-12　用橡皮筋技术绘制和定位一条直线　　　　图 3-13　用橡皮筋技术绘制和定位矩形

6. 草拟技术

草拟技术用来实现用户任意画图的要求。草拟技术的实现分为两类：一类是当光标在移动时，沿光标移动的路径保留单个点的坐标，以点阵方式保存草图，如图 3-14(a)所示；另一类是采样取点后用折线或曲线将采样点连接起来，即用直线或曲线拟合，最终画出许多端点相连的线构成物体的草图，如图 3-14(b)所示。通常有两种采样方式：基于距离采样取点和基于时间采样取点。由于用户在绘图时，难绘的地方通常会慢一些，因此基于时间的采样看上去更为合理。

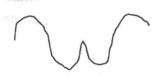

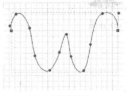

(a) 沿光标移动路径保留单个点坐标　　　　　　　　　　　(b) 用曲线拟合

图 3-14　草拟技术

7. 拖动

拖动是将图形对象在空间的移动过程动态、连续地表示出来，直到满足用户的位置要求为止，如图 3-15 所示。在实际操作中，通常先选择一个图形对象，然后将光标向所需移动方向移动，选择的对象就跟着移动。对于要在选定最终位置前试验各种可能性的应用来说，在场景中各个位置实施拖动是必要的。拖动常用于部件装配等。

(a) 两图形对象的初始位置

(b) 拖对象进行调整

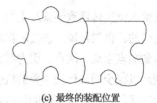
(c) 最终的装配位置

图 3-15　拖动

8. 旋转

旋转顾名思义是将图形对象进行旋转。这需要两个步骤，一是设定旋转中心，二是使图形对象围绕旋转中心随光标的移动而旋转，如图 3-16 所示。

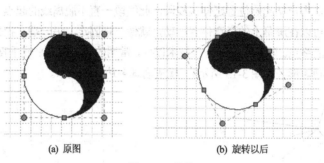

(a) 原图　　　　　　　　　　　　　(b) 旋转以后

图 3-16　旋转

9. 形变

交互式绘图技术中，往往还需要使图形对象产生形变（见图 3-17）和局部形变（见图 3-18）。

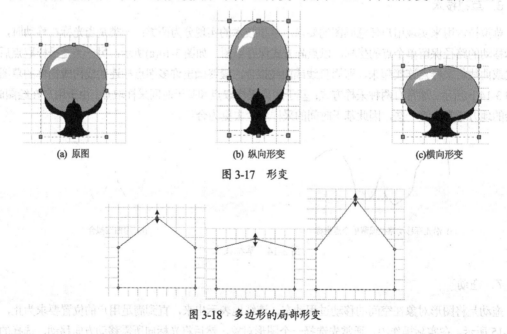

图 3-18　多边形的局部形变

3.3.2　三维交互技术

三维交互技术包括三维输入、三维定位、三维选择、三维旋转和组合功能。三维交互技术的主要困难在于，用户难以区分屏幕上光标选择对象的深度值和其他显示对象的深度值。此外，如键盘、鼠标、数字化仪等均为二维交互设备，需要采取策略以适应三维交互式工作的需要。

1. 三维图形数据的输入

除可采用键盘输入三维图形数据，也可利用三维数字化图形仪、三维坐标测量仪等。不过，这些仪器大多价格昂贵，不能在一般的图形处理系统中采用。因此，为方便三维图形数据的输入，多数系统用软件的方法借用二维输入设备来进行三维图形数据的输入。例如，利用一个物体的某些视图（主视图、侧视图、俯视图等）来输入三维数据，或利用三维图形拼合技术，把复杂的三维物体转化为简单的三维物体进行输入等。结合图像处理技术，还可利用两张不同角度拍摄的物体图像提取三维数据。

2. 三维定位

解决三维定位的方法有多种，其中较为简单的方法是借助于"三视图"进行交互处理。如图 3-19 所示，完成三维定位任务可用二维的光标（十字符）拖动三维光标（对应三视图上大的十字虚线）。按下鼠标按钮，在移动二维光标的同时拖动三维光标同步运动，当三维光标确定的位置（或选择的对象）满足用户要求时释放鼠标按钮，此时两条虚线光标相交的位置就唯一地确定一个三维点的坐标。

3. 三维定向

三维定向是在一个三维坐标系中规定对象的一个方向，实现较为繁琐，要考虑坐标系、旋转中心、观察效果等问题。三维定向的坐标系一般取用户坐标系，可以指定用户坐标系的原点，也可指定物体中心点或其他参考点作为旋转中心，并在屏幕上用 x、y、z 的正方向表示出旋转效果。图 3-20 给出一种三维定向的方法。

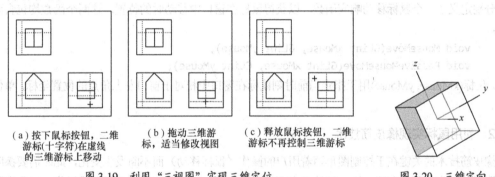

（a）按下鼠标按钮，二维游标(十字符)在虚线的三维游标上移动 　　（b）拖动三维游标，适当修改视图 　　（c）释放鼠标按钮，二维游标不再控制三维游标

图 3-19　利用"三视图"实现三维定位　　　　　　　图 3-20　三维定向

另外，三维交互式任务还可以用数据手套来实现，可以抓取和移动在虚拟场景中的对象。计算机生成的场景则通过头盔观察系统以立体投影图显示。

3.4　OpenGL 中橡皮筋技术的实现

在 OpenGL 程序中，交互设备的输入主要通过 GLUT 库中的子程序来处理，这是因为交互操作需要在窗口系统中完成。这里以在 OpenGL 中实现的橡皮筋技术为例，简单介绍鼠标、键盘等交互式设备的使用以及交互式绘图技术的实现。

3.4.1 基于鼠标的实现

1. 鼠标响应函数

在 OpenGL 程序中，使用鼠标的方法是注册一个鼠标响应函数，对鼠标在窗口范围内的按键按下或松开事件进行处理，该函数调用的方法是：

```
glutMouseFunc(MousePlot);
```

其中，MousePlot 函数是鼠标响应函数，包含 4 个参数：

```
void MousePlot(GLint button, GLint action, GLint xMouse, GLint yMouse);
```

这里，① 参数 button 的取值是 GLUT 定义的 3 个鼠标按键符号常量 GLUT_LEFT_BUTTON、GLUT_MIDDLE_BUTTON 和 GLUT_RIGHT_BUTTON，分别表示鼠标的左键、中键和右键。当然，对于两键鼠标，只有 GLUT_LEFT_BUTTON 和 GLUT_RIGHT_BUTTON 有效。② 参数 action 的取值也是符号常量，可以为 GLUT_DOWN 或 GLUT_UP，以确定鼠标按键的行为是按下还是松开状态。③ 坐标 (xMouse, yMouse) 用于指定当前鼠标在窗口中相对于窗口左上角点的位置坐标，xMouse 表示鼠标位置到窗口左边界的像素距离，yMouse 表示鼠标位置到窗口上边界的像素距离。由于 OpenGL 程序绘制图形时的坐标原点在窗口左下角点，因此处理 y 坐标时应该用窗口高度减去 yMouse 值。当鼠标响应函数开始工作后，由 GLUT 框架确定当前鼠标操作时响应函数 4 个参数的取值。

GLUT 还提供了两个用于处理鼠标移动的注册函数，一个是当一个或多个鼠标按键被按下时在窗口内移动的注册函数，另一个是当鼠标按键没有被按下时在窗口内移动的注册函数：

```
glutMotionFunc(MouseMove);
glutPassiveMotionFunc(PassiveMouseMove);
```

它们分别定义了一个鼠标移动响应函数，以获得鼠标在窗口中移动时的位置。这两个函数均包含两个参数：

```
void MouseMove(GLint xMouse, GLint yMouse);
void PassiveMouseMove(GLint xMouse, GLint yMouse);
```

其中，坐标 (xMouse, yMouse) 用于指定当前时刻鼠标在窗口中相对于窗口左上角点的位置坐标，单位为像素。

2. 利用鼠标实现橡皮筋技术

橡皮筋技术的关键在于控制图形随着用户的操作（鼠标移动）而不断发生变化，此时需要擦除原有的图形同时生成新的图形。橡皮筋技术有两种实现方法：一种是利用颜色的异或操作，对原有图形并不是擦除，而是再绘制一条同样的直线段并与原图形进行异或操作，此时原图形会从屏幕上消失；另一种是利用双缓存技术，绘制图形时分别绘制到两个缓存，交替显示。这里我们采用双缓存技术实现橡皮筋技术。

在 OpenGL 中需要在指定窗口使用双缓存：

```
glutInitDisplayMode(GLUT_DOUBLE | GLUT_RGB);
```

再在绘图函数中使用函数 glutSwapBuffers() 交换两个缓存，同时保证 OpenGL 命令缓冲区的强制清空。

由于鼠标响应函数在调用时需要确定窗口的高度以解决坐标对应的问题，因此在这个例子中使用函数：

```
glutReshapeFunc(ChangeSize);
```

其中定义了窗口再整形回调函数 ChangSize，即当窗口的大小发生变化时调用的函数。该函数的原型为

```
void ChangeSize(int w, int h);
```

其中，参数 w 和 h 分别表示变化后窗口的宽度和高度。在窗口再整形回调函数中，由于窗口的大小发生变化，因此需要用函数

        glViewport(0, 0, w, h);

重新指定窗口的显示区域。之后还需要重新调用投影过程。

【程序 3-1】 OpenGL 中利用鼠标实现橡皮筋技术的例子。

```
#include <gl/glut.h>
int  iPointNum = 0;                          // 已确定点的数目
int  x1=0, x2=0, y1=0, y2=0;                 // 确定的点坐标
int  winWidth = 400, winHeight = 300;        // 窗口的宽度和高度
void Initial(void) {
    glClearColor(1.0f, 1.0f, 1.0f, 1.0f);    // 设置窗口背景颜色
}
void ChangeSize(int w, int h) {
    winWidth = w;     winHeight = h;         // 保存当前窗口的大小
    glViewport(0, 0, w, h);                  // 指定窗口显示区域
    glMatrixMode(GL_PROJECTION);             // 指定设置投影参数
    glLoadIdentity();                        // 调用单位矩阵，去掉以前的投影参数设置
    gluOrtho2D(0.0, winWidth, 0.0, winHeight); // 设置投影参数
}
void Display(void) {
    glClear(GL_COLOR_BUFFER_BIT);            // 用当前背景色填充窗口
    glColor3f(1.0f, 0.0f, 0.0f);             // 指定当前的绘图颜色
    if(iPointNum >= 1) {
        glBegin(GL_LINES);                   // 绘制直线段
        glVertex2i(x1, y1);
        glVertex2i(x2, y2);
        glEnd();
    }
    glutSwapBuffers();                       // 交换缓冲区
}
void MousePlot(GLint button, GLint action, GLint xMouse, GLint yMouse) {
    if(button == GLUT_LEFT_BUTTON && action == GLUT_DOWN) {
        if(iPointNum = = 0 || iPointNum = 2){
            iPointNum = 1;
            x1 = xMouse;    y1 = winHeight-yMouse; // 确定直线段的第一个端点
        }
        else {
            iPointNum = 2;
            x2 = xMouse;    y2 = winHeight-yMouse; // 确定直线段的第二个端点
            glutPostRedisplay();             // 指定窗口重新绘制
        }
    }
    if(button == GLUT_RIGHT_BUTTON && action == GLUT_DOWN) {
        iPointNum = 0;
        glutPostRedisplay();
    }
```

```
    }
void PassiveMouseMove (GLint xMouse, GLint yMouse) {
    if(iPointNum == 1)      {
        x2 = xMouse;
        y2 = winHeight-yMouse;                          // 将当前鼠标位置指定为直线的未固定端点
        glutPostRedisplay();
    }
}
int main(int argc, char*argv[]) {
    glutInit(&argc, argv);
    glutInitDisplayMode(GLUT_DOUBLE | GLUT_RGB); // 使用双缓存及 RGB 模型
    glutInitWindowSize(400,300);                    // 指定窗口的尺寸
    glutInitWindowPosition(100,100);                // 指定窗口在屏幕上的位置
    glutCreateWindow("橡皮筋技术");
    glutDisplayFunc(Display);
    glutReshapeFunc(ChangeSize);                     // 指定窗口再整形回调函数
    glutMouseFunc(MousePlot);                        // 指定鼠标响应函数
    glutPassiveMotionFunc(PassiveMouseMove);         // 指定鼠标移动响应函数
    Initial();
    glutMainLoop();                                  // 启动主 GLUT 事件处理循环
    return 0;
}
```

本例中使用了 glutPostRedisplay 函数用于强制刷新窗口，即调用 Display()函数，并且采用程序段

```
    glBegin(GL_LINES);
    glVertex2i(x1, y1);
    glVertex2i(x2, y2);
    glEnd();
```

绘制直线段。相关函数的说明将在 5.8.2 节详细介绍。

3.4.2　基于键盘的实现

1. 键盘响应函数

GLUT 提供了对键盘的输入响应，键盘输入注册函数为

```
    GlutKeyboardFunc(Key);
```

它指定了程序在运行状态时，按下键盘上的任意一个键都会调用 Key( )函数：

```
    void Key(unsigned char key, int x, int y);
```

其中，参数 key 的取值是一个字符值或对应的 ASCII 编码，而(x, y)是按下键盘时窗口中当前屏幕光标
相对于窗口左上角的位置坐标。

2. 利用键盘实现橡皮筋技术

对于程序 3-1，可以用键盘上的 p 键代替鼠标左键，此时需要在 main( )函数中加入键盘输入注册
函数，并用下面的代码代替 MousePlot( )函数，可以实现同样的效果。

【程序 3-2】　OpenGL 中利用键盘实现橡皮筋技术的例子。

```
void Key(unsigned char key, int x, int y)
```

```
{
    switch(key){
        case 'p':
            if(iPointNum = = 0 || iPointNum = = 2) {
                iPointNum = 1;
                x1 = x;     y1 = winHeight-y;        // 确定直线段的第一个端点
            }
            else {
                iPointNum = 2;
                x2 = x;     y2 = winHeight-y;        // 确定直线段的第二个端点
                glutPostRedisplay();                 // 指定窗口重新绘制
            }
            break;
        default: break;
    }
}
```

另外，可以用下面的函数指定功能键、方向键及其他特殊键的回调函数：

```
glutSpecialKeyFucn(SpecialKeys);
```

被指定的函数有 3 个参数：

```
void SpecialKeys(int key, int x, int y);
```

其中，参数 key 的取值为按下特定键对应的 GLUT_KEY_ 常量，如功能键的符号常量从 GLUT_KEY_ F1 到 GLUT_KEY_F12，方向键的符号常量为 GLUT_KEY_LEFT，GLUT_KEY_UP，GLUT_KEY_ DOWN，GLUT_KEY_RIGHT，以及其他特殊键 GLUT_KEY_HOME 和 GLUT_KEY_END 等。参数 x 和 y 则是按下键盘时窗口中当前屏幕光标相对于窗口左上角的位置坐标。

3.5 OpenGL 中拾取操作的实现

拾取操作是图形系统中最重要的交互方式之一，用户通过拾取操作选择系统中的图元进行编辑与操作，是体现图形学交互性的一个重要特征。现代图形系统多采用流水线构架，图形在定义之后，要经过一系列的变换操作和裁剪操作，通过扫描转换存入系统的帧缓冲存储器中。这个过程的许多步骤在理论上是可逆的，但是由于硬件的参与和硬件过程的不可逆，使我们很难从鼠标的当前位置直接逆向求出绘制于其附近的图元。

OpenGL 采用一种比较复杂的方式来实现拾取操作，即选择模式。选择模式是一种绘制模式，它的基本思想是在一次拾取操作时，系统会根据拾取操作的参数（如鼠标位置）生成一个特定视景体，然后由系统重新绘制场景中的所有图元，但这些图元并不会绘制到颜色缓存中，系统跟踪有哪些图元绘制到了这个特定的视景体中，并将这些对象的标识符保存到拾取缓冲区数组中。

在 OpenGL 中实现拾取操作主要包括以下步骤。

1. 设置拾取缓冲区

拾取时，在特定的视景体中绘制的每个对象都会产生一个命中消息，命中消息将存放在一个名字堆栈中，它就是拾取缓冲区。函数

```
void glSelectBuffer(GLsizei n, GLunint *buff);
```

指定了一个具有 n 个元素的整型数组 buffer 作为拾取缓冲区。对于每个命中消息，都会在拾取缓冲区数组中添加一条记录，每条记录都包含以下 3 方面的信息：

① 命中发生时堆栈中的名称序号。

② 拾取图元所有顶点的最大和最小窗口 z 坐标。这两个值的范围都在[0, 1]内，它们都乘以 $2^{32}-1$，然后四舍五入为最接近的无符号整数。

③ 命中发生时堆栈中的内容，最下面的名称排在最前面。

2. 进入选择模式

在定义了拾取缓冲区后，需要激活选择模式。指定选择模式采用函数

```
Lint glRenderMode(GLenum mode);
```

其中，参数 mode 的值可以是 GL_RENDER（默认值）、GL_SELECT 或 GL_FEEDBACK，分别指定应用程序处于渲染模式、选择模式或反馈模式。应用程序一直处于当前模式下，直到调用本函数改变为其他模式为止。反馈模式用于获取已绘制的图元列表，图元列表的概念将在 4.4.3 节中介绍，这里不讨论。在当前绘制模式是 GL_SELECT 时，该函数的返回值为选择命中的图元数。

3. 名字堆栈操作

选择模式下需要对名字堆栈进行一系列操作，如初始化、压栈、弹栈以及栈顶元素操作等。函数

```
void glInitNames();
```

初始化名字堆栈，其初始状态为空。函数

```
void glPushName(GLuint name);
```

将一个名字压入堆栈，其中 name 是标识图元的一个无符号整数值。函数

```
void glLoad Name(GLuint name);
```

将名字堆栈的栈顶元素替换为 name。函数

```
void glPopName();
```

将栈顶元素弹出。

4. 设置合适的变换过程

拾取操作可以通过矩形拾取窗口来实现。调用函数如下：

```
gluPickMatrix(xPick, yPick, widthPick, heightPick, *vp);
```

其中，参数 xPick 和 yPick 指定相对于显示区域左下角的拾取窗口中心的双精度浮点屏幕坐标值。当使用鼠标进行选择操作时，xPick 和 yPick 由鼠标位置确定，但要注意 y 坐标的反转。参数 widthPick 和 heightPick 指定拾取窗口的双精度浮点宽度、高度值。参数 vp 指定一个包含当前显示区域的坐标位置和尺寸等参数的整型数组，该参数可以通过函数 glGetIntegerv( )来获得。这个函数可以设置一个用于拾取操作的观察空间。

5. 为每个图元分配名字并绘制

为了标识图元，在图元绘制过程中需要用一个整型值指定图元名称，并在选择模式下，将这个名字压入到名字堆栈中。为了节省名字堆栈的空间，应该在图元绘制完成后，将其名字从堆栈中弹出。

6. 切换回渲染模式

在选择模式下，所有的图元绘制完成后，应该再次调用函数 glRenderMode( )选择渲染模式，在帧缓冲存储器中绘制图元，并返回被选中图元的个数。

7. 分析选择缓冲区中的数据

拾取操作完成之后，可以根据选择缓冲区中的内容进行分析，以确定拾取的图元。

【程序 3-3】 OpenGL 实现拾取操作的例子，演示拾取操作的过程，其中拾取窗口的宽度和高度都指定为 10，其效果如图 3-21 所示。

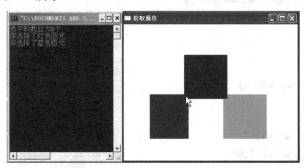

图 3-21　OpenGL 实现拾取操作的例子

```
#include <gl/glut.h>
#include "stdio.h"
const GLint  pickSize = 32;                         // 拾取缓冲区的大小
int  winWidth = 400, winHeight = 300;
void Initial(void) {
    glClearColor(1.0f, 1.0f, 1.0f, 1.0f);
}
// 按照指定的模式绘制矩形对象
void DrawRect(GLenum mode) {
    if(mode == GL_SELECT)
        glPushName(1);                              // 将名字1压入堆栈
    glColor3f(1.0f, 0.0f ,0.0f);
    glRectf(60.0f, 50.0f, 150.0f, 150.0f);          // 绘制红色矩形
    if(mode == GL_SELECT)
        glPushName(2);                              // 将名字2压入堆栈
    glColor3f(0.0f, 1.0f, 0.0f);
    glRectf(230.0f, 50.0f ,330.0f, 150.0f);         // 绘制绿色矩形
    if(mode == GL_SELECT)
        glPushName(3);                              // 将名字3压入堆栈
    glColor3f(0.0f, 0.0f, 1.0f);
    glRectf(140.0f, 140.0f, 240.0f, 240.0f);        // 绘制蓝色矩形
}
void ProcessPicks(GLint nPicks, GLuint pickBuffer[]) {
    GLint  i;
    GLuint  name, *ptr;
    printf("选中的数目为%d 个\n",nPicks);
    ptr=pickBuffer;
    for(i=0; i<nPicks; i++) {
        name=*ptr;                                  // 选中图元在堆栈中的位置
        ptr+=3;                                     // 跳过名字和深度信息
        ptr+=name-1;                                // 根据位置信息获得选中的图元名字
        if(*ptr==1)
```

```
                printf("你选择了红色图元\n");
            if(*ptr==2)
                printf("你选择了绿色图元\n");
            if(*ptr==3)
                printf("你选择了蓝色图元\n");
            ptr++;
        }
        printf("\n\n");
    }
    void ChangeSize(int w, int h) {
        winWidth = w;
        winHeight = h;
        glViewport(0, 0, w, h);                          // 指定视区，即指定窗口中用于图形显示的区域
        glMatrixMode(GL_PROJECTION);
        glLoadIdentity();
        gluOrtho2D(0.0, winWidth, 0.0, winHeight);
    }
    void Display(void) {
        glClear(GL_COLOR_BUFFER_BIT);
        DrawRect(GL_RENDER);                             // 用渲染模式绘制图形
        glFlush();
    }
    void MousePlot(GLint button, GLint action, GLint xMouse, GLint yMouse) {
        GLuint  pickBuffer[pickSize];
        GLint   nPicks, vp[4];
        if(button == GLUT_LEFT_BUTTON && action == GLUT_DOWN){
            glSelectBuffer(pickSize,pickBuffer);         // 设置选择缓冲区
            glRenderMode(GL_SELECT);                     // 激活选择模式
            glInitNames();                               // 初始化名字堆栈
            glMatrixMode(GL_PROJECTION);
            glPushMatrix();                              // 将当前的投影矩阵复制一个并压入堆栈
            glLoadIdentity();
            glGetIntegerv(GL_VIEWPORT, vp);              // 获得当前窗口显示区域的参数
            // 定义一个10×10的选择区域
            gluPickMatrix(GLdouble(xMouse), GLdouble(vp[3]-yMouse), 10.0, 10.0, vp);
            gluOrtho2D(0.0, winWidth, 0.0, winHeight);
            DrawRect(GL_SELECT);                         // 用选择模式绘制图形
            // 恢复投影变换
            glMatrixMode(GL_PROJECTION);
            glPopMatrix();                               // 将投影矩阵堆栈中的栈顶元素删除
            glFlush();
            // 获得选择集并输出
            nPicks = glRenderMode(GL_RENDER);
            ProcessPicks(nPicks, pickBuffer);            // 输出选择结果
            glutPostRedisplay();
        }
    }
    int main(int argc, char* argv[]) {
```

```
glutInit(&argc, argv);
glutInitDisplayMode(GLUT_SINGLE | GLUT_RGB);
glutInitWindowSize(400,300);
glutInitWindowPosition(100,100);
glutCreateWindow("拾取操作");
glutDisplayFunc(Display);
glutReshapeFunc(ChangeSize);
glutMouseFunc(MousePlot);
Initial();
glutMainLoop();
return 0;
}
```

3.6 OpenGL 的菜单功能

菜单是一种重要的交互工具，用户用选择设备通过菜单选择指定的功能，与计算机系统进行交互。GLUT 提供了一系列的函数对多种弹出式菜单和子菜单进行处理。

利用 GLUT 创建一个菜单主要包括创建菜单、创建菜单项、指定选择菜单项的鼠标按键等步骤。

首先，使用菜单注册函数

```
glutCreateMenu(ProcessMenu);
```

创建一个弹出式菜单，它指定 ProcessMenu 作为菜单回调函数，该函数包含参数

```
void ProcessMenu(int value);
```

其中，value 确定用户选择菜单项的 ID 值，以进行相应的处理。此时该菜单已与窗口关联起来。

然后，需要使用函数在菜单中加入菜单项

```
void glutAddMenuEntry(char *name, GLint value);
```

其中，参数 name 指定菜单项显示的名称，value 指定菜单项对应的 ID，当这个菜单项被选中时，这个 ID 值会传给菜单回调函数。

最后，使用下面的函数将菜单与某个鼠标按键关联起来

```
oid glutAttachMenu(button);
```

其中，参数 button 用符号常量 GLUT_LEFT_BUTTON、GLUT_MIDDLE_BUTTON 和 GLUT_RIGHT_BUTTON 指定鼠标的左键、中键和右键。例如，下面的代码：

```
glutCreateMenu(ProcessMenu);
glutAddMenuEntry("点模式",1);
glutAddMenuEntry("线模式",2);
glutAddMenuEntry("面模式",3);
glutAttachMenu(GLUT_RIGHT_BUTTON);
```

就创建了一个包含 3 个菜单项的菜单，该菜单在窗口中用右键打开。

由于在一个窗口内可以使用多个菜单，因此 GLUT 通过为菜单提供一个整数标识符的方式来实现多窗口管理。该整数标识符是在菜单创建时由系统从 1 开始顺序分配的，通常可以用下面的语句获得该标识符：

```
int nMenu = glutCreateMenu(ProcessMenu);
```

有了这个标识符后，可以用函数 glutSetMenu(nMenu)指定对应的菜单为当前菜单，可以用函数

glutDestroyMenu(nMenu)删除对应的菜单，可以用函数 glutAddSubMenu("模式", nMenu)将对应的菜单指定为当前菜单的一个名为"模式"的子菜单。

习 题 3

3.1　名词解释：直接设备、间接设备、绝对坐标设备、相对坐标设备、离散设备、连续设备、回显、约束、网格、引力域、橡皮筋技术、草拟技术、拖动、旋转、形变。

3.2　什么是用户模型？设计一个好的用户接口要涉及哪些因素？

3.3　PHIGS 和 GKS 图形软件标准有哪 6 种逻辑输入设备？试评价这 6 种逻辑分类方法。

3.4　分别说明定位、笔画、数值、字符串、选择和拾取设备可由何种物理设备采用何种交互方式实现（至少三套方案）。

3.5　试说明有哪些手段可以让用户连续定位形体。

3.6　设计一套方案进行拾取，会有冲突问题发生吗？如何解决？

3.7　试说明如何在直线集中进行拾取操作。

3.8　在交互输入过程中，常用的管理设备的方式有哪些？试分别简要说明。

3.9　举例说明什么是请求方式、取样方式、事件方式、组合形式。

3.10　发挥想象力，说明如何在二维的图形显示器上完成三维交互任务。

3.11　利用 OpenGL 实现折线和矩形的橡皮筋绘制技术，并采用右键菜单实现功能的选择。

第4章 图形的表示与数据结构

要想在计算机内处理一个物体，首先必须在计算机内构造并表示出该物体。计算机能处理很多类型的图形对象，如树、花、云、石、水、砖、木板、橡胶、纸、大理石、布、玻璃、塑料等。这些具有各种特征的物体需要采用多种方法来建模描述。造型技术就是专门研究如何在计算机中建立恰当的模型表示不同图形对象的技术。

图形对象按其构造来划分，可分为规则对象和不规则对象两大类。

规则对象是指能用欧氏几何进行描述的形体，如点、直线、曲线、平面、曲面或实体等。规则对象的造型又称几何造型。在几何造型中所描述的形体都是规则物体，统称为几何模型。一个完整的几何模型应包括物体的各部分几何形状及其在空间的位置（即几何信息）和各部分之间的连接关系（即拓扑信息）。

不规则对象是指不能用欧氏几何加以描述的对象，如山、水、树、草、云、烟等自然界丰富多彩的对象。在不规则对象的造型系统中，大多采用过程式模拟，即用一个简单的模型和少量易于调节的参数来表示一大类对象，不断改变参数，递归调用该模型，就能一步步地产生数据量很大的对象，这种技术也被称为数据放大技术。近年来，国际上提出的不规则对象的造型方法主要有基于分数维理论的随机模型、基于文法的模型、粒子系统模型和非刚性物体模型等。

4.1 基本概念

4.1.1 基本图形元素

客观世界的图形对象非常复杂，为了能够用计算机来处理图形，就要对图形对象进行分解与综合。也就是说，把复杂对象看做是由某些比较简单的对象按某种规则构造出来的，比较简单的对象又是由更简单的图形对象构造而成的，分解到最后就是基本图形元素。

基本图形元素是指可以用一定的几何参数和属性参数描述的最基本的图形元素。通常，在二维图形系统中将基本图形元素称为图素或图元，在三维图形系统中称为体素。常见的基本图形元素包括点、线、面、环、体等。

1. 点

点是 0 维几何元素，分端点、交点、切点和孤立点等。但在实体定义中一般不允许存在孤立点。一维空间中的点用一元组 $\{t\}$ 表示；二维空间中的点用二元组 $\{x, y\}$ 或 $\{x(t), y(t)\}$ 表示；三维空间中的点用三元组 $\{x, y, z\}$ 或 $\{x(t), y(t), z(t)\}$ 表示，通常用 (t)、(x, y)、(x, y, z) 来代替 $\{t\}$、$\{x, y\}$、$\{x, y, z\}$。n 维空间中的点在齐次坐标系下用 $n+1$ 维坐标表示（齐次坐标系的定义请参见 6.1.2 节）。点是形体最基本的元素，自由曲线、曲面或其他形体均可用有序的点集表示。用计算机存储、管理、输出形体的实质就是对点集及其连接关系的处理。

2．线

线是一维几何元素，是两个邻面（正则形体）或多个邻面（非正则形体）的交界。直线由其端点（起点和终点）定界；曲线由一系列型值点或控制点表示，也可用显式、隐式方程表示（可参见第 8 章）。

3．面

面是二维几何元素，是形体上一个有限、非零的区域，由一个外环和若干内环界定其范围。一个面可以无内环，但必须有且只有一个外环。面有方向性，一般用其外法线矢量方向作为该面的正向。区分正向面和反向面在面面求交、交线分类以及真实感图形显示等方面都很重要。

4．环

环是有序、有向边（直线段或曲线段）组成的面的封闭边界。环中的边不能相交，相邻两条边共享一个端点。环有内外之分，确定面的最大外边界的环称为外环，通常其边按逆时针方向排序。确定面中内孔或凸台边界的环称为内环，其边相应外环排序方向相反，通常按顺时针方向排序。基于这种定义，在面上沿一个环前进，其左侧总是面内，右侧总是面外。

5．体

体是三维几何元素，是由封闭表面围成的空间，也是欧氏空间中非空、有界的封闭子集。其边界是有限面的并集。作为基本元素的体称为体素，是三维空间中可以用有限个尺寸参数定位和定形的最基本的单元体，常有以下 3 种定义形式：

① 从实际形体中选择出来，可用一些确定的尺寸参数控制其最终位置和形状的一组单元实体，如长方体、圆柱体、圆锥体、圆环体和球体等。

② 由参数定义的一条（或一组）轮廓线沿一条（或一组）空间参数曲线作扫描运动而产生的形体。

③ 用代数半空间定义的形体，在此半空间中点集可定义为 $\{(x,y,z)\,|\,f(x,y,z)\leqslant 0\}$，此处的 f 是不可约多项式，多项式的系数可以是形状参数。半空间定义法只适用正则形体（正则形体的定义参见 4.1.4 节）。

4.1.2　几何信息与拓扑信息

图形对象的描述离不开大量的图形信息和非图形信息。对象，构成对象的点、线、面的位置和几何尺寸，以及它们相互间的关系等都是图形信息；而表示这些对象图形的线型、颜色、亮度以及供模拟和分析用的质量、比重、体积等数据，是有关对象的非图形信息。图形信息又往往从几何信息和拓扑信息两方面进行考虑。几何信息一般指形体在欧氏空间中的位置和大小；而拓扑信息则是形体各分量（点、线、面）的数目及其相互间的连接关系。

1．几何信息

①几何分量的数学表示。形体中常用几何分量的数学表示如下：

- 点　　　　(x,y,z)
- 直线　　　$x=(y-y_0)/a=(z-z_0)/b$
- 平面　　　$ax+by+cz+d=0$

对于自由曲面常用孔斯、B 样条、Bezier 等方法来拟合，对于一般的二次曲面可用

$$Q(x, y, z)=Ax^2+By^2+Cz^2+Dxy+Eyz+Fzx+Gx+Hy+Iz+J=0$$

来表示。

用几何分量表示的线、平面、曲面都没有考虑它们的边界，在实际应用中，还需要把几何分量的数学表示及其边界条件结合在一起来考虑。

② 几何分量之间的相互关系。形体的几何分量之间的相互关系如图 4-1 所示，形体的几何分量之间可相互导出。不同的用户感兴趣的几何分量并不相同。在画线式输入/输出设备中，以描绘形状的轮廓线为主，因此形体顶点的几何信息较为实用；在光栅扫描型输入/输出设备中，主要处理具有明暗度和阴

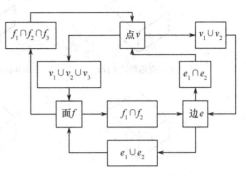

图 4-1　形体几何分量间的相互关系

影的图，因此形体面的几何信息较为实用。但只用几何信息来表示形体还不充分，常常会出现形体表示上的二义性。因此，形体的表示除了需要几何信息，还应提供几何分量之间的相互连接关系，即拓扑信息。

2. 拓扑信息

平面立体的几何分量之间共有 9 种拓扑关系，如图 4-2 所示。与几何信息一样，不同的用户对不同的拓扑关系感兴趣。对于画线的图形系统来说，知道 $v:\{v\}$，$e:\{v\}$，$f:\{v\}$ 这些拓扑关系就可以知道从顶点如何连接成边、面等几何元素；而在消去隐藏线、面的算法中，则希望知道面的相邻性，即 $f:\{f\}$；在形体的拼合运算中，希望知道顶点的邻接面，即 $v:\{f\}$。显然，已知某些拓扑关系可以推导出另外一些拓扑关系，但由于某些关系的相互推导需要花费较大的代价，所以在许多实用系统中同时存储多种拓扑关系，以节省时间。

在欧氏几何中，通常允许的运动只是刚体运动，它不改变图形上任意两点间的距离，也不改变图形的几何性质。而在拓扑关系中，允许形体作弹性运动，有人把研究拓扑关系形象地比喻为"橡皮绳上的几何学"，即在拓扑关系中，对图形可随意地伸张扭曲。不过，这些运动使得图上各个点仍为不同的点，绝不允许把不同的点合并成一个点。因此，所谓两个图形是拓扑等价的，意即一个图形作弹性运动可使之与另一个图形重合。一个图形的拓扑性质，就是那些与该图拓扑等价的图形所具有的性质。

4.1.3　坐标系

形体的定义和图形的输入/输出都是在一定的坐标系下进行的。不同类型的形体、图形和图纸在输入、输出的不同阶段需要采用不同的坐标系，以提高图形处理的效率，或便于用户理解。常用坐标系的分类如图 4-3 所示。

1. 建模坐标系

建模坐标系（Modeling Coordinate system，MC）又称为造型坐标系，用来定义基本形体或图素。对于定义的每个形体或图素都可以有各自的坐标原点和长度单位。这里定义的形体和图素经调用可放在用户坐标系的指定位置。因此，造型坐标系又可看作局部坐标系（Local Coordinate），而用户坐标系可看作整体坐标系（全局坐标系）。

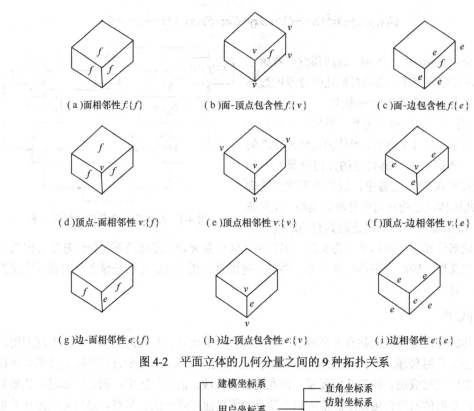

（a）面相邻性 $f:\{f\}$　　　　（b）面-顶点包含性 $f:\{v\}$　　　　（c）面-边包含性 $f:\{e\}$

（d）顶点-面相邻性 $v:\{f\}$　　　　（e）顶点相邻性 $v:\{v\}$　　　　（f）顶点-边相邻性 $v:\{e\}$

（g）边-面相邻性 $e:\{f\}$　　　　（h）边-顶点包含性 $e:\{v\}$　　　　（i）边相邻性 $e:\{e\}$

图 4-2　平面立体的几何分量之间的 9 种拓扑关系

图 4-3　常用坐标系的分类

2．用户坐标系

用户坐标系也称为世界坐标系（World Coordinate system，WC），用于定义用户的整图结构或最高层图形结构，各种子图、图素经调用后，都放在用户坐标系的适当位置。用户可根据应用的情况选择相应的坐标系，如直角坐标系、仿射坐标系、圆柱坐标系、球坐标系和极坐标系等。

3．观察坐标系

观察坐标系（Viewing Coordinate system，VC）可在用户坐标系的任何位置、任何方向定义。它主要有两个用途：一是指定裁剪空间，确定形体的哪部分要显示输出；二是通过定义观察（投影）平面，把三维形体的用户坐标变换成规格化的设备坐标（见第 6、7 章）。

4．规格化的设备坐标系

规格化的设备坐标系（Normalized Device Coordinate system，NDC）用来定义视图区，其取值范围一般约为(0.0, 0.0, 0.0)到(1.0, 1.0, 1.0)，通过坐标转换，可提高应用程序的可移植性（见第6、7 章）。

5．设备坐标系

设备坐标系（Device Coordinate system，DC）是图形输入、输出设备的坐标系，如图形显示器有其特殊的坐标系（见2.4.3节）。DC通常是定义像素（Pixel）或位图（Bitmap）的坐标系。

4.1.4 实体的定义

直到20世纪70年代末，关于三维形体的表示和构造仍未建立起严密的理论。多数情况下，靠用户来检查物体的有效性、唯一性和完备性。随着模型复杂程度的提高，以及实体模型作为计算机辅助设计中某些应用的输入而加以运算和处理，使得通过人工干预来检查模型的有效性变得越来越困难。因此，对实体及其有效性给出一个严格的定义，是十分必要的。

数学中的点、线、面是对其代表的真实世界中的对象的一种抽象，它们之间存在着一定的差距。数学中的平面是二维的，没有厚度，体积为零；而在真实世界中，一张纸无论多么薄，它也是一个三维体，具有一定的体积。这种差距造成了在计算机中以数学方法描述的形体可能是无效的，即在真实世界中不可能存在。图4-4所示的三维形体便不是一个有意义的物体。尽管在有些情况下允许构造无效形体，但用于计算机辅助设计与制造的系统设计的形体必须是有效的，所以在实体造型中必须保证形体的

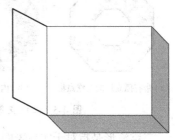

图4-4 带有悬挂面的立方体

有效性。有效性的标准是能否"客观存在"。通常，客观存在的三维形体具有如下5条性质：

① 刚性。一个物体必须具有一定的形状（拓扑可变的物体不是刚性的）。

② 维数的一致性。三维空间中，一个物体的各部分均应是三维的。也就是说，必须有连通的内部，而不能有悬挂的或孤立的边界。

③ 占据有限的空间，即体积有限。

④ 边界的确定性。根据物体的边界能区别出物体的内部及外部。

⑤ 封闭性。经过一系列刚体运动及任意序列的集合运算之后，仍然是有效的物体。

依据上述观点，三维空间中的物体是一个内部连通的三维点集。形象地说，三维物体是由其内部的点集以及紧紧包着这些点的"表皮"组成的。而物体的表面必须具有以下5条性质：

① 连通性。位于物体表面上的任意两个点都可用实体表面上的一条路径连接起来。

② 有界性。物体表面可将空间分为互不连通的两部分，其中一部分是有界的。

③ 非自相交性。物体的表面不能自相交。

④ 可定向性。物体表面的两侧可明确定义出属于物体的内侧或外侧。

⑤ 闭合性。物体表面的闭合性是由表面上多边形网格各元素的拓扑关系决定的，即每条边有且仅有两个顶点；每条边连接两个或两个以上的面等。

从点集拓扑学的角度可以给出上述三维物体的简洁定义。一个开集的闭包指的是该开集与其所有边界点的集合的并集，其本身是一个闭集。组成一个三维物体的点的集合可以分为内部点和边界点。由内部点构成的点集的闭包是正则集。三维空间中的正则集就是正则形体，也就是上述的三维有效物体。

内点可形式化定义为点集中的这样一些点，它们具有完全包含于该点集的充分小的邻域，而边界点是指那些不具备此性质的点集中的点。定义点集的正则运算 r 为

$$r{\cdot}A = c{\cdot}i{\cdot}A$$

式中，A 为一个点集；i 为取内点运算；c 为取闭包运算。则 $i{\cdot}A$ 为 A 的全体内点组成的集合，它是一个开集。$c{\cdot}i{\cdot}A$ 为 A 的内点的闭包，它是一个闭集。正则运算即为先对物体取内点再取闭包的

运算。r•A 称为 A 的正则集。如图 4-5 所示,图 4-5(a)为一个带有孤立边的二维点集,且可分为内点和边界点,图中浅灰色表示内点,黑色表示边界点。图 4-5(b)表示内点集合,此时孤立边去掉了。图 4-5(c)表示内点集的闭包,它是一个正则集。

尽管正则形体可以描述三维有效形体,但不是所有的正则形体都是实体模型的描述对象。图 4-6 所示的正则形体的两个立方体仅以一条棱相接,通常的实体造型系统会将其处理为两个有效立方体,即实体模型描述的实体应具有二维流形性质。

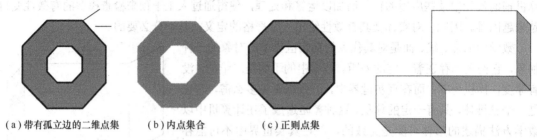

(a)带有孤立边的二维点集　　　(b)内点集合　　　(c)正则点集

图 4-5　二维点集及其正则点集

图 4-6　正则形体

二维流形是指对于实体表面上的任意一点,都可以找到一个围绕着它的任意小的邻域,该邻域与平面上的一个圆盘是拓扑等价的。这意味着,在该邻域与圆盘之间存在着连续的一一对应关系,如图 4-7(a)和(b)所示。与此不同,如果实体表面上的一条边所连接的面多于两个,那么这条边上任意一个点的小邻域都包含着来自这些面上的点,因此与圆盘不是拓扑等价的,这就是非二维流形,如图 4-7(c)所示。

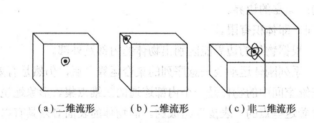

(a)二维流形　　　(b)二维流形　　　(c)非二维流形

图 4-7　二维流形与非二维流形

有了二维流形的概念,我们可以这样定义实体:对于一个占据有限空间的正则形体,如果其表面是二维流形,则该正则形体为实体。

该定义的条件是可检测的,因此可由计算机来衡量一个形体是否为实体。

4.1.5　正则集合运算

有效实体具有封闭性,即一个有效的实体经过一系列的集合运算之后仍为一个有效实体。但普通的集合运算能否满足要求呢?我们来看一个二维形体的例子。

如图 4-8(a)所示,平面上有物体 A 和 B。将它们按图 4-8(b)的位置求交,按通常意义下的集合求交运算,得到图 4-8(c)。从图 4-8(c)可以看到,由于 C 有一条孤立边,不满足维数一致性,因此它不是正则形体。将孤立边去掉,得到图 4-8(d),这才是一个有效的二维形体。我们把能够产生正则形体的集合运算称为正则集合运算,其相应的正则集合算子以 ∩*(正则交)、∪*(正则并)、−*(正则差)表示。

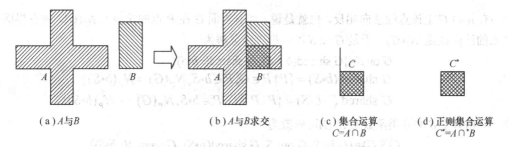

| (a)A与B | (b)A与B求交 | (c)集合运算 $C=A\cap B$ | (d)正则集合运算 $C^*=A\cap {}^*B$ |

图 4-8　集合运算与正则集合运算

一般有两种方法实现正则运算。一是间接方式，即先按照通常的集合运算求出结果，再用一些规则加以判断，删去那些不符合正则形体定义的部分，如孤立边、孤立面等，从而得到正则形体。二是直接方式，即定义出正则集合算子的表达式，用它直接得出符合正则形体定义的结果。

用间接方式产生正则形体主要基于点集拓扑学的邻域概念。首先定义邻域。如果 P 是点集 S 的一个元素，那么 P 点以 R（$R>0$）为半径的邻域指围绕 P 点的半径为 R 的小球（二维情况下为小圆）。显然，邻域描述了集合 S 在 P 点附近的局部几何性质。当且仅当 P 的邻域为满时，P 在 S 之内；当且仅当 P 的邻域既不满也不空时，P 在 S 的边界上。该性质可用于对普通集合运算结果的检查。如图 4-9 所示，在集合 $A\cap B$ 的结果图形上，取点 P 和 R。点 P 在集合 A 上的邻域为 P_A，在集合 B 上的邻域为 P_B。点 R 在集合 A 上的邻域为 R_A，在集合 B 上的邻域为 R_B。显然，P_A 与 P_B 的交集为空，因而 P 点不在 $A\cap {}^*B$ 之内。R_A 与 R_B 的交集既不空也不满，因而 R 点在 $A\cap {}^*B$ 的边界上。根据点的性质可以判断该点所在边的性质，从而去掉孤立边，得到正则形体。

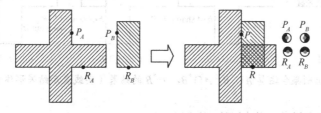

图 4-9　基于点的邻域概念生成正则形体

用直接方式产生正则形体是建立在集合成员分类的基础上的。如前所述，正则形体是三维空间中的点的正则集 S，可以用它的边界点集 $b{\cdot}S$ 和内部点集 $i{\cdot}S$ 来表示，即 $S=\{b{\cdot}S, i{\cdot}S\}$。如果 $b{\cdot}S$ 符合上述关于正则形体表面的性质，那么，$b{\cdot}S$ 所包围的空间就是 $i{\cdot}S$。这表明，一个正则形体可以由其边界点集来定义。

在三维空间中，给定一个正则形体 S 后，空间点集就被分为三个子集，一是该 S 的内部点集，二是 S 的边界点集，三是 S 的外部点集。为了产生正则形体，需要决定一个特定的点集属于哪一个子集，也就是集合成员分类问题。

首先给出分类的形式化定义。若给定一个正则形体 S 及一个有界面 G，则 G 被 S 分割为位于 S 内的面，位于 S 外的面以及位于 S 边界上的面三部分，则 G 相对于 S 的分类函数为

$$C(S, G)=\{G \text{ in } S, G \text{ out } S, G \text{ on } S\}$$

其中，

$$G \text{ in } S=\{P|P\in G, P\in i{\cdot}s\}$$

$$G \text{ out } S=\{P|P\in G, P\notin s\}$$

$$G \text{ on } S=\{P|P\in G, P\in b{\cdot}s\}$$

用 $-G$ 表示有界面 G 的反向面，即 $-G$ 和 G 是同一个有界面，只是有界面 $-G$ 上任何一点的法

向均与有界面 G 上该点的法向相反。也就是说，如有界面 G 在 P 点的法向为 $N_P(G)$，则有界面 $-G$ 在 P 点的法向就是 $-N_P(G)$。于是 G on S 可以进一步分解为

$$G \text{ on } S = \{G \text{ shared}(b \cdot S), G \text{ shared}(-b \cdot S)\}$$

其中，
$$G \text{ shared } (b \cdot S) = \{P \mid P \in G, P \in b \cdot S, N_P(G) = N_P(b \cdot S)\}$$

$$G \text{ shared } (-b \cdot S) = \{P \mid P \in G, P \in b \cdot S, N_P(G) = -N_P(b \cdot S)\}$$

因此，G 相对于 S 的分类函数 $C(S, G)$ 可修改为

$$C(S,G) = \{G \text{ in } S, G \text{ out } S, G \text{ shared}(b \cdot S), G \text{ shared}(-b \cdot S)\}$$

给出分类函数的定义后，接下来定义正则集合算子。由于一个正则形体可由它的边界表示，因此只需定义 3 个正则集合算子关于边界面的表达式

$$b \cdot (A \cup^* B) = \{b \cdot A \text{ out } B, b \cdot B \text{ out } A, b \cdot A \text{ shared } b \cdot B\}$$

$$b \cdot (A \cap^* B) = \{b \cdot A \text{ in } B, b \cdot B \text{ in } A, b \cdot A \text{ shared } b \cdot B\}$$

$$b \cdot (A -^* B) = \{b \cdot A \text{ out } B, -(b \cdot B \text{ in } A), b \cdot A \text{ shared } -(b \cdot B)\}$$

根据这组表达式，即可定义新的实体 $A \cup^* B$、$A \cap^* B$、$A -^* B$。这组表达式的正确性可以严格证明，在此不再赘述。图 4-10 中给出了上述两二维形体在正则集合算子 $\cup^*$、$\cap^*$ 及 $-^*$ 的作用下所得到的结果（一般约定，边界上任一点的法向量指向物体外部）。

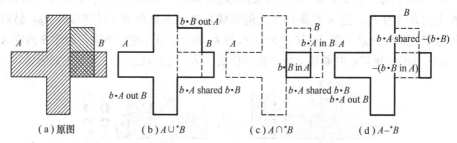

图 4-10 正则集合运算 $A \cup^* B$，$A \cap^* B$，$A -^* B$ 的结果（实线表示结果形体的边界）

4.1.6 平面多面体与欧拉公式

平面多面体是多面体中最常见的一种，指表面由平面多边形构成的三维物体。在具有二维流形性质的平面多面体中，每条边连接且仅连接两个面。有效实体的表面还必须满足闭合性，即表面上多边形各元素之间的拓扑关系必须满足一系列的条件。通常用欧拉公式判别平面多面体。

首先讨论简单多面体的情况。简单多面体指那些经过连续的几何形变可以变换为一个球的多面体，即与球拓扑等价的那些多面体，如图 4-11 所示。欧拉公式证明，简单多面体的顶点数 V、边数 E 和面数 F 满足关系 $V - E + F = 2$。图 4-11 给出了欧拉公式应用于简单多面体的实例。

注意，欧拉公式只是检查实体有效性的一个必要条件，而不是充分条件。如图 4-4 中带有孤立面的立方体，其顶点数 $V = 10$，边数 $E = 15$，面数 $F = 7$，满足欧拉公式，却不是一个有效实体。为了判别一个三维形体是不是有效实体，还需附加一些条件：如每条边必须连接两个点；一条边被两个面且仅被两个面所共享；至少有三条边交于一个顶点等。

再来看非简单多面体的情况。图 4-12 所示的一个立方体具有一个贯穿的方孔和未贯穿的方孔，这时顶点数 $V = 24$，边数 $E = 36$，面数 $F = 15$。显然，$V - E + F \neq 2$。此时需对欧拉公式加以扩展。令 H 表示多面体表面上孔的个数，G 表示贯穿多面体的孔的个数，C 表示独立的、不相连接的多面体数，则扩展后的欧拉公式

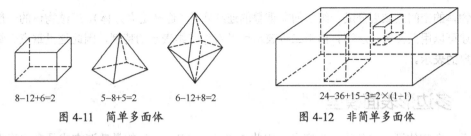

8–12+6=2　　　　5–8+5=2　　　　6–12+8=2　　　　24–36+15–3=2×(1–1)

图 4-11　简单多面体　　　　　　　　　图 4-12　非简单多面体

$$V-E+F-H=2(C-G)$$

对于图 4-12 所示的非简单多面体，扩展后的欧拉公式是适用的。同样，扩展后的欧拉公式仍然只是检查实体有效性的必要条件而非充分条件。最后要说明的是，欧拉公式不仅适用于平面多面体，还适用于曲面片组成的与球拓扑等价的多面体。

4.2　三维形体的表示

在早期的计算机图形生成技术中，三维形体大多是用线框模型表示的。线框模型由定义一个物体边界的直线和曲线组成，每条直线和曲线都是单独构造出来的，并不存在面的信息。20 世纪80 年代前期，在国际上商品化的交互式二维/三维图形软件系统中，所谓的三维图形功能大多采用线框模型。但线框模型存在着几个缺陷：第一，用线框模型表示的三维形体常常具有二义性，如图 4-13(a)所示的三维形体可以理解为图 4-13(b)或图(c)所示的形体；第二，由于不存在面的信息，三维线框模型很容易构造出无效形体，如图 4-14(b)所示，尽管其构造方法与图 4-14(a)完全类似，但由于顶点选择不恰当造成同一物体各面之间的相互穿透；第三，三维线框模型不能表示出曲面的轮廓线，因而就不能正确表示曲面信息，如图 4-15 所示。

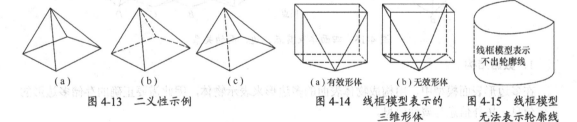

（a）　　　　　（b）　　　　　（c）　　　　（a）有效形体　　（b）无效形体　　　线框模型表示
不出轮廓线

图 4-13　二义性示例　　　　图 4-14　线框模型表示的　　图 4-15　线框模型
　　　　　　　　　　　　　　　　　三维形体　　　　　无法表示轮廓线

由于线框模型包含的信息有限，因此无法进行图形的线面消隐。而且在生成复杂形体图形时，线框模型要求输入大量的初始数据，不仅加重用户的负担，还难以保证这些数据的统一性和有效性。因此，尽管线框模型比较简单，但应用并不广泛。目前得到广泛应用的是三维形体的实体模型表示，也称实体造型技术。实体模型可以很容易地产生具有真实感的实体图像，便于自动生成数控加工数据和自动进行干涉检查，支持剖切、物性分析以及有限元分析等。

实体模型的表示可以大致分为三类。第一类是边界表示（Boundary representation，B-reps），即用一组曲面（或平面）来描述物体，这些曲面将物体分为内部和外部。边界表示的典型例子有多边形平面和样条曲面，能够为诸如多面体和椭圆体等简单欧氏物体提供精确描述。更进一步，样条曲面和构造技术可用于设计机翼、齿轮及其他有曲面的机械结构。第二类是构造实体几何表示，将实体表示成立方体、长方体、圆柱体、圆锥体等基本体素的组合，可以采用并、交、差等运算构造新的形体。第三类是空间分割（Space-Partitioning）表示，用来描述物体的内部性质，将包含一物体的空间区域划分成一组小的非重叠的连续实体（通常是立方体）。三维物体的一般空间分割描述可以用八叉树表示等。由于二维表示可以看作三维表示的特例，因此这里重点介绍三维图形对象的表示。

4.2.1 多边形表面模型

由于一个实体可以由其边界来定义，因此边界表示（B-reps）的最普遍方式是多边形表面模型，使用一组包围物体内部的平面多边形，即平面多面体来描述实体。考虑到平面多边形可以用线性方程式描述，因而多边形表面模型会简化并加速物体的表面绘制和显示。尽管实体的边界面可以是平面多边形或曲面片，但通常情况下，曲面片最终会被近似离散为多边形来处理，有些边界表示方法甚至限制边界面必须由平面凸多边形或三角形构成。基于这个理由，多边形通常被称为"标准图形物体"。

多边形表面模型不但能用来表示三维空间的平面多面体，而且可延伸到表示一个面、一条边，即一个平面多面体可用构成边界的一系列平面多边形来表示，多边形又可用构成其边界的一系列边来表示，一条边又可用两个顶点来表示，如图 4-16 所示。使用者不仅需要知道实体的几何信息，还要了解其拓扑信息，因此多边形表面模型必须设计有效的数据结构以便对实体的面、边、点进行处理，满足实体构造、运算及真实感显示的要求。

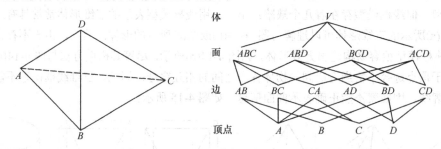

图 4-16 四面体及其点、边、面的关系

1. 数据结构

在多边形表面模型中，用构成物体表面的多边形来表示物体，因此需要正确的存储多边形的几何信息、拓扑信息与属性信息。

（1）几何信息

多边形平面的几何信息主要通过几何表来组织，包括顶点坐标和标识多边形平面空间方向的参数。一旦每个多边形的信息被输入，它们就被存放在多边形数据表中，以便用于以后对场景中物体的处理、显示和管理。

存储几何数据的一个有效方法是建立三张表：顶点表、边表和多边形表。物体中的每个顶点坐标值存储在顶点表中。包含指向顶点表指针的边表，用来为多边形每条边标识顶点。多边形表含有指向边表的指针，用来为每个多边形标识边。如图 4-16 所示的四面体建立的三张表如表 4-1、表 4-2 和表 4-3 所示。

在实体模型中，有关实体单个表面部分的空间方向信息对于坐标变换、可见面标识、面绘制等过程有十分重要的意义，而这一信息来源于多边形顶点坐标值以及多边形所在平面方程。平面方程可表示为

$$Ax+By+Cz+D=0 \tag{4-1}$$

表 4-1	
顶 点 表	
A	x_1, y_1, z_1
B	x_2, y_2, z_2
C	x_3, y_3, z_3
D	x_4, y_4, z_4

表 4-2	
边 表	
AB	A, B
BC	B, C
CA	C, A
AD	A, D
BC	B, C
CD	C, D

表 4-3	
多 边 形 表	
ABC	AB, BC, AC
ABD	AB, BD, AD
BCD	BC, CD, BD
ACD	AC, CD, AD

式中，(x, y, z) 是平面中任一点；系数 A、B、C、D 是描述平面和空间特征的常数。从平面上三个不共线的点的坐标值得到的三个方程可以解出 A、B、C、D。因此，选择三个顺序多边形顶点 (x_1, y_1, z_1)、(x_2, y_2, z_2)、(x_3, y_3, z_3)，解下列有关 A/D、B/D、C/D 的线性平面方程：

$$(A/D)x_k+(B/D)y_k+(C/D)z_k = -1 \qquad\qquad k=1, 2, 3 \qquad (4\text{-}2)$$

可以解得平面方程的系数为

$$\begin{cases} A = y_1(z_2 - z_3) + y_2(z_3 - z_1) + y_3(z_1 - z_2) \\ B = z_1(x_2 - x_3) + z_2(x_3 - x_1) + z_3(x_1 - x_2) \\ C = x_1(y_2 - y_3) + x_2(y_3 - y_1) + x_3(y_1 - y_2) \\ D = -x_1(y_2 z_3 - y_3 z_2) - x_2(y_3 z_1 - y_1 z_3) - x_3(y_1 z_2 - y_2 z_1) \end{cases} \qquad (4\text{-}3)$$

一旦输入顶点值和其他信息，A、B、C、D 的值就可以算出，且同其他多边形数据一起被存储起来。

平面的空间方向用平面的法向量表示，如图 4-17 所示。平面法向量 N 的笛卡儿分量为 (A, B, C)，其中 A、B、C 是由式（4-3）计算得到的平面方程系数。前面已讲过，任何多边形平面都有两个面，G 和 $-G$，即"内侧面"和"外侧面"。通常约定，法向量指向物体外部。当多边形顶点序列指定为逆时针方向时，法向量方向满足右手定则，如图 4-17 所示。这样，通过式（4-3）可以计算出多边形平面的法向量。例如，对如图 4-18 所示单位立方体的一个面，可以选择多边形边界中 4 个顶点中的三个点（沿从立方体里面向外的方向以逆时针方向排列的三点）。按式（4-3）计算得到平面系数 A=1，B=0，C=0，D=-1。这样，该平面的法向量指向 X 轴的正方向。

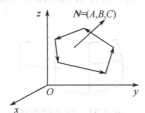

图 4-17　平面 $Ax+By+Cz+D=0$ 及其法向量 $N(A,B,C)$

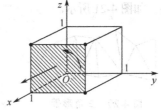

图 4-18　单位立方体及其法向量

多边形平面的法向量也可以通过向量叉积得到。再选三个顶点 V_1、V_2、V_3，同样从里向外，以右手系逆时针方向形成两个向量，一个从 V_1 到 V_2，另一个从 V_1 到 V_3，以叉积计算法向量

$$N = (V_2 - V_1) \times (V_3 - V_1) \qquad (4\text{-}4)$$

可得到平面参数 A、B、C。只要将多边形的一个顶点的坐标值代入方程式（4-1），即可解出参数 D 的值。给出平面的法向量 N 和平面上任意一点 P，平面方程可以用向量形式表示为

$$N \cdot P = -D \qquad (4\text{-}5)$$

平面方程还可以用来鉴别空间上的点与物体平面间的位置关系。对于不在平面上的点 (x, y, z)，有

$$Ax+By+Cz+D\neq 0$$

同样，可以根据 $Ax+By+Cz+D$ 值的正负来判别点在面的内部或外部。若 $Ax+By+Cz+D<0$，则点 (x,y,z) 在面的内部；若 $Ax+By+Cz+D>0$，则点 (x,y,z) 在面的外部。

（2）拓扑信息

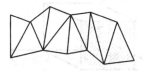

图4-19 翼边结构表示

除了给出多边形的几何信息，还需要增加额外的信息来表示其拓扑信息。例如，将边表扩充成包括指向面表和顶点表的指针。由此可构造出翼边结构（Winged Edges Structure）。如图 4-19 所示，它对于一个多面体的每一条边指出了它的两个相邻面、两个端点，以及 4 条邻边，这 4 条邻边好像伸展的翅膀，所以叫翼边结构表示。反过来，每个顶点都有一个指针，指向以该顶点为端点的某一条边，每个面也有指针指向它的每条边。翼边结构对于在明暗处理时实现跨越一边的两多边形之间的光滑平顺特别有利。另外，可在几何表中附加一些信息，如每条边的斜率等。这样一旦顶点输入，可以很快计算出边的斜率，通过扫描坐标值还，可以很快计算出每个多边形 x、y、z 的最小值和最大值。多边形的边斜率和边界信息在表面绘制等处理中是非常有用的。

（3）属性信息

在存储多边形的几何信息和拓扑信息后，还需要用属性表存储多边形面的属性，指明物体透明度及表面反射度的参数和纹理特征等。如前所述，三维形体必须满足一些特定的条件才是实体，因此数据的一致性和完整性检验是非常重要的。当然，包含在几何信息表中的数据越多，就越容易检查出错误。通常，需要进行的测试包括：① 每个顶点至少是两条边的端点；② 每条边至少是一个多边形的部分；③ 每个多边形是封闭的；④ 每个多边形至少有一条公共边；⑤ 如果多边形表包含指向多边形边的指针，则每个被指针指向的边有一个逆指针指回到多边形。

2. 多边形网格

当三维形体的边界用曲面描述时，一个很好的近似处理方法是将物体表面看做由多边形网格拼接而成。多边形网格（Polygon Mesh）的一种类型是三角形带。该函数在给出 n 个顶点值时产生 $n-2$ 个三角形带，如图 4-20 所示。另一种类型是四边形网格，给出 n 行 m 列顶点，产生 $(n-1)\times(m-1)$ 个四边形网格，如图 4-21 所示。

图 4-20 三角形带   图 4-21 四边形网格

如果多边形的顶点数多于 3 个，它们有可能不在一个平面上。原因可能是由于数字错或顶点的坐标位置选错。处理这一问题的一种方法是简单地将多边形剖分为三角形；另一种可选方法是估算平面参数 A、B、C，可以采用平均方法或将多边形投影到坐标平面上。运用投影方法时，可以让 A 正比于 yOz 平面上的多边形投影区域，B 正比于 xOz 平面上的多边形投影区域，C 正比于 xOy 平面上的多边形投影区域。

高性能的图形系统一般采用多边形网格及相应的几何与属性信息数据库来对三维形体建模。这些系统结合了快速硬件来实现多边形的绘制，可以在 1 秒钟内显示成千上万甚至上百万个阴影多边形（通常是三角形），还可进行快速表面纹理绘制和特殊光照效果处理。

4.2.2 扫描表示

扫描表示法（Sweep Representation）可以利用简单的运动规则生成有效实体。其基本原理是，空间中的一个点、一条边或一个面沿某一路径扫描时，形成的轨迹将定义一个一维的、二维的或三维的实体。它包含两个要素：一是作扫描运动的基本图形，如圆、矩形、封闭样条曲线和实体剖面片等；二是扫描运动的方式，通常包括平移、旋转及其他对称变换等。

一般地，可以沿任何路径进行扫描构造。旋转扫描的图形扫描路径是圆形路径，即让图形围绕旋转轴以 0°～360°的任意角度旋转。在图 4-22 中，扫描体是一条曲线（基线），绕一个旋转轴作旋转扫描，得到的是一个曲面。由这个例子可以看出，旋转扫描法的特点是生成（类）轴对称的物体。对非圆形路径，可以给定描述路径的曲线函数和沿路径移动的距离，如图 4-23 所示，扫描体是一条曲线（基线），扫描路径是一条直线，该曲线沿着直线扫描的结果得到一个曲面。另外，可以沿扫描路径变化剖面的形状和大小，图 4-24 为用不等截面的圆盘作平移扫描构成的圆台。还可以在移动剖面通过某一空间区域时，变化剖面相对于扫描路径的方向。这些称为广义扫描。

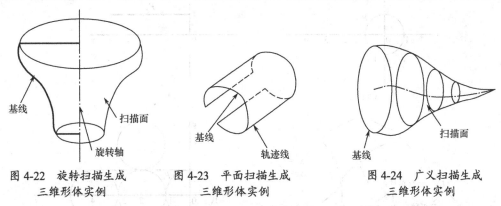

图 4-22　旋转扫描生成　　图 4-23　平面扫描生成　　图 4-24　广义扫描生成
　　三维形体实例　　　　　　三维形体实例　　　　　　三维形体实例

扫描表示把复杂物体看成是简单物体运动的结果，这对于许多领域的工程设计人员来说很方便。例如，建筑设计师们可以先设计建筑物的平面图，再通过平移扫描构造建筑物的模型。

4.2.3 构造实体几何法

构造实体模型的另一种方法是用集合操作来组合有重叠的实体，称为构造实体几何法（CSG，Constructive Solid Geometry），由两个实体间的并、交或差操作生成新的实体，如图 4-25 所示。CSG 中常用的体素有长方体、圆柱体、锥体、柱体、台体、环、球和封闭样条曲面等。

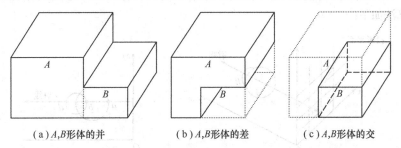

（a）A,B 形体的并　　　（b）A,B 形体的差　　　（c）A,B 形体的交

图 4-25　构造实体几何法生成的三维实体示例

在构造实体几何法中，集合运算的实现过程可以用一棵二叉树（称为 CSG 树）来描述。树的

叶子是基本体素或几何变换参数，树的非终端结点是施加于其子结点的正则集合算子（正则并、正则交和正则差）或几何变换的定义。显然，二叉树根结点表示的就是集合运算的最终结果，如图 4-26 所示。如果该方法中采用的体素是正则的，而所采用的集合运算的算子也是正则的，那么所得到的结果也必然是正则几何形体，即有效实体。

构造实体几何法有其固有的优点：如果体素设置比较齐全，通过集合运算就可以构造出多种符合需要的不同的实体。但该方法也有缺陷：当用户输入体素时，主要是给定体素的有关参数，然后由系统给出该体素的表面方程，再由系统进行集合运算，最后得到生成的实体。这里存在两个问题：一是集合运算的中间结果难以用简单的代数方程表示；二是 CSG 树不能显式地表示形体的边界，因而无法直接显示 CSG 树表示的形体，如果通过求出 CSG 树表示物体的精确边界进行物体显示，则代价太大，效率不高。对于第二个问题，光线投射（Ray-casting）算法提供了一个较好的解决方案，即不必求出 CSG 树表示形体的边界就能直接快速地对形体进行光栅图形显示。

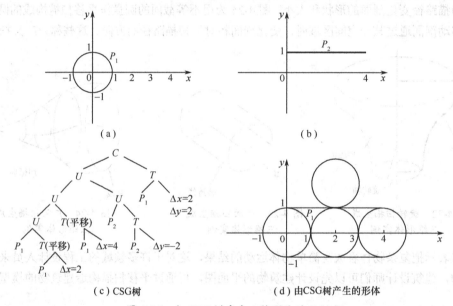

图 4-26　由 CSG 树产生二维形体的示例

光线投射算法的核心思想是，从显示屏幕（投影平面）的每个像素位置发射一条光线（射线），如图 4-27(a)所示，求出射线与距离投影平面最近的可见表面的交点（表面可见点）和交点处的表面法矢量，然后根据光照模型计算出表面可见点的色彩和亮度，生成实体的光栅图形。该算法的关键之处在于，确定光线与距离投影平面最近的可见表面的交点，这可以通过集合成员分类算法实现。具体算法如下：

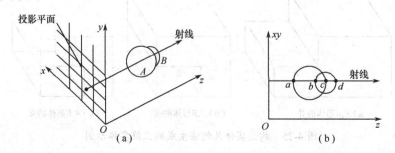

图 4-27　光线投射算法（实体 $A \cup B$ 取 ad，实体 $A \cap B$ 则取 bc，实体 $A-B$ 则取 ab）

① 将射线与 CSG 树中的所有基本体素求交，求出所有的交点。

② 将所有交点相对于 CSG 树表示的物体进行分类，确定位于物体边界上的那部分交点，如图 4-27(b)所示。

③ 对所有位于物体边界上的交点，计算它们在射线上的参数值并进行排序，确定距离最近的交点,得到其所在基本体素表面的法矢量。

光线投射算法用一维集合运算代替了 CSG 实体的边界生成算法所需的三维集合运算,简单可靠。但光线投射算法是近似的，其精度取决于显示屏幕的分辨率。另外，光线投射算法还可用来求 CSG 实体的物理性质，如体积和质量等。

4.2.4　空间位置枚举表示

在实体分析或具有明暗度的真实图形处理中，计算机内表示的实体信息，如透视深度、形体表面的灰度、颜色参数等，都是与实体上不同位置的点相对应的。要表示这些点的信息，需将包含实体的空间分割为大小相同、形状规则（正方形或立方体）的体素，然后用体素的集合来表示实体对象，这就是空间位置枚举表示法。

在二维情况下，该方法将一幅图分割为光栅网格图的形式，常用二维数组存放。

在三维情况下，需要对任一实体用其外接立方体为边界，并以一个单位立方体为最小精度，沿 X、Y、Z 三个坐标轴对上述外接立方体进行分割。每个单位立方体或为空，或为满。为空即为实体不占据该单位立方体，为满即为占据该单位立方体。通常用三维数组 $p[i][j][k]$ 来存放数据，数组中的每一元素 $p[i][j][k]$ 与位于坐标位置(i,j,k)的小立方体相对应。单位立方体为满时 $p[i][j][k]$ 取值为 1，为空时 $p[i][j][k]$ 取值为 0。这样，数组 P 就唯一地表示了包含于立方体之内的所有三维实体。数组的大小取决于空间分辨率和三维实体占据空间的大小。

空间位置枚举法是一种穷举表示法，它可以用来表示任何实体。采用这种表示法很容易实现实体的集合运算及体积计算等。但该方法没有明确给出实体的边界信息，不适于图形显示，更重要的是，要全部存储有关信息需要大量的存储空间。如将一个实体分别沿 x, y, z 轴分割成 1000 份后，它在计算机内的表示至少需要存储 10 亿（10^9）个信息。若还要考虑图形输出的质量、数据之间的相互联系以及许多评价条件等，则还需要更多的存储空间。因此必须考虑有效的存储策略，如采用分割检索法等。

分割检索法中一个实体可用一棵三层的树结构来表示，即用一系列的存储数据的链接表来表示，实质上是把实体所占据的立方体空间沿坐标轴方向进行分割。先分割为二维的片，如一片内的编码完全相同，不需要再分割，否则再分割成一维的条，如一条内的编码完全相同，不需要再分割，否则把条再分割成一个单元。如图 4-28 所示，用 zyx 的顺序进行编码。z 在三层树的第一层，即为根，对应于实体的一片；第二层对应于每片在 y 方向分割成的一条；第三层对应每条中每个元素的 x 值。如果一片的数据元素完全一样，从第一层到第二层就不需要指针。类似地，当一条中的数据元素相同时，从第二层到第三层也不再需要指针。如有两片或更多片是相同的，则只需要存储一片，而其余可当做是它的副本，为提高效率可用多指针指向相同的片。类似地，当两条或更多的条相同时，只要修改该条的一个副本。分割检索法的存储量既与数据需要的存储单元 $N×N×N$ 相关，也与分割的顺序相关。图 4-28(a)中是一个 4×4×4 的立方体，表示它的树结构如图 4-28(b)所示；沿 x 方向分割出来 4 片及其每条的编码，以及沿 z 方向分割出来的 4 片及其每条的编码，如图 4-28(c)和(d)所示。显然，对于立方体方案图(c)所需的存储空间要节省一些。

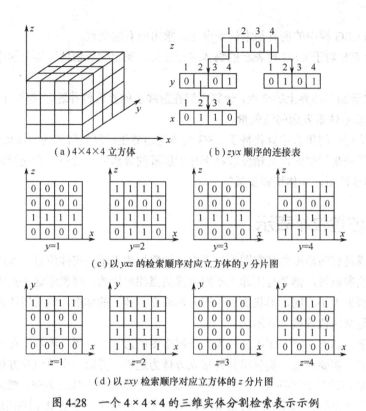

（a）4×4×4 立方体　　　　　（b）zyx 顺序的连接表

（c）以 yxz 的检索顺序对应立方体的 y 分片图

（d）以 zxy 检索顺序对应立方体的 z 分片图

图 4-28　一个 4×4×4 的三维实体分割检索表示示例

空间位置枚举法表示的实体还可以借助数字图像处理中的许多方法来处理。

4.2.5　八叉树

八叉树（Octrees）又称为分层树结构，对空间位置枚举法中的空间分割方法做了改进，并不是统一将实体所在的立方体空间均匀划分成单位立方体，而是对空间进行自适应划分，采用具有层次结构的八叉树来表示实体。三维实体的八叉树表示类似二维实体（平面图形对象）的四叉树（Quadtree）表示。

采用四叉树表示时，可把平面图形对象用矩形包围起来，如图 4-29(a)所示。这个矩形就是四叉树的根结点，可能处于三种状态：完全被图形覆盖 F（Full）、部分被覆盖 B（Boundary）或完全没有被覆盖 E（Empty）。若根结点处于状态 F 或 E，则四叉树建立完毕；否则，将其等分为 4 个区域（象限），分别标以编码 1、2、3、4，如图 4-29(b)所示，这 4 个象限成为第 1 层子结点。继续考察这 4 个象限的状态是 E、F 还是 B，对于状态为 E 和 F 的象限（均质象限）不再细分，而对于状态为 B 的象限（非均质象限）再细分为 4 个小象限，形成第 2 层子结点……直至给定精度下不出现 B 象限为止（从这点看，四叉树或八叉树只是实体的近似表示）。这样就得到一棵四叉树，它是一个递归分割的过程。

类似地，八叉树方法可用一个空间的长方体来包围一个三维实体，每次把它分为 8 个卦限（Octants）来判别。此时，每个结点代表一个长方体，对它的分割结果产生 8 个子结点，如图 4-30 所示。最后可得到表示这个实体的八叉树。

八叉树表示所需存储容量较大。假如设备分辨率为 1024×1024，并且平均来说，在八叉树的每层中，只有 4 个结点需要再次分割为 8 个子结点，那么该八叉树需要存储的全部结点数为 $2.7×10^6$

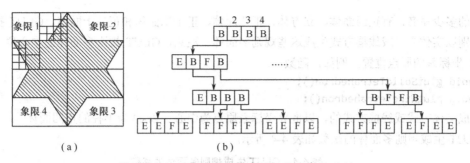

图 4-29 二维平面图形对象的四叉树表示示例

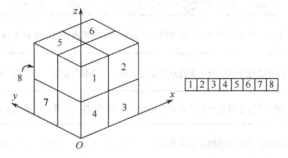

图 4-30 三维空间分成八个卦限及其结点表示示例

个，这是相当大的数字。但是，采取一些改进办法，如只存 F 结点不存 E 结点，或根据需要确定分割精度，而不一定分割至像素级等，都可以减少存储容量。

一旦对一实体建立一棵八叉树表示，可将各种操作应用到该实体。如对同一空间区域的两棵八叉树，可执行相应的集合操作算法。对并操作，新八叉树由合并每个输入实体的每个区域而构造。同样地，交或差操作由寻找两棵树的重叠区域来执行。然后，或存储两物体重叠卦限或存储仅由一个实体所占据而不被另一实体占据的卦限，形成一棵新树。

三维八叉树旋转由对所占卦限应用变换来实现。可见面判定由寻找从前到后的卦限来实施。若检测到的第一个实体是可视的，卦限就将有关信息转换成显示用的四叉树表示。

4.2.6 BSP 树

二叉空间分割（Binary Space Partitioning，BSP）方法是一种类似于八叉树的空间分割方法，每次将一个实体用任一位置和任一方向的平面分为两部分（不同于八叉树方法的每次将实体用平行于笛卡儿坐标平面的三个两两垂直的平面分割）。由于 BSP 树可将分割平面的位置和方向按适合于实体的空间属性来确定，因此提供了一种更有效的分割方法。与八叉树相比，二叉空间分割可以减小树的高度，就缩短了树的搜索时间。BSP 树可用来在光线跟踪算法中进行空间分割和识别可见面。

4.2.7 OpenGL 中的实体模型函数

1. GLUT 库中的多面体函数

GLUT 库包含了生成 5 种规则多面体的函数。规则多面体的每个面都是规则多边形，每条边都相等，所有边之间的夹角都相等，所以规则多面体的所有面的夹角都相等。这 5 种多面体按照其面数的多少命名，有正四面体、立方体、正八面体、正十二面体和正二十面体。GLUT 提供的函数分别以实体方式或线框方式生成这些规则多面体。注意，GLUT 规则多面体的中心位于世界（用户）坐标系的原点位置。例如，函数

```
    void glutSolidTetrahedron();
或  void glutWireTetrahedron();
```

分别生成实体方式或线框方式的、以世界坐标系原点为中心、以 $\sqrt{3}$ 为半径的正四面体。

GLUT 生成规则多面体的函数如表 4-4 所示。

表 4-4 GLUT 生成规则多面体的函数

函　　数	说　　明
glutSolidTetrahedron() glutWireTetrahedron()	绘制中心位于世界坐标系原点的实心四面体和线框四面体，半径为 $\sqrt{3}$
glutSolidCube(size) glutWireCube(size)	绘制中心位于世界坐标系原点的实心立方体和线框立方体，半径为 size，它是一个双精度浮点值
glutSolidOctahedron() glutWireOctahedron()	绘制中心位于世界坐标系原点的实心八面体和线框八面体，半径为 1.0
glutSolidDodecahedron() glutWireDodecahedron()	绘制中心位于世界坐标系原点的实心十二面体和线框十二面体，半径为 $\sqrt{3}$
glutSolidIcosahedron() glutWireIcosahedron()	绘制中心位于世界坐标系原点的实心二十面体和线框二十面体，半径为 1.0

2. GLUT 库中的二次/三次曲面函数

GLUT 库中还包含一些二次/三次曲面函数，包括球面、锥面、环面和茶壶等。在生成这些曲面物体时，GLUT 用四边形面片来逼近。例如，函数

```
    void glutSolidSphere(GLdouble radius, GLint slices, GLint stacks);
或  void glutWireSphere(GLdouble radius, GLint slices, GLint stacks);
```

绘制实体或线框球面。其中，参数 radius 指定球面的半径，参数 slices 和 stacks 指定球面上的经线与纬线数目。球面是由这些经线和纬线构成的多个四边形面片（球面两极附近是三角形面片）逼近产生的，其中心在世界坐标系的原点，极坐标轴位于 Z 轴上。又如，函数

```
    void glutSolidCone(GLdouble radius, GLdouble height, GLint slices, GLint stacks);
或  void glutWireCone(GLdouble radius, GLdouble height, GLint slices, GLint stacks);
```

在世界坐标系的原点绘制实体或线框圆锥面。其中，参数 radius 指定圆锥底面的半径，参数 height 指定圆锥的高度，而参数 slices 和 stacks 同样指定圆锥面的经线和纬线数目。这里圆锥经线是指圆锥面上从圆锥顶到底的一条直线段，而圆锥纬线是指沿圆锥表面，平行于锥底的圆周。再如，函数

```
    void glutSolidTorus(GLdouble innerRadius, GLdouble outerRadius, GLint slices,GLint stacks);
或  void glutWireTorus(GLdouble innerRadius, GLdouble outerRadius, GLint slices,GLint stacks);
```

绘制一个在 xOy 面上以原点为中心的圆环。其中，参数 innerRadius 和 outerRadius 分别为圆环的内部和外部半径，参数 slices 指定放射状的网格片数，stacks 指定圆环的环线数。另外，函数

```
    void glutSolidTeapot(GLdouble size);
或  void glutWireTeapot(GLdouble size);
```

生成包含 1000 多个双三次曲面片、中心在世界坐标系原点、垂直轴与 Y 轴重合的实体或线框茶壶，其中参数 size 指定生成茶壶球状体的最大半径。

3．GLU 库中的二次曲面函数

GLU 库也包含了多种二次曲面函数，如球面、圆柱面、圆台面、圆锥、圆盘和圆环剖面等。但是其曲面生成的方式与 GLUT 库中的函数有所不同，需要先指定一个二次曲面，然后激活二次曲面绘制器，最后指定曲面的绘制方式和参数。例如，用下面一段程序可生成一个球面：

```
GLUquadricObj *sphere;                      // 定义一个二次曲面的名称为 sphere
sphere = gluNewQuadric( );                  // 激活二次曲面绘制器
gluQuadricDrawStyle(sphere, GL_LINE);       // 指定二次曲面的绘制方式
gluSphere(sphere, radius, slices, stacks);  // 绘制一个球面
```

函数 gluQuadricDrawStyle() 的第一个参数指定二次曲面的名称；第二个参数指定绘制方式，可用点模式（GL_POINT）、线模式（GL_LINE）、删去共面多边形面片公共边的线框模式（GL_SILHOUETTE）和面填充模式（GL_FILL）。函数 gluSphere() 的第一个参数指定二次曲面的名称；第二个参数指定球面的半径；第三个和第四个参数指定绘制球面时的经线和纬线的数目。

用相同的方式可以生成其他 GLU 二次曲面。例如，可用函数

```
gluCylinder(GLUquadricObj *obj, GLdouble baseRadius, GLdouble topRadius,
            GLdouble height, GLint slices, GLint stacks);
```

生成以 z 轴方向为轴向的圆锥面、圆柱面或圆台面。其中，参数 obj 指定二次曲面的名称。参数 baseRadius 指定二次曲面的底部半径，这个底部位于 xOy 平面上（$z=0$）。参数 topRadius 指定二次曲面的顶部半径，如果顶部半径为 0，绘制圆锥面；如果底部半径与顶部半径相等，绘制圆柱面；否则绘制圆台面。参数 height 指定这个二次曲面轴向（z 轴方向）的高度。参数 slices 和 stacks 指定曲面均匀划分的垂直和水平线的数量。又如，可用函数

```
gluDisk(GLUquadricObj *obj, GLdouble innerRadius, GLdouble outerRadius,
        GLint slices, GLint stacks);
```

绘制一个在 xOy 面上以原点为中心的圆环或实心盘。其中，参数 innerRadius 和 outerRadius 指定圆环的内部和外部半径，如果 innerRadius 为 0，则绘制一个实心盘，否则绘制圆环。要求 outerRadius 一定大于 innerRadius，否则无法将曲面绘出。参数 slices 和 stacks 指定放射状的网格片数和同心圆数。此外，还可以用函数：

```
gluPartialDisk(GLUquadricObj *obj, GLdouble innerRadius, GLdouble outerRadius,
               GLint slices, GLint stacks, GLdouble startAngle, GLdouble endAngle);
```

绘制圆环面的一部分。其中，参数 startAngle 指定部分圆环面的开始位置，位于从 Y 轴正向开始逆时针旋转 startAngle 角的位置；参数 endAngle 指定部分圆环面的结束位置，位于由开始位置逆时针旋转 endAngle 角的位置。

程序 4-1 给出了绘制一些多面体、二次及三次曲面的程序。为了获得更好的显示效果，在程序中添加了使模型旋转的代码，可以通过键盘上的光标键控制图形的旋转。图 4-31 显示了程序 4-1 中绘制的部分线框图。

【程序 4-1】 用 OpengGL 绘制简单多面体、二次及三次曲线的例子。

```
include <gl/glut.h>
static GLsizei iMode = 1;           // 选定的菜单项
static GLfloat xRot = 0.0f;         // x 方向旋转参数
static GLfloat yRot = 0.0f;         // y 方向旋转参数
GLUquadricObj *obj;                 // 二次曲面对象
void Initial(void) {
    glClearColor(1.0f, 1.0f, 1.0f, 1.0f);
```

```
            glColor3f(0.0f, 0.0f, 0.0f);
            obj = gluNewQuadric();                          // 激活二次曲面绘制器
            gluQuadricDrawStyle(obj, GLU_LINE);             // 以线框方式绘制二次曲面对象
}
void ChangeSize(int w, int h) {
        glViewport(0, 0, w, h);
        glMatrixMode(GL_PROJECTION);
        glLoadIdentity();
        gluOrtho2D (-1.5f, 1.5f, -1.5f, 1.5f);
}
void Display(void) {
        glClear(GL_COLOR_BUFFER_BIT);
        glMatrixMode(GL_MODELVIEW);                         // 指定设置模型视图变换参数
        glLoadIdentity();                                   // 消除以前的变换
        glRotatef(xRot, 1.0f, 0.0f, 0.0f);                  // 绕 X 轴旋转图形
        glRotatef(yRot, 0.0f, 1.0f, 0.0f);                  // 绕 Y 轴旋转图形
        switch(iMode) {
            case 1:
                glutWireTetrahedron();      break;          // 绘制线框正四面体
            case 2:
                glutSolidTetrahedron();     break;          // 绘制实体正四面体
            case 3:
                glutWireOctahedron();       break;          // 绘制线框正八面体
            case 4:
                glutSolidOctahedron();      break;          // 绘制实体正八面体
            case 5:
                glutWireSphere(1.0f,15,15); break;          // 绘制线框球
            case 6:
                glutSolidSphere(1.0f,15,15); break;         // 绘制实体球
            case 7:
                glutWireTeapot(1.0f);   break;              // 绘制线框茶壶
            case 8:
                glutSolidTeapot(1.0f);  break;              // 绘制实体茶壶
            case 9:
                gluSphere(obj, 1.0f, 15, 15);   break;      // 绘制二次曲面（球）
            case 10:
                gluCylinder(obj,1.0f,0.0f,1.0f,15,15);  break; // 绘制二次曲面（圆锥）
            case 11:
                gluPartialDisk(obj,0.3f,0.8f,15,15,30.0f,260.0f);break;  //绘制二次曲面(圆环)
            default: break;
        }
        glFlush();
}
// 处理菜单响应
void ProcessMenu(int value) {
        iMode = value;
        glutPostRedisplay();
}
```

```
void SpecialKeys(int key, int x, int y) {
    //光标键控制图形的旋转
    if(key == GLUT_KEY_UP)          xRot-= 5.0f;
    if(key == GLUT_KEY_DOWN)        xRot += 5.0f;
    if(key == GLUT_KEY_LEFT)        yRot-= 5.0f;
    if(key == GLUT_KEY_RIGHT)       yRot += 5.0f;
    if(xRot > 356.0f)               xRot = 0.0f;
    if(xRot < -1.0f)                xRot = 355.0f;
    if(yRot > 356.0f)               yRot = 0.0f;
    if(yRot < -1.0f)                yRot = 355.0f;
    glutPostRedisplay();                                // 窗口执行重绘操作
}
int main(int argc, char* argv[]) {
    glutInit(&argc, argv);
    glutInitDisplayMode(GLUT_SINGLE | GLUT_RGB);        // 窗口使用 RGB 颜色和单缓存
    glutInitWindowSize(400,400);
    glutInitWindowPosition(100,100);
    glutCreateWindow("OpenGL 模型绘制函数示例");
    //创建菜单并定义菜单回调函数
    int nGlutPolyMenu = glutCreateMenu(ProcessMenu);
    glutAddMenuEntry("线框正四面体",1);                  // 创建 GLUT 多面体绘制菜单
    glutAddMenuEntry("实体正四面体",2);
    glutAddMenuEntry("线框正八面体",3);
    glutAddMenuEntry("实体正八面体",4);
    int nGlutCurveMenu = glutCreateMenu(ProcessMenu);  // 创建 GLUT 曲面绘制菜单
    glutAddMenuEntry("线框球面",5);
    glutAddMenuEntry("实体球面",6);
    glutAddMenuEntry("线框茶壶",7);
    glutAddMenuEntry("实体茶壶",8);
    int nGluCurveMenu = glutCreateMenu(ProcessMenu);   // 创建 GLU 曲面绘制菜单
    glutAddMenuEntry("线框球面",9);
    glutAddMenuEntry("线框圆锥面",10);
    glutAddMenuEntry("线框圆环面",11);
    int nMainMenu = glutCreateMenu(ProcessMenu);        // 创建主菜单
    glutAddSubMenu("GLUT 多面体", nGlutPolyMenu);
    glutAddSubMenu("GLUT 曲面", nGlutCurveMenu);
    glutAddSubMenu("GLU 曲面", nGluCurveMenu);
    glutAttachMenu(GLUT_RIGHT_BUTTON);                  // 将主菜单与鼠标右键关联
    glutDisplayFunc(Display);
    glutReshapeFunc(ChangeSize);
    glutSpecialFunc(SpecialKeys);
    Initial();
    glutMainLoop();
    return 0;
}
```

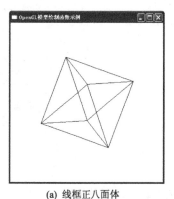

(a) 线框正八面体   (b) 线框茶壶

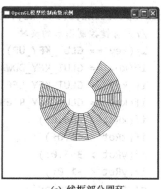

(c) 线框部分圆环

图 4-31　程序 4-1 的线框图效果

4.3　非规则对象的表示

前面讨论的各种表示方法普遍采用的都是欧氏几何方法，即表示的物体具有平滑的表面和规则的形状，可由方程来描述。但自然景物，如山脉和云，是不规则或粗糙的，用欧氏几何方法不能真实地模拟这些物体。这就要用到其他方法，如分形几何、形状语法、粒子系统和基于物理的建模方法等。

4.3.1　分形几何

通常用分形几何方法（Fractal Geometry）来描述自然景物和各种数学、物理现象，其特点是用过程而不是用方程来对物体建模。当然，用过程描述的物体特征不同于用方程描述的物体。物体的分形几何表示法可用于描述和解释很多领域的自然现象。

分形几何表示的物体具有一个基本特征：无限的自相似性。无限的自相似性是指物体的整体和局部之间细节的无限重现。如果放大一个连续的欧氏几何形状，不管多么复杂，最终可得到光滑的放大图像。但在分形几何中进行放大，则会连续反复地看到原图中出现过的细节。例如，从越来越近的位置观察海岸，会重复地看到类似的锯齿状细节，越靠近海岸，一块块突出物的细节呈现眼前，再靠近一些，可看到岩石轮廓，然后是石头，然后是沙粒……每近一步，外形显得更弯曲、偏斜。如果将沙粒放到显微镜下，会在分子级看到同样重复的细节，这就是细节的无限重现。自相似性可有不同形式，取决于分形表示的选择，类似的情况有山、树和云等。

基于分形物体的无限自相似性特征，分形物体的描述包含以下两方面的内容：分形维数、生成过程。

分形维数（Fractal Dimension），又称为分数维数，是一个数字，用来描述物体细节的变化，这也是"分形"名称的由来。通常，以拓扑学中定义的维数概念为基础计算分形维数。先考虑欧氏空间的对象，如图 4-32 所示，二维情况下，正方形的每条边的边长变为原来的 1/2 时，这个正方形被分为 4 部分；三维情况下，立方体的每条边的边长变为原来的 1/2 时，这个立方体被分成 8 部分。因此，欧氏空间中任意一个对象根据缩放因子 s 与产生的子部分数目 n 之间的关系为

$$n \cdot s^D = 1 \tag{4-6}$$

式中，D 表示欧氏空间的维数。这样，可以得到欧氏空间维数的表达式

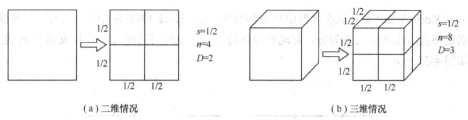

（a）二维情况   （b）三维情况

图 4-32   缩放因子对欧氏空间对象的影响

$$D = \frac{\ln n}{\ln\left(\frac{1}{s}\right)} \qquad (4\text{-}7)$$

这个表达式同样适用于分形维数，但分形维数与欧氏空间的维数有所不同，不一定是整数。如果对象的各部分有不同的缩放因子，此时的分形维数可由下式获得

$$\sum_{k=1}^{n} s_k^D = 1 \qquad (4\text{-}8)$$

式中，s_k 是对象第 k 个子部分的缩放因子。

生成过程是指为产生物体局部细节指定的一次重复操作。例如，在确定性（非随机）自相似分形几何构造方法中，开始时，给定一个称为初始生成元（Initiator）的几何形状，然后将初始生成元的每部分用一个模型代替，称为生成元（Generator），如图 4-33 所示，最后通过多次迭代过程生成分形物体。理论上，自然景物需用无限次的重复过程来表示。事实上，考虑到精度和可计算性方面的因素，自然景物的分形显示仅用有限步完成。

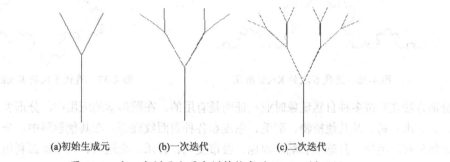

(a)初始生成元   (b)一次迭代   (c)二次迭代

图 4-33   由一个树干和两个树枝构成的 Cayley 树示例

但是，分形物体的无限细节特性使得我们无法确定分形物体的大小，也就是说，当考虑越来越多的细节时，物体的大小趋于无限。比如，在分形意义下，我们无法计算海岸线的精确长度，但实际上，物体的坐标范围保持在一个有限区间内。如图 4-34 所示的龙状曲线图，在 6 次迭代之后，坐标基本保持在一有限区间内。

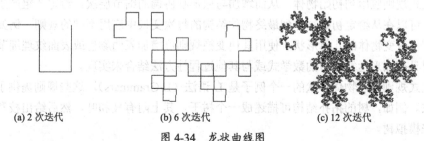

(a) 2 次迭代   (b) 6 次迭代   (c) 12 次迭代

图 4-34   龙状曲线图

这里以 Kock 曲线为例，说明分形图形是如何生成的。Kock 曲线的初始生成元是一条直线段，生成规则是将直线段均分为三等分，首尾两段保持不变，中间用两段等长且互成 60°角的直线段代替，如图 4-35 所示。

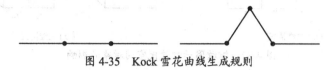

图 4-35　Kock 雪花曲线生成规则

这样，直线段被分成 4 段，每段长度都只有原来的 1/3，根据式（4-7）可以求出这种 Kock 曲线的分形维数 $D=\ln4/\ln3\approx1.26186$。

假设原直线的首尾点是 $P_0(x_0,y_0)$ 和 $P_1(x_1,y_1)$，则新的 4 段直线段的 5 个端点坐标分别为

$$\begin{cases} x_0 \\ y_0 \end{cases},\ \begin{cases} x_0+(x_1-x_0)/3 \\ y_0+(y_1-y_0)/3 \end{cases},\ \begin{cases} (x_1+x_0)/2\pm(y_0-y_1)\sqrt{3}/6 \\ (y_1+y_0)/2\pm(x_1-x_0)\sqrt{3}/6 \end{cases},\ \begin{cases} x_0+2(x_1-x_0)/3 \\ y_0+2(y_1-y_0)/3 \end{cases},\ \begin{cases} x_1 \\ y_1 \end{cases}$$

其中，第 3 个点坐标公式中的正负号表示中间两条新直线段处于原直线段的哪一侧。根据这一规则（取正号），迭代 6 次后产生的结果如图 4-36 所示。

当然，可以改变原始图形以获得其他的形状，如初始图形改为等边三角形，此时产生的曲线形状类似于雪花，如图 4-37 所示，这种曲线被称为 Kock 雪花曲线。

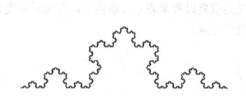

图 4-36　迭代 6 次的 Kock 曲线

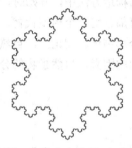

图 4-37　迭代 5 次的 Kock 雪花曲线

分形方法在模拟多种自然现象时业已证明是有用的。在图形学的应用中，分形表示用于模拟岩层、云、水、树、及其他植物、羽毛、毛皮和各种表面纹理等。在其他学科中，分形模型可以用于星体分布、河岸、月球陨石坑、雨地、股市变化、音乐、交通流、人口资源利用和数字分析技术的收敛区边界的表示。

4.3.2　形状语法

除了分形技术，还有其他生成物体细节的过程性方法，如形状语法（Shape Grammars），通常将一组产生式规则应用到初始物体，从而增加与原形状协调的细节层次。给定一组产生式规则，形状设计者可以在从给定初始物体到最终物体结构的每次变换中应用不同的规则。例如，使用几何变换规则可改变物体的几何形状，使用其他变换规则可增加表面颜色或表面纹理细节等。每条规则可以用具有图形运算能力的数学式或与其他过程性方法结合来实现。

用产生式规则描述物体形状的一个例子是 L 语法（L-Grammars）。这些规则提供了描述植物的一个方法。例如，树的拓扑结构可描述成一个树干，其上附有枝和叶，然后给出枝和枝上叶的特殊连接来模拟树。

4.3.3　粒子系统

用于模拟自然景物或模拟其他非规则形状物体展示其"流体"性质的一个方法是粒子系统（Particle Systems），尤其擅长描述随时间变化的物体，如流动、翻腾、滴或膨胀。具有这些特性的对象有云、烟、火、烟火、水幕、水滴和草丛等。比如，粒子系统已被用来在 Star Trek Ⅱ——The Wrath of Khan 中模拟"起源爆炸"中产生的星体爆炸和火焰喷发。粒子系统中微粒的形状可以是小球、椭球、立方体或其他形状。微粒的大小和形状可随时间变化。其他性质，如微粒透明度、颜色和移动等，都可随机地变化。

由于随机过程可产生具有固定区域和随时间而变化的物体，因此微粒的运动多用随机过程来模拟。例如，爆炸可以用在一球域内随机生成的向外快速运动的微粒来模拟，且每个微粒在某随机时间被删除。在某些应用中，微粒运动由重力场等给定的力来控制，如瀑布的粒子系统模拟，水粒从一高度落下，被一障碍物偏移，然后散开到地面。

每个微粒运动时，其路径被绘制且以特殊颜色显示。例如，火焰的微粒路径可以用红色到黄色来着色。同样，喷泉的真实感显示可以用"轨道"微粒来模拟，这些微粒从地面上射出，并在重力作用下回落到地面。

4.3.4　基于物理的建模

非刚性物体，如绳、云或软橡皮球等可以用基于物理的建模方法来表示，可描述物体在内外力相互作用下的行为。例如，挂在墙面上的毛巾布形状的精确描述由布和钉子相互作用而获得。

模拟非刚性物体的一个普遍方法是，用一组网格结点来逼近物体。网格结点间取为柔性连接，然后取一外力作用在物体上，再考虑贯穿物体网格的力传递。这通常需要建立确定贯穿网格的结点位移的联立方程。

网格结点间柔性连接的简单模型是弹簧。例如，可通过在三维空间中建立三维弹簧网格来模拟橡皮球。对均质物质，可用相同弹簧贯穿网格。若需要物体在不同方向有不同性质，可以在不同方向用不同的弹簧。当外力作用于弹簧网格时，单个弹簧延伸或压缩多少依赖于弹簧系数 k 值，也称弹簧力常数。如果物体完全是柔性的，当外力消失时，恢复到原来的状态。如果要模拟黏性材料或其他可变形物体，需要修改弹簧特性，以使弹簧在外力消失时不回到原来的位置。然后，作用力可以在其他途径上改变物体形状。

不用弹簧，我们也能用弹性材料模拟两结点间的连接，然后在外力影响下，用最小化张力能量函数来决定物体的形状。该方法提供了更好的布模型，可以使用不同的能量函数来描述不同布料的效果。

基于物理的模拟方法还可用于在动画中更精确地描述运动路径。以前的动画常限于使用样条路径和基于运动学方程描述的路径，其中的运动参数也仅基于位置和速度。基于物理的模拟方法用力学方程描述运动，包括力和加速度。基于力学方程的动画描述比基于运动学方程的描述产生的运动更真实。

4.3.5　数据场的可视化

科技和工程分析等领域使用的图形显示方法称为科学计算可视化（Scientific Visualization）。

科学计算可视化指运用计算机图形学和图像处理技术，将科学计算的过程和结果数据转换为图形及图像在屏幕上显示出来并进行交互处理的理论、方法和技术。科学计算可视化的对象既包括计算机的科学计算结果，也包括工程计算的结果，如有限元分析结果等，还包括测量仪的测量结果，如用于医疗领域的计算机断层扫描（CT）数据及核磁共振（MRI）数据等。科学计算的可视化可以得到有关计算结果的直观、形象的整体概念，可以在人与数据、人与人之间实现图像通信，而不仅是目前的文字通信或数字通信，从而方便人们观察到科学计算中发生了什么现象，使其成为发现和理解科学过程中各种现象的有力工具。科学计算的可视化还能帮助人们对计算过程实现引导和控制，通过交互手段改变计算依据的条件并观察其影响。

在科学计算中，研究对象的特性往往是用一组方程式描述的，通常是常微分方程、偏微分方程、积分方程、线性或非线性方程。如果能求出这些方程组的解析解，就可以在这些方程组定义的空间内的任意位置上得到需要的解。但是，只有当方程组非常简单时才具有这种可能性。一般情况下，只能求出这些方程组的数值解。为此，需要将所定义的空间离散化为体单元、面单元、线段或网格点，再用数值求解方法求出这些离散单元处的函数值。因此，科学计算（包括工程计算）的结果数据往往是离散的，不连续的。至于测量的数据，如地震勘探数据、气象监测数据、人体CT或MRI扫描数据等，通常也是离散的。其原因是，人们很难在空间上取得连续的测量数据。因此，可视化的对象一般是空间上离散的三维数据。

分布在三维空间的体数据有两类可视化算法。第一类算法，首先由三维空间数据场构造出中间几何图元（如曲面、平面等），再由传统的计算机图形学技术实现面绘制。最常见的中间几何图元就是平面片，当需要从三维空间数据场中抽取等值面时就属于这种情况，可以抽取出一个等值面或多个等值面。这时只是将原始数据中的部分属性映射成平面，因而构造出的可视化图形不能反映整个原始数据场的全貌及细节。第二类算法，不构造中间几何图元，而是直接由三维数据场产生屏幕上的二维图像，称为体绘制（Volume Rendering）算法或直接体绘制（Direct Volume Rendering）算法。这是近年来得以迅速发展的一种三维数据场可视化方法。

4.4 层次建模

大多数应用中都需要方便地创建和操作许多复杂的对象。通常，可以把这些复杂的对象分成一些相对独立的子对象，然后描述这些子对象组合成完整对象时需要的规则，据此可以方便地描述、创建和操作复杂对象。

4.4.1 段与层次建模

具有逻辑意义的有限个图素（或体素）及其附加属性的集合称为段或图段（二维空间中）、结构和对象。段是可以嵌套的，即用一些简单的段和图素可以形成更复杂的段。图4-38所示是逻辑电路的例子，其基本图形元素包括直线段、圆和文本；可以利用基本图形元素与门电路定义规则构造最基本的逻辑电路单元——门，得到最基本的图段；利用门电路图段和基本图形元素依照门逻辑中的连接规则对门电路进行连接，形成更高层的逻辑电路图段，如触发器、

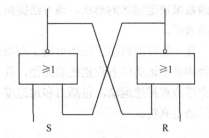

图4-38 "或非"门电路构成的R-S触发器

全加器等；门电路图段与触发器图段还可以构成更复杂的组合——时序逻辑电路。由此可见，段与基本图形元素的区别在于，基本图形元素是用数据来描述的，而段是用规则来描述的，由规则最终可以找出形成它的所有基本图形元素。

段一般具有三个特性：可见性、醒目性和可选择性（可由交互式输入设备来选择）。通常的软件包中可以对图段进行如下操作：创建段、标识段、删除段、显示输出段、设置段的属性、编辑段、插入图素或体素、删除图素或体素、更改图素或体素、标识图素或体素、段的复制和复用等。

可以利用段来构造复杂的对象或系统，即用一个最高层的段来表示该对象或系统，这个段由若干较低层的段与基本图形元素构成，较低层的段又由若干更低层的段与基本图形元素组成，这样就形成了一个层次结构。这种层次结构实际上是对象或系统原来的数学或物理模型层次结构的反映。如图 4-39 所示的自行车模型由直线段、曲线和矩形等基本图素形成基座、把手、前后轮等图段，然后由这些图段一起构成一个大的自行车图段，形成层次结构。

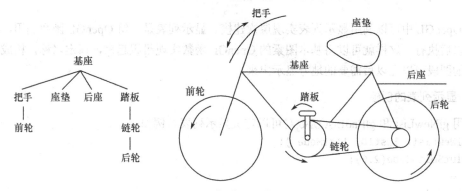

图 4-39　自行车模型及其层次描述

在实际应用中，图形对象的层次建模还需要考虑图形对象各部分之间的运动继承关系。如图 4-39 所示的自行车对象的层次模型中，基座是最高的图段，它的运动反映了整个自行车图段的运动；把手、基座、后座和踏板图段属于第二层图段，在继承父结构的运动的同时可以有相对运动，如把手可以左、右摆动，踏板可以旋转；最后，前轮、链轮和后轮图段可以继承父结构的运动（链轮），也可以有相对运动（前、后轮）。这样的层次模型能够将图形对象复杂的运动分解为相对简单的运动，便于定义和实现。

利用图段进行层次建模主要有以下好处：一是存储简单，一个段虽然在图中各处都出现，但它的几何及拓扑信息只要保存一次，在图中各处出现的段仅是段在不同位置的引用；二是编辑简单，删除、移动及放缩等操作均可以以段为单位，如果对段进行修改，所有的引用均会自动修改。

4.4.2　层次模型的实现

系统的层次模型可以通过将一个图段嵌套到另一个图段中形成图段树来创建。不同的段和基本图形元素在各自的建模坐标系中定义。当每个图段放进图段树中时，将段和基本图形元素放在用户（世界）坐标系中建立引用，引用的位置、图素和段的大小、方向等各不相同。因此，必须做一个建模坐标系到用户坐标系的坐标变换，该变换称为建模变换（Modeling Transformations）。典型的建模变换包括平移、旋转和缩放，在某些应用中还包括其他变换。

建模变换的实现主要利用第 6、7 章讨论的几何变换函数计算出具体的模型变换矩阵，即建立一个变换矩阵 M_T 来完成建模变换。通过 M_T 将建模坐标位置（P_{mc}）变换到相应的用户坐标 P_{wc}，从而产生用户坐标系中图素和段的引用。

$$P_{wc} = P_{mc} M_T$$

实际应用中还有另一类层的概念，来源于这样一种假设，即显示图形的介质（屏幕或纸）由若干透明的层组成，每层上都有一些图形，最终显示的图形由这些层上的图形层叠合并而成。通过把功能相同的部分归类，并将它们绘制在同一层上，有助于图形的理解和管理。例如，在城市建筑图中把交通路线、煤气管道和通信线路绘制在不同的层上。不同的层可以一起显示，也可以任挑几个层来显示，不同的层可以用不同的颜色和线型表示，这样十分有利于实际工作。例如，在考虑交通管理时只需显示交通路线这一层，而在考虑煤气管道的铺设时就必须考虑与交通、通信线路的关系问题。这种分层方法也是一种层次建模方式，但这样的层一般不再嵌套。

4.4.3　OpenGL 中层次模型的实现

在 OpenGL 中可以利用显示列表实现层次建模。显示列表是一组 OpenGL 函数调用，被存储起来供以后执行。这样就可以将基本图素的 OpenGL 函数实现组织起来，指定名称，构成图段，所构成的图段可以在以后需要的地方显示出来。

1. 显示列表的创建

使用 glNewList 和 glEndList 函数对可以定义显示列表。例如：

```
glNewList( listID, listMode );
glutSolidCube(2.0);
……
glEndList();
```

可以创建一个标识名为 listID 的显示列表。其中，listID 是一个不为 0 的正整数索引值，listMode 指定显示列表的模式，其取值可以是 GL_COMPILE 或 GL_COMPILE_AND_ EXECUTE。使用 GL_COMPILE 模式，只是将接下来的 OpenGL 函数放在显示列表中而不执行；使用 GL_COMPILE_ AND_EXECUTE 模式会立即执行接下来的 OpenGL 函数，并将结果放入显示列表中。

创建显示列表后，其中的坐标位置和颜色参数都会立即计算，使表中只存储参数的值，对这些参数的任何后续修改都是无效的。通常，一个图段可以用一个显示列表存储。

由于显示列表使用非零正整数索引值作为标识，如果在创建新的显示列表时使用了已用过的标识，新的显示列表将会替换原有的显示列表。为了避免发生这种情况，可以使用函数：

```
GLboolean glIsList(GLuint listID);
```

判断 listID 是否已用于标识已定义的显示列表，如果是，返回 GL_TRUE，否则返回 GL_FALSE。另外，可以使用函数

```
GLuint glGenLists(GLsizei range);
```

获得一组空的显示列表标识。其中，参数 range 指定要生成的相邻的显示列表的个数，函数将返回生成的第一个标识。

2. 显示列表的调用

在显示列表创建之后，可以使用函数

```
void glCallList(GLuint listID);
```

调用显示列表，其中参数 listID 是已定义的显示列表标识。例如，程序 4-2 实现了一个奥运五环标志显示列表的创建和调用。

【程序 4-2】 用 OpengGL 实现绘制奥运五环标志。

```
OlympicRings = glGenLists(1);                // 获得一个显示列表标识
glNewList(OlympicRings, GL_COMPILE);         // 创建显示列表
glColor3f(1.0, 1.0, 0.0);
glTranslatef(-22.0, 0.0, 0.0);               // 沿 X 轴负向平移
glutSolidTorus(0.5, 20.0, 15, 50);           // 绘制黄色环
glCo    lor3f(0.0, 1.0, 0.0);
glTranslatef(44.0, 0.0, 0.0);                // 沿 X 轴正向平移
glutSolidTorus(0.5, 20.0, 15, 50);           // 绘制绿色环
glColor3f(0.0, 0.0, 0.0);
glTranslatef(-22.0, 30.0, 0.0);              // 沿 X 轴负向和 Y 轴正向平移
glutSolidTorus(0.5, 20.0, 15, 50);           // 绘制黑色环
glColor3f(0.0, 0.0, 1.0);
glTranslatef(-42.0, 0.0, 0.0);               // 沿 X 轴负向平移
glutSolidTorus(0.5, 20.0, 15, 50);           // 绘制蓝色环
glColor3f(1.0, 0.0, 0.0);
glTranslatef(84.0, 0.0, 0.0);                // 沿 X 轴正向平移
glutSolidTorus(0.5, 20.0, 15, 50);           // 绘制红色环
glEndList();
glCallList(OlympicRings);                    // 调用显示列表
```

　　显示列表一旦创建，就可以在程序的任何地方使用函数 glCallList()调用它。也就是说，显示列表的标识是唯一的，可以在一个函数中创建显示列表，而在另一个函数中调用它。不过，由于显示列表中存储的内容无法存储到文件，也不能通过文件中的数据创建显示列表，从这个意义上说，显示列表是临时的。另外，可以使用函数

　　　　void glCallLists(GLsizei n, GLenum type, const GLvoid *lists);

实现多个显示列表的调用。其中，参数 n 指定所要调用的显示列表的数目；参数 lists 是显示列表标识的数组，它可以包含任意多的元素，而未定义的标识将被忽略；参数 type 指定数组 lists 的数据类型，可以是 GL_BYTE、GL_UNSIGNED_BYTE、GL_SHORT、GL_INT、GL_FLOAT、GL_4_BYTES 等符号常数。有时可以利用偏移量 offsetValue 对 lists 中的数值进行修正，即利用偏移量的值与 lists 中值的和作为调用的显示列表标识，默认的偏移量为 0，并可以使用函数

　　　　void glListBase(GLuint offsetValue);

指定偏移量。注意，这个函数应该在 glCallLists()函数之前调用。

3. 多级显示列表

　　OpenGL 支持创建多级显示列表，即在 glNewList()和 glEndLsit()函数对之间允许调用 glCallList()函数来执行其他显示列表。显示列表的嵌套可以实现复杂物体的层次建模。其中的每个基本图段用一个显示列表定义，高层图段由低层图段的显示列表按照一定的位置、方向和尺寸的调用而构成。例如，程序 4-3 描述了一个仅包含框架和两个相同轮子的自行车。

【程序 4-3】 用 OpengGL 实现的最简单的自行车。

```
glNewList(bicycle, GL_COMPILE);
glCallList(frame);
glTranslatef(-1.0, 0.0, 0.0);                //向 X 负方向平移一段，画前轮
glCallList(wheel);
glTranslatef(3.0, 0.0, 0.0);                 //接着向 X 正方向平移一段，画后轮
```

```
glCallList(wheel);
glEndList();
```

当然，可以定义把手、链轮、座垫等对象的显示列表，实现图 4-39 所示自行车层次模型的定义。

4. 显示列表的删除

可以使用函数

```
void glDeleteLists(GLuint listID, GLsizei range);
```

删除从标识 listID 开始的 range 个相邻的显示列表，如果指定的显示列表未被创建，将被忽略。

习 题 4

4.1　名词解释：规则对象、不规则对象、几何造型、图形信息、非图形信息、几何信息、拓扑信息、刚体运动、拓扑运动、拓扑等价、建模坐标系、用户坐标系、观察坐标系、规格化设备坐标系、设备坐标系、正则集、二维流形、非二维流形、翼边结构表示、多边形网格、构造实体几何法、空间位置枚举法、八叉树、BSP 树、无限自相似性、图素、体素、段、层。

4.2　欧氏空间中的几何元素包含哪些？如何表示？

4.3　利用正则集的概念简述实体的定义。

4.4　用间接方式如何实现正则集合运算？用直接方式呢？

4.5　简单多边形的欧拉公式满足什么条件？复杂多面体呢？

4.6　试比较线框模型和实体模型的优缺点。

4.7　简述有哪些方法可实现多边形表面模型？

4.8　简述三维形体的扫描表示方法。

4.9　简述如何利用 CSG 树表示三维形体。

4.10　举例说明如何利用空间位置枚举法表示二维形体。

4.11　举例说明如何用四叉树表示二维形体。

4.12　试说明什么是分形几何。

4.13　用 OpenGL 程序，分别以直线段和正三角形为初始生成元，实现迭代次数在 6 次以内的 Kock 曲线，要求用键盘交互控制迭代次数。

4.14　利用形状语法表示三维形体有何特征？

4.15　利用粒子系统表示三维形体有何特征？

4.16　基于物理的建模方法通常应用在哪些领域？

4.17　数据场的可视化可应用在哪些领域？

4.18　图形系统中为什么要对图形对象进行层次建模？

第5章 基本图形生成算法

基本二维图形元素包含点、直线、圆、椭圆、多边形域和字符串等。由于曲线及各种复杂图形均可由直线段和弧来拟合，因此研究直线和圆弧的生成算法是二维图形生成技术的基础。

本质上，图形的生成是在指定的输出设备上，根据坐标描述构造二维几何图形。随机扫描显示器和向量绘图仪等模拟设备能将输出指令保存在显示文件中，再由指令直接绘制出图形。而对于更具广泛意义的光栅扫描显示器等数字设备来说，图形的输出是将输出平面，如光栅扫描显示屏幕，看做像素的矩阵，在该矩阵上确定一个像素的集合来逼近该图形，如图 5-1 所示。这里的图形生成算法针对后一种图形的光栅化的情形，给出在光栅扫描显示器等数字设备上确定一个最佳逼近于图形的像素集的过程，又称图形的扫描转换。逼近过程的本质可以认为是连续量向离散量的转换。

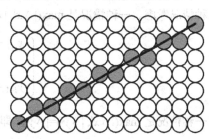

图5-1 用一系列的像素点来逼近直线

5.1 直线的扫描转换

直线的扫描转换就是在数字设备上绘制一条直线，是指在有限个像素组成的矩阵中，确定最佳逼近于该直线的一组像素，并按扫描线顺序，用当前写方式，对这些像素进行操作。

直线的绘制首先要考虑的是直线绘制的质量。那么，绘制什么样的直线才算是高质量呢？第一，直线要直。一方面，所选像素点应尽量靠近理想直线；另一方面，由于扫描转换总会产生一定的走样现象，因此要根据需要采用一定的反走样技术（详见 5.7 节）。第二，直线的端点要准确，保证绘制无定向性，即从 A 点到 B 点画一条直线同从 B 点到 A 点画一直线应重合，且在绘制多条端点相连的直线时，不会因算法的累积误差和设备的精度问题造成断裂和不连接的情况。第三，直线的亮度、色泽要均匀，避免在视觉上造成一段亮一段暗的感觉。这就要求尽可能地使绘制的像素点的密度保持均匀。第四，画线的速度要尽可能地快。

直线的绘制算法有逐点比较法、正负法、数值微分法和 Bresenham 算法等。下面介绍常用的数值微分法和 Bresenham 算法。

5.1.1 数值微分法

数值微分法（Digital Differential Analyzer，DDA）直接从直线的微分方程生成直线。给定直线的两端点 $P_0(X_0,Y_0)$ 和 $P_1(X_1,Y_1)$，得到直线的微分方程

$$\frac{\mathrm{d}y}{\mathrm{d}x} = \frac{\Delta y}{\Delta x} = \frac{Y_1 - Y_0}{X_1 - X_0} = k \tag{5-1}$$

DDA 算法的原理是，由于直线的一阶导数是连续的，而且 Δx 和 Δy 是成比例的，因此可以通过在当前位置 (x_i, y_i) 分别加上两个小增量 $\varepsilon \cdot \Delta x$ 和 $\varepsilon \cdot \Delta y$（$\varepsilon$ 为无穷小的正数）来求出下一点 (x_{i+1}, y_{i+1}) 的 x，y 坐标，如图 5-2 所示，即有

$$
\begin{cases}
x_{i+1} = x_i + \varepsilon \cdot \Delta x \\
y_{i+1} = y_i + \varepsilon \cdot \Delta y
\end{cases}
\tag{5-2}
$$

式中，$i=0, 2, \cdots, n-1$，$x_0=X_0$，$y_0=Y_0$，$x_n=X_1$，$y_n=Y_1$。该方法在精度无限高的情况下可绘出无误差的直线。但设备的精度总是有限的，因此通常选择 $\varepsilon = 1/\max(|\Delta x|, |\Delta y|)$，这时 $\varepsilon \cdot \Delta x$ 或 $\varepsilon \cdot \Delta y$ 将变成单位步长，使算法在最大移动方向上，即最大位移方向上，每次总是走一步。这又可分为如下两种情况考虑。**一种情况**是 $\max(|\Delta x|, |\Delta y|) = |\Delta x|$，即 $|k| \leqslant 1$ 的情况。此时有

$$
\begin{cases}
x_{i+1} = x_i + \varepsilon \cdot \Delta x = x_i + \dfrac{1}{|\Delta x|} \cdot \Delta x = x_i \pm 1 \\
y_{i+1} = y_i + \varepsilon \cdot \Delta y = y_i + \dfrac{1}{|\Delta x|} \cdot \Delta y = y_i \pm k
\end{cases}
\tag{5-3}
$$

另一种情况是 $\max(|\Delta x|, |\Delta y|) = |\Delta y|$，即 $|k| \geqslant 1$ 的情况。于是

$$
\begin{cases}
x_{i+1} = x_i + \varepsilon \cdot \Delta x = x_i + \dfrac{1}{|\Delta y|} \cdot \Delta x = x_i \pm \dfrac{1}{k} \\
y_{i+1} = y_i + \varepsilon \cdot \Delta y = y_i + \dfrac{1}{|\Delta y|} \cdot \Delta y = y_i \pm 1
\end{cases}
\tag{5-4}
$$

图 5-3 是这两种情况下 DDA 算法绘制直线段的过程。注意，由于在光栅化过程中不可能绘制半个像素点，因此对求出的 x_{i+1} 和 y_{i+1} 的值需进行四舍五入，即加 0.5 再取整，即

$$
\text{round}(x_{i+1}) = (\text{int})(x_{i+1}+0.5), \qquad \text{round}(y_{i+1}) = (\text{int})(y_{i+1}+0.5)
$$

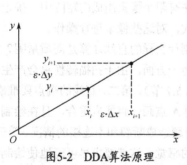

图5-2　DDA算法原理

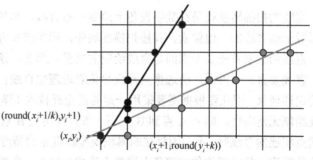

图5-3　DDA算法生成的直线段

【程序 5-1】 DDA 算法程序。

```
void DDALine(int x0, int y0, int x1, int y1, int color) {
    int  dx, dy, epsl, k;
    float  x, y, xIncre, yIncre;
    dx=x1-x0;        dy=y1-y0;
    x=x0;            y=y0;
    if(abs(dx)>abs(dy))   epsl=abs(dx);
    else                  epsl=abs(dy);
    xIncre=(float)dx/(float)epsl;
    yIncre=(float)dy/(float)epsl;
    for(k=0; k<=epsl; k++){
```

```
        putpixel(int(x+0.5), (int)(y+0.5));
        x += xIncre;
        y += yIncre;
    }
}
```

在一个迭代算法中，如果每步的 x、y 值都是用前一步的值加上一个增量获得的，那么这种算法就称为增量算法。DDA 算法是一个增量算法，直观、易实现，然而 y 与 k 必须用浮点数表示，而且每步运算都必须对 y 进行舍入取整，这不利于用硬件实现。

5.1.2 中点 Bresenham 算法

同样给定直线的两个端点 $P_0(X_0, Y_0)$ 和 $P_1(X_1, Y_1)$，可得到直线方程

$$F(x,y) = y - kx - b = 0 \text{ 且} k = \frac{\Delta y}{\Delta x} = \frac{Y_1 - Y_0}{X_1 - X_0} \tag{5-5}$$

这时直线将平面分为三个区域：对于直线上的点，$F(x,y)=0$；对于直线上方的点，$F(x,y)>0$；对于直线下方的点，$F(x,y)<0$，如图 5-4 所示。

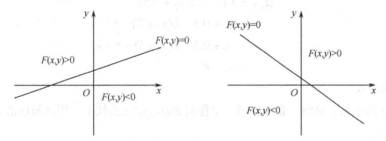

图5-4 直线将平面分为三个区域

由 Bresenham 提出的直线生成算法的基本原理是，每次在最大位移方向上走一步，而另一个方向是走步还是不走步取决于误差项的判别，如图 5-5 所示。

假定 $0 \le k \le 1$，由于 x 是最大位移方向，因此每次在 x 方向上加 1，y 方向上或加 1，或加 0。假设当前点是 $P(x_i, y_i)$，则下一个点在 $P_u(x_i+1, y_i+1)$ 与 $P_d(x_i+1, y_i)$ 中选一。以 M 表示 P_u 与 P_d 的中点，即 $M(x_i+1, y_i+0.5)$。又设 Q 是理想直线与垂直线 $x=x_i+1$ 的交点；显然，若 M 在 Q 的下方，则 $P_u(x_i+1, y_i+1)$ 离直线近，应取为下一个像素；否则应取 $P_d(x_i+1, y_i)$。

如前所述，直线方程为 $F(x,y)=y-kx-b$。欲判断 Q 在 M 的上方还是下方，只要把 M 代入 $F(x,y)$，并判断它的符号即可。

构造判式如下：

$$d_i = F(x_M, y_M) = F(x_i + 1, y_i + 0.5) = y_i + 0.5 - k(x_i + 1) - b \tag{5-6}$$

当 $d_i<0$ 时，M 在直线下方，故应取 P_u。当 $d_i>0$ 时，则应取正右方的 P_d。当 $d_i=0$ 时，二者一样合适，可以随便取一个。我们约定取 P_d，即

$$y = \begin{cases} y+1 & (d_i < 0) \\ y & (d_i \ge 0) \end{cases}$$

现在根据式（5-6）进行误差项的递推，如图 5-6(a)所示。

当 $d_i<0$ 时，取右上方像素 P_u，欲判断再下一个像素应取哪一个，应计算

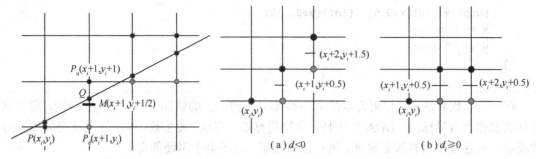

图5-5 Brensemham算法生成直线的原理　　　　图5-6 Brensemham算法误差项的递推

$$
\begin{aligned}
d_{i+1} &= F(x_i + 2, y_i + 1.5) \\
&= y_i + 1.5 - k(x_i + 2) - b \\
&= y_i + 1.5 - k(x_i + 1) - b - k \\
&= d_i + 1 - k
\end{aligned}
$$

此时，d_i 的增量为 $1-k$。

当 $d_i \geq 0$ 时，取正右方像素 P_d，要判断再下一个像素，则要计算

$$
\begin{aligned}
d_{i+1} &= F(x_i + 2, y_i + 0.5) \\
&= y_i + 0.5 - k(x_i + 2) - b \\
&= y_i + 0.5 - k(x_i + 1) - b - k \\
&= d_i - k
\end{aligned}
$$

此时，d_i 的增量为 $-k$。

下面计算 d_i 的初值。显然，直线的第一个像素 $P_0(x_0, y_0)$ 在直线上，因此相应的 d_i 的初始值计算如下：

$$
\begin{aligned}
d_0 &= F(x_0 + 1, y_0 + 0.5) \\
&= y_0 + 0.5 - k(x_0 + 1) - b \\
&= y_0 - kx_0 - b - k + 0.5 \\
&= 0.5 - k
\end{aligned}
$$

由于我们使用的只是 d_i 的符号，因此可以用 $2d_i \Delta x$ 代替 d_i 来摆脱小数。此时算法只涉及整数运算。这样，$0 \leq k \leq 1$ 时 Bresenham 算法的绘图过程如下：

① 输入直线的两端点 $P_0(X_0, Y_0)$ 和 $P_1(X_1, Y_1)$。

② 计算初始值 Δx 和 Δy，$d = \Delta x - 2\Delta y$，$x = X_0$，$y = Y_0$。

③ 绘制点 (x, y)。判断 d 的符号，若 $d < 0$，则 (x, y) 更新为 $(x+1, y+1)$，d 更新为 $d + 2\Delta x - 2\Delta y$；否则 (x, y) 更新为 $(x+1, y)$，d 更新为 $d - 2\Delta y$。

④ 当直线没有画完时，重复步骤③，否则结束。

【程序 5-2】$0 \leq k \leq 1$ 时 Bresenham 算法绘制直线的程序（仅包含整数运算）。

```
void MidBresenhamLine(int x0, int y0, int x1, int y1, int color) {
    int dx, dy, d, UpIncre, DownIncre, x,y;
    if(x0>x1){
        x=x1; x1=x0; x0=x;
        y=y1; y1=y0; y0=y;
    }
    x=x0; y=y0;
```

```
dx=x1-x0;          dy=y1-y0;          d=dx-2*dy;
UpIncre=2*dx-2*dy;          DownIncre=-2*dy;
while(x<=x1){
    putpixel(x, y, color);
    x++;
    if(d<0){
        y++;
        d += UpIncre;
    }
    else
        d += DownIncre;
}
}
```

作为一个例子，我们来看中点 Bresenham 算法如何扫描转换一条连接两点(0, 0)和(8, 5)的直线段（见图 5-7）。(X_0, Y_0)为(0, 0)，(X_1, Y_1)为(8, 5)，直线斜率 $k=5/8$，满足 $0 \leqslant k \leqslant 1$，所以可以应用上述算法。

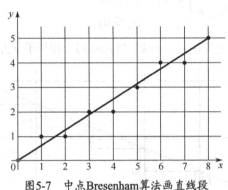

图5-7 中点Bresenham算法画直线段

d_i 的初始值为 $\Delta x - 2\Delta y = 8 - 2 \times 5 = -2$，往右上方的增量为 $2\Delta x - 2\Delta y = 2 \times 8 - 2 \times 5 = 6$，往正右方向的增量为 $-2\Delta y = -2 \times 5 = -10$。初始点为(0, 0)，其余的判别式及点的$(x, y)$坐标如表 5-1 所示。

表5-1 中点 Bresenham 算法绘制(0,0)到(8,5)直线段的判别式及坐标值

x	0	1	2	3	4	5	6	7	8
y	0	1	1	2	2	3	4	4	5
d	-2	4	-6	0	-10	-4	2	-8	-2

Bresenham 算法对任意斜率的直线段具有通用性。对于斜率为正且大于 1 的直线段（$k = \Delta y / \Delta x$），只需交换 x 和 y 之间的规则。对于负斜率，除了一个坐标递减而另一个坐标递增，其余程序是类似的。另外，水平、垂直和|k|=1 的直线可以直接装入帧缓冲存储器而无须进行画线算法处理。

5.1.3 Bresenham 算法

虽然中点 Bresenham 算法是一种效率很高的算法，也有改进的余地。当然，其基本原理仍是每次在最大位移方向上走一步，另一个方向上走步还是不走步取决于误差项的判别。为叙述简单，

同样给定 $0 \leqslant k \leqslant 1$ 的直线段（$k = \Delta y / \Delta x$），其端点为 $P_0(x_0, y_0)$ 和 $P_1(x_1, y_1)$。于是这样考虑该直线段的绘制：如图 5-8 所示，过各行、各列像素中心构造一组虚拟网格线，按直线从起点到终点的顺序计算直线与各垂直网格线的交点，交点与网格线之间的误差为 d_i，根据 d_i 确定该列网格中与此交点最近的像素点。当 $d_i > 0.5$ 时，直线更接近于像素点 $P_u(x_i+1, y_i+1)$；当 $d_i < 0.5$ 时，更接近于像素点 $P_d(x_i+1, y_i)$；当 $d_i = 0.5$ 时，与上述两像素一样接近，约定取 $P_d(x_i+1, y_i)$，即

$$\begin{cases} x_{i+1} = x_i + 1 \\ y_{i+1} = \begin{cases} y_i + 1 & (d_i > 0.5) \\ y_i & (d_i \leqslant 0.5) \end{cases} \end{cases}$$

其中的关键在于误差项 d_i，它的初始值为 0，每走一步有 $d_{i+1} = d_i + k$（$k = \Delta y / \Delta x$，为直线斜率）。一旦 y 方向上走了一步，就把它减去 1（此时可能出现负误差，这表明交点在所取网格点之下）。为计算方便，令 $e_i = d_i - 0.5$。则当 $e_i > 0$ 时，下一像素的 y 坐标增加 1；否则，下一像素的 y 坐标不增，即有

$$\begin{cases} x_{i+1} = x_i + 1 \\ y_{i+1} = \begin{cases} y_i + 1 & (e_i > 0) \\ y_i & (e_i \leqslant 0) \end{cases} \end{cases}$$

此时，e_i 的初值为 -0.5，每走一步有 $e_{i+1} = e_i + k$。当 $e_i > 0$ 时（相当于 y 方向上走一步时），将 e_i 减 1。

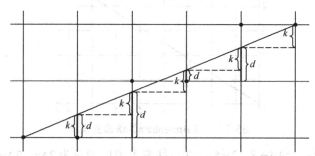

图5-8　改进的Brensemham算法绘制直线的原理

改进的 Bresenham 算法还有一个缺点：在计算直线斜率与误差项时，要用到小数与除法，不利于硬件实现。因此改进如下：由于算法中只用到误差项的符号，于是可以用 $2e\Delta x$ 来替换 e。这样就能获得整数 Bresenham 算法且可避免除法。其算法步骤如下：

① 输入直线的两端点 $P_0(X_0, Y_0)$ 和 $P_1(X_1, Y_1)$。

② 计算初始值 Δx，Δy，$e = -\Delta x$，$x = X_0$，$y = Y_0$。

③ 绘制点 (x, y)。

④ e 更新为 $e + 2\Delta y$。判断 e 的符号，若 $e > 0$，则 (x, y) 更新为 $(x+1, y+1)$，同时将 e 更新为 $e - 2\Delta x$；否则 (x, y) 更新为 $(x+1, y)$。

⑤当直线没有画完时，重复步骤③和④；否则结束。

【程序 5-3】 $0 \leqslant k \leqslant 1$ 时改进的 Bresenham 算法绘制直线的程序。

```
void BresenhamLine(int x0, int y0, int x1, int y1, int color) {
    int x, y, dx, dy, e;
    dx=x1-x0;
    dy=y1-y0;
    e=-dx; x=x0; y=y0;
```

```
while(x<=x1){
    putpixel(x, y, color);
    x++;
    e=e+2*dy;
    if(e>0) {
        y++;
        e=e-2*dx;
    }
}
```

该算法的巧妙之处在于采用增量计算，使得对于每一列，只要检查一个误差项的符号就可以确定该列的所求像素。

同样以图 5-7 中的直线作为例子来看 Bresenham 算法是如何扫描转换(0,0)到(8,5)的直线段的。e 的初值为 $-\Delta x = -8$，$2\Delta y = 10$，$-2\Delta x = -16$，因此第一步循环中的 $e = e + 2\Delta y = 2$，。初始点为(0, 0)，其余判别式及点的(x, y)坐标如表 5-2 所示。注意表 5-2 中的最后一列，程序可以算出但并不绘制。

表 5-2 Bresenham 算法绘制(0,0)到(8,5)直线段的判别式及坐标值

x	0	1	2	3	4	5	6	7	8	9
y	0	1	1	2	2	3	4	4	5	6
e	-8	-14	-4	-10	0	-6	-12	-2	-8	-14
$e+2\Delta y$	2	-4	6	0	10	4	-2	8	2	

5.2 圆的扫描转换

这里只讨论圆心位于原点的圆的扫描转换算法，对于圆心为任意点的圆，可以先将其平移到原点，然后扫描转换，再平移到原来的位置。

5.2.1 八分法画圆

如图 5-9 所示，圆心位于原点的圆有 4 条对称轴 $x=0$，$y=0$，$y=x$，$y=-x$。若已知圆上任一点(x,y)，可以得到其在圆周上关于 4 条对称轴的另外 7 个点(y,x)，$(-y,x)$，$(-x,y)$，$(-x,-y)$，$(-y,-x)$，$(y,-x)$，$(x,-y)$。于是，要得到整个圆的扫描转换像素集，只要扫描转换八分之一圆弧即可。这通常称为八分法画圆。

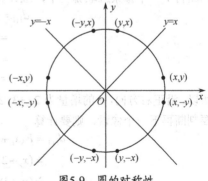

图5-9 圆的对称性

【程序 5-4】 八分法画圆程序。

```
void CirclePoint(int x, int y, int color) {
    putpixel(x, y, color);        putpixel(y, x, color);
    putpixel(-y, x, color);       putpixel(-x, y, color);
    putpixel(-x, -y, color);      putpixel(-y, -x, color);
    putpixel(y, -x, color);       putpixel(x, -y, color);
}
```

5.2.2 中点 Bresenham 画圆算法

给定圆心在原点、半径为整数 R 的圆，其方程为 $x^2+y^2=R^2$。构造函数 $F(x,y)=x^2+y^2-R^2$。对于圆上的点，有 $F(x,y)=0$；对于圆外的点，$F(x,y)>0$；而对于圆内的点，$F(x,y)<0$。

这里只考虑如图 5-10 所示的第一象限内 $x\in\lfloor 0,R/\sqrt{2}\rfloor$ 的八分之一圆弧。此时中点 Bresenham 画圆算法要从点 $(0,R)$ 到点 $(R/\sqrt{2},R/\sqrt{2})$ 顺时针地确定最佳逼近于该圆弧的像素序列。对于该圆弧，由于最大位移方向为 x，因此其基本原理是：每次沿 x 方向上走一步，而 y 方向上或减 1，或减 0。如图 5-11 所示，假定当前与圆弧最近的像素点已确定为 $P(x_i,y_i)$，那么，下一候选像素点只能是正右方的 $P_u(x_i+1,y_i)$ 和右下方的 $P_d(x_i+1,y_i-1)$。到底选取哪一个候选点依旧用中点进行判别。

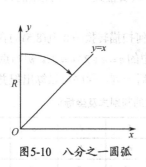

图5-10　八分之一圆弧

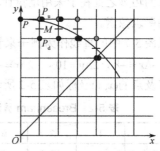

图5-11　中点Bresenham画圆的原理

假设 M 是 P_u 和 P_d 的中点，即有 $M(x_i+1,y_i-0.5)$。则当 $F(x_M,y_M)<0$ 时，M 在圆内，此时 P_u 离圆弧更近，应取 $P_u(x_i+1,y_i)$ 为下一像素点。当 $F(x_M,y_M)>0$ 时，说明 P_d 离圆弧更近，应取 $P_d(x_i+1,y_i-1)$。当 $F(x_M,y_M)=0$ 时，在 P_u 与 P_d 之中随便取一个即可，约定取 P_d。构造判别式

$$d_i=F(x_M,y_M)=F(x_i+1,y_i-0.5)=(x_i+1)^2+(y_i-0.5)^2-R^2 \qquad (5-7)$$

当 $d_i<0$ 时，下一点取 $P_u(x_i+1,y_i)$；当 $d_i\geqslant 0$ 时，下一点取 $P_d(x_i+1,y_i-1)$。

现在进行误差项的递推。如图 5-12(a)所示，在 $d_i<0$ 的情况下，取正右方像素 $P_u(x_i+1,y_i)$，欲判断再下一个像素应取哪一个，应计算

$$\begin{aligned}d_{i+1}&=F(x_i+2,y_i-0.5)\\&=(x_i+2)^2+(y_i-0.5)^2-R^2\\&=(x_i+1)^2+(y_i-0.5)^2-R^2+2x_i+3\\&=d_i+2x_i+3\end{aligned}$$

所以，沿正右方向，d_i 的增量为 $2x_i+3$。$d_i\geqslant 0$ 时（如图 5-12(b)所示），应取右下方像素 $P_d(x_i+1,y_i-1)$，要判断再下一个像素，则要计算

$$\begin{aligned}d_{i+1}&=F(x_i+2,y_i-1.5)\\&=(x_i+2)^2+(y_i-1.5)^2-R^2\\&=(x_i+1)^2+(y_i-0.5)^2-R^2+(2x_i+3)+(-2y_i+2)\\&=d_i+2(x_i-y_i)+5\end{aligned}$$

所以，沿右下方向，判别式 d_i 的增量为 $2(x_i-y_i)+5$。

显然，所绘制圆弧段的第一个像素为 $P_0(0,R)$，因此判别式 d_i 的初始值

$$\begin{aligned}d_0&=F(1,R-0.5)\\&=1+(R-0.5)^2-R^2\\&=1.25-R\end{aligned}$$

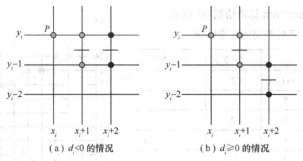

y_i	P				y_i	P		
y_i-1					y_i-1			
y_i-2					y_i-2			
	x_i	x_i+1	x_i+2			x_i	x_i+1	x_i+2

（a）$d_i<0$ 的情况　　　　　　　　（b）$d_i \geqslant 0$ 的情况

图5-12　中点Bresenham画圆算法中误差项的递推

由于使用的只是 d_i 的符号，因此可以用 $d_i-0.25$ 代替 d_i 来摆脱小数。此时算法只涉及整数运算。这样，初始化运算 $d_0=1.25-R$ 对应于 $d_0=1-R$。判别式 $d_i<0$ 对应于 $d_i<-0.25$。此时的 d_i 始终是整数，$d_i<-0.25$ 等价于 $d_i<0$。

于是，中点 Bresenham 画圆算法的步骤如下：

① 输入圆的半径 R；

②计算初始值 $d=1-R$，$x=0$，$y=R$；

③ 绘制点 (x,y) 及其在八分圆中的其他 7 个对称点；

④ 判断 d 的符号。若 $d<0$，则先将 d 更新为 $d+2x+3$，再将 (x,y) 更新为 $(x+1,y)$；否则先将 d 更新为 $d+2(x-y)+5$，再将 (x,y) 更新为 $(x+1,y-1)$；

⑤ 当 $x<y$ 时，重复步骤③和④，否则结束。

【程序 5-5】 用中点 Bresenham 算法画圆的程序。

```
void MidBresenhamCircle(int r, int color) {
    int x, y, d;
    x=0; y=r; d=1-r;
    while(x<=y){
        CirclePoint(x, y, color);
        if(d<0)  d+=2*x+3;
        else {
            d+=2*(x-y)+5;
            y--;
        }
        x++;
    }
}
```

给定半径 $R=12$，来看中点 Bresenham 画圆算法绘制第一象限从 $x=0$ 到 $x=y$ 的八分之一圆弧的过程。d 的初始值为 $1-R=-11$，初始点为 $(0,12)$，其余判别式及点的 (x,y) 坐标如表 5-3 所示。注意表 5-3 中的最后一行，程序可以算出但并不绘制。图 5-13 是其确定的像素点集。

5.3　椭圆的扫描转换

由于可以将椭圆看成是拉长了的圆，因此生成椭圆的中点 Bresenham 算法和生成圆的中点 Bresenham 算法有类似之处。

表 5-3　中点 Bresenham 算法绘制 $R=12$ 的
八分之一圆弧的判别式及坐标值

x	y	d	$2x+3$	$2(x-y)+5$
0	12	−11	3	
1	12	−8	5	
2	12	−3	7	
3	12	4		−13
4	11	−9	11	
5	11	2		−7
6	10	−5	15	
7	10	10		−1
8	9	9		3
9	8	12		

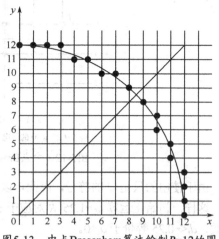

图5-13　中点Bresenham算法绘制$R=12$的圆

5.3.1　椭圆的特征

通常定义椭圆为到两个定点（焦点）的距离之和等于常数的点的集合。这里只讨论中心落在坐标原点的标准椭圆（如图 5-14 所示）的扫描转换算法。构造关于椭圆的函数

$$F(x,y)=b^2x^2+a^2y^2-a^2b^2=0 \qquad (5\text{-}8)$$

式中，a 为沿 X 轴方向的长半轴长度，b 为沿 Y 轴方向的短半轴长度，均为整数。该函数具有以下特性：对于椭圆上的点，有 $F(x,y)=0$；对于椭圆外的点，$F(x,y)>0$；对于椭圆内的点，$F(x,y)<0$。另外，由于椭圆在四分象限中是对称的，因此只需计算第一象限中椭圆弧的像素点位置，其他三个象限中的像素点位置可由对称性得到。

为确定最大位移方向，在处理第一象限的 1/4 段椭圆弧时，进一步把它分为两部分，上半部分和下半部分，以弧上斜率为-1 的点（即法向量两个分量相等的点）作为分界，如图 5-15 所示。由微分知识，该椭圆上一点(x,y)处的法向量为

$$N(x,y)=\frac{\partial F}{\partial x}\mathbf{i}+\frac{\partial F}{\partial y}\mathbf{j}=2b^2x\,\mathbf{i}+2a^2y\,\mathbf{j} \qquad (5\text{-}9)$$

式中，$\mathbf{i}$ 和 $\mathbf{j}$ 分别为沿 X 轴和 Y 轴方向的单位向量。由图 5-15 知，在上半部分，法向量 y 的分量更大；而在下半部分，法向量的 x 分量更大。即在上半部分，椭圆弧上各点的切线斜率 k 处处满足$-1\leqslant k\leqslant 0$；而在下半部分，椭圆弧上各点的切线斜率 k 处处满足$-1\leqslant 1/k\leqslant 0$。

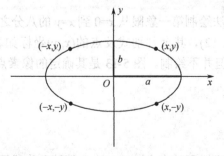

图 5-14　长半轴为 a，短半轴为 b 的标准椭圆

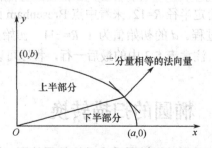

图 5-15　第一象限的椭圆弧

5.3.2 椭圆的中点 Bresenham 算法

中点 Bresenham 椭圆绘制算法要从点$(0, b)$到点$(a, 0)$顺时针地确定最佳逼近于第一象限椭圆弧的像素序列。其基本原理与中点 Bresenham 画圆算法类似：在上半部分，由于$|k| \leqslant 1$，最大位移方向为x，因此每次在x方向上加 1，而y方向上或减 1，或减 0；在下半部分，由于$|k| \geqslant 1$，最大位移方向为y，因此y方向每次减 1，而x方向上或加 1，或加 0。

如图 5-16 所示，假定当前与椭圆弧最近者已确定为$P(x_i, y_i)$，那么当在椭圆弧的上半部分时，下一候选像素点是正右方的$P_u(x_i+1, y_i)$和右下方的$P_d(x_i+1, y_i-1)$；而在椭圆弧的下半部分时，下一候选像素点是正下方的$P_l(x_i, y_i-1)$和右下方的$P_r(x_i+1, y_i-1)$。到底选取哪一个候选点依旧用中点进行判别。对上、下两部分分别进行算法公式推导。先推导上半部分的椭圆绘制公式。

如图 5-17 所示，假设M是P_u和P_d的中点，即有$M(x_i+1, y_i-0.5)$。则当$F(x_M, y_M)<0$时，M在椭圆内，这说明P_u离圆弧更近，应取$P_u(x_i+1, y_i)$为下一像素。当$F(x_M, y_M)>0$时，说明P_d离椭圆弧更近，应取$P_d(x_i+1, y_i-1)$。当$F(x_M, y_M)=0$时，在P_u与P_d之中随便取一个即可，约定取P_u。

构造判别式

$$d_{1i} = F(x_i+1, y_i-0.5) = b^2(x_i+1)^2 + a^2(y_i-0.5)^2 - a^2b^2 \tag{5-10}$$

若$d_{1i} \leqslant 0$，中点在椭圆之内，则应取正右方像素$P_u(x_i+1, y_i)$。当$d_{1i}>0$时，中点在椭圆之外，则应取右下方像素$P_d(x_i+1, y_i-1)$。

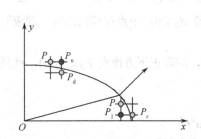

图 5-16 Bresenham 椭圆绘制算法的原理

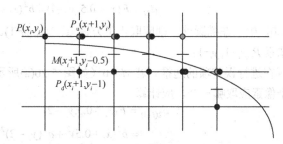

图 5-17 上半部分椭圆弧的绘制原理

现在进行误差项的递推。在$d_{1i} \leqslant 0$的情况下（如图 5-18(a)所示），取正右方像素$P_u(x_i+1, y_i)$，欲判断下一个像素应取哪一个，应计算

$$\begin{aligned}
d_{1(i+1)} &= F(x_i+2, y_i-0.5) \\
&= b^2(x_i+2)^2 + a^2(y_i-0.5)^2 - a^2b^2 \\
&= b^2(x_i+1)^2 + a^2(y_i-0.5)^2 - a^2b^2 + b^2(2x_i+3) \\
&= d_{1i} + b^2(2x_i+3)
\end{aligned}$$

所以，往正右方向，判别式d_{1i}的增量为$b^2(2x_i+3)$。若$d_{1i}>0$（如图 5-18(b)所示），应取右下方像素$P_d(x_i+1, y_i-1)$，要判断下一个像素，则要计算

$$\begin{aligned}
d_{1(i+1)} &= F(x_i+2, y_i-1.5) \\
&= b^2(x_i+2)^2 + a^2(y_i-1.5)^2 - a^2b^2 \\
&= b^2(x_i+1)^2 + a^2(y_i-0.5)^2 - a^2b^2 + b^2(2x_i+3) + a^2(-2y_i+2) \\
&= d_{1i} + b^2(2x_i+3) + a^2(-2y_i+2)
\end{aligned}$$

所以，沿右下方向，判别式的增量为$b^2(2x_i+3)+a^2(-2y_i+2)$。

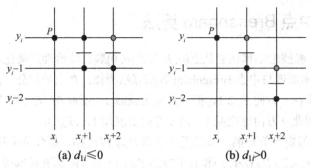

(a) $d_{1i} \le 0$　　　　　　　　(b) $d_{1i} > 0$

图 5-18　中点 Bresenham 画椭圆算法中误差项的递推（上半部分）

现在来看判别式 d_{1i} 的初始值。弧起点为 $(0, b)$，因此第一个中点是 $(1, b-0.5)$，对应的判别式

$$
\begin{aligned}
d_{10} &= F(1, b-0.5) \\
&= b^2 + a^2(b-0.5)^2 - a^2 b^2 \\
&= b^2 + a^2(-b+0.25)
\end{aligned}
$$

再来推导椭圆弧下半部分的绘制公式。如图 5-19 所示，假设 M 是 P_l 和 P_r 的中点，即 $M(x_i+0.5, y_i-1)$。则当 $F(x_M, y_M)<0$ 时，M 在椭圆内，这说明 P_r 离圆弧更近，应取 $P_r(x_i+1, y_i-1)$ 为下一像素。当 $F(x_M, y_M)>0$ 时，说明 P_l 离椭圆弧更近，应取 $P_l(x_i, y_i-1)$。当 $F(x_M, y_M)=0$ 时，在 P_l 与 P_r 之中随便取一个即可，约定取 P_r。构造判别式

$$
d_{2i} = F(x_i+0.5, y_i-1) = b^2(x_i+0.5)^2 + a^2(y_i-1)^2 - a^2 b^2 \tag{5-11}
$$

若 $d_{2i}>0$，中点在椭圆外，则应取正下方像素 $P_l(x_i, y_i-1)$。若 $d_{2i} \le 0$，中点在椭圆之内，则应取右下方像素 $P_r(x_i+1, y_i-1)$。

现在进行误差项的递推。若 $d_{2i}>0$（如图 5-20(a) 所示），应取正下方像素 $P_l(x_i, y_i-1)$，欲判断下一个像素应取哪一个，应计算

$$
\begin{aligned}
d_{2(i+1)} &= F(x_i+0.5, y_i-2) \\
&= b^2(x_i+0.5)^2 + a^2(y_i-2)^2 - a^2 b^2 \\
&= b^2(x_i+0.5)^2 + a^2(y_i-1)^2 - a^2 b^2 + a^2(-2y_i+3) \\
&= d_{2i} + a^2(-2y_i+3)
\end{aligned}
$$

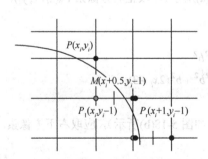

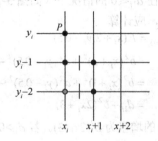

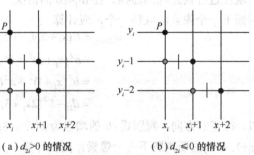

（a）$d_{2i}>0$ 的情况　　　　（b）$d_{2i} \le 0$ 的情况

图 5-19　下半部分椭圆弧的绘制原理　　图 5-20　中点 Bresenham 画椭圆算法中误差项的递推（下半部分）

所以，沿正下方向，判别式的增量为 $a^2(-2y_i+3)$。若 $d_{2i} \le 0$（如图 5-20(b) 所示），取右下方像素 $P_r(x_i+1, y_i-1)$，要判断下一个像素，要计算

$$
\begin{aligned}
d_{2(i+1)} &= F(x_i+1.5, y_i-2) \\
&= b^2(x_i+1.5)^2 + a^2(y_i-2)^2 - a^2 b^2 \\
&= b^2(x_i+0.5)^2 + a^2(y_i-1)^2 - a^2 b^2 + b^2(2x_i+2) + a^2(-2y_i+3)
\end{aligned}
$$

$$= d_{2i} + b^2(2x_i + 2) + a^2(-2y_i + 3)$$

所以，往右下方向，判别式的增量为$b^2(2x_i+2)+a^2(-2y_i+3)$。

另外，在椭圆弧的绘制中还需要注意两个问题。**一**是在每步迭代中，必须通过计算和比较法向量的两个分量来确定何时从上半部分转入下半部分，通常按照定理5-1给出的方法计算和判断。**二**是在刚转入下半部分时，必须对下半部分的中点判别式进行初始化。

定理5-1 若在当前中点，法向量的y分量比x分量大，即
$$b^2(x_i + 1) < a^2(y_i - 0.5)$$

而在下一个中点，不等号改变方向，则说明椭圆弧从上半部分转入下半部分（其证明由读者自己参照5.3.1节内容完成）。

于是可写出中点Bresenham画椭圆算法的步骤如下：

① 输入椭圆的长半轴a和短半轴b。

② 计算初始值$d=b^2+a^2(-b+0.25)$，$x=0$，$y=b$。

③ 绘制点(x, y)及其在四分象限上的另外三个对称点。

④ 判断d的符号。若$d\leq0$，则先将d更新为$d+b^2(2x+3)$，再将(x, y)更新为$(x+1, y)$；否则先将d更新为$d+b^2(2x+3)+a^2(-2y+2)$，再将(x, y)更新为$(x+1, y-1)$。

⑤ 当$b^2(x+1)<a^2(y-0.5)$时，重复步骤③和④；否则转到步骤⑥。

⑥ 用上半部分计算的最后点(x,y)来计算下半部分中d的初值
$$d = b^2(x + 0.5)^2 + a^2(y - 1)^2 - a^2b^2$$

⑦ 绘制点(x,y)及其在四分象限上的另三个对称点。

⑧ 判断d的符号。若$d\leq0$，则先将d更新为$d+b^2(2x+2)+a^2(-2y+3)$，再将(x, y)更新为$(x+1, y-1)$；否则先将d更新为$d+a^2(-2y+3)$，再将(x, y)更新为$(x, y-1)$。

⑨ 当$y\geq0$时，重复步骤⑦和⑧；否则结束。

【程序5-6】 第一象限椭圆弧的扫描转换中点Bresenham算法程序。

```
void MidBresenhamEllipse(int a, int b, int color) {
    int  x, y;
    float  d1, d2;
    x=0;  y=b;
    d1=b*b+a*a*(-b+0.25);
    putpixel(x, y, color);      putpixel(-x, -y, color);
    putpixel(-x, y, color);     putpixel(x, -y, color);
    while(b*b*(x+1)<a*a*(y-0.5)){
        if(d1<=0){
            d1+=b*b*(2*x+3);
            x++;
        }
        else {
            d1+=b*b*(2*x+3)+a*a*(-2*y+2);
            x++;    y--;
        }
        putpixel(x, y, color);      putpixel(-x, -y, color);
        putpixel(-x, y, color);     putpixel(x, -y, color);
    }                                          /* while 上半部分 */
    d2=b*b*(x+0.5)*(x+0.5)+a*a*(y-1)*(y-1) -a*a*b*b;
```

```
    while(y>0) {
        if(d2<=0) {
            d2+=b*b*(2*x+2)+a*a*(-2*y+3);
            x++;    y--;
        }
        else {
            d2+=a*a*(-2*y+3);
            y--;
        }
        putpixel(x, y, color);    putpixel(-x, -y, color);
        putpixel(-x, y, color);   putpixel(x, -y, color);
    }
}
```

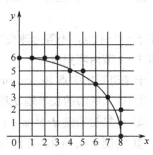

图 5-21　中点 Bresenham 算法
绘制椭圆弧

如图 5-21 所示，给定长半轴 a=8，短半轴 b=6，下面来看用中点 Bresenham 画椭圆算法确定第一象限内椭圆弧上的像素点位置的步骤。d 的初始值为 $6^2+8^2(-6+0.25)=-332$，初始点为(0,6)，其余的判别式及点的坐标如表 5-4 所示。

表 5-4　中点 Bresenham 算法绘制 a=8 和 b=6 椭圆弧段的判别式及坐标值

x	y	d	$36\times(2x+3)$	$36\times(2x+3)+64\times(-2y+2)$	$36\times(2x+2)+64\times(-2y+3)$	$64\times(-2y+3)$
0	6	-332	108			
1	6	-224	180			
2	6	-44	252			
3	6	208		-316		
4	5	-108	396			
5	5	288		-44		
6	4	-207	(转下半部)		184	
7	3	-23			384	
8	2	361				-64
8	1	297				64
8	0	361				

5.4　多边形的扫描转换与区域填充

计算机图形学中的一个重要问题是在一个区域的内部填上不同的灰度或色彩，有时还需要填上不同线型的斜线、符号或点。这里的区域分为两类，**一类是多边形**，**另一类**是以像素点集合表示的区域。通常，用确定穿越多边形区域的扫描线的覆盖区间的方法来填充多边形，用从给定的位置开始涂描直到指定的边界条件为止的方法来填充区域。

5.4.1　多边形的扫描转换

1. 什么是多边形的扫描转换

在计算机图形学中，多边形有两种重要的表示方法：顶点表示和点阵表示。顶点表示用多边形的顶点序列来刻画多边形，如图 5-22(a)中的多边形可用顶点序列 $P_0P_1P_2P_3P_4P_5$ 表示。这种方法直观、几何意义强，占用内存少，应用很普遍，但由于它没有明确指出哪些像素在多边形内，故不能直接用于面着色。

点阵表示用位于多边形内的像素的集合来刻画多边形，如图 5-22(b)所示。这种表示方法虽然失去了许多重要的几何信息（如顶点、几何边界等），但便于运用帧缓存表示图形，是面着色所需要的图形表示形式。

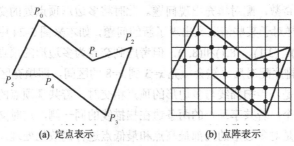

(a) 定点表示　　　　(b) 点阵表示

图 5-22　多边形的表示

既然大多数图形应用系统采用顶点序列表示多边形，而顶点表示不能直接用于显示，就必须有从多边形顶点表示到点阵表示的转换，这种转换就称为多边形的扫描转换或多边形的填充，即从多边形的顶点信息出发，求出位于其内部的各像素，并将其颜色值写入帧缓存的相应单元中。

二维多边形的扫描转换是三维多边形面着色方法的基础。面着色方法可以使画面明暗自然，色彩丰富，形象逼真，与线框图相比，显得更为生动、直观，真实感更强。

2. x-扫描线算法

x-扫描线算法填充多边形的基本思想是，按照扫描线顺序，计算扫描线与多边形的相交区间，再用要求的颜色显示这些区间的像素，即完成填充工作。区间的端点可以通过计算扫描线与多边形边界线的交点获得。根据该原理，x-扫描线算法可以填充凸的、凹的或带有孔的多边形区域。

图 5-23 为 x-扫描线算法填充多边形区域的原理。对于每条穿越多边形的扫描线，x-扫描线算法确定扫描线与多边形相交区间的像素点位置。如扫描线 $y=3$ 与多边形的边界相交于 4 个点(2, 3)、(4, 3)、(7, 3)、(9, 3)。这 4 个点定义了扫描线 $y=3$ 从 $x=2$ 到 $x=4$ 以及从 $x=7$ 到 $x=9$ 确定的两个落在多边形内的区间，即区间[2, 4]和[7, 9]，该区间内的像素应取填充色。从该例可看出，算法的核心是按 x 递增顺序排列交点的 x 坐标序列。由此可得到 x-扫描线算法步骤如下：

（1）确定多边形顶点的最小和最大 y 值（y_{min} 和 y_{max}），得到多边形所占有的最大扫描线数。

（2）从 $y=y_{min}$ 到 $y=y_{max}$，每次用一条扫描线填充。每条扫描线填充的过程可分为 4 个步骤：① 求交——计算扫描线与多边形所有边的交点；② 排序——把所有交点按 x 坐

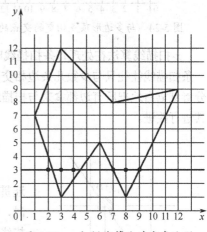

图 5-23　x-扫描线算法填充多边形

标递增的顺序进行排序；③ 交点配对——配对第一个与第二个、第三个与第四个交点等，每对交点都代表扫描线与多边形的一个相交区间；④ 区间填色——把这些相交区间内的像素置成不同于背景色的填充色。

通常，为避免多边形区域的扩大化，需要对交点进行处理，处理规则如下：如果求出的交点

的 x 坐标不是整数，则进行取整处理。当该交点处于区间的左边界上时，x 坐标向右取整；当该交点处于区间的右边界上时，x 坐标向左取整。如果求出的交点的 x 坐标是整数，则按照"左闭右开"原则处理，即若交点处于左边界上，交点不变；若交点处于右边界上，交点的 x 坐标减 1。

一般，每条扫描线与多边形的交点个数为偶数。但是，当扫描线与多边形顶点相交时，交点的个数可能为奇数。例如，图 5-24 所示的 $y=7$ 扫描线与多边形的三条边相交，有(1,7)、(1,7)、(11,7)三个交点，交点个数为奇数，配对填充出现问题。此时将多边形顶点处的交点计为一个可以解决上面的问题。但是，这样对于某些情况又出现了新的问题，如本来图 5-24 中 $y=1$ 扫描线与多边形的边界有 4 个交点(3,1)、(3,1)、(8,1)和(8,1)，但考虑到交点为多边形的顶点，计为一个，则得到两个交点(3,1)和(8,1)，排序配对后算法会填充 $x=3$ 到 $x=8$ 的区间，即填充区间[3, 8]，出现错误。

解决该问题的方法是，当扫描线与多边形的顶点相交时，若共享顶点的两条边分别落在扫描线的两侧，交点只算一个；若共享顶点的两条边在扫描线的同一侧，这时交点记为零个或两个。后一种情况亦可以认为是对多边形的局部最高点和最低点进行偶数化处理。具体实现方法是：检查共享顶点的两条边的另外两个端点的 y 坐标值，按这两个 y 坐标值中大于交点 y 坐标值的个数是 0、1、2 来决定交点个数取 0、1、2。图 5-25 为与扫描线相交的多边形顶点的交点数。

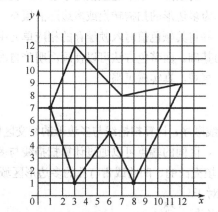 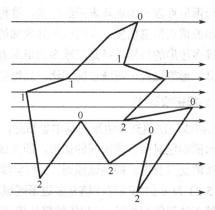

图 5-24　与多边形顶点相交的交点的处理　　　图 5-25　与扫描线相交的多边形顶点的交点数

x-扫描线算法在处理每条扫描线时，需要与多边形的所有边求交，这样处理效率很低。因为一条扫描线往往只与少数几条边相交，甚至与整个多边形都不相交。若在处理每条扫描线时，不分青红皂白地把所有边都拿来与扫描线求交，其中绝大多数计算都是徒劳无用的，所以有必要对其进行改进。

3. 改进的有效边表算法

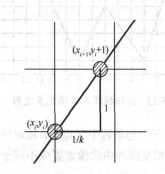

图 5-26　与多边形边界相交的两条连续扫描线交点的相关性

将 x-扫描线算法加以改进得到改进的有效边表算法，也称 y 连贯性算法。改进可以从三方面进行：**首先**，在处理一条扫描线时，仅对与它相交的多边形的边（有效边）求交；**其次**，利用扫描线的连贯性，考虑到当前扫描线与各边的交点顺序与下一条扫描线与各边的交点顺序很可能相同或非常相似，因此在当前扫描线处理完毕，不必为下一条扫描线从头开始构造交点信息；**最后**，利用多边形边的连贯性，认为若某条边与当前扫描线相交，则它很可能与下一条扫描线相交且其交点与上一次的交点相关。如图 5-26 所示，设边的直线斜率为 k，若 $y=y_i$，$x=x_i$，则当 $y=y_{i+1}=y_i+1$

时，$x_{i+1}=x_i+1/k$。

现在构造有效边表和边表。有效边（Active Edge）是指与当前扫描线相交的多边形的边，也称为活性边。把有效边按与扫描线交点 x 坐标递增的顺序存放在一个链表中，此链表称为有效边表（Active Edge Table，AET）。有效边表的每个结点存放对应边的如下有关信息：

x	$y_{\max}$	$1/k$	next

其中，x 为当前扫描线与有效边交点的 x 坐标；$y_{\max}$ 是有效边所在的最大扫描线值，通过它可以知道何时才能"抛弃"该边。对于图 5-27(a) 给出的多边形 $P_0P_1P_2P_3P_4P_5P_6$，其 $y=8$ 时的有效边表如图 5-27(b) 所示。

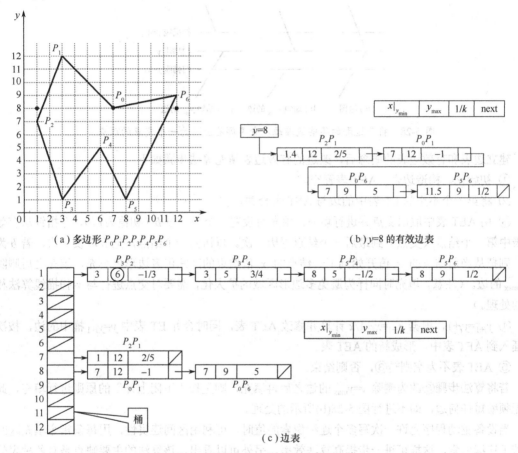

（a）多边形 $P_0P_1P_2P_3P_4P_5P_6$　　　　　　　（b）$y=8$ 的有效边表

（c）边表

图 5-27　多边形及其有效边表和边表

为了方便有效边表的建立与更新，需要构造一个边表（Edge Table），用来存放多边形除水平边外的所有边的信息。边表的构造分为 4 个步骤：

① 首先构造一个纵向链表，链表的长度为多边形所占有的最大扫描线数，链表的每个结点，称为一个桶，对应多边形覆盖的每一条扫描线，如图 5-27(c) 所示。

② 将每条边的信息装入与该边最小 y 坐标 $y_{\min}$ 相对应的桶中。也就是说，若某边的较低端点为 $y_{\min}$，则该边就放在相应的 $y=y_{\min}$ 的扫描线桶中。

③ 每条边的数据形成一个结点，内容包括：该扫描线与该边的初始交点 x（即较低端点的 x 坐标值），该边的最大 y 坐标值 $y_{\max}$，以及边斜率的倒数 $1/k$：

x	$y_{\max}$	$1/k$	next

④ 同一桶中若干条边按 $x|_{y_{min}}$ 由小到大排序，若 $x|_{y_{min}}$ 相等，则按照 $1/k$ 由小到大排序。

为解决当扫描线与多边形的顶点相交时，交点计为 1 个时的问题（计为 2 个或 0 个时，本算法不存在问题，请读者自证），可以将多边形的某些边缩短以分离那些应计为 1 个交点的顶点。例如，可以用指定的顺时针方向或逆时针方向处理整个多边形边界上的非水平边。在处理每条边时，检测是否存在某条边的 y_{max} 等于另一条边的 y_{min}，如果有，则将 y_{max} 的边缩短，以保证通过连接两条边的公共顶点的扫描线仅有一个交点生成，即将 y_{max} 更新为 $y_{max}-1$。例如，图 5-27(c)中的 P_3P_2 边被缩短到 $y_{max}=6$。当然，也可以将 y_{min} 的边缩短，即将 y_{min} 更新为 $y_{min}+1$，但这种方式需要计算相应的 $x|_{y_{min}+1}$ 再参加桶式排序，较前一种情况要复杂。图 5-28 为两种缩短边的策略。

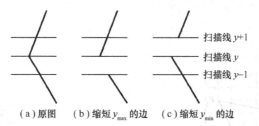

（a）原图 （b）缩短 y_{max} 的边 （c）缩短 y_{min} 的边

图 5-28 将多边形的某些边缩短以分离那些应计为一个交点的顶点

建立边表和有效边表的概念后，改进的有效边表填充算法步骤如下：

① 初始化。构造边表，AET 表置空。

② 将第一个不空的 ET 表中的边与 AET 表合并。

③ 由 AET 表中取出交点并进行填充。填充时设置一个布尔量 b（初值为假），令指针从有效边表中第一个结点（交点）到最后一个结点遍历一次。每访问一个结点，把 b 取反一次，若 b 为真，则把从当前结点的 x 值开始到下一结点的 x 值结束的区间用多边形色填充，填充之后删除 $y=y_{max}$ 的边。（注意，填充时同样为避免多边形区域的扩大化，需要对交点进行与 x-扫描线算法相同的处理。）

④ $y_{i+1}=y_i+1$，根据 $x_{i+1}=x_i+1/k$ 计算并修改 AET 表，同时合并 ET 表中 $y=y_{i+1}$ 桶中的边，按次序插入到 AET 表中，形成新的 AET 表。

⑤ AET 表不为空则转③，否则结束。

若将算法步骤③改为删除 $y=y_{max}$ 的边之后再填充，则是按"下闭上开"的原则进行填充，此时无须缩短任何边，即不进行图 5-28(b)所示的处理。

当设备驱动程序允许一次写多个连续像素的值时，可利用区间连贯性，用每条指令填充区间上若干连续像素，这样可进一步提高算法效率。另外可以看出，该算法的主要缺点是对各种表的维护和排序开销太大，适合软件而不适合硬件实现。下面介绍的边缘填充算法较适于硬件实现。

5.4.2 边缘填充算法

边缘填充算法的基本思想是，逐边向右求补。可以按任意顺序处理多边形的每条边。在处理每条边时，首先求出该边与扫描线的交点，然后将每条扫描线上交点右方的所有像素取补。多边形的所有边处理完毕之后，填充即完成。图 5-29 为边缘填充算法的具体过程。注意，为了简化问题，这里假定只在多边形的外截矩形内处理。

边缘填充算法适用于具有帧缓冲存储器的图形系统。因为在处理每条边时，仅访问与该边相交的扫描线上交点的右方的像素。处理完所有的边后，按扫描线顺序读出帧缓冲存储器的内容，送入显示设备。该算法的优点是简单，缺点是对于复杂图形，每个像素可能要访问多次，输入/输出量比有序边表算法大得多。为了减少边缘填充算法访问像素的次数，可采用栅栏填充算法。

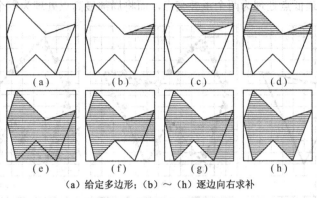

（a）给定多边形；（b）～（h）逐边向右求补

图 5-29　边缘填充算法的过程

栅栏是指一条过多边形顶点且与扫描线垂直的直线，它把多边形分为两半，如图 5-30 所示。栅栏填充算法的基本思想是逐边向栅栏求补。同样，按任意顺序处理多边形的每条边。但在处理每条边与扫描线的交点时，将交点与栅栏之间的像素取补。这样，若交点位于栅栏左边，则将交点右边、栅栏左边的所有像素取补，如图 5-30(d)～(g)所示；若交点位于栅栏右边，则将栅栏右边、交点左边的像素取补，如图 5-30(b)、(c)、(h)、(i)所示。

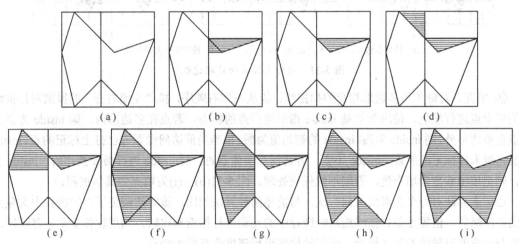

（a）是给定多边形；（b）～（i）逐边向栅栏求补

图 5-30　栅栏填充算法的过程

注意，尽管栅栏填充算法减少了重复访问像素的数目，但仍有一些像素会被重复访问。为了改进该方法，可采用先画边界后填色的方法。这样可使帧缓冲存储器中每个元素的赋值次数不超过 2 次。实现这一方法的算法称为边标志算法。

边标志算法的基本思想是，先用一种特殊的颜色在帧缓冲存储器中将多边形的边界（水平边的部分边界除外）勾画出来，然后将着色的像素点依 x 坐标递增的顺序两两配对，再将每对像素构成的扫描线区间内的所有像素置为填充色。具体分为两个步骤：

① 打标记。首先对多边形的每条边进行直线扫描转换，然后将扫描转换后得到的像素点打上边标志。由于打标记的像素点是多边形每条边所经过的像素点，如图 5-31(b)所示的多边形上的局

部最高点与最低点均属于多边形的两条边，所以均会被处理为两个重叠的交点。这里为了直观表示，将所有该类点处理为零个交点，如图 5-31(c)所示。实际系统中，多按照"下闭上开"的原则进行处理，即将局部最低点处理为两个重叠交点，而将局部最高点处理为零个重叠交点。

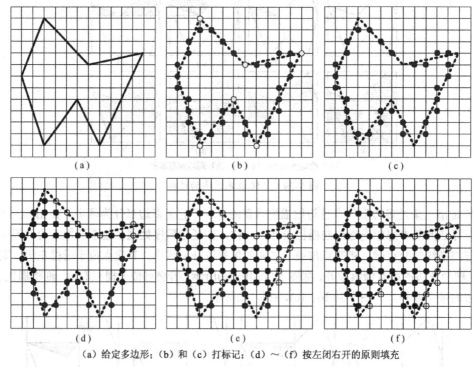

（a）给定多边形；（b）和（c）打标记；（d）～（f）按左闭右开的原则填充

图 5-31　边标志算法的处理过程

　　② 填充。对每条与多边形相交的扫描线，依从左到右顺序，按"左闭右开"的原则对扫描线上的像素点进行填色。使用布尔量 inside 指示当前点的状态，若点在多边形内，则 inside 为真；若点在多边形外，则 inside 为假。inside 的初始值为假，每当当前访问像素为已打上标记的点，inside 取反；对未打标记的像素，inside 不变。若访问当前像素时，对 inside 进行必要操作后，inside 为真，则把该像素置为填充色，否则不做任何处理。图 5-31(b)～(f)为填充的具体过程。

　　边标志算法对每个像素仅访问一次，与前述两种算法相比，该算法避免了对帧缓存中大量元素的多次赋值，但需逐条扫描线地对帧缓存中的元素进行搜索和比较。当用软件实现该算法时，速度与改进的有效边表算法相当，但用硬件实现后速度会有很大提高。

5.4.3　区域填充

　　区域填充指从区域内的一点（种子点）开始，由内向外将填充色扩展到整个区域的过程。这里的区域是指已经表示成点阵形式的填充图形，它是一个像素集合。区域通常有内点表示和边界表示两种形式。

　　把位于给定区域边界上的像素一一列举出来的方法称为边界表示法，要求区域边界上的像素都着同一颜色（边界色），区域内和区域外的像素可以着同样的颜色，但不能着边界色，如图 5-32(a)、(c)所示。这样，边界表示法的区域具有显式的边界（由边界色指定），填充算法可逐个像素地向外处理，直到遇到边界色为止，这种方法称为边界填充算法（Boundary-fill Algorithm）。

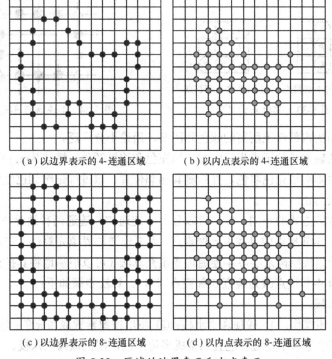

(a) 以边界表示的 4-连通区域   (b) 以内点表示的 4-连通区域

(c) 以边界表示的 8-连通区域   (d) 以内点表示的 8-连通区域

图 5-32   区域的边界表示和内点表示

    枚举出给定区域内所有像素的表示方法称为内点表示法，要求区域内的所有像素着同一颜色，区域外的像素着不同的颜色，如图 5-32(b)、(d)所示。内点表示法表示的区域没有显式的边界，以内点表示法为基础的区域填充算法称为泛填充算法（Flood-fill Algorithm）。

    无论以哪种形式表示，区域均可分为 4-连通区域和 8-连通区域两类。要定义 4-连通区域和 8-连通区域，首先要定义一个点的 4-邻接点和 8-邻接点。如图 5-33(a)所示，一个点 P 的 4-邻接点是指其上、下、左、右 4 个相邻的点，而 8-邻接点是指其上、下、左、右、左上、右上、左下、右下 8 个相邻的点，如图 5-33(b)所示。

    由邻接点的概念可定义连通区域。4-连通区域指从区域上一点出发，通过访问已知点的 4-邻接点，在不越出区域的前提下，遍历区域内的所有像素，如图 5-32(a)、(b)所示。8-连通区域指通过访问区域内已知点的 8-邻接点来遍历整个区域，如图 5-32(c)、(d)所示。4-连通区域与 8-连通区域的主要区别有以下两点：

    ① 邻接点不同。8-连通区域访问 8-邻接点，8-邻接点中包含了 4-邻接点，因此对于一个区域的内部点而言，如果能够通过 4-邻接点完全遍历，就能够通过 8-邻接点完全遍历；反之则不成立。

    ② 边界要求不同。8-连通区域的边界要求比 4-连通区域的边界要求高。8-连通区域的边界（包括外环和内环边界）一定是 4-连通的，而 4-连通区域的边界（包括外环和内环边界）只要 8-连通就可以了。如图 5-34 所示，圆点构成的边界表示法的区域，内部点可以通过 4-邻接点遍历，也可以通过 8-邻接点遍历，但这个区域仅是一个 4-连通区域而不是 8-连通区域，因为在内部点进行 8-邻接点遍历时，可能通过三角形的点越出区域，只有 4 个三角形的点与圆形点一同构成的边界表示的区域才是一个 8-连通区域。

1. 边界填充算法

边界填充算法可以让用户首先勾画图的轮廓，选择填充颜色和填充模式，然后拾取内部点，

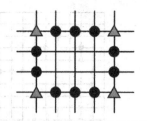

(a)P的4-邻接点　　(b)P的8-邻接点

图 5-33　邻接点的定义　　　　　图 5-34　4-连通与8-连通区域

系统就可以自动给图的内部涂上所需的颜色和图案，用途十分广泛。

边界填充算法的输入是种子点坐标(x, y)、填充色和边界颜色。算法从(x, y)开始检测相邻位置是否是边界颜色，否则用填充色着色，并检测其相邻位置。该过程延续到已经检测完区域边界颜色范围内的所有像素为止。

根据检测相邻位置方式的不同，算法可以分为4-连通和8-连通两种边界填充算法。4-连通边界填充算法只允许从4-邻接点中寻找下一像素点，而8-连通边界填充算法允许从8-邻接点中寻找下一像素点。下面使用栈结构来实现4-连通边界填充算法（可以很容易地将其扩充成8-连通边界填充算法，只要将检查4-邻接点改为检查8-邻接点即可）。算法步骤如下：

（1）种子像素入栈。

（2）执行如下三步操作：① 栈顶像素出栈；② 将出栈像素置成填充色；③ 检查出栈像素的4-邻接点，若其中某个像素不是边界色且未置成多边形色，则把该像素入栈。

（3）检查栈是否为空，若栈非空重复执行步骤（2），若栈为空则结束。

该算法甚至可以用于填充带有内孔的平面区域。其缺点是把太多的像素压入堆栈，有些像素甚至会入栈多次，这样一方面降低了算法的效率，另一方面要求很大的存储空间以实现栈结构。解决上述问题的一个办法是通过沿扫描线填充水平像素段来代替处理4-邻接点和8-邻接点。即仅需将每个水平像素段的起始位置压入栈，而无须将所有当前位置周围的未处理邻接点压入栈。于是可构造沿扫描线填充水平像素段的4-连通边界填充算法，其算法步骤如下：

（1）种子像素入栈。

（2）执行如下三步操作：① 栈顶像素出栈。② 填充出栈像素所在扫描行的连续像素段，从出栈的像素开始沿扫描线向左和向右填充，直到遇到边界像素为止，即每出栈一个像素，就对包含该像素的整个扫描线区间进行填充，并且记录下此时扫描线区间的x坐标范围$[x_1, x_2]$。③ 分别检查上、下两条扫描线上位于$[x_1, x_2]$坐标区间内的未被填充的连续水平像素段，将每个连续像素段的最左像素取作种子像素压入堆栈。

（3）检查栈是否为空，若栈非空重复执行步骤（2），若栈为空则结束。

图 5-35 为据此算法进行填充的一个示例。

2. 泛填充算法

泛填充算法通常用于给区域重新着色。其输入是种子点坐标$(x, \#)$、填充色和内部点的颜色。算法从指定的种子(x, y)开始，用所希望的填充色赋给所有当前为给定的内部点颜色的像素点。同样，根据检测相邻位置方式的不同可以将算法分为4-连通和8-连通两种泛填充算法。4-连通泛填充算法只允许从4-邻接点中寻找下一像素点，而8-连通泛填充算法允许从8-邻接点中寻找下一像素点。类似地，可以用栈结构来实现泛填充算法，只需将边界填充算法中判断"某个像素点不是边界色且未置成多边形色"改为判断"某个像素点是给定内部点的颜色"即可。

这样，4-连通泛填充算法步骤如下：

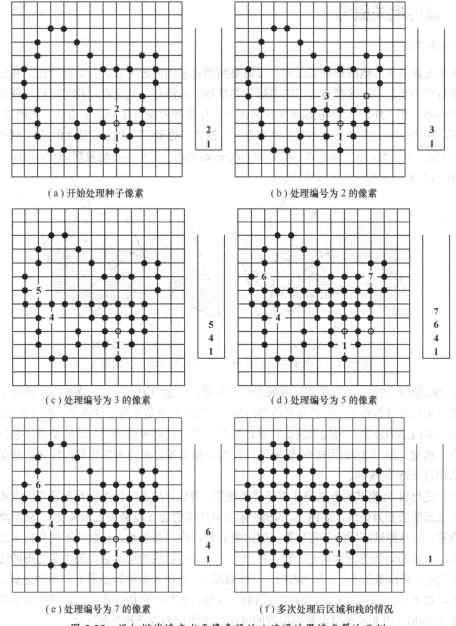

（a）开始处理种子像素 （b）处理编号为 2 的像素

（c）处理编号为 3 的像素 （d）处理编号为 5 的像素

（e）处理编号为 7 的像素 （f）多次处理后区域和栈的情况

图 5-35　沿扫描线填充水平像素段的 4-连通边界填充算法示例

（1）种子像素入栈。

（2）执行如下三步操作：① 栈顶像素出栈。② 将出栈像素置成填充色。③ 检查出栈像素的 4-邻接点，若其中某个像素点是给定内部点的颜色，则把该像素入栈。

（3）检查栈是否为空，若栈非空重复执行步骤（2），若栈为空则结束。

注意，当用边界表示时，4-连通边界填充算法只能填充 4-连通区域，8-连通边界填充算法也只能填充 8-连通区域。但当用内点表示时，8-连通泛填充算法可以填充 8-连通区域，也可以填充 4-连通区域，当然 4-连通泛填充算法还是只能填充 4-连通区域。

相应地，还可以构造沿扫描线填充水平像素段的 4-连通泛填充算法，读者可自行完成。

5.4.4 其他相关概念

1. 内-外测试

区域填充算法和其他图形处理过程常常需要判别对象的内部区域。到目前为止，我们讨论的仅仅是不自交的多边形，这类多边形的边除了共享顶点，没有其他交点，此时可以直观地划分多边形的"内部"和"外部"。但在很多图形应用中，还需要处理自相交的多边形，如图 5-36 所示的多边形，它的边除了共享顶点还有其他交点。自相交多边形中哪个区域是"内部"、哪个是"外部"并非总能一目了然，通常采用奇-偶规则（Odd-even Rule）或非零环绕数规则（Nonzero Winding Number Rule）来对区域进行内-外测试。

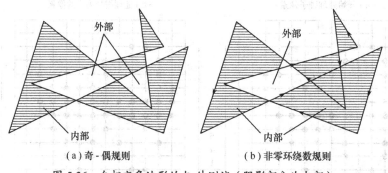

图 5-36 自相交多边形的内-外测试（阴影部分为内部）

奇-偶规则的测试方法是：从测试区域的任意位置，假定为 P 点，作一条射线，若与该射线相交的多边形边的数目为奇数，则 P 是多边形内部点，被测区域是多边形的内部，否则 P 是外部点，被测区域是多边形的外部。为确保测试正确，射线不得与任何多边形边与边的交点（包括共享顶点和交点）相交。图 5-36(a)为按奇-偶规则得到的自相交多边形的内部和外部区域。前面讨论的填充算法均遵从奇-偶规则。

另一种进行内-外测试的方法是非零环绕数规则。首先，按逆时针方向对多边形的顶点进行排序，使多边形的边变为矢量，如图 5-36(b)所示的多边形的边（以箭头表示矢量）。然后将环绕数初始化为零。再从测试区域的任意位置，假定为 P 点，作一条射线，该射线不与任何多边形顶点相交。当从 P 点沿射线方向移动时，对在每个方向上穿过射线的边计数，每当多边形的边从右到左穿过射线时，环绕数加 1，从左到右时，环绕数减 1。处理完多边形的所有相关边之后，若环绕数为非零，则 P 为内部点，被测区域是多边形的内部；否则，P 是外部点，被测区域是多边形的外部。图 5-36(b)为用非零环绕数规则得到的自相交多边形的内部和外部区域。

对于自相交多边形，奇-偶规则和非零环绕数规则会产生不同的内部和外部区域，如图 5-36 所示，其原因请读者思考。

2. 曲线边界区域的填充

通常，曲线边界区域的扫描线填充比多边形填充需要做更多的工作，因为其相交计算包括非线性边界。圆和椭圆这类简单曲线的扫描线填充可这样进行：先计算与同一扫描线相交的曲线上的两个交点，这与确定最佳逼近于曲线的像素点集合的扫描转换算法类似，且可用中点法进行；然后简单地填充在曲线上位于同一扫描线的两点间的水平像素区间。这里，圆和椭圆的对称性可用来减少边界计算量。

5.5　字符处理

这里讨论的字符指数字、字母、汉字等符号，用于图形的标注、说明等。同计算机中的其他信息一样，字符由编码标识，而一个编码对应哪一个字符由字符集决定。

目前，国际上最流行的字符集是"美国信息交换用标准代码集"（American Standard Code for Information Interchange，ASCII），定义了 127 个字符编码，其中编码 0～31 表示控制字符，编码 32～126 表示英文字母、标点符号、数字符号、各种运算符以及特殊符号。ASCII 码用 1 字节（8位，实际上只要 7 位）表示，其最高位不用或作为奇偶校验位。

除采用 ASCII，我国还制订了汉字代码的国家标准字符集。最常用的字符集是《中华人民共和国国家标准信息交换编码》，简称国标码，代号 GB2312—1980，定义了常用汉字 6763 个，图形符号 682 个。它规定，所有汉字和图形符号组成一个 94×94 的矩阵，每行称为"区"，用区码标识，每列称为"位"，用位码标识。这样一个字符可由区码和位码唯一指定。区码和位码各用 1字节（实际上只要 7 位）来表示。因此，汉字国标码占用 2 字节。ASCII 码和国标码采用编码中冗余的最高位来区分：最高位为 0 时，表示 ASCII 码；最高位为 1 时，表示国标码。

为了在显示设备或绘图仪上输出字符，除了有字符编码，还必须有每个字符的图形信息，即字符如何"书写"，这些信息保存在系统装配的字库中，其中存储了每个字符的图形表示。字符的图形表示分为矢量和点阵两种形式，相应地有矢量字库和点阵字库之分。

5.5.1　点阵字符

在字符点阵表示法中，每个字符由一个点阵位图表示，如 7×9、9×16、16×16、16×24、24×24甚至 72×72 点阵等。点阵位图经过一些简单的转换即可形成一个字符的像素图案。例如，可以直接将图 5-37(a)所示的点阵位图中为 1 的位，对应到图 5-37(b)中所示的像素图案中的前景色像素，为 0 的位对应到背景色像素，即可得到字符 A 的像素图案。再将像素图案直接复制到帧缓存中，就形成了无缩放的字符显示。

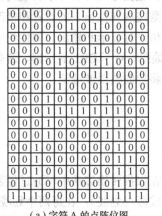
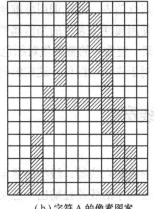

（a）字符 A 的点阵位图　　　　（b）字符 A 的像素图案

图 5-37　字符 A 的点阵表示

点阵字符的定义和显示直接、简单，但是点阵字符的存储需要耗费大量存储空间。例如，保存一个 16×16 的点阵汉字需要 16×16＝256 位，即 32 字节，常用汉字有 6763 个，从而存储这种

型号的汉字需要 $6763 \times 32 \approx 2^{11}$ KB。在实际应用中需要多种字体（如宋体、仿宋体和楷体等），每种字体有十多种型号，因此汉字字库所占的存储空间相当大。解决办法有两个：一是从一组点阵字符生成不同尺寸和不同字体的其他字符，但这样生成的字符质量很差；二是采用压缩技术，对字库进行压缩后再存储，使用时，还原成原来的位图，读入内存。

5.5.2　矢量字符

矢量字符采用直线和曲线段来描述字符形状，矢量字符库中记录的是笔画信息。输出一个字符时，系统中的字符处理器解释该字符的每个笔画信息，通过扫描转换算法得到对应的像素图案，从而达到显示字符的目的。

图 5-38　矢量字符 A 的轮廓字型法

轮廓字型法是一种常用的矢量字符表示方法，如图 5-38 所示，采用直线、或二、三次曲线的集合来描述一个字符的轮廓线，轮廓线构成一个或若干封闭的平面区域。轮廓线定义加上一些指示横宽、竖宽、基点、基线的控制信息，就构成了字符的描述数据。

显然，轮廓字符的显示输出需要对封闭的轮廓线区域进行填充，才能产生相应的字符像素图案。区域填充算法可以用硬件或软件实现。轮廓字符的优点之一是在显示时可实现"无极缩放"。

矢量字符由于其占用空间少、美观、变换方便等优点得到越来越广泛的应用，特别是在排版、工程绘图软件中，几乎完全取代了传统的点阵字符，不过显示矢量字符时需要较多的时间进行笔画的扫描转换。

5.6　属性处理

图素或图段的外观由其属性来控制。例如，线段可以是蓝色或黄色、点线或虚线、粗线或细线，区域则可用不同颜色或不同图案进行填充等。在图形处理软件中实现属性控制的常用方法是提供一张系统当前的属性值表，通过调用标准函数完成属性值表的设置和修改。在扫描转换一个图素或图段时，系统使用属性值表中的当前属性值进行显示和输出。属性值中最常用的是颜色，通常选用 $0 \sim k$（k 为某一整数）的整数值对颜色编码。对于 CRT 显示器，这些颜色码将被转换成电子束的强度等级。对于彩色绘图仪，这些编码将控制喷墨或选笔。

5.6.1　线型和线宽

1．线型处理

线型包括实线、虚线和点线等。线型的显示在扫描转换算法中可通过像素段方法实现，即对各种虚线和点线，画线程序沿线路径输出一些实线段（划线），在每两个划线之间有一个空白段，划线和空白段的长度（像素数目）可用像素模板（Pixel Mask）指定。像素模板是由数字 0 和 1 组成的串，它指出沿线路径哪些位置要置为前景色，哪些位置不置。例如，模板 1111000 用来显示划线长度为 4 个像素、空白段为三个像素的虚线。

如果使用固定数目的像素来画线会产生如图 5-39 所示的在不同方向生成不等长划线的现象。

图中显示的线段 a 和线段 b 都是根据 11100 的像素模板画出的，但线段 *b* 的划线要比线段 *a* 的划

线长 $\sqrt{2}$ 倍，这在工程绘图中是不允许的。必须保持任

何方向的划线长度近似地相等，为此，可根据线的斜

率来调整划线和空白段的像素数目，如可以将图 5-39

中的线段 *b* 的对角划线像素数目近似地减少到 2 个。

另一个保持划线等长的方法是将划线看做单独的线

段，将每条划线的端点坐标定位后，调用沿划线路径

计算像素位置的画线程序。

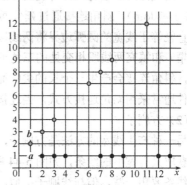

图 5-39　相同数目像素显示的不等长划线

2．线刷子和方刷子处理线宽

线宽选择的实现取决于输出设备的能力。在随机

扫描图形显示器上，粗线可用相邻的平行线显示；而

在笔式绘图仪上，则可能需要换笔；在光栅扫描转换中，要产生具有宽度的线，可以通过顺着扫

描所生成的单像素线条轨迹移动一把具有一定宽度的"刷子"来获得。常用的这种刷子有线刷子

和方刷子两种。

（1）线刷子

线刷子的实现比较简单。假设直线斜率在[-1, 1]之间，这时可以把刷子置成与 *X* 轴垂直的方

向，刷子的中点对准直线一端点，然后让刷子中心往直线的另一端移动，即可"刷出"具有一定

宽度的线，如图 5-40(a)所示。当直线的斜率不在[-1, 1]之间时，把刷子置成与 *x* 轴平行的方向，

如图 5-40(b)所示。线刷子可通过交替地在单线宽像素点的上/下（竖直刷子）和左/右（水平刷子）

画像素来显示有宽度的线。如三个像素宽的直线除了画(x, y)像素点以外，还需要画出$(x, y+1)$和$(x, y-1)$

的像素点（竖直刷子），或$(x+1, y)$和$(x-1, y)$的像素点（水平刷子）。

线刷子的优点是实现简单、效率高，也有一些缺点：**一是**斜线与水平（或垂直）线不一样粗，

对于水平线或垂直线，刷子与线条垂直，刷出的线条最宽，其粗细与指定线宽相等；对于 45°斜

线，刷子与线条成 45°角，粗细仅为指定线宽的$1/\sqrt{2} \approx 0.7$倍。**二是**当线宽为偶数个像素时，线的

中心将偏移半个像素，如斜率 $k<1$ 的双像素宽线，要么画$(x, y+1)$和(x, y)的像素点，要么画$(x, y-1)$

和(x, y)的像素点，前者的中心线在$(x, y+0.5)$处，后者的中心线在$(x, y-0.5)$处。**三是**利用线刷子生

成线的始/末端总是水平或垂直的，看起来不太自然，常用添加"线帽（Line Cap）"的方式来调整

线端形状以得到更好的外观。如图 5-41 所示，线帽的常用形式有方帽、凸方帽和圆帽等。方帽通

过调整所构成平行线的端点位置，使粗线的显示具有垂直于线段路径的方形端。假如线的斜率为

k，那么粗线的方端斜率为$-1/k$。凸方帽可以简单地将线向两头延伸一半线宽并添加方帽。圆帽则

通过对每个方帽添加一个填充的半圆而得到。圆弧的圆心在线的端点，直径与线宽相等。

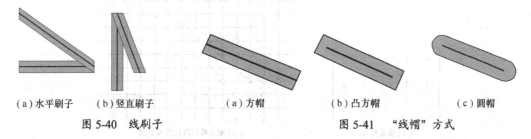

（a）水平刷子　（b）竖直刷子　　　（a）方帽　　　　（b）凸方帽　　　（c）圆帽

　图 5-40　线刷子　　　　　　图 5-41　"线帽"方式

利用线刷子生成折线还需要一些额外考虑。因为当比较接近的水平线与垂直线汇合时，汇合

处外角将有缺口，如图 5-42 所示。这可以通过在线段端点进行额外的处理来生成光滑连接的粗折线。两线段光滑连接有三种可能的方法：斜角连接（Miter Join）、圆连接（Round Join）和斜切连接（Bevel Join）。斜角连接通过延伸两条线的外边界直到它们相交，如图 5-43(a)所示；圆连接通过用直径等于线宽的圆弧边界将两线段连接起来，如图 5-43(b)所示；斜切连接则通过加方帽（或凸方帽）和填充两线段相交处的三角形间隙来实现，如图 5-43(c)所示。假如两连接线段间的夹角很小，斜角连接会产生一个长的尖峰而使折线变形，可以通过斜切连接来避免这种情况。图形处理软件通常采用斜角连接方式，当连接的两线段以足够小的角度相交时，切换到斜切连接。

（2）方刷子

另一种产生线宽的方法是方刷子，它通过把边长为指定线宽的正方形的中心沿直线作平行移动来获取具有宽度的线条，如图 5-44 所示。一般地，用方刷子绘制的线条（斜线）比用线刷子绘制的线条要粗一些。但与线刷子类似，方刷子绘制的斜线与水平（或垂直）线不一样粗，水平线与垂直线的线宽最小，而斜率为±1的线条线宽最大，为垂直（水平）线宽度的 $\sqrt{2}$ 倍。另外，方刷子绘制的线条自然地带有一个"方线帽"。

|（a）斜角连接|（b）圆连接|（c）斜切连接|

图 5-42　线刷子的缺口　　　　图 5-43　线刷子产生缺口的处理　　　　图 5-44　方刷子

实现方刷子最简单的办法是，将正方形的中心对准单像素宽的线条上各个像素，并把正方形内的像素全部置成线条颜色。当然，这样会造成多个像素的多次重复置色，如何改进请读者思考。

3. 其他线宽处理方式

生成具有宽度的线条的其他方法包括区域填充法和改变刷子形状等。

区域填充法先算出线条各角点，再用直线把相邻角点连接起来，最后调用多边形填充算法对得到的四边形进行填充，得到具有宽度的线条。用这种方法还可以生成两端粗细不一样的线条。

利用像素模板可以定义其他形状的刷子，如图 5-45(a)所示，一个 5×3 模板定义了一个刷子。进行线宽处理时，将模板的中心（或一角）沿线段路径进行移动，来获得具有一定线宽形状的线条，如图 5-45(b)所示。

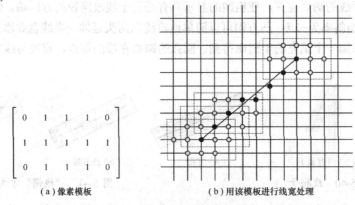

$$\begin{bmatrix} 0 & 1 & 1 & 1 & 0 \\ 1 & 1 & 1 & 1 & 1 \\ 0 & 1 & 1 & 1 & 0 \end{bmatrix}$$

（a）像素模板　　　　　　　　（b）用该模板进行线宽处理

图 5-45　利用像素模板进行线宽处理

4. 曲线的线型和线宽

类似地，采用像素模板的方法可实现曲线的不同线型选择。例如，模板 110 可以生成如图 5-46 所示的虚线圆弧。圆的对称性可以减少计算量，但是从一个八分象限转入下一个八分象限时必须交换像素的位置，以保持划线和空白段的正确次序。与直线处理类似，如果使用固定数目的像素来画线，就会使得划线长度随曲线的斜率不同而变化。例如，在圆的处理中要显示等长划线，就必须在沿圆周移动时调整每条划线的像素数目。这时可采用沿等角弧画像素代替用等长区间的像素模板，来生成等长划线。

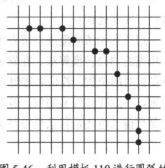

图 5-46　利用模板 110 进行圆弧的线型处理

曲线的线宽同样可以用刷子来实现。当采用线刷子时，在经过切线斜率为 ±1 的点时，必须在水平与垂直刷子之间切换。由于线刷子总是置成水平或垂直的，所以在曲线接近水平与垂直的地方，线条更粗一些，而在切线斜率接近 ±1 的点附近，线条更细一些。采用方刷子时，无须移动刷子方向，只需顺着单像素宽的轨迹，把正方形中心对准轨迹上的像素，将正方形内的像素全部用线条颜色填充。用方刷子绘制曲线时，在接近水平与垂直的地方线条最细，而在切线斜率为 ±1 的点处线条最粗，即曲线的粗细是曲线斜率的函数。要显示一致的曲线宽度可通过旋转刷子方向，以使其在沿曲线移动时与切线斜率方向一致，或采用圆弧刷子来实现。

绘制具有宽度的曲线也可以采用填充的办法。例如，先绘制圆弧线条的内边界和外边界，再在内外边界之间对其填色。

5.6.2　字符的属性

由于字符应用广泛，因此字符有众多的属性以满足不同的显示需要。常用的字符属性有字体（楷体、宋体等）、字形（粗体、斜体、带下划线等）、字号（一号、小四号等）、字间距、行间距等。一般地，字体确定风格，字形确定外观，字号确定尺寸，这使得对字符的操作十分复杂。以图 5-47 所示的点阵字符 A 为例，描述这样一个简单的字符就涉及了基线、字符高、底高、顶高、字高、原点、字宽、字符宽等参数。

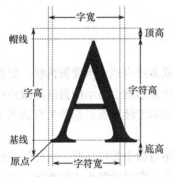

图 5-47　字符的常用属性及其含义

进一步，在绘图应用中，用于说明和标注的字符往往是成串出现的。换句话说，绘图应用中往往需要在指定位置输出一个字符串（或文本）。在输出字符串前，还要先指定下列属性：文本高度、文本宽度（扩展/压缩因子）、字符方向、文本路径方向、对齐方式（左对齐、中心对齐、右对齐），指定文本字体、字符的颜色属性等。除了这些常用属性，实际应用中还需要添加一些属性，如反绘（从右到左）、倒绘（旋转 180°）、写方式（替换或与方式）等。

5.6.3　区域填充的属性

填充一个特定区域，其属性选择包括颜色、图案和透明度。有关区域的边界线型、宽度和颜色等则可以独立于区域的填充颜色和填充图案而设置。对边界的处理可以类似直线或曲线的颜色、线型和线宽处理。

用图案和透明度属性填充平面区域的基本步骤如下：首先，用模板定义各种图案；然后，修改填充的扫描转换算法。在确定了区域内的一个像素后，不是马上往该像素填色而是先查询模板位图的对应位置。若是以透明方式填充图案，则当模板位图的对应位置为1时，用前景色写像素；否则，不改变该像素的值。若是以不透明方式填充图案，则根据模板位图对应位置为1或0来决定是用前景色还是背景色去写像素。图5-48为用图案模板填充一个三角形的例子。

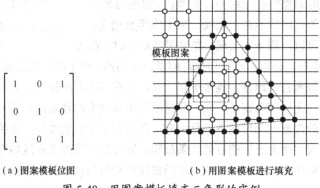

$$\begin{bmatrix} 1 & 0 & 1 \\ 0 & 1 & 0 \\ 1 & 0 & 1 \end{bmatrix}$$

（a）图案模板位图　　　　　　　　（b）用图案模板进行填充

图 5-48　用图案模板填充三角形的实例

进行模板填充时，在不考虑图案旋转的情况下，必须确定区域与模板之间的位置关系，可以通过把模板原点与图形区域某点对齐的办法来实现。常用的对齐方式有两种：一种是将模板原点与填充区域边界或内部的某点对齐，填充的图案将随着区域的移动而跟着移动；另一种是将模板原点与填充区域外部的某点对齐，这种方法比较简单，并且在相邻区域用同一图案填充时，可以达到无缝连接的效果，但当区域移动时，图案不会跟着移动，其结果是区域内的图案变了。

5.7　反走样

在光栅显示器上显示非水平且非垂直的直线段或曲线段时，或多或少地会呈现锯齿状，如图5-49所示。这是由于直线段或曲线段的数学描述是连续的，而光栅显示器上显示的直线段或曲线段是由一些离散的、面积不为零的像素点组成的。这种用离散量表示连续量而引起的失真就叫走样（Aliasing），也称为图形失真。走样是数字化的必然产物。

光栅图形的走样现象除了锯齿状的边界，还发生在图形包含相对微小的物体时，这些物体在静态图形中容易被丢弃或忽略，在动画序列中时隐时现，产生闪烁。在显示细小的矩形时，由于光栅系统中表示图形的最小单位是像素，因此其光栅化的结果如图5-50(b)所示，图形中比像素更窄且没有覆盖像素中心的细节丢失了。如图5-51所示，矩形从左向右移动，当其覆盖某些像素中心时，矩形被显示出来；当其没有覆盖任何像素中心时，矩形不显示。这样该矩形在从左到右平缓连续运动时，显示出的效果却是不连续的，即产生闪烁。

为了提高图形的显示质量，需要减少或消除走样现象。用于减少或消除这种现象的技术称为反走样（Antialiasing），也称为图形保真技术。实现反走样的一种简单方法是以较高的分辨率显示图形对象。如图5-52所示，假设把显示器的分辨率提高1倍，由于锯齿在x和y方向都只有低分辨率的一半，所以显示效果看起来会好一些。但这种改进是以4倍的存储器代价和扫描转换时间获得的，并且受到硬件条件的限制。而且，即使当前技术能够达到非常高的分辨率，该方法也不能完全消除锯齿现象。

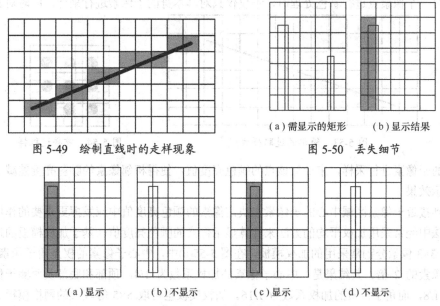

图 5-49 绘制直线时的走样现象

（a）需显示的矩形 （b）显示结果

图 5-50 丢失细节

（a）显示 （b）不显示 （c）显示 （d）不显示

图 5-51 运动图形的闪烁

不过，受这种思想的启发可以构造出一种可行的反走样方法：在高于显示分辨率的较高分辨率下用点取样方法计算，然后对几个像素的属性进行平均，得到较低分辨率下的像素属性，这种技术称为过取样（Super Sampling）或后滤波。该技术实际上是把显示器看成是比实际更细的网格来增加取样率，然后根据这种更细的网格使用点取样来确定每个屏幕像素合适的亮度等级。反走样的另一种方法是，根据图形对象在每个像素点上的覆盖率来确定像素点的亮度，这种计算覆盖率的反走样技术称为区域取样（Area Sampling）或前滤波。

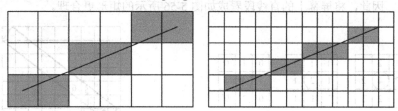

图 5-52 分辨率提高一倍，锯齿状程度减小一半

5.7.1 过取样

过取样方式的一个简单实现是用较高的分辨率进行计算。如图 5-53 所示，在 x 和 y 方向上把分辨率都提高 1 倍，使每个像素对应 4 个子像素，然后扫描转换求得各子像素的颜色亮度，再对 4 个像素的颜色亮度进行平均，得到较低分辨率下的像素颜色亮度值。由于像素中可供选择的子像素最大数目为 4，因此该例中提供的亮度等级数为 5（包括 0）。编号为 1、7 的像素亮度级别为 1，即图形最大亮度的 1/4；编号为 2～6 的像素亮度级别为 2，即图形最大亮度的 1/2。

另一种过取样方案称为重叠过取样，如图 5-54 所示。假设显示器分辨率为 $m×n$，其中 $m=3$，

$n=3$，首先把显示窗口划分成$(2m+1)\times(2n+1)$个子像素，然后通过扫描转换求得各子像素的颜色值，再对位于像素中心及四周的 9 个子像素的颜色值进行平均，最后得到显示像素的颜色亮度值。这种方法在对一个像素点进行着色处理时，不仅仅只对其本身的子像素进行采样，同时对其周围的

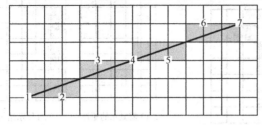

图 5-53　简单的过取样方式

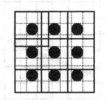

图 5-54　重叠过取样

多个像素的子像素进行采样，来计算该点的颜色亮度值，使得相邻像素的颜色亮度差减小，具有较好的显示效果。

　　考虑到接近于像素区域中心的子像素在决定像素的颜色亮度值中应发挥更重要的作用，因此过取样算法中经常采用加权平均的方法来计算显示像素的颜色亮度值（基于加权模板的过取样）。图 5-55 为 3×3 像素分割常采用的加权模板，在图 5-55(a)中，中心子像素的权是角子像素的 4 倍，是其他子像素的 2 倍。其结果是，中心子像素的加权系数为 1/4，顶部和底部及两侧子像素的加权系数为 1/8，而角子像素的加权系数为 1/16。加权模板也可取 5×5 等较大的网格模板。实践证明，上述方案对于改进图形质量有较好的效果。

5.7.2　简单的区域取样

　　在本章前面介绍的扫描转换算法中，均假定像素是数学上的一个点，像素的颜色亮度值是由对应于像素中心的图形中一点的颜色决定的。但在光栅系统中，像素并不是一个点，而是一个有限的区域。屏幕上所画的直线不是数学意义上的无宽度的理想直线，而是一个宽度至少为一个像素单位的线条。因此，将屏幕上的直线段看成如图 5-56 所示的矩形更合理。

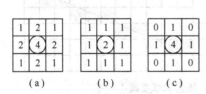

（a）　　　　　（b）　　　　　（c）

图 5-55　加权模板

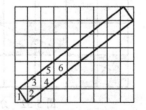

图 5-56　具有宽度的直线段

　　在这个含义下，绘制该直线段时，所有与其相交的像素都采用适当的颜色亮度值予以显示。这样可以在整个像素区域内进行采样，称为区域取样。其具体实现步骤如下：将每个像素颜色亮度值设置成与像素和线条重叠部分的区域面积成正比，即若一个像素与线条部分重叠，则根据重叠区域面积的大小来选择不同的灰度。重叠面积大的像素亮度高，重叠面积小的像素亮度低。这种方法将产生模糊的边界，以此来减轻锯齿效应。由于像素的亮度是作为一个整体被确定的，不需要划分子像素，因此也被称为前置滤波。在图 5-56 中，像素 1 约有 40%被线条区域覆盖，因此该像素的亮度就设置为线条亮度的 40%。同样，像素 2 的亮度设置为线条亮度的 60%，而像素 3 的亮度则设置为线条亮度的 90%等。

区域取样中起关键作用的是直线段与像素相交区域的面积。那么如何计算这个面积呢？一般可以根据直线的斜率 k 和直线的精确起点位置算出。以如图 5-57(a)所示情况为例，如果已知直线的精确起点，则可以得到图中的 D 值，利用 D 和直线斜率 k 可以得到重叠区域的面积

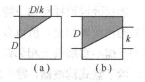

图 5-57　重叠区域面积的计算

$$\frac{1}{2} \cdot D \cdot \frac{D}{k} = \frac{D^2}{2k}$$

类似地，可以计算出图 5-57(b)中重叠区域的面积。为了简化计算，可以利用一种求相交区域近似面积的离散计算方法：① 将屏幕像素分割成 n 个更小的子像素；② 计算中心落在直线段内的子像素的个数 m；③ 以 m/n 为线段与像素相交区域面积的近似值。容易看出，这种简化方法与简单过取样方法非常类似。

综上所述，简单的区域取样具有两个特点：一是直线段对一个像素亮度的贡献与两者重叠区域的面积成正比，从而和直线段与像素中心点的距离成正比。这是因为直线段距像素中心越远，重叠区域的面积越小。二是相同面积的重叠区域对像素的贡献相同，而与这个重叠区域落在像素内的位置无关，这仍然会导致走样现象，改进的方法是采用加权区域取样方法。

5.7.3　加权区域取样

在前面的过取样方案中，可以通过使用加权模板对所有子像素的亮度进行加权平均来确定像素的亮度。而在区域取样中，可以使用覆盖像素的连续加权函数（Weighting Function）或称滤波函数（Filtering Function）来确定像素的亮度。

以图 5-58 所示的盒式滤波器为例，过滤函数是一个立方体，立方体的底面中心在当前像素中心，底的边长为两个像素单位，立方体的体积为 1。当直线条经过该像素时，该像素的灰度值是在二者重叠区域上对滤波器（过滤函数）进行积分的积分值。这相当于使用过直线条两边缘且垂直于像素区域的一对平面切割立方体所得到的三维子体的体积。该子体的体积介于 0～1 之间，该体积值与直线段最大亮度值的乘积将设置为当前像素的亮度值。

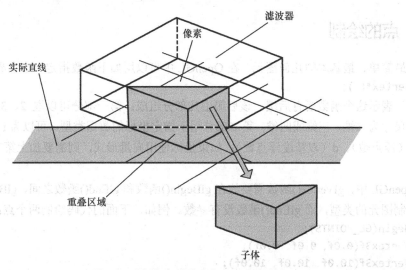

图 5-58　盒式滤波器的加权区域取样

加权区域取样有如下特点：一是接近理想直线的像素将被分配更多的灰度值；二是相邻两个像素的滤波器相交，所以直线条经过该相交区域时，将对这两个像素都分配给适当的灰度值，这有利于缩小直线条上相邻像素的灰度差。

除了盒式滤波器，常用的滤波器还有圆锥滤波器和高斯滤波器，如图 5-59 所示。滤波器的底可以具有不同的大小，这类似于过取样加权模板的大小，但是为了获得较好的效果，盒式滤波器的底常取作边长为像素单位整数倍的正方形，而圆锥滤波器和高斯滤波器的底则是半径为像素单位整数倍的圆。

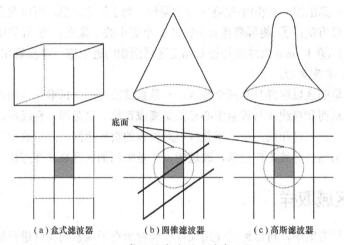

图 5-59　常用的滤波器（过滤函数）

以上讨论的针对直线段的反走样方法也能应用于区域边界等情况。同样，各种反走样方法也可用于多边形区域或具有曲线边界的区域。边界方程被用来估计像素区域与将要显示区域的相交部分。类似地，可以采用连贯性技术简化计算。

5.8　在 OpenGL 中绘制图形

5.8.1　点的绘制

点是最简单、最基本的几何图元。在 OpenGL 中可以用如下函数指定一个世界坐标系中的点
    glVertex*( );
其中，"*"表示这个函数要有后缀。该后缀由几部分组成：第一部分可以取 2、3、4，指明点坐标空间的尺寸为二维、三维或四维；第二部分用于指定坐标的数据类型，可以为 i（整数）、s（短整数）、f（浮点数）、d（双精度浮点数）；如果坐标使用向量形式，则需要加上第三部分，字符 v（向量）。

在 OpenGL 中，glVertex()函数需要放在 glBegin()函数和 glEnd()函数之间，glBegin()函数的变量指定绘制图元的类型，而 glEnd()函数没有参数。例如，下面的代码绘制两个点：

```
glBegin(GL_POINTS);
glVertex3f(0.0f, 0.0f, 0.0f);
glVertex3f(10.0f, 10.0f, 10.0f);
glEnd();
```

点绘制时的属性主要是颜色和大小。在 OpenGL 中，点的颜色使用当前的绘制色，可以用 glColor() 函数设置；而点的大小的默认值是一个像素，可以用函数 glPointSize() 修改这个值：

```
void glPointSize(GLfloat size);
```

该函数用一个参数指定画点时以像素为单位的近似直径。但是点的大小并不能任意设置，这与系统有关。通常使用下面的代码获取点大小的范围和它们之间最小的中间值：

```
GLfloat sizes[2];                              // 保存绘制点的尺寸范围
GLfloat step;                                  // 保存绘制点尺寸的步长
glGetFloatv(GL_POINT_SIZE_RANGE, sizes);
glGetFloatv(GL_POINT_SIZE_GRANULARITY, &step);
```

其中，数组 sizes 中包含两个元素，分别保存了 glPointSize 的最小有效值和最大有效值，而变量 step 将保存点大小之间允许的最小增量。如果指定的点尺寸超出了尺寸范围，OpenGL 自动使用最接近指定值的尺寸范围内的值。

5.8.2　直线的绘制

1. OpenGL 直线绘制模式

在 OpenGL 中绘制直线通过指定直线段的端点来实现，用 glVertex() 函数指定直线段端点的坐标位置，用 glBegin/glEnd 函数对包含一系列的点坐标，并利用符号常量解释这些点构成直线的方式。OpenGL 画线模式有 3 种：GL_LINES，GL_LINE_STRIP 和 GL_LINE_LOOP。

GL_LINES 模式指定在 glBegin/glEnd() 函数对中，从第一个点开始，两两构成一条直线段。如果函数对中有奇数个点，则最后一个点不处理。例如，程序 5-7 可以生成如图 5-60(a) 所示的图形。

【程序 5-7】　OpenGL 用 GL_LINES 模式画线的例子。

```
glBegin(GL_LINES)
glVertex2i(1,1);
glVertex2i(5,4);
glVertex2i(1,5);
glVertex2i(5,1);
glVertex2i(3,5);
glEnd()
```

在绘制直线时，有时需要在一系列的点（此时可称为顶点）之间绘制连续直线段，这需要用到 GL_LINE_STRIP 或 GL_LINE_LOOP 模式。

GL_LINE_STRIP 模式下，第一个顶点之后的每个顶点都与其前面的一个顶点构成一条直线段，即第一和第二个顶点、第二和第三个顶点、第三和第四个顶点构成直线段，并一直延续下去。例如，将程序 5-7 中的 GL_LINES 模式改为 GL_LINE_STRIP 模式可以生成如图 5-60(b) 所示的图形。特别地，当沿着某条曲线指定一系列靠得很近的点时，使用 GL_LINE_STRIP 模式可以绘制一条曲线。

GL_LINE_LOOP 模式与 GL_LINE_STRIP 模式类似，只是在指定的最后一个顶点与第一个顶点之间画最后一条线。例如，将程序 5-7 中的绘制模式改为 GL_LINE_LOOP 可以获得如图 5-60(c) 所示的图形。

2. 直线的属性

直线的属性主要包括线宽和线型。在 OpenGL 中可用 glLineWidth() 函数指定线宽：

```
void glLineWidth(GLfloat width)
```

与点的大小类似，glLineWidth 函数用一个参数指定要画的线以像素计的近似宽度，可以用下面的代码获取线宽范围和它们之间的最小间隔：

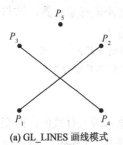

(a) GL_LINES 画线模式

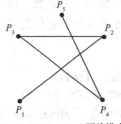

(b) GL_LINE_STRIP 画线模式

(c) GL_LINE_LOOP 画线模式

图 5-60　OpenGL 画线模式

```
GLfloat sizes[2];                        // 保存线宽的尺寸范围
GLfloat step;                            // 保存线宽尺寸的最小间隔
glGetFloatv(GL_LINE_WIDTH_RANGE, sizes);
glGetFloatv(GL_LINE_WIDTH_GRANULARITY, &step);
```

其中，数组 sizes 中保存了 glLineWidth 的最小有效值和最大有效值，而变量 step 将保存线宽之间允许的最小增量。OpenGL 规范只要求支持一种线宽：1.0。Microsoft 的 OpenGL 实现允许线宽为 0.5～10.0，最小增量为 0.125。

除了修改线宽，还可以用虚线或短划线模式创建直线，为此需要先调用函数

```
glEnable(GL_LINE_STIPPLE);
```

打开画线模式。然后，函数 glLineStipple() 将建立用于画线的模式

```
glLineStipple(GLint factor, GLushort pattern);
```

模式: 0X00FF=255

二进制表示: 0 0 0 0 0 0 0 0 1 1 1 1 1 1 1 1

画线模式:

线:

图 5-61　画线模式用于构造线段

其中，pattern 是一个 16 位值，它指定画线时所用的模式。其每位都代表线段的一部分是开还是关。默认情况下，每位对应一个像素，但 factor 参数充当倍数，可以增加模式的宽度。例如，设 factor=2 会使模式中的每位代表一行中 2 个像素的开或关。在应用模式时，pattern 是逆向使用的，即模式的最低有效位最先作用于指定线段。图 5-61 说明了模式 0X00FF 是如何应用到线段上的。

5.8.3　多边形面的绘制

1. OpenGL 绘制多边形面

在 OpenGL 中，面是由一个或多个多边形构成的。需要注意，虽然 GL_LINE_LOOP 画线模式可以产生一个首尾相连的多边形，但这个多边形与多边形面有着本质的区别，多边形面是一个具有面信息的多边形。OpenGL 绘制的多边形面主要有三角形面、四边形面和多边形面。

（1）三角形面

三角形是最简单的多边形，有三条边。可以使用 GL_TRIANGLES 模式绘制三角形，此时每三个顶点指定一个新三角形，如果顶点个数不是 3 的倍数，多余的顶点将被忽略。程序 5-8 绘制了一个三角形。

【程序 5-8 】 OpenGL 绘制三角形的例子。

```
glBegin(GL_TRIANGLES);
glVertex2f(0.0,0.0);
glVertex2f(15.0,15.0);
glVertex2f(30.0,0.0);
glEnd();
```

使用 GL_TRIANGLE_STRIP 和 GL_TRIANGLE_FAN 模式可以绘制几个相连的三角形，系统会根据前三个顶点绘制第一个三角形，以后每指定一个顶点，就与构成上一个三角形的后两个顶点绘制一个新的三角形，这两种模式绘制的三角形面如图 5-62 所示。这些相连的三角形绕着一个中心点成扇形排列，如图 5-62(b) 所示。第一个顶点构成扇形的中心，用前三个顶点绘制出最初的三角形之后，随后的所有顶点都和扇形中心以及紧跟在它前面的顶点构成下一个三角形，此时以顺时针方向推进绘制顶点。

（2）四边形面

OpenGL 提供了 GL_QUADS 和 GL_QUADS_STRIP 两种模式。GL_QUADS 模式中每 4 个顶点一组用于构造一个四边形，如果顶点个数不是 4 的倍数，多余的顶点将被忽略；而 GL_QUADS_STRIP 模式中，在第一对顶点之后的每对顶点，都与其前面的一对顶点一同定义一个新的四边形。

（3）多边形面

OpenGL 提供的 GL_POLYGON 模式可以将指定的顶点顺序连接，并将最后一个顶点自动连接到第一个顶点以确保多边形是封闭的。但是这种绘制模式并不能绘制任意多边形，必须遵循两条规则：第一条规则是多边形必须是平面的，也就是说，定义多边形的所有顶点必须位于一个平面上，不能在空间中扭曲。第二条规则是多边形的边缘不能相交，而且多边形必须是凸的。即多边形是不自相交的多边形，并且任意经过多边形的直线进入和离开多边形的次数不超过一次。

如果需要构造自相交的多边形或者凹多边形，通常的方法是将它分割成几个凸多边形（三角形），再将它绘制出来。这时就出现了问题，当多边形被填充时看不到任何边缘；而当使用线框轮廓来显示时，就会看到组成多边形面的所有小三角形的边。这与自相交多边形或者凹多边形边界的实际情况不符。OpenGL 提供了一个特殊标记来处理这些边缘，称为边缘标记。在指定顶点的列表时，通过设置和清除边缘标记，可以通知 OpenGL 哪些线段被认为是边线（围绕图形边界的线），哪些线段不是（不应该显示的内部线段）。glEdgeFlag() 函数用一个参数把边缘标记设为 True 或 False。当函数被设置为 True 时，后面的顶点将标记出边界线段的起点。例如，如图 5-63 所示的凹多边形 $P_1P_2P_3P_4P_5$ 采用程序 5-9 绘制可以得到正确显示。

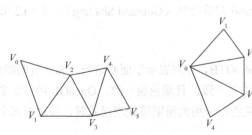

(a) GL_TRIANGLE_STRIP 模式　　(b) GL_TRIANGLE_FAN 模式

图 5-62　三角形面绘制模式

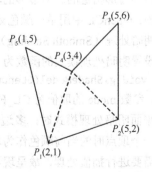

图 5-63　凹多边形

【程序 5-9】 OpenGL 绘制凹多边形的例子。

```
glPolygonMode(GL_FRONT_AND_BACK,GL_LINE);    // 以线框方式显示多边形的正反两面
glBegin(GL_TRIANGLES);                        // 绘制三角形面
glEdgeFlag(TRUE);                             // 当前绘制的边是边界
glVertex2i(3,4);
glVertex2i(5, 6);
glEdgeFlag(FALSE);                            // 当前绘制的边不是边界
glVertex2i(5, 2);
glVertex2i(2,1);
glVertex2i(3,4);
glEdgeFlag(TRUE);                             // 当前绘制的边是边界
glVertex2i(5, 2);
glVertex2i(2, 1);
glVertex2i(1, 5);
glEdgeFlag(FALSE);                            // 当前绘制的边不是边界
glVertex2i(3, 4);
glEnd();
```

2. 多边形面的属性

多边形面的属性包括面的正/反、颜色和显示模式等。

（1）多边形面的正/反属性

多边形面是图形系统中重要的几何元素，与数学意义下的面不同，图形学中的多边形面有正面和反面之分，该属性由多边形的"绕法"决定。什么是"绕法"呢？在绘制多边形面的过程中，指定顶点的过程是有序的，即多边形的构成路径具有方向性，通常把指定顶点时顺序和方向的组合称为"绕法"。绕法是任何多边形图形的一个重要特性。一般默认情况下，OpenGL 认为逆时针绕法的多边形是正对着的，这一特性对于希望给多边形的正面和背面赋予不同的物理特性十分有用。如果要修改 OpenGL 的默认设置，可以调用函数

```
glFrontFace(GL_CW);
```

其中，GL_CW 告诉 OpenGL 应该认为顺时针绕法的多边形是正对着的。为了改回逆时针绕法为正面，可以使用参数 GL_CCW 来调用 glFrontFace()函数。

（2）多边形面的颜色

在绘制多边形面时，常常要指定绘制的颜色。而在 OpenGL 中，颜色实际上是对各顶点而不是对各多边形指定的。多边形的轮廓或内部用单一颜色或许多不同颜色来填充的处理方式称为明暗处理。OpenGL 中用单一颜色处理称为平面明暗处理（Flat Shading），用许多不同颜色处理称为光滑明暗处理（Smooth Shading），也称为 Gourand 明暗处理（Gourand Shading），见 10.2 节。

设置明暗处理模式的函数为

```
void glShadeModel(GLenum mode);
```

其中，参数 mode 的取值为 GL_FLAT 或 GL_SMOOTH，分别表示平面明暗处理和光滑明暗处理。应用平面明暗处理模式时，多边形内每个点的法向一致，且颜色也一致，OpenGL 用指定多边形最后一个顶点时的当前颜色作为填充多边形的纯色；应用光滑明暗处理模式时，多边形每个点的颜色需要进行插值处理，故呈现不同的颜色。

（3）多边形面的显示模式

多边形面不是必须用当前颜色填充的。默认情况下绘制的多边形是实心的，但可以通过指定

把多边形绘制为轮廓或只是点（只画出顶点）来修改这项默认设置。函数 glPolygonMode()允许把多边形渲染为填充的实心、轮廓线或只是点。另外，可以把这项渲染模式应用到多边形的两面或只应用到正面或背面。使用下面的函数设置多边形的显示模式

        glPolygonMode(Glenum face, Glenum mode);

其中，参数 face 指定多边形的哪一面受模式改变的影响，取值为 GL_FRONT、GL_BACK 或 GL_FRONT_AND_BACK。参数 mode 指定新的绘图模式，GL_FILL 是其默认值，生成填充的多边形；GL_LINE 生成多边形的轮廓；而 GL_POINT 只画出顶点。GL_LINE 和 GL_POINT 绘制的点和线受 glEdgeFlag 所设置边缘标记的影响。

（4）多边形面的填充

多边形面既可以用纯色填充，也可以用 32×32 的模板位图来填充。为此，需使用函数

    void glPolygonStipple(const GLubyte *mask);

指定用于填充多边形的模板位图。其中，mask 是一个指向 32×32 位图的指针，该位图由 0 和 1 组成掩码，1 表示绘制多边形对应像素，0 表示不绘制。模板位图创建时，参数 mask 通常是依照从左至右，然后从下至上的顺序使用单字节，每字节都是从最高位开始使用的。然后，调用函数

        glEnable(GL_POLYGON_STIPPLE);

启用多边形填充模式。当然，也可以用参数 GL_POLYGON_STIPPLE 调用 glDisable()函数禁用填充模式。程序 5-10 用于绘制一个用苍蝇模板位图填充的矩形，其中的模板如图 5-64 所示。

【程序 5-10】 OpenGL 利用模板位图填充矩形的例子。

```
GLubyte fly[]= {
    0x00, 0x00, 0x00, 0x00, 0x00, 0x00, 0x00, 0x00,
    0x03, 0x80, 0x01, 0xC0, 0x06, 0xC0, 0x03, 0x60,
    0x04, 0x60, 0x06, 0x20, 0x04, 0x30, 0x0c, 0x20,
    0x04, 0x18, 0x18, 0x20, 0x04, 0x0C, 0x30, 0x20,
    0x04, 0x06, 0x60, 0x20, 0x44, 0x03, 0xC0, 0x22,
    0x44, 0x01, 0x80, 0x22, 0x44, 0x01, 0x80, 0x22,
    0x44, 0x01, 0x80, 0x22, 0x44, 0x01, 0x80, 0x22,
    0x44, 0x01, 0x80, 0x22, 0x44, 0x01, 0x80, 0x22,
    0x66, 0x01, 0x80, 0x66, 0x33, 0x01, 0x80, 0xcc,
    0x19, 0x81, 0x81, 0x98, 0x0c, 0xc1, 0x83, 0x30,
    0x07, 0xe1, 0x87, 0xe0, 0x03, 0x3f, 0xfc, 0xc0,
    0x03, 0x31, 0x8c, 0xc0, 0x03, 0x33, 0xcc, 0xc0,
    0x06, 0x64, 0x26, 0x60, 0x0c, 0xcc, 0x33, 0x30,
    0x18, 0xcc, 0x33, 0x18, 0x10, 0xc4, 0x23, 0x08,
    0x10, 0x63, 0xc6, 0x08, 0x10, 0x30, 0x0c, 0x08,
    0x10, 0x18, 0x18, 0x08, 0x10, 0x00, 0x00, 0x08};
    glEnable(GL_POLYGON_STIPPLE);          // 启用多边形填充模式
    glPolygonStipple(fly);                 // 指定 fly 数组定义的位图为填充模板
    glRectf(25.0,25.0,125.0,125.0);        // 绘制填充的多边形
```

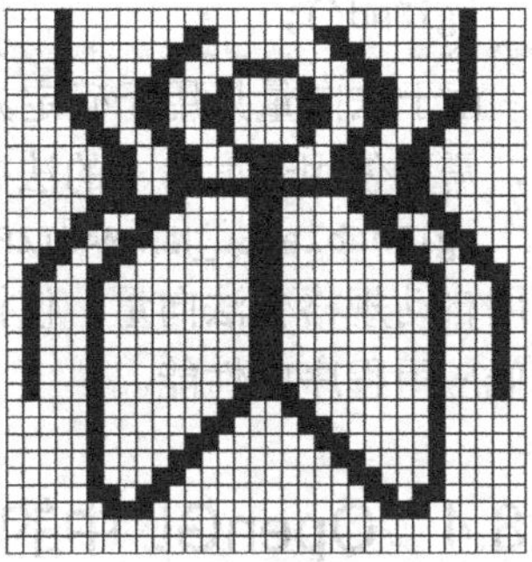

图 5-64 模板位图

（5）多边形面的法向量

法向量是垂直于面的方向上点的向量，确定了几何对象在空间中的方向，是光照处理时的重要参数。在 OpenGL 中，可以为每个顶点指定法向量，如果多边形各顶点的法向量一致，那么该多边形是平面多边形；如果多边形各顶点的法向量不相同，那么这个多边形是一个曲面。同时，在 OpenGL 中不能自动计算法向量，需要由用户显式指定。法向量的计算是一个几何问题，如多

边形的法向量可以由不在同一条直线上的三个点构成的两个矢量的叉积确定。

法向量可以用下面的函数指定

```
void glNormal3{bsidf} (TYPE nx, TYPE ny, TYPE nz);
void glNormal3{bsidf} (const TYPE* v);
```

其中，该函数的非向量版本（有三个参数）中参数 nx、ny、nz 指定法向量的 x、y、z 坐标，其默认值为 $(0, 0, 1)$。该函数的向量版本（仅有 1 个参数）中参数 v 为一个包含三个元素的数组，指定当前的法向量。

指定的当前法向量将被赋予随后指定的顶点。通常，每个顶点的法向量是不同的，因此会出现程序 5-11 中那样的一系列 glNormal3fv() 和 glVertex3fv() 函数的交替调用，该例构造了一个四边形，其顶点 n0、n1、n2、n3 的法向量分别为 v0、v1、v2、v3。

【程序 5-11】 OpenGL 指定法向量的例子。

```
glBegin(GL_POLYGON);
    glNormal3fv(n0);
    glVertex3fv(v0);
    glNormal3fv(n1);
    glVertex3fv(v1);
    glNormal3fv(n2);
    glVertex3fv(v2);
    glNormal3fv(n3);
    glVertex3fv(v3);
glEnd();
```

由于法向量只用于确定方向，因此其长度无关紧要，可以为任意长度。但是在光照计算时，需要使用长度为 1 的法向量。这里使用函数

```
glEnable(GL_NORMALIZE);
```

启用自动规格化法向量，使指定的法向量长度为 1。但自动规格化需要额外的计算，可能会降低应用程序的性能。

5.8.4 OpenGL 中的字符函数

在 OpenGL 实用程序工具包中包含了一些预定义的字符库，用来显示点阵和矢量字符。除非需要显示 GLUT 中没有定义的字体，否则不需要自己定义字符库。函数

```
void glutBitmapCharacter(void *font, int character);
```

显示一个 GLUT 位图字符。其中，font 是 GLUT 符号常数，指定点阵字库，如 GLUT_BITMAP_8_BY_13 或 GLUT_BITMAP_9_BY_15 等可指定使用固定宽度字体，GLUT_BITMAP_TIMES_ROMAN_10 指定选择 10 磅的均匀间距 Times-Roman 字体，也可以是 24 磅的 Times-Roman 字体。参数 character 采用 ASCII 编码的形式指定要显示的字符。

用函数 glutBitmapCharacter() 显示字符时，是将当前的光栅位置作为字符的左下角点，函数执行后，点阵字符装入刷新缓冲存储器，当前的光栅位置会在 x 坐标方向上获得一个字符宽度的增量，这样可以较容易地生成一个水平方向的字符串。

函数

```
void glutStrokeCharacter(void *font, int character);
```

生成一个矢量字符。其中，font 是 GLUT 符号常数，用于指定矢量字库。GLUT_STROKE_ROMAN

指定显示一种等距的 Roman Simplex 字体，GLUT_STROKE_MONO_ROMAN 指定单一间距的 Roman Simplex 字体。

每个字符显示后，会自动进行坐标位移，使下一个字符可以在当前字符的右边显示。由于矢量字符由线段构成，因此它是场景的一部分，可以接受 OpenGL 变换的控制。但是与位图字符相比，矢量字符的绘制速度较慢。

OpenGL 并不支持中文字符，要显示中文字符必须定义一个中文字库，其中包括每个字符的形状，再调用它。由于一个中文字库中至少有 6000～7000 字，数据的存储需要耗费大量的内存。在实际应用中，可以利用 OpenGL 与 Windows 编程相结合，使用 Windows 中的字体。

5.8.5 OpenGL 中的反走样

在 OpenGL 中，首先使用下面的函数启用反走样：

```
glEnable(primitiveType);
```
其中，参数 primitiveType 可以取 GL_POINT_SMOOTH，GL_LINE_SMOOTH 或 GL_POLYGON_SMOOTH，它们分别表示启用点、直线段和多边形的反走样处理。

然后，启用 OpenGL 颜色混合并指定颜色混合函数：

```
glEnable(GL_BLEND);
glBlendFunc(GL_SCR_ALPHA, GL_ONE_MINUS_SRC_ALPHA);
```
实现图形对象的反走样处理。

颜色混合函数用于计算两个相互重叠的对象的颜色（如将两张或多张照片混合成一张），透明对象的建模以及场景对象的反走样等。通常，可以这样来理解颜色混合，在 RGBA 颜色模式（A 表示透明度）中，已知源像素的颜色值为 (S_r, S_g, S_b, S_a)，目标像素的颜色值为 (D_r, D_g, D_b, D_a)，颜色混合后像素的颜色为

$$(R_S \cdot S_r + R_D \cdot D_r, G_S \cdot S_g + G_D \cdot D_g, B_S \cdot S_b + B_D \cdot D_b, A_S \cdot S_a + A_D \cdot D_a)$$

其中，(R_S, G_S, B_S, A_S) 和 (R_D, G_D, B_D, A_D) 分别表示源像素和目标像素的混合因子。当然，最后计算出的像素的 R、G、B 值会自动归一化到 [0, 1] 区间。定义混合因子的函数原型为

```
void glBlendFunc(GLenum srcfactor, GLenum destfactor);
```
其中，参数 srcfactor 指定源像素的混合因子，参数 destfactor 指定目标像素的混合因子，它们的部分取值如表 5-5 所示。

表 5-5 源像素混合因子和目标像素混合因子

常 量	RGB 混合因子	Alpha 混合因子
GL_ZERO	$(0,0,0)$	0
GL_ONE	$(1,1,1)$	1
GL_SRC_COLOR	(R_S,G_S,B_S)	A_S
GL_ONE_MINUS_SRC_COLOR	$(1,1,1) - (R_S,G_S,B_S)$	$1-A_S$
GL_DST_COLOR	(R_D,G_D,B_D)	A_D
GL_ONE_MINUS_DST_COLOR	$(1,1,1) - (R_D,G_D,B_D)$	$1-A_D$
GL_SCR_ALPHA	(A_S,A_S,A_S)	A_S
GL_ONE_MINUS_SRC_ALPHA	$(1,1,1) - (A_S,A_S,A_S)$	$1-A_S$
GL_DST_ALPHA	(A_D,A_D,A_D)	A_D
GL_ONE_MINUS_DST_ALPHA	$(1,1,1) - (A_D,A_D,A_D)$	$1-A_D$

程序 5-12 实现了直线段的反走样。为了显示得更清楚，将直线段的线宽设为 12.0，如图 5-65

所示。

【程序 5-12】 OpenGL 实现直线段的反走样。

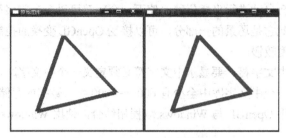

图 5-65　直线段的反走样示例

```c
#include <gl/glut.h>
GLuint lineList;                    //指定显示列表 ID
void Initial() {
    glClearColor(1.0f, 1.0f, 1.0f, 0.0f);
    glLineWidth(12.0f);             //指定当前的线宽属性值
    glColor4f(0.0, 0.6, 1.0, 1.0);  //用 RGBA 模式指定当前绘图颜色
    lineList = glGenLists(1);       //获得一个显示列表标识
    glNewList(lineList, GL_COMPILE); //定义显示列表
    glBegin(GL_LINE_LOOP);
    glVertex2f(1.0f, 1.0f);
    glVertex2f(4.0f, 2.0f);
    glVertex2f(2.0f, 5.0f);
    glEnd();
    glEndList();
}
void ChangeSize(GLsizei w, GLsizei h) {
    if(h == 0)
        h = 1;
    glViewport(0, 0, w, h);
    glMatrixMode(GL_PROJECTION);                // 指定设置投影参数
    glLoadIdentity();
    if(w<=h)
        gluOrtho2D(0.0, 5.0, 0.0, 6.0*(GLfloat)h/(GLfloat)w);
    else
        gluOrtho2D(0.0, 5.0*(GLfloat)w/(GLfloat)h, 0.0, 6.0);
    glMatrixMode(GL_MODELVIEW);                 // 指定设置模型视图变换参数
    glLoadIdentity();
}
void Displayt(void) {
    glClear(GL_COLOR_BUFFER_BIT);
    glCallList(lineList);                       // 调用显示列表
    glFlush();
}
void Displayw(void) {
    glClear(GL_COLOR_BUFFER_BIT);
```

```
        glEnable(GL_LINE_SMOOTH);                      // 使用反走样
        glEnable (GL_BLEND);                           // 启用混合函数
        glBlendFunc(GL_SRC_ALPHA, GL_ONE_MINUS_SRC_ALPHA);        // 指定混合函数
        glCallList(lineList);                          // 调用显示列表
        glFlush();
    }
    void main(void) {
        glutInitDisplayMode(GLUT_SINGLE | GLUT_RGB);
        glutInitWindowSize(300, 300);
        glutCreateWindow("原始图形");                   // 创建第一个窗口，显示原始图形
        glutDisplayFunc(Displayt);
        glutReshapeFunc(ChangeSize);
        Initial();
        glutInitDisplayMode(GLUT_SINGLE | GLUT_RGB);
        glutInitWindowPosition(300, 300);
        glutInitWindowSize(300, 300);
        glutCreateWindow("反走样图形");                 // 创建第二个窗口，显示反走样处理后的图形
        glutDisplayFunc(Displayw);
        glutReshapeFunc(ChangeSize);
        Initial();
        glutMainLoop();
    }
```

习 题 5

5.1　名词解释：扫描转换、八分法画圆、多边形的顶点表示、多边形的点阵表示、点阵字符、矢量字符、区域填充、边界表示、4-邻接点、8-邻接点、4-连通区域、8-连通区域、方刷子、线刷子、走样、反走样、过取样、区域取样。

5.2　分别利用 DDA 算法、中点 Bresenham 算法和 Bresenham 算法扫描转换直线段 P_1P_2，其中 P_1 为(0, 0)，P_2 为(8, 6)。

5.3　试用中点 Bresenham 算法画直线段的原理推导斜率在[-1,0]之间的直线段绘制过程（要求写清原理、误差函数、递推公式以及最终画图过程）。

5.4　将中点 Bresenham 画直线段算法推广以便能画出任意斜率的直线段（要求写清原理、误差函数、递推公式以及最终画图过程）。

5.5　试用 Bresenham 算法画直线段的原理推导斜率在[-1,0]之间的直线段绘制过程（要求写清原理、误差函数、递推公式以及最终画图过程）。

5.6　利用中点 Bresenham 算法扫描转换圆心在原点、半径为 8 的圆。

5.7　利用中点 Bresenham 画圆算法原理推导第一象限 $x=y$ 到 $y=0$ 圆弧段的扫描转换算法（要求写清原理、误差函数、递推公式以及最终画图过程）。

5.8　利用中点 Bresenham 算法扫描转换 $a=6$、$b=5$ 的椭圆。

5.9　试推导按逆时针方向生成第一象限椭圆弧段的中点 Bresenham 画椭圆算法（要求写清原理、误差函数、递推公式以及最终画图过程）。

5.10 利用 x-扫描线算法进行多边形填充时，指出图 5-66 中顶点处的交点数。

5.11 如图 5-67 所示多边形，若采用扫描转换算法（改进的有效边表算法）进行填充，试写出该多边形的 ET 表和当扫描线 $y=4$ 时的有效边表（AET 表，活性边表）。

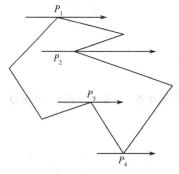

图 5-66 题 5.10 图

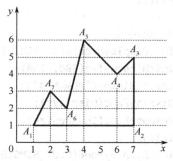

图 5-67 题 5.11 图

5.12 简述边缘填充算法，图示其填充过程。

5.13 简述栅栏填充算法，图示其填充过程。

5.14 简述边标志算法，图示其填充过程。

5.15 比较边界填充算法和泛填充算法的异同。

5.16 简述 4-连通和 8-连通边界填充算法，图示其填充过程。

5.17 试给出沿扫描线填充水平像素段的 8-连通边界填充算法，图示其填充过程。

5.18 试给出沿扫描线填充水平像素段的 4-连通泛填充算法，图示其填充过程。

5.19 分别构造边界表示的 4-连通区域和 8-连通区域，并说明两者的区别。

5.20 多边形填充算法中如何进行内-外测试？图示奇-偶规则和非零环绕数规则进行内-外测试有何不同？

5.21 试比较直线线宽的几种处理方式。

5.22 将中点 Bresenham 画直线段算法扩展为绘制固定线宽的任意直线段算法。

5.23 试比较区域填充图案的两种对齐方式有何不同。

5.24 常用的反走样方法有哪些？各有什么特点？

5.25 试比较过取样和区域取样的异同。

5.26 试比较利用加权模板进行过取样和用加权区域取样进行反走样的异同。

5.27 试用 OpenGL 程序绘制实线、虚线和点划线。

5.28 试用 OpenGL 实现用黑白相间的棋盘图案填充多边形。

5.29 利用 OpenGL，分别用点和折线模式实现正弦和余弦曲线的绘制。

5.30 利用 OpenGL 在屏幕上输出 "OpenGL" 字样。

第6章 二维变换及二维观察

图形变换是计算机图形学领域内的重要内容之一。为方便用户在图形交互式处理过程中对图形进行各种观察，需要对图形实施一系列的变换。计算机图形学中的图形变换主要有几何变换、坐标变换和观察变换等。这些变换有着不同的作用，却又紧密联系在一起。

6.1 基本概念

1. 几何变换

一般来说，图形的几何变换是指对图形的几何信息经过平移、比例、旋转等变换后产生新的图形，即图形在方向、尺寸和形状方面的变换，需要改变图形对象的坐标描述。应用几何变换可以使静止的图形按照一定的几何规则运动，从而更加有利于形体的设计。

复杂图形的几何变换可以通过变换矩阵对构成图形的基本元素（点、线和面）的作用而实现，其中点的矩阵变换是这些变换的基础。例如，对于线框图的变换，以点的变换为基础，将图形的一系列点作几何变换后，根据原图的拓扑关系连接新的顶点即可产生新的图形。对于用参数方程描述的图形，可以对参数方程作几何变换，实现图形的变换。

2. 齐次坐标

齐次坐标技术是从几何学发展起来的。齐次坐标表示在投影几何中是一种证明定理的工具。有时在 n 维空间中较难解决的问题，变换到 $n+1$ 维空间就比较容易得到解决。通过将齐次坐标技术应用到计算机图形学中，使图形变换转化为表示图形的点集矩阵与某一变换矩阵相乘这一单一问题，因而可以借助计算机的高速计算功能，很快得到变换后的图形，从而为高速动态的计算机图形显示提供了可能性。

所谓齐次坐标表示就是用 $n+1$ 维向量表示 n 维向量。例如，二维平面上的点 $P(x, y)$ 的齐次坐标表示为 (hx, hy, h)。这里，h 是任一不为 0 的比例系数。类似地，三维空间中坐标点 $P(x, y, z)$ 的齐次坐标表示为 (hx, hy, hz, h)。推而广之，n 维空间中的坐标点 $P(p_1, p_2, \cdots, p_n)$ 的齐次坐标表示为 $(hp_1, hp_2, \cdots, hp_n, h)$，其中 $h \neq 0$。

这里要注意，n 维空间中用非齐次坐标表示一个点向量具有 n 个坐标分量 $(p_1, p_2, \cdots, p_n)$，且是唯一的。若用齐次坐标表示该向量则有 $n+1$ 个坐标分量 $(hp_1, hp_2, \cdots, hp_n, h)$，且不唯一。例如，二维点 (x, y) 的齐次坐标表示为 (hx, hy, h)。$(12, 20, 4)$、$(6, 10, 2)$ 和 $(3, 5, 1)$ 均为 $(3, 5)$ 这一二维点的齐次坐标表示。为了简化计算，这里采用规范化齐次坐标表示来保证唯一性。

规范化齐次坐标表示就是 $h=1$ 的齐次坐标表示。从齐次坐标转换到规范化齐次坐标的方法如下：一个 n 维向量的齐次坐标表示为 $(hp_1, hp_2, \cdots, hp_n, h)$，将其转换为 $(hp_1/h, hp_2/h, \cdots, hp_n/h, h/h)$，即 $(p_1', p_2', \cdots, p_n', 1)$，如此就完成了它到规范化齐次坐标表示的转换。

规范化齐次坐标表示提供了用矩阵运算将二维、三维甚至高维空间中的一个点集从一个坐标系变换到另一个坐标系的有效方法。

3. 二维变换矩阵

假设点 $P(x, y)$ 为 xOy 平面上二维图形变换前的一点，变换后该点变为 $P'(x', y')$。在引入规范化齐次坐标表示后，点 P 可以用一个矩阵表示，这个矩阵可以是行向量矩阵，也可以是列向量矩阵，即

$$\begin{bmatrix} x & y & 1 \end{bmatrix} \qquad 或 \qquad \begin{bmatrix} x \\ y \\ 1 \end{bmatrix}$$

这里用行向量矩阵形式。这样，二维空间中某点的变换可以表示成点的齐次坐标矩阵与三阶矩阵 T_{2D} 相乘，即

$$\begin{bmatrix} x' & y' & 1 \end{bmatrix} = \begin{bmatrix} x & y & 1 \end{bmatrix} T_{2D} = \begin{bmatrix} x & y & 1 \end{bmatrix} \begin{bmatrix} a & b & p \\ c & d & q \\ l & m & s \end{bmatrix} \qquad (6\text{-}1)$$

其中，T_{2D} 被称为二维齐次坐标变换矩阵，简称二维变换矩阵。

从功能上可以将 T_{2D} 分为 4 个子矩阵。其中，$T_1 = \begin{bmatrix} a & b \\ c & d \end{bmatrix}$ 是对图形进行比例、旋转、对称、错切等变换；$T_2 = \begin{bmatrix} l & m \end{bmatrix}$ 是对图形进行平移变换；$T_3 = \begin{bmatrix} p \\ q \end{bmatrix}$ 是对图形进行投影变换；$T_4 = \begin{bmatrix} s \end{bmatrix}$ 是对图形进行整体比例变换。

若定义 T_{2D} 为单位矩阵，则表示二维空间中的直角坐标系，此时 T_{2D} 可以看做 3 个行向量，其中[1 0 0]表示 X 轴上的无穷远点，[0 1 0]表示 Y 轴上的无穷远点，[0 0 1]表示坐标原点。

6.2 基本几何变换

基本几何变换都是相对于坐标原点和坐标轴进行的几何变换，有平移、旋转、缩放、反射和错切等。在本章后面的内容中，如果没有特别说明，均假定用 $P(x, y)$ 表示 xOy 平面上一个未被变换的点，该点经某种变换后变为新的点，用 $P'(x', y')$ 表示。

6.2.1 平移变换

平移是指将 P 点沿直线路径从一个坐标位置移到另一个坐标位置的重定位过程，如图 6-1 所示。其中 T_x、T_y 称为平移矢量，表示沿 X 轴和 Y 轴正方向分别移动了 T_x 和 T_y 的距离。P 点经平移变换后有

$$\begin{cases} x' = x + T_x \\ y' = y + T_y \end{cases} \qquad (6\text{-}2)$$

平移是一种不产生变形而移动物体的刚体变换（Rigid-body Transformation），即物体上的每个点移动相同数量的坐标。引入规范化齐次坐标表示和二维变换矩阵后，平移变换的计算形式为

$$[x' \quad y' \quad 1] = [x \quad y \quad 1]\begin{bmatrix} 1 & 0 & 0 \\ 0 & 1 & 0 \\ T_x & T_y & 1 \end{bmatrix} = [x + T_x \quad y + T_y \quad 1] \tag{6-3}$$

6.2.2 比例变换

比例变换是指对 P 点相对于坐标原点沿 x 方向缩放 S_x 倍，沿 y 方向缩放 S_y 倍，其中 S_x 和 S_y 称为比例系数，如图 6-2 所示。对 P 点来说，经变换后有

$$\begin{cases} x' = xS_x \\ y' = yS_y \end{cases} \tag{6-4}$$

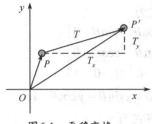
图6-1　平移变换

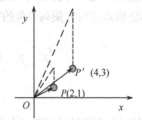
图6-2　比例变换（S_x=2，S_y=3）

比例变换的齐次坐标计算形式如下：

$$[x' \quad y' \quad 1] = [x \quad y \quad 1]\begin{bmatrix} S_x & 0 & 0 \\ 0 & S_y & 0 \\ 0 & 0 & 1 \end{bmatrix} = [xS_x \quad yS_y \quad 1] \tag{6-5}$$

比例变换可以改变物体的大小。图 6-3 显示了比例变换的一些情形。当 $S_x=S_y>1$ 时，图形沿两个坐标轴方向等比例放大；当 $S_x=S_y<1$ 时，图形沿两个坐标轴方向等比例缩小；当 $S_x \neq S_y$ 时，图形沿两个坐标轴方向作非均匀的比例变换，这时相对于原图形会产生一定的变形。

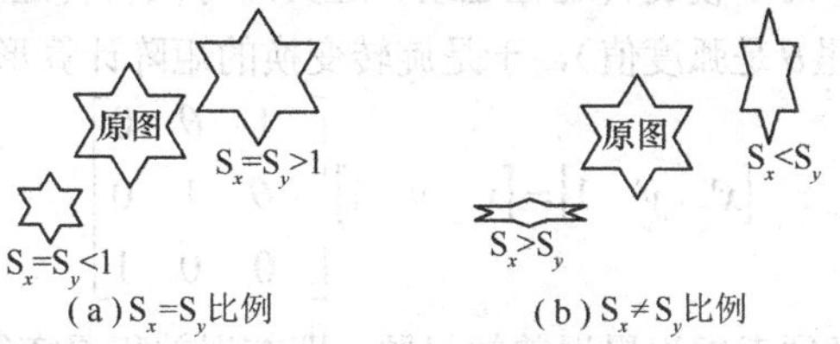

原图　$S_x=S_y>1$

$S_x=S_y<1$
（a）$S_x=S_y$比例

原图　$S_x<S_y$

$S_x>S_y$
（b）$S_x \neq S_y$比例

图6-3　比例变换示例

当 $S_x=S_y>1$ 时，变换成为整体比例变换，可以用以下矩阵计算：

$$[x' \quad y' \quad 1] = [x \quad y \quad 1]\begin{bmatrix} 1 & 0 & 0 \\ 0 & 1 & 0 \\ 0 & 0 & S \end{bmatrix} = [x \quad y \quad S] = \left[\frac{x}{S} \quad \frac{y}{S} \quad 1\right] \tag{6-6}$$

式中，齐次坐标 $[x \quad y \quad S]$ 与 $\left[\dfrac{x}{S} \quad \dfrac{y}{S} \quad 1\right]$ 表示同一个点，因此用等号。

整体比例变换时，若 $S>1$，图形整体缩小；若 $0<S<1$，图形整体放大；若 $S<0$，发生关于原点的对称等比例变换。

6.2.3　旋转变换

二维旋转是指将 P 点绕坐标原点转动某个角度 θ 得到新的点 P' 的重定位过程，如图 6-4 所示。对于给定的 $P(x,y)$ 点，其极坐标形式为

$$\begin{cases} x = r\cos\alpha \\ y = r\sin\alpha \end{cases} \tag{6-7}$$

于是 $P'(x', y')$ 表示为

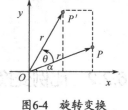

图6-4　旋转变换

$$\begin{cases} x' = r\cos(\alpha+\theta) = r\cos\alpha\cos\theta - r\sin\alpha\sin\theta = x\cos\theta - y\sin\theta \\ y' = r\sin(\alpha+\theta) = r\cos\alpha\sin\theta + r\sin\alpha\cos\theta = x\sin\theta + y\cos\theta \end{cases}$$

由于旋转变换通过使图形围绕原点旋转某一个角度得到，因此需规定旋转角的方向。通常规定，图形围绕原点作逆时针旋转时其旋转角度为正，顺时针旋转时其旋转角度为负。在 xOy 平面上，二维图形绕原点逆时针旋转 θ 角的齐次坐标计算形式为

$$\begin{bmatrix} x' & y' & 1 \end{bmatrix} = \begin{bmatrix} x & y & 1 \end{bmatrix} \begin{bmatrix} \cos\theta & \sin\theta & 0 \\ -\sin\theta & \cos\theta & 0 \\ 0 & 0 & 1 \end{bmatrix} \tag{6-8}$$

$$= \begin{bmatrix} x\cos\theta - y\sin\theta & x\sin\theta + y\cos\theta & 1 \end{bmatrix}$$

二维图形绕原点顺时针旋转 θ 角的齐次坐标计算形式为

$$\begin{bmatrix} x' & y' & 1 \end{bmatrix} = \begin{bmatrix} x & y & 1 \end{bmatrix} \begin{bmatrix} \cos(-\theta) & \sin(-\theta) & 0 \\ -\sin(-\theta) & \cos(-\theta) & 0 \\ 0 & 0 & 1 \end{bmatrix}$$

$$= \begin{bmatrix} x & y & 1 \end{bmatrix} \begin{bmatrix} \cos\theta & -\sin\theta & 0 \\ \sin\theta & \cos\theta & 0 \\ 0 & 0 & 1 \end{bmatrix} \tag{6-9}$$

注意，在动画及其他包含许多小旋转角的应用中，必须考虑旋转变换的计算效率。考虑到当不间断地旋转一个物体时，为了使旋转过程连续、逼真，每次所转过的角度 θ 必须很小，此时有 $\cos\theta \approx 1$ 且 $\sin\theta \approx \theta$（这里 θ 是弧度值），于是旋转变换的矩阵计算形式可以写成

$$\begin{bmatrix} x' & y' & 1 \end{bmatrix} = \begin{bmatrix} x & y & 1 \end{bmatrix} \begin{bmatrix} 1 & \theta & 0 \\ -\theta & 1 & 0 \\ 0 & 0 & 1 \end{bmatrix}$$

当然，实际系统中还必须考虑积累误差的问题，即在误差积累变得太大时，需要重新计算物体的准确位置。

6.2.4　对称变换

对称变换也称为反射变换或镜像变换，如图 6-5 所示，变换后的图形是原图形关于某一轴线或原点的镜像。

1. 关于 X 轴对称

如图 6-6（a）所示，点 P 经过关于 x 轴的对称变换后形成点 P'，则 $x' = x$ 且 $y' = -y$，写成齐次坐标形式为

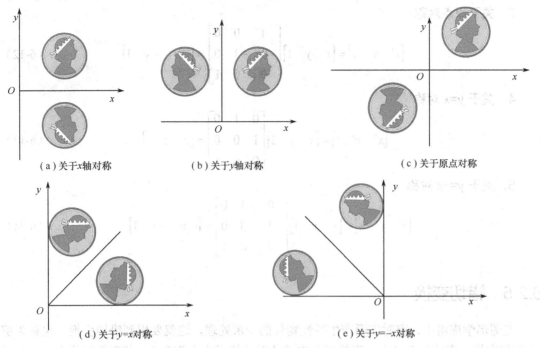

（a）关于x轴对称　　　　　（b）关于y轴对称　　　　　　　（c）关于原点对称

（d）关于y=x对称　　　　　　　　　　　　　　（e）关于y=-x对称

图6-5　对称变换示例

$$[x' \quad y' \quad 1] = [x \quad y \quad 1] \begin{bmatrix} 1 & 0 & 0 \\ 0 & -1 & 0 \\ 0 & 0 & 1 \end{bmatrix} = [x \quad -y \quad 1] \tag{6-10}$$

类似地，可以写出关于 Y 轴（如图 6-6(b)所示）、原点（如图 6-6(c)所示）、$y=x$（如图 6-6(d)所示）和 $y=-x$（如图 6-6(e)所示）的对称变换矩阵的计算形式。

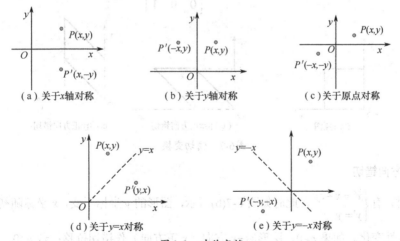

（a）关于x轴对称　　　　　（b）关于y轴对称　　　　　　（c）关于原点对称

（d）关于y=x对称　　　　　　　　　　　（e）关于y=-x对称

图6-6　对称变换

2. 关于 Y 轴对称

$$[x' \quad y' \quad 1] = [x \quad y \quad 1] \begin{bmatrix} -1 & 0 & 0 \\ 0 & 1 & 0 \\ 0 & 0 & 1 \end{bmatrix} = [-x \quad y \quad 1] \tag{6-11}$$

3. 关于原点对称

$$[x' \quad y' \quad 1]=[x \quad y \quad 1]\begin{bmatrix} -1 & 0 & 0 \\ 0 & -1 & 0 \\ 0 & 0 & 1 \end{bmatrix}=[-x \quad -y \quad 1] \tag{6-12}$$

4. 关于 $y=x$ 对称

$$[x' \quad y' \quad 1]=[x \quad y \quad 1]\begin{bmatrix} 0 & 1 & 0 \\ 1 & 0 & 0 \\ 0 & 0 & 1 \end{bmatrix}=[y \quad x \quad 1] \tag{6-13}$$

5. 关于 $y=-x$ 对称

$$[x' \quad y' \quad 1]=[x \quad y \quad 1]\begin{bmatrix} 0 & -1 & 0 \\ -1 & 0 & 0 \\ 0 & 0 & 1 \end{bmatrix}=[-y \quad -x \quad 1] \tag{6-14}$$

6.2.5 错切变换

在图形学应用中，有时需要产生弹性物体的变形处理，这就要用到错切变换，也称为剪切/错位变换。在前述变换中，变换矩阵中的非对角线元素大都为 0，若变换矩阵中非对角元素不为 0，则意味着 x、y 同时对图形的变换起作用，也就是说，变换矩阵中非对角线元素起着把图形沿 x 方向或 y 方向错切的作用，如图 6-7 所示。x 值或 y 值越小，错切量越小；x 值或 y 值越大，错切量越大。其变换矩阵为

$$[x' \quad y' \quad 1]=[x \quad y \quad 1]\begin{bmatrix} 1 & b & 0 \\ c & 1 & 0 \\ 0 & 0 & 1 \end{bmatrix}=[x+cy \quad bx+y \quad 1] \tag{6-15}$$

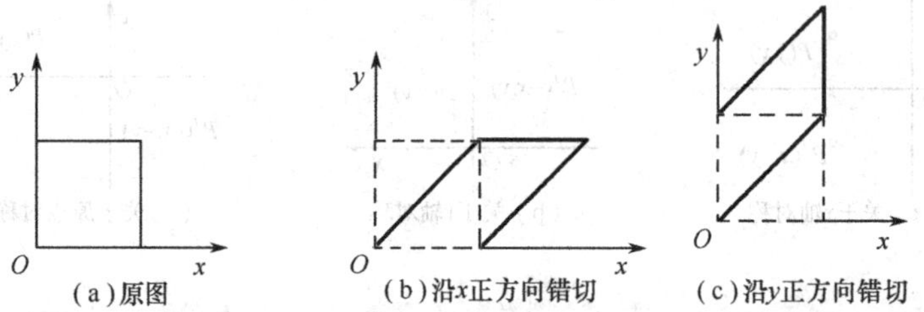

（a）原图　　　　（b）沿 x 正方向错切　　　　（c）沿 y 正方向错切

图6-7　错切变换

1. 沿 x 方向错切

当 $b=0$ 时，有 $\begin{cases} x'=x+cy \\ y'=y \end{cases}$，此时如图 6-7(b)所示，图形的 y 坐标不变，x 坐标随初值(x,y)及变换系数 c 作线性变化。如果 $c>0$，图形沿+x 方向（x 正方向）作错切位移；若 $c<0$，图形沿-x 方向（x 负方向）作错切位移。

2. 沿 y 方向错切

当 $c=0$ 时，有 $\begin{cases} x'=x \\ y'=bx+y \end{cases}$，此时如图 6-7(c)所示，图形的 x 坐标不变，y 坐标随初值(x,y)及变

换系数 b 作线性变化。如果 $b>0$，图形沿+y 方向（y 正方向）作错切位移；若 $b<0$，图形沿-y 方向（y 负方向）作错切位移。

3．沿两个方向错切

当 $c\neq0$，且 $b\neq0$ 时，有 $\begin{cases} x'=x+cy \\ y'=bx+y \end{cases}$，图形沿 x、y 两个方向作错切位移。

以上分析均以点的变换为基础，但得到的变换矩阵计算形式可以推广到直线、多边形等二维图形的几何变换中，即二维图形的几何变换均可以表示成齐次坐标与三阶的二维变换矩阵 T 的乘法形式。

6.2.6　二维图形几何变换的计算

一般地，几何变换均可表示成 $P'=PT$ 的形式，其中，P 为变换前二维图形的规范化齐次坐标矩阵，P' 为变换后图形的规范化齐次坐标矩阵，T 为变换矩阵。

1．点的变换

将点表示成规范化齐次坐标的矩阵形式，则 $P'=PT$ 可以写成 $\begin{bmatrix} x' & y' & 1 \end{bmatrix} = \begin{bmatrix} x & y & 1 \end{bmatrix} T$。

2．直线的变换

直线的变换是将变换矩阵作用于直线的两个端点，按照新的端点坐标绘制即得到变换后的直线。将直线两个端点表示成规范化齐次坐标的矩阵形式 $\begin{bmatrix} x_1 & y_1 & 1 \\ x_2 & y_2 & 1 \end{bmatrix}$，然后与变换矩阵相乘，此时的 $P'=PT$，即 $\begin{bmatrix} x'_1 & y'_1 & 1 \\ x'_2 & y'_2 & 1 \end{bmatrix} = \begin{bmatrix} x_1 & y_1 & 1 \\ x_2 & y_2 & 1 \end{bmatrix} T$。

3．多边形的变换

多边形的变换是将变换矩阵作用到每个顶点的坐标位置，并按照新的顶点坐标值和当前属性设置来生成新的多边形。具体操作如下：首先将各顶点坐标写成矩阵形式，然后集中在一起与变换矩阵相乘。例如，有 n 个顶点的多边形，表示成规范化齐次坐标的矩阵形式

$$P_n = \begin{bmatrix} x_1 & y_1 & 1 \\ x_2 & y_2 & 1 \\ x_3 & y_3 & 1 \\ \cdots & \cdots & \cdots \\ x_n & y_n & 1 \end{bmatrix}$$

然后与变换矩阵相乘，则 $P'_n=P_nT$，即

$$\begin{bmatrix} x'_1 & y'_1 & 1 \\ x'_2 & y'_2 & 1 \\ x'_3 & y'_3 & 1 \\ \cdots & \cdots & \cdots \\ x'_n & y'_n & 1 \end{bmatrix} = \begin{bmatrix} x_1 & y_1 & 1 \\ x_2 & y_2 & 1 \\ x_3 & y_3 & 1 \\ \cdots & \cdots & \cdots \\ x_n & y_n & 1 \end{bmatrix} T$$

4．曲线的变换

通常，曲线的变换可以通过变换曲线上的每个点并依据这些点重新画线来完成。但对某些特

殊的曲线，该过程可以得到简化。如圆的平移和旋转，可以在平移和旋转圆心后，在新圆心上画圆。再者，对于可用参数表示的曲线、曲面图形，若其几何变换仍然基于点，则计算工作量和耗费的存储空间都很大，可以对参数表示的点、曲线及曲面直接进行几何变换，以提高执行几何变换的效率。注意，此时参数方程需用矩阵形式描述。

6.3 复合变换

复合变换是指图形作一次以上的几何变换。任何一组变换都可以表示成一个复合变换。反之，任何一个复杂的几何变换（复合变换）都可以看做基本几何变换的组合形式。在引入规范化齐次坐标表示和变换矩阵后，容易推知，复合变换同样具有 $P'=PT$ 的形式，不同的是，此时有

$$T = T_1 T_2 T_3 \cdots T_n \qquad (n > 1) \tag{6-16}$$

则

$$P' = PT = P T_1 T_2 T_3 \cdots T_n \quad (n > 1) \tag{6-17}$$

由于矩阵的乘法满足结合律，因此通常在计算时可以先算出 T，再与 P 相乘，即

$$P' = PT = P(T_1 T_2 T_3 \cdots T_n) \ (n > 1)$$

以下重点介绍如何计算得到 T。

6.3.1 二维复合平移变换和比例变换

由式（6-16）可推知，P 点经过两次连续平移变换后，其变换矩阵为

$$T_t = T_{t1} T_{t2} = \begin{bmatrix} 1 & 0 & 0 \\ 0 & 1 & 0 \\ T_{x_1} & T_{y_1} & 1 \end{bmatrix} \begin{bmatrix} 1 & 0 & 0 \\ 0 & 1 & 0 \\ T_{x_2} & T_{y_2} & 1 \end{bmatrix} = \begin{bmatrix} 1 & 0 & 0 \\ 0 & 1 & 0 \\ T_{x_1}+T_{x_2} & T_{y_1}+T_{y_2} & 1 \end{bmatrix} \tag{6-18}$$

结果矩阵表明，两个连续平移是"相加"的。

P 点经过两次连续比例变换后产生的变换矩阵为

$$T_s = T_{s1} T_{s2} = \begin{bmatrix} S_{x_1} & 0 & 0 \\ 0 & S_{y_1} & 0 \\ 0 & 0 & 1 \end{bmatrix} \begin{bmatrix} S_{x_2} & 0 & 0 \\ 0 & S_{y_2} & 0 \\ 0 & 0 & 1 \end{bmatrix} = \begin{bmatrix} S_{x_1} S_{x_2} & 0 & 0 \\ 0 & S_{y_1} S_{y_2} & 0 \\ 0 & 0 & 1 \end{bmatrix} \tag{6-19}$$

结果矩阵表明，两次连续比例变换是"相乘"的。假如连续两次将物体尺寸放大到 2 倍，其最后的尺寸是原始尺寸的 4 倍。

6.3.2 二维复合旋转变换

P 点经过两次连续旋转变换后，产生如下复合变换：

$$\begin{aligned} T_r = T_{r1} T_{r2} &= \begin{bmatrix} \cos\theta_1 & \sin\theta_1 & 0 \\ -\sin\theta_1 & \cos\theta_1 & 0 \\ 0 & 0 & 1 \end{bmatrix} \begin{bmatrix} \cos\theta_2 & \sin\theta_2 & 0 \\ -\sin\theta_2 & \cos\theta_2 & 0 \\ 0 & 0 & 1 \end{bmatrix} \\ &= \begin{bmatrix} \cos(\theta_1+\theta_2) & \sin(\theta_1+\theta_2) & 0 \\ -\sin(\theta_1+\theta_2) & \cos(\theta_1+\theta_2) & 0 \\ 0 & 0 & 1 \end{bmatrix} \end{aligned} \tag{6-20}$$

结果矩阵表明，两个连续的旋转是"相加"的，可简写为

$$R = R_{(\theta_1)}R_{(\theta_2)} = R(\theta_1 + \theta_2)$$

6.3.4 其他二维复合变换

可以将旋转变换进行如下分解：

$$R = \begin{bmatrix} \cos\theta & \sin\theta & 0 \\ -\sin\theta & \cos\theta & 0 \\ 0 & 0 & 1 \end{bmatrix} = \begin{bmatrix} \cos\theta & 0 & 0 \\ 0 & \cos\theta & 0 \\ 0 & 0 & 1 \end{bmatrix}\begin{bmatrix} 1 & \tan\theta & 0 \\ -\tan\theta & 1 & 0 \\ 0 & 0 & 1 \end{bmatrix}$$

$$= \begin{bmatrix} 1 & \tan\theta & 0 \\ -\tan\theta & 1 & 0 \\ 0 & 0 & 1 \end{bmatrix}\begin{bmatrix} \cos\theta & 0 & 0 \\ 0 & \cos\theta & 0 \\ 0 & 0 & 1 \end{bmatrix} \tag{6-21}$$

于是可以得到如下结论：旋转变换可看做先进行比例变换，再进行一次错切变换；或先进行错切变换，再进行一次比例变换的复合变换。

在进行复合变换时，需要注意矩阵相乘的顺序。由于矩阵乘法不满足交换律，通常 $T_1T_2 \neq T_2T_1$，即二维几何变换中，矩阵相乘的顺序不可以交换。在某些特殊情况下，$T_1T_2 = T_2T_1$，如两次连续的平移变换、两次连续的旋转变换、两次连续的比例变换等。另外，旋转和等比缩放（$S_x = S_y$）也是可交换的变换对。读者可以自行证明其正确性。

6.3.5 相对任一参考点的二维几何变换

比例、旋转变换等均与参考点相关，6.2 节介绍的基本几何变换都是相对于坐标原点或坐标轴进行的变换。如需要相对于某个参考点 (x_F, y_F) 作二维几何变换，其基本思路是，将图形经过平移，使参考点与原点重合，此时相对于参考点的变换变成相对于原点的基本几何变换，最后再平移，使参考点回到原来的位置。具体的变换过程如下：① 将参考点移至坐标原点，此时进行平移变换，平移矢量为 $-x_F$ 和 $-y_F$；② 针对原点进行二维几何变换；③ 进行反平移，使参考点回到原来的位置，平移矢量为 x_F 和 y_F。例如，相对 (x_F, y_F) 点的旋转变换，其变换矩阵为

$$T_{RF} = \begin{bmatrix} 1 & 0 & 0 \\ 0 & 1 & 0 \\ -x_F & -y_F & 1 \end{bmatrix}\begin{bmatrix} \cos\theta & \sin\theta & 0 \\ -\sin\theta & \cos\theta & 0 \\ 0 & 0 & 1 \end{bmatrix}\begin{bmatrix} 1 & 0 & 0 \\ 0 & 1 & 0 \\ x_F & y_F & 1 \end{bmatrix}$$

$$= \begin{bmatrix} \cos\theta & \sin\theta & 0 \\ -\sin\theta & \cos\theta & 0 \\ x_F - x_F\cos\theta + y_F\sin\theta & y_F - y_F\cos\theta - x_F\sin\theta & 1 \end{bmatrix} \tag{6-22}$$

再如，相对 (x_F, y_F) 点的比例变换，其变换矩阵为

$$T_{SF} = \begin{bmatrix} 1 & 0 & 0 \\ 0 & 1 & 0 \\ -x_F & -y_F & 1 \end{bmatrix}\begin{bmatrix} S_x & 0 & 0 \\ 0 & S_y & 0 \\ 0 & 0 & 1 \end{bmatrix}\begin{bmatrix} 1 & 0 & 0 \\ 0 & 1 & 0 \\ x_F & y_F & 1 \end{bmatrix}$$

$$= \begin{bmatrix} S_x & 0 & 0 \\ 0 & S_y & 0 \\ -x_F S_x + x_F & -y_F S_y + y_F & 1 \end{bmatrix} \tag{6-23}$$

6.3.6 相对于任意方向的二维几何变换

如果对任意方向作比例、旋转等二维几何变换，其变换过程如下：① 先进行一个旋转变换，使变换的方向与某个坐标轴重合；② 针对坐标轴进行二维几何变换；③ 反向旋转，回到原来的方向。该过程用变换矩阵表示如下：

$$T = \begin{bmatrix} \cos\theta & \sin\theta & 0 \\ -\sin\theta & \cos\theta & 0 \\ 0 & 0 & 1 \end{bmatrix} T \begin{bmatrix} \cos(-\theta) & \sin(-\theta) & 0 \\ -\sin(-\theta) & \cos(-\theta) & 0 \\ 0 & 0 & 1 \end{bmatrix} \tag{6-24}$$

例如，相对直线 $y=x$ 的反射变换，其变换矩阵为

$$T = \begin{bmatrix} \cos(-45°) & \sin(-45°) & 0 \\ -\sin(-45°) & \cos(-45°) & 0 \\ 0 & 0 & 1 \end{bmatrix} \begin{bmatrix} 1 & 0 & 0 \\ 0 & -1 & 0 \\ 0 & 0 & 1 \end{bmatrix} \begin{bmatrix} \cos(45°) & \sin(45°) & 0 \\ -\sin(45°) & \cos(45°) & 0 \\ 0 & 0 & 1 \end{bmatrix}$$

$$= \begin{bmatrix} \frac{\sqrt{2}}{2} & -\frac{\sqrt{2}}{2} & 0 \\ \frac{\sqrt{2}}{2} & \frac{\sqrt{2}}{2} & 0 \\ 0 & 0 & 1 \end{bmatrix} \begin{bmatrix} 1 & 0 & 0 \\ 0 & -1 & 0 \\ 0 & 0 & 1 \end{bmatrix} \begin{bmatrix} \frac{\sqrt{2}}{2} & \frac{\sqrt{2}}{2} & 0 \\ -\frac{\sqrt{2}}{2} & \frac{\sqrt{2}}{2} & 0 \\ 0 & 0 & 1 \end{bmatrix} = \begin{bmatrix} 0 & 1 & 0 \\ 1 & 0 & 0 \\ 0 & 0 & 1 \end{bmatrix} \tag{6-25}$$

再如，将正方形 $ABCO$ 各点沿图 6-8 所示的 $(0,0)$ 至 $(1,1)$ 方向进行拉伸，结果为如图 6-8 所示的 $A'B'C'O$，试求其变换矩阵和变换过程。

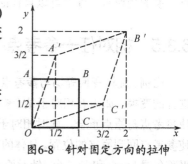

图6-8　针对固定方向的拉伸

分析：

① $(0,0)$ 至 $(1,1)$ 方向即 $y=x$ 方向，按照针对固定方向的变换形式进行计算。

② 拉伸，即比例变换，此时需要求出比例系数 S_x 和 S_y。

首先写出针对 $y=x$ 方向进行比例变换的变换矩阵

$$T = \begin{bmatrix} \cos(-45°) & \sin(-45°) & 0 \\ -\sin(-45°) & \cos(-45°) & 0 \\ 0 & 0 & 1 \end{bmatrix} \begin{bmatrix} S_x & 0 & 0 \\ 0 & S_y & 0 \\ 0 & 0 & 1 \end{bmatrix} \begin{bmatrix} \cos(45°) & \sin(45°) & 0 \\ -\sin(45°) & \cos(45°) & 0 \\ 0 & 0 & 1 \end{bmatrix}$$

$$= \begin{bmatrix} \frac{\sqrt{2}}{2} & -\frac{\sqrt{2}}{2} & 0 \\ \frac{\sqrt{2}}{2} & \frac{\sqrt{2}}{2} & 0 \\ 0 & 0 & 1 \end{bmatrix} \begin{bmatrix} S_x & 0 & 0 \\ 0 & S_y & 0 \\ 0 & 0 & 1 \end{bmatrix} \begin{bmatrix} \frac{\sqrt{2}}{2} & \frac{\sqrt{2}}{2} & 0 \\ -\frac{\sqrt{2}}{2} & \frac{\sqrt{2}}{2} & 0 \\ 0 & 0 & 1 \end{bmatrix}$$

$$= \begin{bmatrix} \frac{1}{2}(S_x + S_y) & \frac{1}{2}(S_x - S_y) & 0 \\ \frac{1}{2}(S_x - S_y) & \frac{1}{2}(S_x + S_y) & 0 \\ 0 & 0 & 1 \end{bmatrix}$$

已知 $P' = PT$ 中的 P 和 P'，因此可代入计算

$$\begin{bmatrix} 0 & 0 & 1 \\ 0 & 1 & 1 \\ 1 & 1 & 1 \\ 1 & 0 & 1 \end{bmatrix} \begin{bmatrix} \frac{1}{2}(S_x + S_y) & \frac{1}{2}(S_x - S_y) & 0 \\ \frac{1}{2}(S_x - S_y) & \frac{1}{2}(S_x + S_y) & 0 \\ 0 & 0 & 1 \end{bmatrix} = \begin{bmatrix} 0 & 0 & 1 \\ \frac{1}{2} & \frac{3}{2} & 1 \\ 2 & 2 & 1 \\ \frac{3}{2} & \frac{1}{2} & 1 \end{bmatrix}$$

解得，$S_x=2$，$S_y=1$。

通过该例还可以写出针对固定方向进行比例变换的一般形式：

$$\begin{aligned} \boldsymbol{T} &= \begin{bmatrix} \cos(-\theta) & \sin(-\theta) & 0 \\ -\sin(-\theta) & \cos(-\theta) & 0 \\ 0 & 0 & 1 \end{bmatrix} \begin{bmatrix} S_x & 0 & 0 \\ 0 & S_y & 0 \\ 0 & 0 & 1 \end{bmatrix} \begin{bmatrix} \cos\theta & \sin\theta & 0 \\ -\sin\theta & \cos\theta & 0 \\ 0 & 0 & 1 \end{bmatrix} \\ &= \begin{bmatrix} \cos\theta & -\sin\theta & 0 \\ \sin\theta & \cos\theta & 0 \\ 0 & 0 & 1 \end{bmatrix} \begin{bmatrix} S_x & 0 & 0 \\ 0 & S_y & 0 \\ 0 & 0 & 1 \end{bmatrix} \begin{bmatrix} \cos\theta & \sin\theta & 0 \\ -\sin\theta & \cos\theta & 0 \\ 0 & 0 & 1 \end{bmatrix} \\ &= \begin{bmatrix} S_x\cos^2\theta + S_y\sin^2\theta & S_x\sin\theta\cos\theta - S_y\sin\theta\cos\theta & 0 \\ S_x\sin\theta\cos\theta - S_y\sin\theta\cos\theta & S_x\sin^2\theta + S_y\cos^2\theta & 0 \\ 0 & 0 & 1 \end{bmatrix} \end{aligned} \quad (6\text{-}26)$$

6.3.7　坐标系之间的变换

在图形应用中，经常需要将图形描述从一个坐标系变换到另一个坐标系。例如，单个图元或图段可能要在它自身的局部（笛卡儿）坐标系中定义，然后必须将局部坐标描述转换到用户（笛卡儿）坐标系中，此时需要在两个坐标系中变换。

如图 6-9 所示的两个笛卡儿坐标系 xOy 和 $x'O'y'$，其中 x 轴与 x' 轴的夹角为 θ，而 O' 点在 xOy 坐标系的 (x_0, y_0) 处。将 $P(x_P, y_P)$ 点从 xOy 坐标系变换到 $x'O'y'$ 坐标系，即求得 P 点在 $x'O'y'$ 坐标系中的坐标 (x'_P, y'_P)，这时需要用坐标值 $P(x_P, y_P)$ 来表示 $P'(x'_P, y'_P)$ 点。

分析：先将问题转化到同一个坐标系中，以便利用上述几何变换的计算形式。如图 6-10 所示，在 xOy 坐标系中可以找到一个点 P^*，其中 P^* 点的坐标与 P 点在 $x'O'y'$ 坐标系下的坐标相等，即

$$\begin{cases} O'P_x = OP_x^* \\ O'P_y = OP_y^* \end{cases}$$

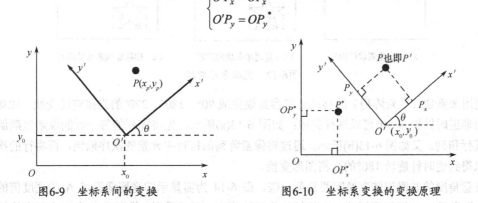

图6-9　坐标系间的变换　　　　　图6-10　坐标系变换的变换原理

此时问题转化为求 P^* 点在 xOy 坐标系下的坐标值。由图 6-10 可以看出，将 P 点与 $x'O'y'$ 坐

标系一起通过变换使 $x'O'y'$ 坐标系与 xOy 坐标系重合，此时 P 点将变换到 P^* 点，即 P^* 点的坐标是 P 点变换后 P' 点的坐标，具体的变换步骤如下：①将 $x'O'y'$ 坐标系的原点平移至 xOy 坐标系的原点，如图 6-11(a)所示，这时需要进行平移变换；②将 X' 轴旋转到 X 轴上，如图 6-11(b)所示，这时需要进行旋转变换。上述变换步骤可用变换矩阵表示为

$$T = T_t T_r = \begin{bmatrix} 1 & 0 & 0 \\ 0 & 1 & 0 \\ -x_0 & -y_0 & 1 \end{bmatrix} \begin{bmatrix} \cos(-\theta) & \sin(-\theta) & 0 \\ -\sin(-\theta) & \cos(-\theta) & 0 \\ 0 & 0 & 1 \end{bmatrix}$$

（6-27）

$$= \begin{bmatrix} 1 & 0 & 0 \\ 0 & 1 & 0 \\ -x_0 & -y_0 & 1 \end{bmatrix} \begin{bmatrix} \cos\theta & -\sin\theta & 0 \\ \sin\theta & \cos\theta & 0 \\ 0 & 0 & 1 \end{bmatrix}$$

于是

$$P' = [x'_P \quad y'_P \quad 1] = [x_P \quad y_P \quad 1] T = PT = PT_t T_r$$

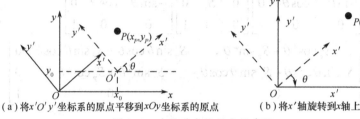

（a）将$x'O'y'$坐标系的原点平移到xOy坐标系的原点 （b）将x'轴旋转到x轴上

图6-11　坐标系变换的变换步骤

6.3.8　光栅变换

光栅系统将图像信息以像素点的形式存储在帧缓存中，因此一些简单的变换可直接通过变换帧缓存的像素块的内容而快速实现。直接对帧缓存中的像素点进行操作的变换称为光栅变换。

通过像素块的移动完成光栅平移的过程如图 6-12 所示，首先从光栅帧缓存中读出指定的像素块的内容，然后将像素块的内容复制到另一光栅区域，随后擦除原光栅区域中的像素块内容。

（a）读出像素块的内容 （b）复制像素块的内容 （c）擦除原像素块的内容

图6-12　光栅平移变换

利用像素块（像素阵列）的移动还可容易地完成 90°、180°、270°的光栅旋转变换。比如，将二维图形逆时针旋转 90°可以这样完成：如图 6-13(a)所示，先将阵列的每一行的像素值颠倒，再交换其行和列。又如图 6-13(b)所示，通过将像素阵列的每行中元素的次序颠倒，再将行的次序颠倒可以得到逆时针旋转 180°的光栅图形变换。

任意角度的光栅旋转变换则要复杂一些。图 6-14 为需显示的光栅像素点 A 的亮度值的计算方法。将像素 A 的网格区域映射到旋转的像素阵列中，可以看到，像素 A 的亮度由其在旋转像素

阵列中区域1、2、3上的覆盖量决定，即将区域1、2、3的亮度加权平均可以求出像素A的亮度值，其中权值就是区域A在区域1、2、3上的覆盖量。

光栅比例变换同样需要进行像素区域的映射，如图6-15所示，在将图6-15中的光栅图（b）缩小为光栅图（a）时，首先根据S_x和S_y的大小取出对应于变换后图像中一个像素点的原图中的相应像素区域，如图中粗线框出的部分，然后将原图中的相应像素区域的像素点的亮度值加权平均，得到变换后像素点的亮度值，其中权值为原图中相应像素区域在像素点上的覆盖量。进行光栅放大时也有类似的处理，如图6-15(b)和(c)所示。可以看出，进行光栅放大时，锯齿也将放大，走样现象会更加明显。

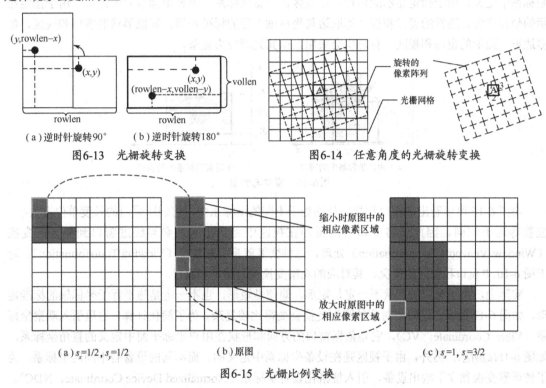

图6-13　光栅旋转变换　　　　　　　图6-14　任意角度的光栅旋转变换

图6-15　光栅比例变换

6.3.9　变换的性质

首先来看仿射变换的概念。具有形式 $\begin{cases} x' = ax + by + m \\ y' = cx + dy + n \end{cases}$ 的坐标变换称为二维仿射变换，式中坐标x'和y'都是原始坐标x和y的线性函数。参数a、b、c、d、m、n是函数的系数。仿射变换具有平行线不变性和有限点数目不变性，即平行线经过仿射变换后仍然是平行线；有限数目的点经过仿射变换后仍然是有限数目的点，当然点的坐标及相对位置可能发生变化。以上介绍的平移、比例、旋转、错切和反射等变换均是二维仿射变换的特例，反过来，任何常用的二维仿射变换总可以表示为这5种变换的复合。

二维几何变换具有如下性质：① 直线的中点不变性，即原直线中点变换后仍是直线的中点；② 平行直线不变性，即平行直线作相同变换后仍平行；③ 相交不变性，两条直线相交，交点变换后仍是交点；④ 仅包含旋转、平移和反射的仿射变换维持角度和长度不变；⑤ 比例变换可改变图形的大小和形状；⑥ 错切变换引起图形角度关系的改变，甚至导致图形发生畸变。

6.4 二维观察

6.4.1 基本概念

首先需要明确窗口（Window）与视区（Viewport）的概念。与通常在 Windows 操作系统中所说的窗口不同，计算机图形学中将在用户坐标系中需要进行观察和处理的一个坐标区域称为窗口，如图 6-16(a)所示。将窗口映射到显示设备上的坐标区域称为视区，如图 6-16(b)所示。窗口在用户坐标系中定义，用于指定显示的内容；而视区在设备坐标系（屏幕坐标系）中定义，用于指定显示的坐标位置。通常的窗口和视区都取边与坐标轴平行的标准矩形。其他形状的窗口和视区，如多边形、圆形的窗口和视区，有时也会采用，但其处理较为复杂。

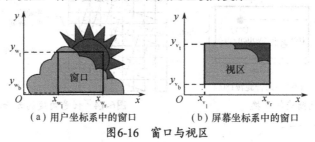

（a）用户坐标系中的窗口　　　　（b）屏幕坐标系中的窗口

图6-16　窗口与视区

由图 6-16 可以看出，窗口和视区分别处于不同的坐标系中，它们所采用的长度单位及大小、位置等均不相同。因此要将窗口内的图形在视区中显示出来，必须经过窗口到视区的变换（Window-Viewport Transformation）处理，这种变换就是观察变换（Viewing Transformation）。对于图 6-16 中窗口和视区的情况，其对应的观察变换较为简单和直接。

实际上，由于窗口的形状不一定是矩形，即使是矩形，也不一定是边平行于坐标轴的标准矩形，如图 6-17 所示，这时相对应的观察变换会变得比较复杂。为了简化计算，这里引入观察坐标系（View Coordinate，VC），它是依据窗口的方向和形状在用户坐标平面中定义的直角坐标系，如图 6-18(a)所示。另外，由于视区是在设备坐标系中定义的，而不同的设备有不同的坐标系，为了使观察变换独立于输出设备，引入规格化设备坐标系（Normalized Device Coordinate，NDC）。规格化设备坐标系也是直角坐标系，是将二维的设备坐标系规格化为(0.0, 0.0)到(1.0, 1.0)的坐标范围内而形成的，如图 6-18(b)所示。一旦图形对象变换到规格化设备坐标系中，以后该图形只需要做一个简单的乘法即可映射到具体输出设备的显示区域。然后根据合适的设备驱动程序，就可以在不同的输出设备上输出。

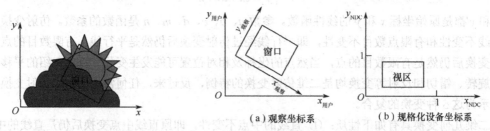

图6-17　用户坐标系中旋转的窗口　　图6-18　观察坐标系中的窗口和规格化设备坐标系中的视区示例

严格地说，观察坐标系和规格化设备坐标系可以根据应用情况选择相应的坐标系，如直角坐标系、仿射坐标系、圆柱坐标系、球坐标系和极坐标系等。但由于通常将窗口和视区选定为矩形，因此通常选用笛卡儿直角坐标系。

引入观察坐标系和规格化设备坐标系后，观察变换分为如图 6-19 所示的几个步骤，通常称为二维观察流程：① 在用户坐标系中生成图形；② 将用户坐标系下的图形描述变换到观察坐标系下，即进行坐标系间的变换；③ 在观察坐标系下对窗口进行裁剪，保留窗口内的图形；④ 裁剪之后进行窗口到视区的变换，即将观察坐标系中描述的窗口内容变换到规格化设备坐标系的视区中；⑤ 将视区中的图形内容变换到设备坐标系中输出。

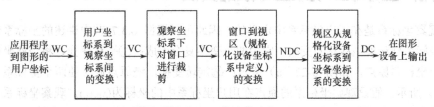

图6-19 二维观察流程

二维观察流程的设置，使图形系统可以用非常灵活的方式实现对图形的不同观察，获取诸如变焦距、整体放缩和漫游等图形显示效果。

如果将不同大小的窗口连续地映射到大小不变的视区中，可以得到变焦距的效果。当窗口变小时，由于视区大小不变，就可以放大图形对象的某一部分，从而观察到在较大窗口时未显示出的细节，如图 6-20（b）～（d）所示；而当窗口变大，视区不变时，则会缩小图形对象，从而观察到更加完整的图形对象，如图 6-20 中的（d）～（b）所示，这类似于照相机的变焦处理。

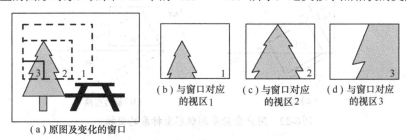

图6-20 变焦距效果（窗口变、视区不变）

当窗口大小不变而视区大小发生变化时，得到整体放缩效果。当窗口不变，视区缩小时，图形对象缩小，如图 6-21（b）～（d）所示；反之，当窗口不变，视区放大时，图形对象也放大，如图 6-21（d）～（b）所示。这种放缩不改变观察对象的内容。

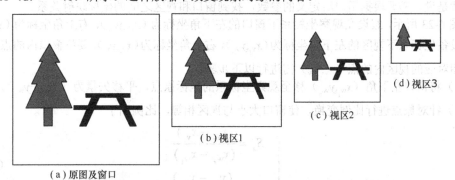

图6-21 整体放缩效果（窗口不变，视区变）

如果把一个固定大小的窗口在一幅大图形上移动，视区不变，则可产生漫游的效果，好像镜头在图形上游走一样。

二维观察流程中，要观察一个图形对象，必须进行用户坐标系到观察坐标系的变换、裁剪、窗口到视区的变换、规格化设备坐标系到设备坐标系的变换等步骤。下面分别说明（略去规格化设备坐标系到设备坐标系的变换）。

6.4.2 用户坐标系到观察坐标系的变换

由于观察坐标系是在用户坐标系中定义的，因此可以根据 6.3.7 节中讲述的坐标系间的变换进行用户坐标系到观察坐标系的变换。它由两个变换复合而成：①平移变换，将观察坐标系原点移动到用户坐标系原点，如图 6-22（a）所示；②旋转变换，绕原点旋转使两个坐标系重合，如图 6-22（b）所示。假设观察坐标系的原点在用户坐标系中的坐标为(x_0, y_0)，观察坐标系与用户坐标系之间的夹角为θ（图 6-22 中的θ值为负），则上述变换步骤用变换矩阵表示为

$$T = T_t T_r = \begin{bmatrix} 1 & 0 & 0 \\ 0 & 1 & 0 \\ -x_0 & -y_0 & 1 \end{bmatrix} \begin{bmatrix} \cos\theta & -\sin\theta & 0 \\ \sin\theta & \cos\theta & 0 \\ 0 & 0 & 1 \end{bmatrix} \tag{6-28}$$

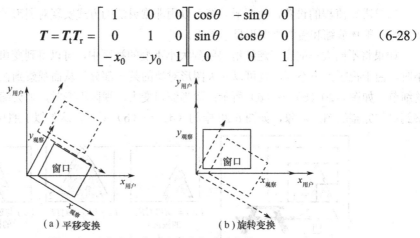

（a）平移变换　　　　　　　　　（b）旋转变换

图6-22　用户坐标系到观察坐标系的变换

6.4.3 窗口到视区的变换

为了全部、如实地在视区中显示窗口内的图形对象，必须求出图形在窗口和视区间的对应关系，也就是说，需要根据用户所定义的参数，找到窗口和视区之间的坐标映射关系。

如图 6-23 所示，假设在观察坐标系下窗口的左下角坐标为(x_{w_l}, y_{w_b})，右上角坐标为(x_{w_r}, y_{w_t})。规格化设备坐标系下视区的左下角坐标为(x_{v_l}, y_{v_b})，右上角坐标为(x_{v_r}, y_{v_t})。要将窗口内的点(x_w, y_w)映射到相对应的视区内的点(x_v, y_v)需进行以下步骤：

（1）将窗口左下角(x_{w_l}, y_{w_b})移至观察坐标系的坐标原点，平移矢量为$(-x_{w_l}, -y_{w_b})$。

（2）针对原点进行比例变换，使窗口大小与视区相等，比例因子

$$\begin{cases} S_x = \dfrac{(x_{v_r} - x_{v_l})}{(x_{w_r} - x_{w_l})} \\[2mm] S_y = \dfrac{(y_{v_t} - y_{v_b})}{(y_{w_t} - y_{w_b})} \end{cases} \tag{6-29}$$

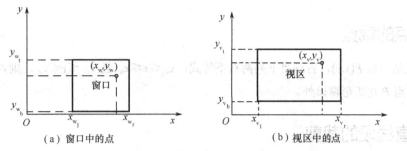

（a）窗口中的点　　　　　　　　　　（b）视区中的点

图6-23　窗口到视区的变换

（3）将窗口内的点映射到规格化设备坐标系的视区中，再进行反平移，将视区的左下角（此时在原点）移至规格化设备坐标系中视区的左下角，平移矢量为$(x_{v_1} y_{v_b})$。

将上述步骤用矩阵描述为

$$T = T_1 S T_2 = \begin{bmatrix} 1 & 0 & 0 \\ 0 & 1 & 0 \\ -x_{w_1} & -y_{w_b} & 1 \end{bmatrix} \begin{bmatrix} S_x & 0 & 0 \\ 0 & S_y & 0 \\ 0 & 0 & 1 \end{bmatrix} \begin{bmatrix} 1 & 0 & 0 \\ 0 & 1 & 0 \\ x_{v_1} & y_{v_b} & 1 \end{bmatrix}$$

（6-30）

$$= \begin{bmatrix} S_x & 0 & 0 \\ 0 & S_y & 0 \\ -x_{w_1} S_x + x_{v_1} & -y_{w_b} S_y + y_{v_b} & 1 \end{bmatrix}$$

$$P' = \begin{bmatrix} x_v & y_v & 1 \end{bmatrix} = PT = \begin{bmatrix} x_w & y_w & 1 \end{bmatrix} \begin{bmatrix} S_x & 0 & 0 \\ 0 & S_y & 0 \\ -x_{w_1} S_x + x_{v_1} & -y_{w_b} S_y + y_{v_b} & 1 \end{bmatrix}$$

（6-31）

值得注意的是，在窗口到视区的映射过程中包含了比例变换，比例因子分别为S_x和S_y，如果此时$S_x \neq S_y$，在视区内显示的图形与窗口内的图形形状和大小都发生变化，即图形发生了畸变，影响显示效果。为了避免这种情况，可以通过指定长宽比一致的窗口与视区来保证$S_x = S_y$。

6.5　裁剪

在二维观察中，需要在观察坐标系下对窗口进行裁剪，即只保留窗口内的那部分图形，去掉窗口外的图形。裁剪通常包含两个内容：一是判断一个图形元素与窗口区域之间的关系，二是求出窗口区域内的部分图形。图形的裁剪算法很多，算法效率常与计算机图形硬件水平及图形的复杂程度有关，要根据实际情况来选择合适的裁剪算法。

图形系统中，除了需注重裁剪算法本身的效率，还需要注重裁剪与其他处理过程的关系。比如，一般采用"先裁剪再扫描转换"的原则，可以避免对那些最后被裁剪掉的图元或图素进行无效的扫描转换。但若此时需要对比较复杂的图形，如圆弧、椭圆弧等，进行裁剪处理，则需要重新评估算法的执行效率。

以下介绍的裁剪算法中，除特殊说明外，均假设窗口是标准矩形，即边与坐标轴平行的矩形，由上（$y=y_{w_t}$）、下（$y=y_{w_b}$）、左（$x=x_{w_1}$）、右（$x=x_{w_r}$）4条边描述。

6.5.1 点的裁剪

对于任意一点 $P(x,y)$，若满足下列两对不等式：$x_{w_l} \leqslant x \leqslant x_{w_r}$ 且 $y_{w_b} \leqslant y \leqslant y_{w_t}$，则点 P 在矩形窗口内，否则点 P 在矩形窗口外。

6.5.2 直线段的裁剪

直线段的裁剪算法尽管相对来说比较简单，但在图形系统中十分重要。这时因为不仅大多数的图形可以采用直线段来组合，甚至复杂的高次曲线都可以采用直线段逼近。

在本节的叙述中，直线段用 $P_1(x_1,y_1)P_2(x_2,y_2)$ 表示。图 6-24 为直线段与裁剪窗口可能发生的三种关系，即完全落在窗口内（直线段 EF）、完全落在窗口外（直线段 CD、IJ）以及与窗口边界相交（直线段 AB、GH）。因此，要裁剪一条直线段，首先判断它是否完全落在裁剪窗口内，或者完全落在窗口外；如果既不能确定完全落在窗口内也不能确定完全落在窗口外，则计算它与一个或多个裁剪边界的交点。

直线段与窗口边界的交点可以分为实交点和虚交点，如图 6-25 所示。实交点是直线段与窗口矩形边界的交点，虚交点则是直线段与窗口矩形边界延长线或直线段的延长线与窗口矩形边界及其延长线的交点。根据交点计算方法的不同，将算法分为 Cohen-Sutherland 裁剪算法、中点分割算法和参数化方法等。

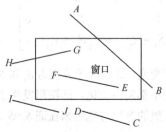

图6-24　直线段与窗口的关系

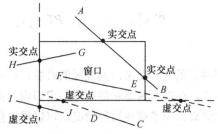

图6-25　实交点与虚交点

1．Cohen-Sutherland 裁剪算法

本算法又称为编码裁剪算法，作为最早和最流行的直线段裁剪算法，对每条直线段 $P_1(x_1,y_1)P_2(x_2,y_2)$ 分三种情况处理：

① 若点 P_1 和 P_2 完全在裁剪窗口内，则该直线段完全可见，"简取"之。

② 若点 P_1 和 P_2 均在窗口外，且在窗口的同一外侧，即满足下列 4 个条件之一：$x_1 < x_{w_l}$ 且 $x_2 < x_{w_l}$，$x_1 > x_{w_r}$ 且 $x_2 > x_{w_r}$，$y_1 < y_{w_b}$ 且 $y_2 < y_{w_b}$，$y_1 > y_{w_t}$ 且 $y_2 > y_{w_t}$，则该直线段完全不可见，"简弃"之。

③ 若直线段既不满足"简取"条件，也不满足"简弃"条件，则该直线段可能与窗口相交，此时需要对直线段按交点进行分段，分段后重复上述处理。

处理时，首先对直线段的端点进行编码，即对于直线段的任一端点 (x,y)，根据其坐标所在的区域，赋予它一个 4 位的二进制编码 $D_3D_2D_1D_0$。编码规则如下：

若 $x < x_{w_l}$，　　则 $D_0 = 1$，否则 $D_0 = 0$；　　若 $x > x_{w_r}$，　　则 $D_1 = 1$，否则 $D_1 = 0$；
若 $y < y_{w_b}$，　　则 $D_2 = 1$，否则 $D_2 = 0$；　　若 $y > y_{w_t}$，　　则 $D_3 = 1$，否则 $D_3 = 0$。

根据编码规则，窗口及其延长线所构成的 9 个区域的编码如图 6-26 所示。裁剪一条直线段时，

首先求出端点 P_1 和 P_2 的编码 code1 和 code2，然后进行如下处理：

① 若 code1 | code2=0，对直线段可"简取"之。因为，如果 code1 和 code2 按位或运算的结果为 0，则表示 code1＝code2＝0，即点 P_1 和 P_2 均在窗口内，那么整条直线段必在窗口内。

② 若 code1 & code2≠0，对直线段可"简弃"之。因为，如果 code1 和 code2 按位与运算的结果不为 0，则表示 code1 和 code2 至少在某一位上同为 1，此时点 P_1 和 P_2 均在窗口的同一外侧，那么整条直线段必在窗口外。

图6-26　窗口及区域编码

③ 若上述两条件均不成立，则需求出直线段与窗口边界的交点。在交点处把线段一分为二，其中必有一段完全在窗口外，可以"简弃"之。再对另一段重复进行上述处理，直到该线段完全被舍弃或者找到位于窗口内的一段线段为止。

实现时，通常首先检测直线段的端点 P_1，如果 P_1 在窗口外，则按照顺序从低位开始检测 P_1 的编码，根据值为 1 的编码位确定与 P_1P_2 求交的窗口边界，然后求交并用求出的交点代替 P_1，用新的 P_1P_2 重复计算；如果 P_1 在窗口内（实交点），则将 P_1 和 P_2 交换，再检测 P_1 的编码，继续求交过程。

对于端点坐标为 $P_1(x_1, y_1)$ 和 $P_2(x_2, y_2)$ 的直线段，与左、右边界交点的 y 坐标可以这样计算 $y=y_1+k(x-x_1)$。式中，x 取为 w_{w_1} 或 w_{w_r}，直线段的斜率为

$$k = \frac{y_2 - y_1}{x_2 - x_1}$$

与上、下边界交点的 x 坐标计算公式为

$$x = x_1 + \frac{y - y_1}{k}$$

式中，y 取为 y_{w_b} 或 y_{w_t}。

Cohen-Sutherland 直线段裁剪算法的步骤如下：

① 输入直线段的两端点坐标 $P_1(x_1, y_1)$，$P_2(x_2, y_2)$，以及窗口的 4 条边界坐标 y_{w_t}，y_{w_b}，x_{w_1} 和 x_{w_r}。

② 对 P_1、P_2 进行编码，点 P_1 的编码为 code1，点 P_2 的编码为 code2。

③ 若 code1 | code2=0，对直线段 P_1P_2 "简取"之，转⑥；否则，若 code1&code2≠0，对直线段 "简弃"之，转⑦；当上述两条均不满足时，进行步骤④。

④ 确保 P_1 在窗口外部。若 P_1 在窗口内，则交换 P_1 和 P_2 的坐标值和编码。

⑤ 根据 P_1 编码从低位开始找编码值为 1 的地方，从而确定 P_1 在窗口外的哪一侧，然后求出直线段与相应窗口边界的交点 S，并用交点 S 的坐标值替换 P_1 的坐标值，即在交点 S 处把线段一分为二，并去掉 P_1S 这一段。考虑到 P_1 是窗口外的一点，因此可以去掉 P_1S。转②。

⑥ 用直线扫描转换算法画出当前的直线段 P_1P_2。

⑦ 算法结束。

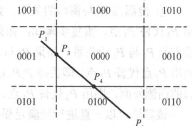

图6-27　直线段 P_1P_2 的编码裁剪

下面根据该算法步骤来裁剪如图 6-27 所示的直线段 P_1P_2。

首先对 P_1 和 P_2 进行编码，P_1 的编码 code1 为 0001，P_2 的编码 code2 为 0100。由于 code1 | code2≠0，且 code1 & code2=0，因此对直线段 P_1P_2 既不能"简

取"也不能"简弃"。故进行求交处理，由 code1=0001，从低位检测时，最后一位为 1，因此求直线段 P_1P_2 与窗口左边界交点 P_3，用 P_3 代替 P_1。

对 P_1（P_3）P_2 重复上述处理：P_1 的编码 code1 为 0000，P_2 的编码 code2 为 0100，因此对直线段 P_1P_2 既不能"简取"也不能"简弃"。由于 P_1（P_3）在窗口内，交换 P_1 和 P_2 的坐标值和编码，此时 code1=0100。按位检测 code1，其第二位的编码为 1，因此求直线段 P_1P_2（P_3）与窗口下边界的交点 P_4，丢弃 P_4P_1（原 P_2）。剩下的直线段 P_1（P_4）P_2（P_3）再进一步判断，code1 | code2=0，该直线段完全在窗口内，"简取"之。

Cohen-Sutherland 算法用编码方法实现了对完全可见和完全不可见直线段的快速接受和拒绝。这使它在两类裁剪场合中非常高效：一是大窗口的场合，其中大部分直线段为完全可见；另一类是窗口特别小的场合，其中大部分直线段完全不可见。虽然 Cohen-Sutherland 算法十分简洁，但有进一步优化的可能性。例如，由于直线段的斜率在裁剪前后保持不变，因此可以将斜率的计算放在主循环外面只计算一次；或者在直线段求交过程中，不是求出交点就选用，而是根据求出交点的编码是否为 0000 确定该交点是否选用（编码为 0 说明求出的交点为实交点），再处理直线段的另一个端点等。

2. 中点分割算法

在 Cohen-Sutherland 算法中，需要计算直线段与窗口边界的交点。如果不断地将直线段一分为二，则上述的求交过程可以用二分查找来取代，这就是中点分割算法。它是为了便于硬件实现而提出的，因为用硬件执行加法和除 2 运算非常快。事实上，用硬件实现除 2 运算只不过是将二进制数右移一位而已。例如，十进制数 10 可以表示为二进制数 1010，右移一位得到 0101，它对应的十进制数为 5=10/2。中点分割算法按照与 Cohen-Sutherland 算法相同的方式判断直线段是否完全落在窗口内或窗口的同一外侧，如果直线段既不能"简取"也不能"简弃"，则用直线段的端点将直线段分为两小段，并对每一小段重复判断，直到在给定误差范围内（如分割后的直线段长度小于 1 个像素时）所有的小段要么完全在窗口内，要么完全在窗口外为止。

但是这种方法的效率不高。考虑到中点分割算法的实质是用二分逼近来确定直线段与窗口边界的交点，可以用求出距离直线段一个端点最远且在窗口区域内的点的方法重新构造算法。假设 P_1 和 P_2 为直线段的端点，求距离 P_1 最远的可见点的算法步骤如下：

① 检测点 P_2 是否在窗口内，如果是，则 P_2 就是所求的点；否则进行下一步。

② 检测点 P_1 和 P_2 是否在窗口的同一外侧，若是，则直线段不在窗口内，直接返回；否则进行下一步。

③ 求出 P_1P_2 的中点 P_3。

④ 检测点 P_3 与窗口的关系。如果点 P_3 在窗口内，则用 P_3 代替 P_1 点，重复步骤③；如果 P_3 不在窗口内，则需要判断 P_3 与 P_2 的关系，如果 P_3 与 P_2 在窗口的同侧外面，则用 P_3 点代替 P_2 点，即丢掉 P_2P_3 段；如果 P_3 与 P_2 不在窗口的同侧外面，则用 P_3 代替 P_1 点，重复步骤③。

该算法可以一直进行到满足误差条件或者直线段无法再分为止。对直线段的两个端点应用上述算法，求出两个在窗口内的点，由它们构成的直线段就是所求的结果。

下面来看一个用中点分割算法裁剪如图 6-28 所示直线

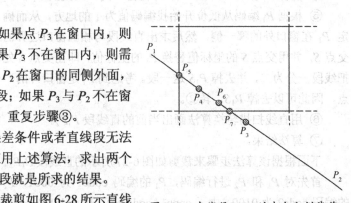

图6-28　直线段 P_1P_2 的中点分割裁剪

段 P_1P_2 的实例。首先对 P_1P_2 进行编码，P_1 的编码 code1 为 0001，P_2 的编码 code2 为 0110。由于 code1 | code2≠0，且 code1 & code2=0，因此对直线段 P_1P_2 既不能"简取"也不能"简弃"，进行中点分割处理。

P_1P_2 的中点为 P_3，P_3 与 P_2 在窗口的同一外侧，用 P_3 代替 P_2；求出 P_1P_2（原 P_3）的中点为 P_4，由于 P_4 在窗口内，则用 P_4 代替 P_1；求出 P_1（原 P_4）P_2（原 P_3）的中点 P_6，由于 P_6 在窗口内，用 P_6 代替 P_1（原 P_4）；求出 P_1（原 P_6）P_2（原 P_3）的中点 P_7，P_7 在窗口边界上，P_7 即为所求的点，处理完毕。类似地，可以求出距离直线段端点 P_2 最远且在窗口内的点 P_5，P_5P_7 即为直线段在窗口内的部分。

3. Liang-Barsky 算法

本算法又称梁友栋-Barsky 算法。在 Cohen-Suthenland 算法提出后，Cyrus 和 Beck 用参数化方法提出了针对凸多边形的裁剪算法，比编码方法更有效。梁友栋和 Barsky 针对标准矩形窗口，提出了更快的 Liang-Barsky 直线段裁剪算法。

Liang-Barsky 算法的基本出发点是直线的参数方程。对于端点为 (x_1, y_1) 和 (x_2, y_2) 的直线段，其参数方程为

$$\begin{cases} x = x_1 + u(x_2 - x_1) \\ y = y_1 + u(y_2 - y_1) \end{cases} \quad (0 \leqslant u \leqslant 1) \quad\quad (6\text{-}32)$$

式中，(x, y) 表示直线段上的任意一点。根据点裁剪的公式，若点 (x, y) 在由坐标 (x_{w_l}, y_{w_b}) 和 (x_{w_r}, y_{w_t}) 所确定的窗口内，则有下式成立

$$\begin{cases} x_{w_l} \leqslant x_1 + u(x_2 - x_1) \leqslant x_{w_r} \\ y_{w_b} \leqslant y_1 + u(y_2 - y_1) \leqslant y_{w_t} \end{cases}$$

即

$$u(x_1 - x_2) \leqslant x_1 - x_{w_l}$$
$$u(x_2 - x_1) \leqslant x_{w_r} - x_1$$
$$u(y_1 - y_2) \leqslant y_1 - y_{w_b}$$
$$u(y_2 - y_1) \leqslant y_{w_t} - y_1$$

令

$$p_1 = -(x_2 - x_1) \quad\quad q_1 = x_1 - x_{w_l}$$
$$p_2 = x_2 - x_1 \quad\quad q_2 = x_{w_r} - x_1$$
$$p_3 = -(y_2 - y_1) \quad\quad q_3 = y_1 - y_{w_b}$$
$$p_4 = y_2 - y_1 \quad\quad q_4 = y_{w_t} - y_1$$

于是有 $up_k \leqslant q_k$，$k=1, 2, 3, 4$。

首先分析 $p_k=0$ 的情况。若 $p_1=p_2=0$，则直线与窗口边界 x_{w_l} 和 x_{w_r} 平行，如图 6-29(a)所示。此时如果满足 $q_1<0$（直线 A）或 $q_2<0$（直线 F），则相应的有 $x_1<x_{w_l}$ 或 $x_{w_r}<x_1$，这样可以判断出直线段在窗口外，可删除。若 $q_1\geqslant0$ 且 $q_2\geqslant0$（直线段 B、C、D、E），则需进一步计算才能确定直线是否有在窗口内的部分。计算公式如下：

$$u_k = \frac{q_k}{p_k} (p_k \neq 0, k = 3, 4)$$

式中，u_k 是窗口边界及其延长线与直线段及其延长线的交点的对应参数值。此时分别计算

$$u_{max} = \max(0, u_k |_{p_k < 0})$$
$$u_{min} = \min(u_k |_{p_k > 0}, 1)$$

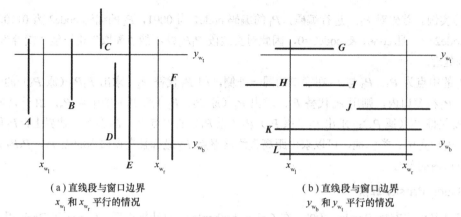

（a）直线段与窗口边界
x_{w_l} 和 x_{w_r} 平行的情况

（b）直线段与窗口边界
y_{w_b} 和 y_{w_t} 平行的情况

图6-29　直线段与窗口边界平行的情况

此时若 $u_{max}>u_{min}$，则直线段在窗口外，删除该直线。若 $u_{max}\leqslant u_{min}$，将 u_{max} 和 u_{min} 代入直线参数方程式（6-32），即求出直线段在窗口内部分的两个端点。

类似地，若 $p_3=p_4=0$，则直线与窗口边界 y_{w_b} 和 y_{w_t} 平行，如图6-29(b)所示。此时如果满足 $q_3<0$（直线 L）或 $q_4<0$（直线 G），相应的有 $y_1<y_{w_b}$ 或 $y_{w_t}<y_1$，则直线段在窗口外，可删除。若 $q_3\geqslant 0$ 且 $q_4\geqslant 0$（直线段 H、I、J 和 K），则进一步计算

$$u_k=\frac{q_k}{p_k}(p_k\neq 0, k=1,2)$$

再分别计算

$$u_{max}=\max(0,u_k\mid_{p_k<0}),\qquad u_{min}=\min(u_k\mid_{p_k>0},1)$$

此时若 $u_{max}>u_{min}$，则直线段在窗口外，删除该直线。若 $u_{max}\leqslant u_{min}$，将 u_{max} 和 u_{min} 代回直线参数方程式（6-32），即求出直线段在窗口内部分的两个端点。

对于 $p_k\neq 0$ 的情况，则直接求出直线段与窗口边界的交点对应的参数值

$$u_k=\frac{q_k}{p_k}(p_k\neq 0, k=1,2,3,4)$$

然后分别计算

$$u_{max}=\max(0,u_k\mid_{p_k<0},u_k\mid_{p_k<0}),\qquad u_{min}=\min(u_k\mid_{p_k>0},u_k\mid_{p_k>0},1)$$

此时若 $u_{max}>u_{min}$，则直线段在窗口外，删除该直线。若 $u_{max}\leqslant u_{min}$，将 u_{max} 和 u_{min} 代回直线参数方程（6-32），即求出直线段在窗口内部分的两个端点。

从上述的过程中可以看出，算法将直线段与窗口边界的实交点和虚交点分为两组，下限组以 $p_k<0$ 为特征，表示在该处直线段从裁剪边界延长线的外部延伸到内部；上限组以 $p_k>0$ 为特征，表示在该处直线段从裁剪边界延长线的内部延伸到外部。在有交点的情况下，下限组分布于直线段的起点一侧，上限组则分布于直线段终点一侧，则下限组的最大值和上限值的最小值就分别对应于直线段在窗口内部分的端点（假定存在）。

Liang-Barsky 算法的步骤：

① 输入直线段的两端点坐标 (x_1,y_1) 和 (x_2,y_2)，以及窗口的 4 条边界坐标 y_{w_t}、y_{w_b}、x_{w_l}、x_{w_r}。

② 若 $x=x_2-x_1=0$，则 $p_1=p_2=0$。此时进一步判断是否满足 $q_1<0$ 或 $q_2<0$，若满足，则该直线段不在窗口内，算法转⑦。否则，满足 $q_1\geqslant 0$ 且 $q_2\geqslant 0$，则进一步计算

$$u_{max}=\max(0,u_k\mid_{p_k<0}),\qquad u_{min}=\min(u_k\mid_{p_k>0},1)$$

式中，$u_k=q_k/p_k$ $(p_k\neq 0, k=3,4)$，算法转⑤。

③ 若 $y=y_2-y_1=0$，则 $p_3=p_4=0$。此时进一步判断是否满足 $q_3<0$ 或 $q_4<0$，若满足，则该直线段不在窗口内，算法转⑦。否则，满足 $q_1\geqslant 0$ 且 $q_2\geqslant 0$，则进一步计算

$$u_{\max} = \max(0, u_k \mid_{p_k<0}), \quad u_{\min} = \min(u_k \mid_{p_k>0}, 1)$$

式中，$u_k = q_k / p_k \ (p_k \neq 0, k=1,2)$。算法转⑤。

④ 若上述两条均不满足，则有 $p_k \neq 0\ (k=1,2,3,4)$。此时计算

$$u_{\max} = \max(0, u_k \mid_{p_k<0}, u_k \mid_{p_k<0}), \quad u_{\min} = \min(u_k \mid_{p_k>0}, u_k \mid_{p_k>0}, 1)$$

式中，$u_k = q_k / p_k \ (p_k \neq 0, k=1,2,3,4)$。

⑤求得 $u_{\max}$ 和 $u_{\min}$ 后，进行判断：若 $u_{\max}>u_{\min}$，则直线段在窗口外，算法转⑦；若 $u_{\max}\leqslant u_{\min}$，利用直线的参数方程

$$\begin{cases} x = x_1 + u(x_2 - x_1) \\ y = y_1 + u(y_2 - y_1) \end{cases}$$

求得直线段在窗口内的两端点坐标。

⑥ 利用直线的扫描转换算法绘制在窗口内的直线段。

⑦ 算法结束。

【程序 6-1】 Liang-Barsky 算法的 C 语言程序。

```
Int LBLineClipTest(float p, float q, float &umax, float &umin) {
    float r=0.0;
    if(p < 0.0){                                    // p 小于 0 时比较最大值
        r=q/p;
        if(r > umin)        return 0;               // umax 小于 umin 直线段才有在窗口内的部分
        else if(r > umax )  umax =r;
    }
    else if(p > 0.0){                               // p 大于 0 时比较最小值
        r=q/p;
        if(r < umax)        return 0;               // umax 小于 umin 直线段才有在窗口内的部分
        else if(r < umin )  umin =r;
    }
    else if(q < 0.0)  return 0;                     // 处理 p=0 的情况
    return 1;
}
void LBLineClip(float xwl, float xwr, float ywb, float ywt, float x1, float y1,
                float x2, float y2) {
    float umax, umin, deltax, deltay;
    deltax = x2-x1;  deltay = y2-y1;  umax=0.0;  umin=1.0;
    if(LBLineClipTest (-deltax, x1-xwl, umax, umin)){            // 处理左边界交点
        if (LBLineClipTest (deltax, xwr-x1, umax, umin)){        // 处理右边界交点
            if(LBLineClipTest (-deltay, y1-ywb, umax, umin)){    // 处理下边界交点
                if (LBLineClipTest (deltay, ywt-y1, umax, umin)){ // 处理上边界交点
                    x1 = int (x1+ umax *deltax+0.5);
                    y1 = int (y1 +umax *deltay+0.5);
                    x2 = int (x1+ umin *deltax+0.5);
                    y2 = int (y1+ umin *deltay+0.5);
                }
                Bresenhamline(x1, y1, x2, y2);
```

```
                }
            }
        }
    }
```

4．其他裁剪算法简介

以上介绍的 Cohen–Sutherland 算法、中点分割算法和 Liang-Barsky 算法均可以扩展为三维裁剪算法，但它们只能应用于矩形窗口的情况。在某些应用中，需要用任意形状的多边形对直线段裁剪。基于参数方程的算法，如 Cyrus-Beck 算法，适用于任意的凸多边形窗口。Liang-Barsky 算法也可以扩展到凸多边形窗口。若窗口是凹多边形，则可以将其分解为一组凸多边形后，再用参数化方法裁剪。

常用的高效的直线段裁剪算法还有 Nicholl-Lee-Nicholl 算法，此算法用于二维直线段的裁剪具有较高的效率，但不能扩展到三维。

6.5.3 多边形的裁剪

多边形由直线段首尾相连构成，因此看上去可以直接用上述的直线段裁剪算法对多边形的每条边进行裁剪，获取裁剪结果，然而事实并非如此。假定直接用上述直线段裁剪算法对图 6-30(a) 中所示多边形进行裁剪，其结果如图 6-30(b)所示，是一些不相连接的直线段。多边形裁剪需要得到的是如图 6-30(c)所示的封闭区域。因此，需要构造能产生一个或多个封闭区域的多边形裁剪算法。这里，多边形裁剪算法的输出为给出裁剪后的多边形边界的顶点序列。

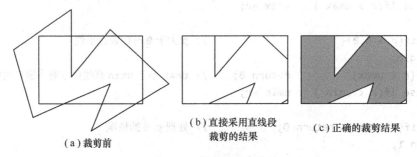

（a）裁剪前　　　　　（b）直接采用直线段　　　　（c）正确的裁剪结果
　　　　　　　　　　　裁剪的结果

图6-30　多边形的裁剪

1．Sutherland-Hodgeman 多边形裁剪

本算法又称为逐边裁剪算法，其基本思想是将多边形的边界作为一个整体，每次用窗口的一条边界对要裁剪的多边形进行裁剪，体现"分而治之"的思想。如图 6-31 所示，每次裁剪时把落在窗口外部区域的图形去掉，只保留落在窗口内部区域的图形，并把它作为下一次裁剪的多边形。依次用窗口的 4 条边界（按任意顺序均可，这里采用左、下、右、上的顺序）对多边形进行裁剪，则原始多边形即被裁剪完毕。

如图 6-32 所示，窗口的一条边及其延长线构成的裁剪线把平面分为两个区域，包含有窗口区域的一个域称为可见侧；不包含窗口区域的域为不可见侧。这样，沿着多边形依次处理顶点会遇到四种情况：**一是第一点 S 在不可见侧而第二点 P 在可见侧**，如图 6-32(a)所示，则多边形的该边与窗口边界的交点 I 与第二点 P 均被加入到输出顶点表中；**二是点 S 和 P 都在可见侧，则 P 被加入到输出顶点表中**，如图 6-32(b)所示；**三是 S 在可见侧，而 P 在不可见侧，则交点 I 被加入到输**

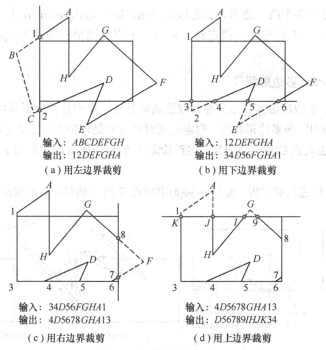

输入：*ABCDEFGH*
输出：12*DEFGHA*

（a）用左边界裁剪

输入：12*DEFGHA*
输出：34*D*56*FGHA*1

（b）用下边界裁剪

输入：34*D*56*FGHA*1
输出：4*D*5678*GHA*13

（c）用右边界裁剪

输入：4*D*5678*GHA*13
输出：*D*56789*IHJK*34

（d）用上边界裁剪

图6-31 用窗口的4条边界依次裁剪多边形

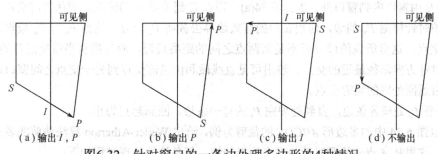

（a）输出*I*，*P*   （b）输出*P*   （c）输出*I*   （d）不输出

图6-32 针对窗口的一条边处理多边形的4种情况

出顶点表中，如图 6-32(c)所示；**四是**如果 *S* 和 *P* 都在不可见侧，输出顶点表中不增加任何顶点，如图 6-32(d)所示。在窗口的一条裁剪边界处理完所有顶点后，其输出顶点表将用窗口的下一条边界继续裁剪。读者可以按此方法验证图 6-31 的结果。

要实现上述算法，就要为窗口各边界裁剪的多边形存储输入与输出顶点表，如果每步仅裁剪点且将裁剪后的顶点传输到下一边界的裁剪程序，就可以减少中间输出顶点表。这样可以用并行处理器或单处理器的裁剪算法的流水线完成。只有当一个点（输入点或交点）被窗口的 4 条边界都判定在窗口内或在窗口边界上时，才加入到输出顶点表。因此，该算法特别适合于用硬件实现。

可以验证，凸多边形可以用 Sutherland-Hodgeman 算法获得正确的裁剪结果，且可以很容易地将该算法推广到任意凸多边形裁剪窗口和三维任意凸多面体裁剪窗口的情况。但该算法在处理凹多边形时，会遇到一些问题：只能对裁剪之后仍为一个连通图的凹多边形（图 6-31 中的凹多边形）产生正确的裁剪结果。对图 6-33(a)所示的凹多边形裁剪后，会产生一些多余的边，如图 6-33(b)中产生的边 V_2V_3。

为了正确地裁剪凹多边形，可以从以下几方面入手。一是将凹多边形分割成两个或更多的凸多边形，然后分别处理各个凸多边形。二是修改 Sutherland-Hodgeman 算法，沿着任何一个裁剪窗口边界检查顶点表，正确地连接顶点对。还可以采用更通用的多边形裁剪方法，如 Weiler-Atherton 算法。

2．Weiler-Atherton 多边形裁剪

Weiler-Atherton 多边形裁剪算法又称为双边裁剪算法，最初是作为识别可见面的方法而提出的，可用于任意凸的和凹的多边形裁剪。假定按顺时针方向处理顶点，且将用户多边形定义为 P_s，窗口矩形为 P_w。算法从 P_s 的任一点出发，跟踪检测 P_s 的每一条边，当 P_s 与 P_w 相交时（实交点），按如下规则处理：

① 若是由窗口外进入窗口内，如图 6-34(a)中顶点 B 到 C 的情况，则输出可见直线段，转③。

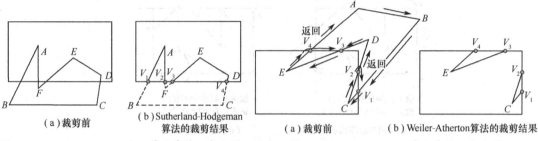

（a）裁剪前　（b）Sutherland-Hodgeman算法的裁剪结果　　　　　　　（a）裁剪前　　　（b）Weiler-Atherton算法的裁剪结果

图6-33　Sutherland-Hodgeman算法裁剪凹多边形　　　　图6-34　Weiler-Atherton算法裁剪凹多边形

② 若是由窗口内到窗口外，如图 6-34(a)中顶点 C 到顶点 D 的情况，则从当前交点开始，沿窗口边界顺时针检测 P_w 的边，即用窗口的有效边界去裁剪 P_s 的边，找到 P_s 与 P_w 最靠近当前交点的另一交点。这里所说的最靠近不是指两点之间的距离最短，而是指从当前交点开始沿着 P_w 的边界顺时针方向路径最短的交点。输出可见直线段和由当前交点到另一交点之间窗口边界上的线段，然后返回处理的当前交点。

③ 沿着 P_s 处理各条边，直到处理完 P_s 的每一条边，回到起点为止。

下面以图 6-34 中的多边形 $ABCDE$ 的裁剪为例，给出 Weiler-Atherton 算法裁剪凹多边形的过程和结果。这里从 A 点开始顺时针处理多边形的边，每条边的处理过程如下：

① AB 段。AB 均在窗口外，不输出。

② BC 段。由窗口外进入窗口内，输出可见直线段 V_1C。实现时可直接利用直线段裁剪算法。

③ CD 段。由窗口内到窗口外，首先输出可见直线段 CV_2，然后从 V_2 开始沿窗口边界顺时针寻找路径最短的交点，即沿 V_2 所在的窗口边界（上边界）查找，找到交点 V_1，输出 V_2V_1；如果此时没有找到交点，则输出 V_1 与上边界右端点构成的直线段，然后沿着顺时针方向的下一条边界（右边界）查找，如此直至找到一个交点为止。

④ DE 段。由窗口外进入窗口内，输出可见直线段 V_3E。

⑤ EA 段。由窗口内到窗口外，首先输出可见直线段 EV_4，然后从 V_4 开始沿窗口边界顺时针寻找路径最短的交点 V_3，输出 V_4V_3。

⑥ 将所有输出的直线段重新构成结果多边形，算法结束。

Weiler-Atherton 算法由于需要反复求 P_s 的每一条边与 P_w 的 4 条边以及 P_w 的每一条有效边与 P_s 的全部边的交点，因而计算工作量很大。

Weiler-Atherton 算法进一步发展为 Weiler 算法，引入实体造型的思想，用任意多边形裁剪窗口来裁剪多边形，图 6-35 显示了该方法的应用情况，其中多边形的正确的裁剪结果是多边形窗口

和被裁剪多边形的交集。另外，各种参数化直线段裁剪算法可按与 Sutherland-Hodgeman 裁剪算法类似的思想进行扩展，扩展后的多边形裁剪算法尤其适合于凸多边形裁剪窗口的情况。

图6-35　裁剪多边形

6.5.4　其他裁剪

1．曲线边界对象的裁剪

曲线边界对象的裁剪过程由于涉及非线性方程，因此与线性边界对象的裁剪相比需要更多的处理。通常采用先判断外接矩形的方式来进行加速，即首先用曲线边界对象的外接矩形来测试是否与矩形裁剪窗口有重叠，如果对象的外接矩形完全落在裁剪窗口内，则完全保留该对象；如果对象的外接矩形完全落在裁剪窗口外，则舍弃该对象。这两种情况都不必考虑进一步的计算。若不满足上述矩形测试条件，则要解直线-曲线联立方程组，求出裁剪交点。

该方法同样可以用于任意的多边形裁剪窗口对曲线边界对象的裁剪。先用裁剪区域的外接矩形对对象的外接矩形进行裁剪，如果两个区域有重叠，则再进一步处理。

2．文字裁剪

文字裁剪的策略包括串精度裁剪、字符精度裁剪以及笔画像素精度裁剪（如图 6-36 所示）。采用串精度进行文字裁剪时，当字符串中的所有字符都在裁剪窗口内时，就全部保留它，否则舍弃整个字符串，如图 6-36(b)所示。该方法裁剪文字的速度最快，但最粗糙。

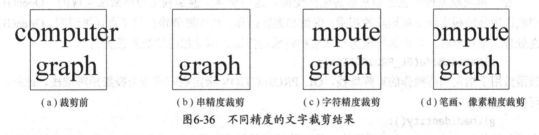

（a）裁剪前　　　　　（b）串精度裁剪　　　　（c）字符精度裁剪　　　（d）笔画、像素精度裁剪

图6-36　不同精度的文字裁剪结果

采用字符精度裁剪文字时，会将单个字符作为一个整体，不完全落在窗口内的字符都会被舍弃，如图 6-36(c)所示。

图 6-36(d)是采用笔画、像素精度进行文字裁剪时的情况，这时需要判断字符串中各字符的笔画的哪些部分、哪些像素落在窗口内，从而保留窗口内的部分，舍弃窗口外的部分。这种策略更为准确：即使字符只有一部分在窗口内，也把这一部分显示出来。对于点阵字符，要在写入字符点阵位图对应的像素之前，先判断该像素是否在窗口内，若该像素在窗口内则写入，否则不写。矢量字符要对跨越窗口边界的笔画进行裁剪，舍弃笔画伸到窗口外的部分，保留笔画在窗口内的部分，这个问题可以转化为直线段或者曲线段的裁剪。

3．外部裁剪

以上叙述中均考虑的是舍弃裁剪区域外的所有图形，保留裁剪区域内的图形部分。但在有的情形下，需要保留落在裁剪区域外的图形部分，舍弃裁剪区域内的所有图形，这种裁剪过程称为外部裁剪或空白裁剪。外部裁剪的典型应用是 Windows 操作系统中的多窗口情形。如图 6-37 所示，当屏幕上有多个窗口显示时，当前使用窗口会覆盖在其他窗口上，这时会进行外部裁剪，即去掉被覆盖窗口的被覆盖部分，没有被当前使用窗口覆盖的部分则保留下来。

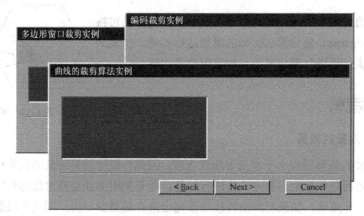

图6-37　多窗口情况下的外部裁剪

6.6　OpenGL 中的二维观察变换

由于 OpenGL 主要为三维应用而设计，因此为二维观察变换设计的函数较少，主要是关于窗口和视区设置的函数。一般来说，实现二维观察主要有以下三个步骤。

1. 指定矩阵堆栈

在二维观察流程中包含非常多的坐标变换，这些坐标变换是利用矩阵乘法实现的。OpenGL 中利用矩阵堆栈实现变换矩阵的相乘、保留和删除操作，具体细节将在第 7 章详细说明。OpenGL 在处理二维观察时，是将其处理为空间某种特殊的投影，因此相应的矩阵设置为

```
glMatrixMode(GL_PROJECTION);
```

该函数用于指定当前操作的矩阵堆栈，GL_PROJECTION 指定矩阵堆栈为投影矩阵堆栈。此外，可以调用函数

```
glLoadIdentity();
```

完成初始化。glLoadIdentity()函数将当前矩阵堆栈的栈顶矩阵置为单位矩阵，此时没有任何的变换。一般在指定当前矩阵堆栈之后都会调用 glLoadIdentity()函数，以保证每次变换都是重新开始，避免与前面的变换混在一起。

2. 指定裁剪窗口

在 OpenGL 实用函数库中，提供了一个用于定义二维裁剪窗口的函数

```
gluOtho2D(xwmin, xwmax, ywmin, ywmax);
```

其中，双精度浮点数 xwmin、xwmax、ywmin、ywmax 分别对应裁剪窗口的左、右、下、上 4 条边界。如果没有为应用程序指定裁剪窗口，系统将使用默认的裁剪窗口，4 条边界分别为 x_{w_l}=-1.0，x_{w_r}=1.0，y_{w_t}=-1.0，y_{w_b}=1.0。这时，裁剪窗口是一个以坐标原点为中心，边长为 2 的正方形。

3. 指定视区

OpenGL 提供了在屏幕坐标系下指定矩形视区的函数

```
glViewPort(xvmin, yvmin, vpWidth, vpHeighht);
```

其中，xvmin 和 yvmin 指定对应于屏幕上显示窗口中的矩形视区的左下角坐标，单位为像素；整型值 vpWidth 和 vpHeighht 指定视区的宽度和高度。这样，glViewPort()函数在屏幕的显示窗口中

指定了以(xvmin, yvmin)为左下角点、以(xvmin+vpWidth, yvmin+vpHeight)为右上角点的矩形视区。

如果在程序中没有调用 glViewPort()函数，则系统使用默认的视区，其大小和位置与显示窗口保持一致。注意，二维观察变换中包含了窗口到视区的映射，为了使窗口中的图形在视区中保持形状不变，需要保证映射时高度和宽度方向的比例因子相等。在实际应用中，常常通过设定宽高比相等的窗口和视区来保证图形不发生变形。

在某些特殊的应用中，还可以指定多个视区，此时可以利用函数

```
glGetIntegerv(GL_VIEWPORT, vpArray);
```

来获得当前活动的视区。其中，vpArray 是一个单下标四元素的，按视区参数 xvmin、yvmin、vpWidth、vpHeightht 顺序存储的矩阵。

程序 6-2 给出了一个二维观察变换的例子，在一个显示窗口内指定了多个视区，分别显示具有相同坐标、不同颜色和不同显示模式的三角形面，其结果如图 6-38 所示。

【程序 6-2】 多视区的显示示例。

```
#include <gl/glut.h>
void initial(void) {
    glClearColor(1.0, 1.0, 1.0, 1.0);
    glMatrixMode (GL_PROJECTION);
    glLoadIdentity();
    gluOrtho2D(-10.0, 10.0, -10.0, 10.0);             // 指定二维裁剪窗口
}
void triangle (GLsizei mode) {
    if(mode == 1)
        glPolygonMode(GL_FRONT_AND_BACK,GL_LINE);     // 多边形模式为线框
    else
        glPolygonMode(GL_FRONT_AND_BACK,GL_FILL);     // 多边形模式为填充多边形
     glBegin(GL_TRIANGLES);
    glVertex2f(0.0, 5.0);
    glVertex2f(5.0, -5.0);
    glVertex2f(-5.0, -5.0);
    glEnd();
}
void Display(void) {
    glClear(GL_COLOR_BUFFER_BIT);
    glColor3f(1.0, 0.0, 0.0);
    glViewport(0, 0, 200, 200);                       // 指定从 0, 0 开始，长宽均为 200 的视区
    triangle(1);
    glColor3f(0.0, 0.0, 1.0);
    glViewport(200, 0, 200, 200);                     // 指定从 200, 0 开始，长宽均为 200 的视区
    triangle(2);
    glFlush();
}
void main(void) {
    glutInitDisplayMode(GLUT_SINGLE | GLUT_RGB);
    glutInitWindowPosition(100, 100);
    glutInitWindowSize(400, 200);
    glutCreateWindow("多视区");
    initial();
    glutDisplayFunc(Display);
```

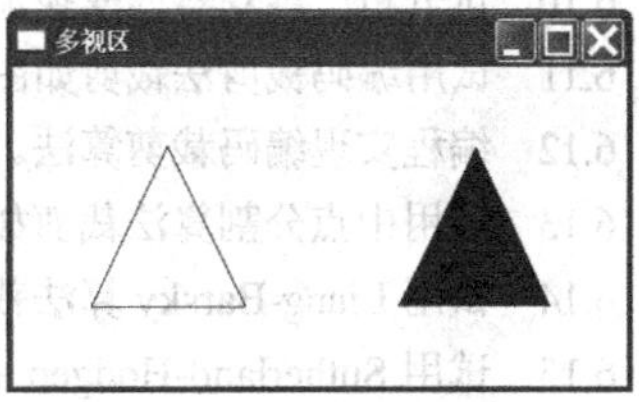

图6-38　程序6-2的运行结果

```
        glutMainLoop();
}
```

习题 6

6.1 名词解释：齐次坐标、规范化齐次坐标、图形的几何变换、光栅变换、仿射变换、窗口、视区、二维观察流程、变焦距效果、整体放缩效果、串精度裁剪、字符精度裁剪、笔画（像素）精度裁剪、外部裁剪。

6.2 已知二维变换矩阵 $T_{2D} = \begin{bmatrix} a & b & p \\ c & d & q \\ l & m & s \end{bmatrix}$，如果对二维图形各点坐标进行变换，试说明矩阵 T_{2D} 中各元素在变换中的具体作用。

6.3 试推导将二维平面上任意直线段 $P_1(x_1, y_1)P_2(x_2, y_2)$ 转换成与 x 轴重合的变换矩阵（直线段 P_1P_2 与 x 轴的夹角 ≤45°）。

6.4 已知点 $P(x_p, y_p)$ 及直线 L 的方程 $Ax+By+C=0$，试推导一个相对 L 作对称变换的变换矩阵 T，使点 P 的对称点 P' 满足 $P'=PT$。

6.5 试证明下列操作序列的变换矩阵满足交换律：

（1）两个连续的旋转变换。 （2）两个连续的平移变换。

（3）两个连续的比例变换。 （4）一个整体比例变换和一个旋转变换。

（5）一个绕原点的旋转变换和一个对称于原点的比例变换。

6.6 试证明相对于原点的旋转变换可以等价为一个比例变换和一个错切变换的复合变换。

6.7 如图 6-39 所示四边形 $ABCD$，求绕 $P(5,4)$ 点分别旋转 45° 和 90° 的变换矩阵，并求出各端点的坐标，画出变换后的图形。

6.8 试证明仿射变换的平行线不变性。

6.9 编制程序实现多边形的平移、比例、旋转、对称和错切等二维仿射变换。

6.10 试分析二维观察的变换流程，要求用矩阵形式写出变换的具体过程。

6.11 试用编码裁剪法裁剪如图 6-40 所示线段。

6.12 编程实现编码裁剪算法。

6.13 试用中点分割算法裁剪如图 6-40 所示线段。

6.14 试用 Liang-Barsky 算法裁剪如图 6-40 所示线段。

6.15 试用 Sutherland-Hodgeman 算法对如图 6-41 所示的多边形进行裁剪，要求画出每次裁剪对应的图形，并标明输入和输出的顶点。

6.16 试用 Weiler-Atherton 算法对如图 6-41 所示的多边形进行裁剪，要求写出每步裁剪的结果，并标明输入和输出的顶点，并与 6.15 题得到的裁剪结果进行比较。

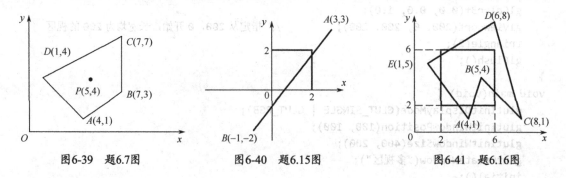

图6-39 题6.7图 　　图6-40 题6.15图 　　图6-41 题6.16图

第 7 章 三维变换及三维观察

三维图形变换包括三维几何变换和投影变换，通过它可由简单图形得到复杂图形，可以用二维图形表示三维对象。基于三维图形变换，可以在用户对图形进行交互式处理的过程中，随时随地对图形进行一系列连续的图形变换，达到用户的观察要求。

7.1 三维变换的基本概念

7.1.1 几何变换

同二维的情况类似，三维图形的几何变换是指对三维图形的几何信息经过平移、比例、旋转等变换后产生新的三维图形。复杂图形的几何变换可以通过变换矩阵对图形的基本元素点、线和面的作用而实现，其中对点的矩阵变换是这些变换的基础。

7.1.2 三维齐次坐标变换矩阵

在定义了规范化齐次坐标系之后，三维图形变换可以表示为图形点集的规范化齐次坐标矩阵与某一变换矩阵相乘的形式。三维齐次坐标变换矩阵，简称三维变换矩阵，其形式是

$$\boldsymbol{T}_{3D} = \begin{bmatrix} a & b & c & p \\ d & e & f & q \\ g & h & i & r \\ l & m & n & s \end{bmatrix}$$

这样，三维空间中的某点的三维变换可以表示成点的规范化齐次坐标矩阵与三维齐次坐标变换矩阵 $\boldsymbol{T}_{3D}$ 相乘的形式，即

$$[x' \quad y' \quad z' \quad 1] = [x \quad y \quad z \quad 1]\, \boldsymbol{T}_{3D} = [x \quad y \quad z \quad 1] \left[\begin{array}{ccc|c} a & b & c & p \\ d & e & f & q \\ g & h & i & r \\ \hline l & m & n & s \end{array}\right] \tag{7-1}$$

根据 $\boldsymbol{T}_{3D}$ 在变换中所起的具体作用，进一步可以将 $\boldsymbol{T}_{3D}$ 分成 4 个子矩阵。

$\boldsymbol{T}_1 = \begin{bmatrix} a & b & c \\ d & e & f \\ g & h & i \end{bmatrix}$ 为 3×3 阶子矩阵，作用是对点进行比例、对称、旋转和错切变换。

$\boldsymbol{T}_2 = [l \quad m \quad n]$ 为 1×3 阶子矩阵，作用是对点进行平移变换。

$$T_3 = \begin{bmatrix} p \\ q \\ r \end{bmatrix}$$ 为 3×1 阶子矩阵，作用是进行透视投影变换。

$T_4 = [s]$ 为 1×1 阶子矩阵，作用是产生整体比例变换。

7.1.3 平面几何投影

投影变换是把三维立体（或物体）投射到投影面上得到二维平面图形。因为不管是显示屏幕还是绘图仪的台面，它们都是二维的，需要实施三维到二维的变换才能在平面上表现三维立体。对于各种类型的投影变换同样可以用矩阵方法来讨论。投影变换分为平面几何投影和观察投影。平面几何投影主要指平行投影和透视投影，通过平面几何投影变换将得到三维立体的常用平面图形，如三视图、轴测图、透视图等。观察投影是指在观察空间下进行的图形投影变换。

图 7-1 是将三维空间中的物体（直线段 AB）经过平面几何投影变换到二维平面上的过程。先在三维空间中选择一个点为投影中心(或称为投影参考点)，再定义一个不经过投影中心的投影面，连接投影中心与三维物体（直线段 AB）的线，称为投影线。投影线或其延长线将与投影面相交，在投影面上形成物体的像，这个像称为三维物体在二维投影面上的投影。实际上，投影中心相当于人的视点，投影线相当于视线。

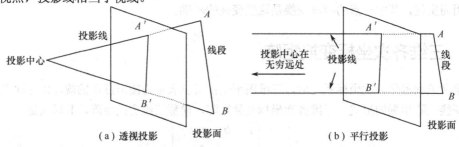

（a）透视投影 （b）平行投影

图 7-1 线段 AB 的平面几何投影

平面几何投影可分为两大类，即透视投影和平行投影。它们的本质区别在于透视投影的投影中心到投影面之间的距离是有限的，如图 7-1(a)所示；平行投影的投影中心到投影面之间的距离是无限的，如图 7-1(b)所示。平行投影根据投影线与投影面之间的夹角不同，可进一步分为正投影和斜投影，其中正投影的投影线与投影面垂直，如图 7-2(b)和(c)所示。

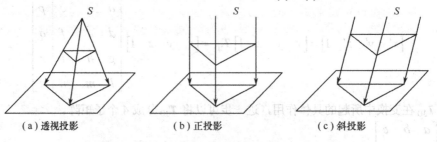

（a）透视投影 （b）正投影 （c）斜投影

图 7-2 平面几何投影分为透视投影和平行投影

当投影中心在无限远时，投影线相互平行。所以定义平行投影时，给出投影线的方向即可，定义透视投影时，由于投影线从投影中心出发，视线是不平行的，需要明确指定投影中心的位置。

如图 7-3 所示，通常的透视投影有一点透视、二点透视和三点透视。正投影多数用于产生物体的主视图、俯视图和侧视图。有时需要形成物体多个侧面的正投影，称为正轴测投影，最常用的正轴测投影是正等测投影。斜（轴测）投影又包括斜等测投影和斜二测投影。7.3 节将对各种投影的定义、特性和数学计算方法进行介绍。

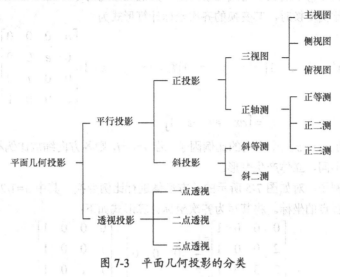

图 7-3 平面几何投影的分类

7.2 三维几何变换

有关二维图形几何变换的讨论基本都适合三维空间，只不过三维空间的几何变换要复杂。从工程设计的角度看，三维空间几何变换直接与显示、造型有关，因此显得尤其重要。由于点的变换是三维变换的基础，因此在下面的叙述中均假设三维空间中变换前的一点为 $P(x, y, z)$，变换后为 $P'(x', y', z')$。

7.2.1 三维基本几何变换

同二维基本几何变换一样，三维基本几何变换都是相对于坐标原点和坐标轴进行的几何变换，有平移、比例、旋转、对称和错切等。

图 7-4 三维平移变换

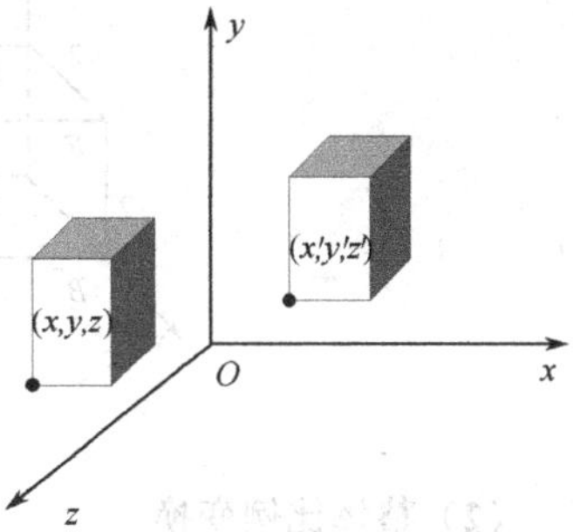

1. 平移变换

如图 7-4 所示，若三维物体沿 x、y、z 方向上移动一个位置，而物体的大小与形状均不变，则称为平移变换。点 P'的齐次坐标计算形式如下：

$$
\begin{bmatrix} x' & y' & z' & 1 \end{bmatrix} = \begin{bmatrix} x & y & z & 1 \end{bmatrix} \boldsymbol{T}_{\mathrm{t}} = \begin{bmatrix} x & y & z & 1 \end{bmatrix} \begin{bmatrix} 1 & 0 & 0 & 0 \\ 0 & 1 & 0 & 0 \\ 0 & 0 & 1 & 0 \\ T_x & T_y & T_z & 1 \end{bmatrix} \tag{7-2}
$$

$$
= \begin{bmatrix} x+T_x & y+T_y & z+T_z & 1 \end{bmatrix}
$$

注意，若 T_x、T_y、T_z 为负，表示其沿坐标轴的逆向运动。

2. 比例变换

（1）局部比例变换

局部比例变换由 $\boldsymbol{T}_{3D}$ 中的主对角线元素决定，其他元素均为零。当对 x、y、z 方向分别用不同的比例因子进行比例变换时，其变换的齐次坐标计算形式为

$$[x' \quad y' \quad z' \quad 1] = [x \quad y \quad z \quad 1]\boldsymbol{T}_{\mathrm{s}} = [x \quad y \quad z \quad 1]\begin{bmatrix} a & 0 & 0 & 0 \\ 0 & e & 0 & 0 \\ 0 & 0 & i & 0 \\ 0 & 0 & 0 & 1 \end{bmatrix} \qquad (7\text{-}3)$$

$$= [ax \quad ey \quad iz \quad 1]$$

式中，a、e、i 分别为 x、y、z 三个方向的比例因子。若 $a=e=i$，则各方向缩放比例相同；若 $a \neq e \neq i$，则各方向缩放比例不同，立体产生变形。

下面来看一个例子，对如图 7-5 所示的长方形体进行比例变换，其中 $a=1/2$，$e=1/3$，$i=1/2$，求变换后长方形体各点的坐标。将其写为齐次坐标计算形式如下：

$$\begin{bmatrix} 0 & 0 & 0 & 1 \\ 2 & 0 & 0 & 1 \\ 2 & 3 & 0 & 1 \\ 0 & 3 & 0 & 1 \\ 0 & 0 & 2 & 1 \\ 2 & 0 & 2 & 1 \\ 2 & 3 & 2 & 1 \\ 0 & 3 & 2 & 1 \end{bmatrix} \begin{bmatrix} \dfrac{1}{2} & 0 & 0 & 0 \\ 0 & \dfrac{1}{3} & 0 & 0 \\ 0 & 0 & \dfrac{1}{2} & 0 \\ 0 & 0 & 0 & 1 \end{bmatrix} = \begin{bmatrix} 0 & 0 & 0 & 1 \\ 1 & 0 & 0 & 1 \\ 1 & 1 & 0 & 1 \\ 0 & 1 & 0 & 1 \\ 0 & 0 & 1 & 1 \\ 1 & 0 & 1 & 1 \\ 1 & 1 & 1 & 1 \\ 0 & 1 & 1 & 1 \end{bmatrix}$$

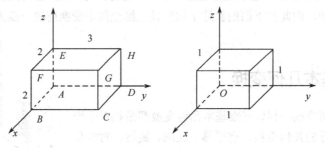

图 7-5　三维比例变换示例

（2）整体比例变换

若对 x、y、z 用同一比例进行变换，即整体比例变换，可采用以下齐次坐标计算形式：

$$[x' \quad y' \quad z' \quad 1] = [x \quad y \quad z \quad 1]\boldsymbol{T}_{\mathrm{s}} = [x \quad y \quad z \quad 1]\begin{bmatrix} 1 & 0 & 0 & 0 \\ 0 & 1 & 0 & 0 \\ 0 & 0 & 1 & 0 \\ 0 & 0 & 0 & s \end{bmatrix} \qquad (7\text{-}4)$$

$$= [x \quad y \quad z \quad s] = \left[\dfrac{x}{s} \quad \dfrac{y}{s} \quad \dfrac{z}{s} \quad 1\right]$$

式中，齐次坐标 $[x \quad y \quad z \quad s]$ 与 $\left[\dfrac{x}{s} \quad \dfrac{y}{s} \quad \dfrac{z}{s} \quad 1\right]$ 表示同一个点，因此用等号。式中 $s \geqslant 1$ 时，图形

整体缩小；0<s<1 时，图形整体放大；s<0 时，图形关于原点作对称等比变换。

3. 旋转变换

三维旋转变换可以分解为多次的二维旋转变换。分别取 x、y、z 为旋转轴，绕每个旋转轴的三维旋转可以看成是在另外两个坐标轴组成的二维平面上进行的二维旋转变换，而将二维旋转变换组合起来，就可得到总的三维旋转变换。需要注意的是，由于使用的三维坐标系一般是右手坐标系，因此当沿坐标轴往坐标原点看过去时，沿逆时针方向旋转的角为正向旋转角，如图 7-6 所示，即满足右手定则，大拇指指向旋转轴的正方向，四指转的方向为旋转正方向。反向旋转将旋转角取负值即可。

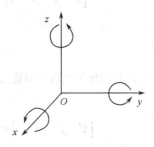

图7-6 旋转变换的角度方向

（1）绕 z 轴旋转

绕 z 轴旋转时，三维物体的 z 坐标保持不变，而 x、y 坐标发生变化，正好同二维的正向旋转一样，这样，三维点 P 绕 z 轴正向旋转 θ 角的齐次坐标计算形式为

$$\begin{bmatrix} x' & y' & z' & 1 \end{bmatrix} = \begin{bmatrix} x & y & z & 1 \end{bmatrix} T_{r_z} = \begin{bmatrix} x & y & z & 1 \end{bmatrix} \begin{bmatrix} \cos\theta & \sin\theta & 0 & 0 \\ -\sin\theta & \cos\theta & 0 & 0 \\ 0 & 0 & 1 & 0 \\ 0 & 0 & 0 & 1 \end{bmatrix} \quad (7\text{-}5)$$
$$= \begin{bmatrix} x\cos\theta - y\sin\theta & x\sin\theta + y\cos\theta & z & 1 \end{bmatrix}$$

（2）绕 x 轴旋转

绕 x 轴正向旋转 θ 角的齐次坐标计算形式为

$$\begin{bmatrix} x' & y' & z' & 1 \end{bmatrix} = \begin{bmatrix} x & y & z & 1 \end{bmatrix} T_{r_x} = \begin{bmatrix} x & y & z & 1 \end{bmatrix} \begin{bmatrix} 1 & 0 & 0 & 0 \\ 0 & \cos\theta & \sin\theta & 0 \\ 0 & -\sin\theta & \cos\theta & 0 \\ 0 & 0 & 0 & 1 \end{bmatrix} \quad (7\text{-}6)$$
$$= \begin{bmatrix} x & y\cos\theta - z\sin\theta & y\sin\theta + z\cos\theta & 1 \end{bmatrix}$$

（3）绕 y 轴旋转

绕 y 轴正向旋转 θ 角的齐次坐标计算形式为

$$\begin{bmatrix} x' & y' & z' & 1 \end{bmatrix} = \begin{bmatrix} x & y & z & 1 \end{bmatrix} T_{r_y} = \begin{bmatrix} x & y & z & 1 \end{bmatrix} \begin{bmatrix} \cos\theta & 0 & -\sin\theta & 0 \\ 0 & 1 & 0 & 0 \\ \sin\theta & 0 & \cos\theta & 0 \\ 0 & 0 & 0 & 1 \end{bmatrix} \quad (7\text{-}7)$$
$$= \begin{bmatrix} z\sin\theta + x\cos\theta & y & z\cos\theta - x\sin\theta & 1 \end{bmatrix}$$

4. 对称变换

基本几何变换中的对称变换包括关于坐标平面、坐标轴和坐标原点的对称变换。

（1）关于坐标平面对称

关于 xOy 平面进行对称变换的齐次坐标计算形式为

$$[x' \quad y' \quad z' \quad 1] = [x \quad y \quad z \quad 1]T_{F_{xy}} = [x \quad y \quad z \quad 1]\begin{bmatrix} 1 & 0 & 0 & 0 \\ 0 & 1 & 0 & 0 \\ 0 & 0 & -1 & 0 \\ 0 & 0 & 0 & 1 \end{bmatrix} \qquad (7\text{-}8)$$

$$= [x \quad y \quad -z \quad 1]$$

关于 yOz 平面进行对称变换的齐次坐标计算形式为

$$[x' \quad y' \quad z' \quad 1] = [x \quad y \quad z \quad 1]T_{F_{yz}} = [x \quad y \quad z \quad 1]\begin{bmatrix} -1 & 0 & 0 & 0 \\ 0 & 1 & 0 & 0 \\ 0 & 0 & 1 & 0 \\ 0 & 0 & 0 & 1 \end{bmatrix} \qquad (7\text{-}9)$$

$$= [-x \quad y \quad z \quad 1]$$

关于 zOx 平面进行对称变换的齐次坐标计算形式为

$$[x' \quad y' \quad z' \quad 1] = [x \quad y \quad z \quad 1]T_{F_{zx}} = [x \quad y \quad z \quad 1]\begin{bmatrix} 1 & 0 & 0 & 0 \\ 0 & -1 & 0 & 0 \\ 0 & 0 & 1 & 0 \\ 0 & 0 & 0 & 1 \end{bmatrix} \qquad (7\text{-}10)$$

$$= [x \quad -y \quad z \quad 1]$$

（2）关于坐标轴对称

关于 X 轴进行对称变换的齐次坐标计算形式为

$$[x' \quad y' \quad z' \quad 1] = [x \quad y \quad z \quad 1]T_{F_x} = [x \quad y \quad z \quad 1]\begin{bmatrix} 1 & 0 & 0 & 0 \\ 0 & -1 & 0 & 0 \\ 0 & 0 & -1 & 0 \\ 0 & 0 & 0 & 1 \end{bmatrix} \qquad (7\text{-}11)$$

$$= [x \quad -y \quad -z \quad 1]$$

关于 Y 轴进行对称变换的齐次坐标计算形式为

$$[x' \quad y' \quad z' \quad 1] = [x \quad y \quad z \quad 1]T_{F_y} = [x \quad y \quad z \quad 1]\begin{bmatrix} -1 & 0 & 0 & 0 \\ 0 & 1 & 0 & 0 \\ 0 & 0 & -1 & 0 \\ 0 & 0 & 0 & 1 \end{bmatrix} \qquad (7\text{-}12)$$

$$= [-x \quad y \quad -z \quad 1]$$

关于 Z 轴进行对称变换的齐次坐标计算形式为

$$[x' \quad y' \quad z' \quad 1] = [x \quad y \quad z \quad 1]T_{F_z} = [x \quad y \quad z \quad 1]\begin{bmatrix} -1 & 0 & 0 & 0 \\ 0 & -1 & 0 & 0 \\ 0 & 0 & 1 & 0 \\ 0 & 0 & 0 & 1 \end{bmatrix} \qquad (7\text{-}13)$$

$$= [-x \quad -y \quad z \quad 1]$$

（3）关于坐标原点对称

关于原点进行对称变换的齐次坐标计算形式为

$$[x' \quad y' \quad z' \quad 1] = [x \quad y \quad z \quad 1]T_{F_O} = [x \quad y \quad z \quad 1]\begin{bmatrix} -1 & 0 & 0 & 0 \\ 0 & -1 & 0 & 0 \\ 0 & 0 & -1 & 0 \\ 0 & 0 & 0 & 1 \end{bmatrix} \quad (7\text{-}14)$$

$$= [-x \quad -y \quad -z \quad 1]$$

5. 错切变换

若三维物体沿 x、y、z 三个方向发生错切位移，则称为错切变换，其变换的齐次坐标计算形式为

$$[x' \quad y' \quad z' \quad 1] = [x \quad y \quad z \quad 1]T_{SH} = [x \quad y \quad z \quad 1]\begin{bmatrix} 1 & b & c & 0 \\ d & 1 & f & 0 \\ g & h & 1 & 0 \\ 0 & 0 & 0 & 1 \end{bmatrix} \quad (7\text{-}15)$$

$$= [x+dy+gz \quad bx+y+hz \quad cx+fy+z \quad 1]$$

（1）沿 x 方向错切

$$[x' \quad y' \quad z' \quad 1] = [x \quad y \quad z \quad 1]T_{SH_x} = [x \quad y \quad z \quad 1]\begin{bmatrix} 1 & 0 & 0 & 0 \\ d & 1 & 0 & 0 \\ g & 0 & 1 & 0 \\ 0 & 0 & 0 & 1 \end{bmatrix} \quad (7\text{-}16)$$

$$= [x+dy+gz \quad y \quad z \quad 1]$$

当 $d=0$ 时，错切平面离开 Z 轴，沿 x 方向移动 gz 距离；$g=0$ 时，错切平面离开 Y 轴，沿 x 方向移动 dy 距离。

（2）沿 y 方向错切

$$[x' \quad y' \quad z' \quad 1] = [x \quad y \quad z \quad 1]T_{SH_y} = [x \quad y \quad z \quad 1]\begin{bmatrix} 1 & b & 0 & 0 \\ 0 & 1 & 0 & 0 \\ 0 & h & 1 & 0 \\ 0 & 0 & 0 & 1 \end{bmatrix} \quad (7\text{-}17)$$

$$= [x \quad bx+y+hz \quad z \quad 1]$$

（3）沿 z 方向错切

$$[x' \quad y' \quad z' \quad 1] = [x \quad y \quad z \quad 1]T_{SH_z} = [x \quad y \quad z \quad 1]\begin{bmatrix} 1 & 0 & c & 0 \\ 0 & 1 & f & 0 \\ 0 & 0 & 1 & 0 \\ 0 & 0 & 0 & 1 \end{bmatrix} \quad (7\text{-}18)$$

$$= [x \quad y \quad cx+fy+z \quad 1]$$

6. 逆变换

逆变换即与上述变换过程相反的变换。

（1）平移的逆变换

平移的逆变换就是反向平移，将平移后的点移回到原处，其变换矩阵为

$$T_t^{-1} = \begin{bmatrix} 1 & 0 & 0 & 0 \\ 0 & 1 & 0 & 0 \\ 0 & 0 & 1 & 0 \\ -T_x & -T_y & -T_z & 1 \end{bmatrix} \tag{7-19}$$

（2）比例的逆变换

比例的逆变换将比例变换后的点变换回原来的尺寸。局部比例变换的逆变换矩阵为

$$T_s^{-1} = \begin{bmatrix} 1/a & 0 & 0 & 0 \\ 0 & 1/e & 0 & 0 \\ 0 & 0 & 1/i & 0 \\ 0 & 0 & 0 & 1 \end{bmatrix} \tag{7-20}$$

整体比例变换的逆变换矩阵为

$$T_s^{-1} = \begin{bmatrix} 1 & 0 & 0 & 0 \\ 0 & 1 & 0 & 0 \\ 0 & 0 & 1 & 0 \\ 0 & 0 & 0 & 1/s \end{bmatrix} \tag{7-21}$$

（3）旋转的逆变换

旋转变换的逆变换就是反向旋转，即用$-\theta$代替θ：

$$T_{r_z}^{-1} = \begin{bmatrix} \cos(-\theta) & \sin(-\theta) & 0 & 0 \\ -\sin(-\theta) & \cos(-\theta) & 0 & 0 \\ 0 & 0 & 1 & 0 \\ 0 & 0 & 0 & 1 \end{bmatrix} = \begin{bmatrix} \cos\theta & -\sin\theta & 0 & 0 \\ \sin\theta & \cos\theta & 0 & 0 \\ 0 & 0 & 1 & 0 \\ 0 & 0 & 0 & 1 \end{bmatrix} \tag{7-22}$$

同理，可以写出$T_{r_x}^{-1}$和$T_{r_y}^{-1}$。

7.2.2　三维复合变换

同二维复合变换类似，三维复合变换是指图形作一次以上的变换。三维复合变换也具有同样的齐次坐标计算形式：

$$P' = PT = P(T_1 T_2 T_3 \cdots T_n) \qquad (n > 1)$$

1．相对任一参考点的三维变换

相对于参考点$F(x_F, y_F, z_F)$作比例、旋转、错切等变换的过程可分为以下3步：① 进行平移变换，使参考点F移至坐标原点；② 针对原点进行三维几何变换；③ 进行反平移，使参考点F回到原来的位置。例如，相对于$F(x_F, y_F, z_F)$点进行比例变换，则其变换矩阵

$$T = \begin{bmatrix} 1 & 0 & 0 & 0 \\ 0 & 1 & 0 & 0 \\ 0 & 0 & 1 & 0 \\ -x_F & -y_F & -z_F & 1 \end{bmatrix} \begin{bmatrix} S_x & 0 & 0 & 0 \\ 0 & S_y & 0 & 0 \\ 0 & 0 & S_z & 0 \\ 0 & 0 & 0 & 1 \end{bmatrix} \begin{bmatrix} 1 & 0 & 0 & 0 \\ 0 & 1 & 0 & 0 \\ 0 & 0 & 1 & 0 \\ x_F & y_F & z_F & 1 \end{bmatrix} \tag{7-23}$$

$$= \begin{bmatrix} S_x & 0 & 0 & 0 \\ 0 & S_y & 0 & 0 \\ 0 & 0 & S_z & 0 \\ (1-S_x)x_F & (1-S_y)y_F & (1-S_z)z_F & 1 \end{bmatrix}$$

相对 F 点作比例变换的过程如图 7-7 所示。

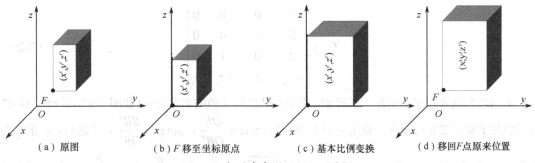

（a）原图　　　（b）F 移至坐标原点　　　（c）基本比例变换　　　（d）移回 F 点原来位置

图 7-7　相对参考点 F 的比例变换

2. 绕任意轴的三维旋转变换

假设已知空间有任意轴 AB，A 点的坐标为 $(x_A y_A z_A)$，AB 的方向数为 (a,b,c)（如图 7-8 所示）。现有空间一点 $P(x, yz)$，绕 AB 轴逆时针旋转 θ 角后为 $P'(x', y', z')$，若旋转变换矩阵为 $\boldsymbol{T}_{r_{AB}}$，则

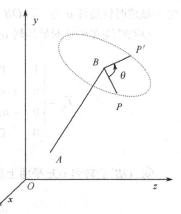

$$\begin{bmatrix} x' & y' & z' & 1 \end{bmatrix} = \begin{bmatrix} x & y & z & 1 \end{bmatrix} \boldsymbol{T}_{r_{AB}} \qquad (7\text{-}24)$$

现在来看如何求出 $\boldsymbol{T}_{r_{AB}}$。

与二维复合变换一样，我们试图将绕任意轴旋转的三维旋转问题转化成一些诸如平移、绕某个坐标轴进行旋转等简单问题的复合，用各个简单变换矩阵的连乘实现总体变换的效果。这样解决问题的途径有多种。这里采用的方法如图 7-9 所示，先平

图 7-8　P 点绕 AB 轴旋转

移，将 $A(x_A, y_A, z_A)$ 点移动到坐标原点，然后使 OB（AB）分别绕 X 轴、Y 轴旋转适当角度与 Z 轴重合，再绕 Z 轴旋转 θ 角，最后做上述变换的逆变换，使 AB 回到原来的位置。于是

$$\boldsymbol{T}_{r_{AB}} = \boldsymbol{T}_{t_A} \boldsymbol{T}_{r_x} \boldsymbol{T}_{r_y} \boldsymbol{T}_{r_z} \boldsymbol{T}_{r_y}^{-1} \boldsymbol{T}_{r_x}^{-1} \boldsymbol{T}_{t_A}^{-1} \qquad (7\text{-}25)$$

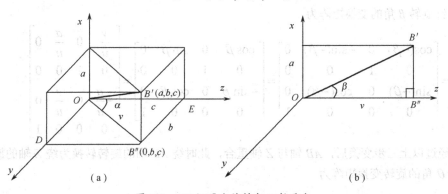

图 7-9　OB 经两次旋转与 Z 轴重合

式中，T_{t_A} 表示平移变换矩阵；T_{r_x} 表示绕 x 轴的旋转变换矩阵；T_{r_y} 表示绕 y 轴的旋转矩阵；T_{r_z} 表示绕 z 轴的旋转矩阵；$T_{r_y}^{-1}$、$T_{r_x}^{-1}$、$T_{t_A}^{-1}$ 分别表示平移变换、旋转变换的逆变换矩阵。这里面，T_{t_A} 和 T_{r_z} 的变换参数已知，而 T_{r_x} 和 T_{r_y} 的旋转角需要进行推导。

① 将 A 点平移到坐标原点，原来的 AB 为 OB'，如图 7-9(a)所示，其方向数仍为(a, b, c)，其变换矩阵

$$T_{t_A} = \begin{bmatrix} 1 & 0 & 0 & 0 \\ 0 & 1 & 0 & 0 \\ 0 & 0 & 1 & 0 \\ -x_A & -y_A & -z_A & 1 \end{bmatrix} \tag{7-26}$$

② B'' 为点 B'在平面 yOz 上的投影，平面 $OB''B'$ 与 Z 轴的夹角为 α（如图 7-9(b)所示）。沿 B'' 点分别对 Y 轴和 Z 轴作垂线，垂足为 D 和 E，则$\cos\alpha = \dfrac{OE}{OB''}$，$\sin\alpha = \dfrac{EB''}{OB''}$。考虑到 OB' 的方向数为(a, b, c)，有 $OE = c$，$EB'' = b$，$OB'' = v = \sqrt{b^2 + c^2}$，于是$\cos\alpha = \dfrac{c}{v}$，$\sin\alpha = \dfrac{b}{v}$。此时，将 $OB'B''$ 绕 X 轴逆时针旋转 α 角，则 OB' 旋转到 xOz 平面上，如图 7-9(b)所示。

$OB'B''$ 绕 X 轴逆时针旋转 α 角的旋转变换矩阵为

$$T_{r_x} = \begin{bmatrix} 1 & 0 & 0 & 0 \\ 0 & \cos\alpha & \sin\alpha & 0 \\ 0 & -\sin\alpha & \cos\alpha & 0 \\ 0 & 0 & 0 & 1 \end{bmatrix} = \begin{bmatrix} 1 & 0 & 0 & 0 \\ 0 & \dfrac{c}{v} & \dfrac{b}{v} & 0 \\ 0 & -\dfrac{b}{v} & \dfrac{c}{v} & 0 \\ 0 & 0 & 0 & 1 \end{bmatrix} \tag{7-27}$$

③ OB' 旋转到 xOz 平面上后，OB' 与 Z 轴的夹角为 β，由图 7-9(b)可知

$$\cos\beta = \frac{OB''}{OB'} = \frac{v}{\sqrt{a^2 + v^2}} = \frac{v}{\sqrt{a^2 + b^2 + c^2}}$$

$$\sin\beta = \frac{B'B''}{OB'} = \frac{a}{\sqrt{a^2 + v^2}} = \frac{a}{\sqrt{a^2 + b^2 + c^2}}$$

此时，将 OB' 绕 Y 轴顺时针旋转 β 角，则 OB' 旋转到 Z 轴上。令 $u = \sqrt{a^2 + b^2 + c^2}$，则 OB' 绕 Y 轴顺时针旋转 β 角的变换矩阵为

$$T_{r_y} = \begin{bmatrix} \cos(-\beta) & 0 & -\sin(-\beta) & 0 \\ 0 & 1 & 0 & 0 \\ \sin(-\beta) & 0 & \cos(-\beta) & 0 \\ 0 & 0 & 0 & 1 \end{bmatrix} = \begin{bmatrix} \cos\beta & 0 & \sin\beta & 0 \\ 0 & 1 & 0 & 0 \\ -\sin\beta & 0 & \cos\beta & 0 \\ 0 & 0 & 0 & 1 \end{bmatrix} = \begin{bmatrix} \dfrac{v}{u} & 0 & \dfrac{a}{u} & 0 \\ 0 & 1 & 0 & 0 \\ -\dfrac{a}{u} & 0 & \dfrac{v}{u} & 0 \\ 0 & 0 & 0 & 1 \end{bmatrix} \tag{7-28}$$

④ 经过以上三步变换后，AB 轴与 Z 轴重合，此时绕 AB 轴的旋转转换为绕 Z 轴的旋转。绕 Z 轴旋转 θ 角的旋转变换矩阵为

$$T_{r_z} = \begin{bmatrix} \cos\theta & \sin\theta & 0 & 0 \\ -\sin\theta & \cos\theta & 0 & 0 \\ 0 & 0 & 1 & 0 \\ 0 & 0 & 0 & 1 \end{bmatrix} \tag{7-29}$$

⑤ 求 T_{t_A}、T_{r_x}、T_{r_y} 的逆变换，使 AB 回到原来的位置。

$$T_{r_y}^{-1} = \begin{bmatrix} \cos\beta & 0 & -\sin\beta & 0 \\ 0 & 1 & 0 & 0 \\ \sin\beta & 0 & \cos\beta & 0 \\ 0 & 0 & 0 & 1 \end{bmatrix} = \begin{bmatrix} \dfrac{v}{u} & 0 & -\dfrac{a}{u} & 0 \\ 0 & 1 & 0 & 0 \\ \dfrac{a}{u} & 0 & \dfrac{v}{u} & 0 \\ 0 & 0 & 0 & 1 \end{bmatrix} \tag{7-30}$$

$$T_{r_x}^{-1} = \begin{bmatrix} 1 & 0 & 0 & 0 \\ 0 & \cos(-\alpha) & \sin(-\alpha) & 0 \\ 0 & -\sin(-\alpha) & \cos(-\alpha) & 0 \\ 0 & 0 & 0 & 1 \end{bmatrix} = \begin{bmatrix} 1 & 0 & 0 & 0 \\ 0 & \dfrac{c}{v} & -\dfrac{b}{v} & 0 \\ 0 & \dfrac{b}{v} & \dfrac{c}{v} & 0 \\ 0 & 0 & 0 & 1 \end{bmatrix} \tag{7-31}$$

$$T_{t_A}^{-1} = \begin{bmatrix} 1 & 0 & 0 & 0 \\ 0 & 1 & 0 & 0 \\ 0 & 0 & 1 & 0 \\ x_A & y_A & z_A & 1 \end{bmatrix} \tag{7-32}$$

所以 $\quad T_{r_{AB}} = T_{t_A} T_{r_x} T_{r_y} T_{r_z} T_{r_y}^{-1} T_{r_x}^{-1} T_{t_A}^{-1}$

类似地，针对任意方向轴的变换可用 5 个步骤来完成：

① 使任意方向轴的起点与坐标原点重合，此时进行平移变换。

② 使方向轴与某一坐标轴重合，此时需进行旋转变换，且旋转变换可能不止一次。

③ 针对该坐标轴完成变换。

④ 用逆旋转变换使方向轴回到其原始方向。

⑤ 用逆平移变换使方向轴回到其原始位置。

7.3 三维投影变换

平行投影可根据投影方向与投影面的夹角分成两类：正投影和斜投影（如图 7-10 所示）。当投影方向与投影面的夹角为 90° 时，得到的投影为正投影，否则为斜投影。平行投影变换具有较好的性质：能精确地反映物体的实际尺寸，即不具有透视缩小性。另外平行线经过平行投影变换后仍保持平行。

7.3.1 正投影

正投影根据投影面与坐标轴的夹角可分为两类：三视图和正轴测图（如图 7-11 所示）。当投

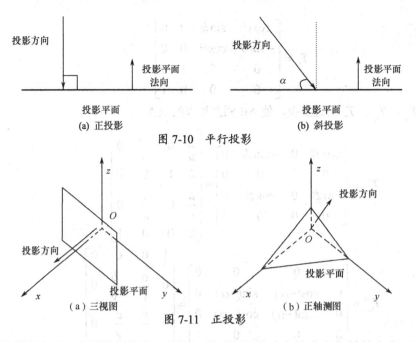

图 7-10 平行投影

图 7-11 正投影

影面与某坐标轴垂直时，得到的投影为三视图，这时投影方向与这个坐标轴的方向一致，否则得到的投影为正轴测图。

通常说的三视图包括主视图、侧视图和俯视图，投影面分别与 X 轴、Y 轴和 Z 轴垂直。图 7-12 显示了一个三维形体及其三视图。三视图的特点是物体的一个坐标面平行于投影面，其投影能够反映形体的实际尺寸。工程制图中常用三视图来测量形体间的距离、角度和相互位置关系。其不足之处是一种三视图上只有物体一个面的投影，所以三视图难以形象地表示出形体的三维性质，只有将主、侧、俯三个视图放在一起，才能综合出物体的空间形状。

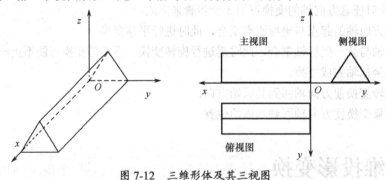

图 7-12 三维形体及其三视图

正轴测图有正等测、正二测和正三测三种（如图 7-13 所示）。当投影面与三个坐标轴之间的夹角都相等时为正等测，当投影面与两个坐标轴之间的夹角相等时为正二测，当投影面与三个坐标轴之间的夹角都不相等时为正三测。

1. 三视图

三视图包括主视图、俯视图和侧视图（见图 7-12），分别是将三维形体向正面（xOz 面）、水平面（xOy 面）和侧面（yOz 面）作正投影而得到的三个基本视图。显然，只要求得这种正投影的变换矩阵，就可以得到三维形体上任意点经变换后的相应点，再由所有变换后的点依据其连接关系，即可绘制出三维形体投影后的三视图。

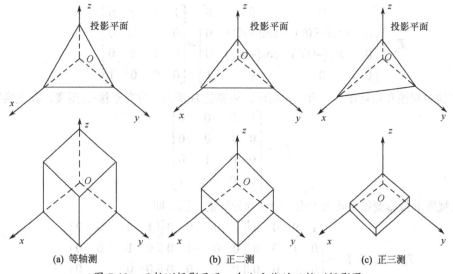

图 7-13　正轴测投影面及一个立方体的正轴测投影图

先确定三维形体上各点的位置坐标（这里采用笛卡儿直角坐标系），表示为规范化齐次坐标形式；求出所作变换相应的变换矩阵（一般根据变换前后图形上点的几何关系或由已知的几何变换矩阵求得）；通过矩阵乘法运算求得三维形体上各点(x, y, z)经变换后的相应点(x', y')或(y', z')（一般是二维点的齐次坐标）；最后由变换后的所有二维点绘出三维形体投影后的三视图。

注意，三维投影变换的实质是将三维形体上的各点投影到同一个平面上，即使各点的某一维坐标相等，这样可以利用其他两维坐标构成新的二维点，从而形成一个二维的投影视图。

（1）主视图

将三维形体向 xOz 面（又称为 V 面）作垂直投影（即正平行投影），得到主视图。由投影变换前后三维形体上点到主视图上点的关系，可得到投影变换矩阵

$$\boldsymbol{T}_\text{V} = \boldsymbol{T}_{xOz} = \begin{bmatrix} 1 & 0 & 0 & 0 \\ 0 & 0 & 0 & 0 \\ 0 & 0 & 1 & 0 \\ 0 & 0 & 0 & 1 \end{bmatrix} \tag{7-33}$$

这里，称 $\boldsymbol{T}_\text{V}$ 为主视图的投影变换矩阵，简称主视图投影矩阵。这样，由三维形体到主视图的投影变换的齐次坐标计算形式为

$$\begin{bmatrix} x' & y' & z' & 1 \end{bmatrix} = \begin{bmatrix} x & y & z & 1 \end{bmatrix} \boldsymbol{T}_\text{V} = \begin{bmatrix} x & 0 & z & 1 \end{bmatrix} \tag{7-34}$$

（2）俯视图

三维形体向 xOy 面（又称为 H 面）作垂直投影得到俯视图，其投影变换矩阵

$$\boldsymbol{T}_V = \boldsymbol{T}_{xOy} = \begin{bmatrix} 1 & 0 & 0 & 0 \\ 0 & 1 & 0 & 0 \\ 0 & 0 & 0 & 0 \\ 0 & 0 & 0 & 1 \end{bmatrix} \tag{7-35}$$

为了使俯视图与主视图都画在一个平面内，就要使 H 面绕 X 轴负向旋转 $90°$，即应有一个旋转变换，其变换矩阵

$$T_{r_x} = \begin{bmatrix} 1 & 0 & 0 & 0 \\ 0 & \cos(-90°) & \sin(-90°) & 0 \\ 0 & -\sin(-90°) & \cos(-90°) & 0 \\ 0 & 0 & 0 & 1 \end{bmatrix} = \begin{bmatrix} 1 & 0 & 0 & 0 \\ 0 & 0 & -1 & 0 \\ 0 & 1 & 0 & 0 \\ 0 & 0 & 0 & 1 \end{bmatrix} \qquad (7\text{-}36)$$

为了使主视图和俯视图之间有一定间距，还要使 H 面沿 z 方向平移 $-z_0$ 距离，其变换矩阵为

$$T_{t_z} = \begin{bmatrix} 1 & 0 & 0 & 0 \\ 0 & 1 & 0 & 0 \\ 0 & 0 & 1 & 0 \\ 0 & 0 & -z_0 & 1 \end{bmatrix} \qquad (7\text{-}37)$$

这样，俯视图的投影变换矩阵为上面三个变换矩阵的乘积，即

$$T_H = T_{xOy} T_{r_x} T_{t_z} = \begin{bmatrix} 1 & 0 & 0 & 0 \\ 0 & 1 & 0 & 0 \\ 0 & 0 & 0 & 0 \\ 0 & 0 & 0 & 1 \end{bmatrix} \begin{bmatrix} 1 & 0 & 0 & 0 \\ 0 & 0 & -1 & 0 \\ 0 & 1 & 0 & 0 \\ 0 & 0 & 0 & 1 \end{bmatrix} \begin{bmatrix} 1 & 0 & 0 & 0 \\ 0 & 1 & 0 & 0 \\ 0 & 0 & 1 & 0 \\ 0 & 0 & -z_0 & 1 \end{bmatrix}$$

$$= \begin{bmatrix} 1 & 0 & 0 & 0 \\ 0 & 0 & -1 & 0 \\ 0 & 0 & 0 & 0 \\ 0 & 0 & 0 & 1 \end{bmatrix} \begin{bmatrix} 1 & 0 & 0 & 0 \\ 0 & 1 & 0 & 0 \\ 0 & 0 & 1 & 0 \\ 0 & 0 & -z_0 & 1 \end{bmatrix} = \begin{bmatrix} 1 & 0 & 0 & 0 \\ 0 & 0 & -1 & 0 \\ 0 & 0 & 0 & 0 \\ 0 & 0 & -z_0 & 1 \end{bmatrix} \qquad (7\text{-}38)$$

俯视图的齐次坐标计算形式为

$$\begin{bmatrix} x' & y' & z' & 1 \end{bmatrix} = \begin{bmatrix} x & y & z & 1 \end{bmatrix} T_H = \begin{bmatrix} x & 0 & -(y+z_0) & 1 \end{bmatrix} \qquad (7\text{-}39)$$

（3）侧视图

侧视图可以通过将三维形体向 yOz 面（又称为 W 面）作垂直投影得到，其投影变换矩阵为

$$T_V = T_{yOz} = \begin{bmatrix} 0 & 0 & 0 & 0 \\ 0 & 1 & 0 & 0 \\ 0 & 0 & 1 & 0 \\ 0 & 0 & 0 & 1 \end{bmatrix} \qquad (7\text{-}40)$$

为了使侧视图与主视图也在一个平面内，要使 W 面绕 Z 轴正向旋转 90°，其旋转变换矩阵为

$$T_{r_z} = \begin{bmatrix} \cos 90° & \sin 90° & 0 & 0 \\ -\sin 90° & \cos 90° & 0 & 0 \\ 0 & 0 & 1 & 0 \\ 0 & 0 & 0 & 1 \end{bmatrix} = \begin{bmatrix} 0 & 1 & 0 & 0 \\ -1 & 0 & 0 & 0 \\ 0 & 0 & 1 & 0 \\ 0 & 0 & 0 & 1 \end{bmatrix} \qquad (7\text{-}41)$$

为了使主视图和侧视图之间有一定间距，还要使 W 面沿 x 方向平移 $-x_0$ 距离，该平移变换矩阵为

$$T_{t_x} = \begin{bmatrix} 1 & 0 & 0 & 0 \\ 0 & 1 & 0 & 0 \\ 0 & 0 & 1 & 0 \\ -x_0 & 0 & 0 & 1 \end{bmatrix} \qquad (7\text{-}42)$$

这样，侧视图的投影变换矩阵为上面三个变换矩阵的乘积，即

$$\boldsymbol{T}_W = \boldsymbol{T}_{yOz}\boldsymbol{T}_{r_z}\boldsymbol{T}_{t_x}$$

$$= \begin{bmatrix} 0 & 0 & 0 & 0 \\ 0 & 1 & 0 & 0 \\ 0 & 0 & 1 & 0 \\ 0 & 0 & 0 & 1 \end{bmatrix} \begin{bmatrix} 0 & 1 & 0 & 0 \\ -1 & 0 & 0 & 0 \\ 0 & 0 & 1 & 0 \\ 0 & 0 & 0 & 1 \end{bmatrix} \begin{bmatrix} 1 & 0 & 0 & 0 \\ 0 & 1 & 0 & 0 \\ 0 & 0 & 1 & 0 \\ -x_0 & 0 & 0 & 1 \end{bmatrix} = \begin{bmatrix} 0 & 0 & 0 & 0 \\ -1 & 0 & 0 & 0 \\ 0 & 0 & 1 & 0 \\ -x_0 & 0 & 0 & 1 \end{bmatrix} \qquad (7\text{-}43)$$

这样，俯视图的齐次坐标计算形式为

$$\begin{bmatrix} x' & y' & z' & 1 \end{bmatrix} = \begin{bmatrix} x & y & z & 1 \end{bmatrix}\boldsymbol{T}_W = \begin{bmatrix} -(y+x_0) & 0 & z & 1 \end{bmatrix} \qquad (7\text{-}44)$$

可以看到，三视图中的 y 坐标均为 0，表明三个视图均落在 xOz 面上。另外，这里的推导是先让三维形体作投影，然后旋转投影面，得到同一平面（xOz 面）上的三视图。还可以先让三维形体作旋转，再向投影平面投影，得到同样的三视图，读者可以自行推导。

2. 正轴测图

正轴测投影是对任意平面作的投影。令投影平面为 ABC，如图 7-14 所示，E 点为原点 O 在 ABC 面上的投影点。延长线段 BE 与 AC 交于 D。OF（F 在 OE 的延长线上）为投影平面 ABC 的投影方向矢量，简称投影矢量。按照 7.2.2 节中介绍的针对任意方向轴的变换步骤，进行正轴测投影的过程是：首先将投影矢量 OF 通过旋转变换到 Z 轴上，即将投影平面旋转变换到与 xOy 平行的状态；由于作正投影时相互平行的投影面产生的三维形体投影的大小和形状是一致的，因此只要针对 xOy 面作投影即可；最后由变换后点的 x 和 y 坐标构造二维的正轴测图。

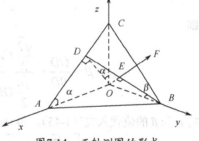

图7-14 正轴测图的形成

由于 $\angle OAC = \angle COD$（记为 α）和 $\angle EOD = \angle DBO$（记为 β），于是将投影矢量 OF 旋转变换到 Z 轴上的步骤（如图 7-14 所示）为：先绕 Y 轴顺时针旋转 α 角，其旋转变换矩阵

$$\boldsymbol{T}_{r_y} = \begin{bmatrix} \cos(-\alpha) & 0 & -\sin(-\alpha) & 0 \\ 0 & 1 & 0 & 0 \\ \sin(-\alpha) & 0 & \cos(-\alpha) & 0 \\ 0 & 0 & 0 & 1 \end{bmatrix} = \begin{bmatrix} \cos\alpha & 0 & \sin\alpha & 0 \\ 0 & 1 & 0 & 0 \\ -\sin\alpha & 0 & \cos\alpha & 0 \\ 0 & 0 & 0 & 1 \end{bmatrix}$$

再绕 X 轴逆时针旋转 β 角，相应的旋转变换矩阵

$$\boldsymbol{T}_{r_x} = \begin{bmatrix} 1 & 0 & 0 & 0 \\ 0 & \cos\beta & \sin\beta & 0 \\ 0 & -\sin\beta & \cos\beta & 0 \\ 0 & 0 & 0 & 1 \end{bmatrix}$$

此时投影矢量 OF 旋转到 Z 轴，即投影平面 ABC 旋转到与 xOy 面平行的状态，然后将三维形体向 xOy 面作正投影，其投影变换矩阵为

$$\boldsymbol{T}_p = \begin{bmatrix} 1 & 0 & 0 & 0 \\ 0 & 1 & 0 & 0 \\ 0 & 0 & 0 & 0 \\ 0 & 0 & 0 & 1 \end{bmatrix}$$

最后，将上述三个变换矩阵相乘得到正轴测图的投影变换矩阵

$$T = T_{r_y} T_{r_x} T_p = \begin{bmatrix} \cos\alpha & 0 & \sin\alpha & 0 \\ 0 & 1 & 0 & 0 \\ -\sin\alpha & 0 & \cos\alpha & 0 \\ 0 & 0 & 0 & 1 \end{bmatrix} \begin{bmatrix} 1 & 0 & 0 & 0 \\ 0 & \cos\beta & \sin\beta & 0 \\ 0 & -\sin\beta & \cos\beta & 0 \\ 0 & 0 & 0 & 1 \end{bmatrix} \begin{bmatrix} 1 & 0 & 0 & 0 \\ 0 & 1 & 0 & 0 \\ 0 & 0 & 0 & 0 \\ 0 & 0 & 0 & 1 \end{bmatrix}$$

$$= \begin{bmatrix} \cos\alpha & -\sin\alpha \cdot \sin\beta & 0 & 0 \\ 0 & \cos\beta & 0 & 0 \\ -\sin\alpha & -\cos\alpha \cdot \sin\beta & 0 & 0 \\ 0 & 0 & 0 & 1 \end{bmatrix} \tag{7-45}$$

这样就求得了一般正轴测图的投影变换矩阵。常用的正轴测图有正等测图、正二测图和正三测图。

（1）正等测图

正等测图是 x、y、z 三个方向上长度缩放率一样时的正轴测图。由图 7-14 和正等测图的条件可知，$OA=OB=OC$，则有 $\alpha=45°$，$\sin\alpha = \cos\alpha = \dfrac{\sqrt{2}}{2}$。另外，由于

$$BD = \sqrt{OD^2 + OB^2} = \frac{\sqrt{6}}{2} OB$$

则

$$\sin\beta = \frac{OD}{BD} = \frac{\dfrac{\sqrt{2}}{2} OA}{\dfrac{\sqrt{6}}{2} OB} = \frac{\sqrt{3}}{3} \qquad \cos\beta = \frac{OB}{BD} = \frac{OB}{\dfrac{\sqrt{6}}{2} OB} = \frac{\sqrt{6}}{3}$$

将 α 和 β 的值代入式（7-45），得到正等测图的投影变换矩阵

$$T = \begin{bmatrix} \dfrac{\sqrt{2}}{2} & -\dfrac{\sqrt{6}}{6} & 0 & 0 \\ 0 & \dfrac{\sqrt{6}}{3} & 0 & 0 \\ -\dfrac{\sqrt{2}}{2} & -\dfrac{\sqrt{6}}{6} & 0 & 0 \\ 0 & 0 & 0 & 1 \end{bmatrix} = \begin{bmatrix} 0.7071 & -0.4082 & 0 & 0 \\ 0 & 0.8165 & 0 & 0 \\ -0.7071 & -0.4082 & 0 & 0 \\ 0 & 0 & 0 & 1 \end{bmatrix} \tag{7-46}$$

（2）正二测图

正二测图的条件是投影面与某两个坐标轴之间的夹角相等。设投影面与 X 轴和 Z 轴之间的夹角相等，则在图 7-14 上有 $OA=OC$，于是有 $\alpha=45°$，$\sin\alpha = \cos\alpha = \dfrac{\sqrt{2}}{2}$。将 α 值代入式（7-45），得到正二测图的投影变换矩阵

$$T = \begin{bmatrix} \dfrac{\sqrt{2}}{2} & -\dfrac{\sqrt{2}}{2}\sin\beta & 0 & 0 \\ 0 & \cos\beta & 0 & 0 \\ -\dfrac{\sqrt{2}}{2} & -\dfrac{\sqrt{2}}{2}\sin\beta & 0 & 0 \\ 0 & 0 & 0 & 1 \end{bmatrix}$$

式中，β 的值则通过其他一些特征来确定。

（3）正三测图

正三测图的投影面与三个坐标轴之间的夹角均不相等，其变换矩阵就是式（7-45）。

由于正轴测图的投影面不与任何坐标轴垂直，因此正轴测图能同时反映物体的多个面，具有一定的立体效果。另外，空间任意一组平行线的投影仍然保持平行，而且沿三个坐标轴的方向均可测量距离，但要注意比例关系。正等测图在三个坐标轴方向的距离因子相等，正二测图在两个坐标轴方向的距离因子相等。当然，正三测图在三个坐标轴方向的距离因子都不相等。

7.3.2 斜投影

斜投影图，即斜轴测图，是将三维形体向一个单一的投影面作平行投影，但投影方向不垂直于投影面所得到的平面图形。通常选择垂直于某个坐标轴的面作为投影面，使平行于投影面的形体表面可以进行距离和角度的测量，而对形体的其他面，可以沿这个坐标轴测量距离。如此，斜轴测图将三视图和正轴测图的特性结合起来，既能像三视图那样进行距离和角度测量，又能像正轴测图那样同时反映三维形体的多个面，具有立体效果。

常用的斜轴测图有斜等测图和斜二测图。如图 7-15 所示，斜等测图的投影方向与投影平面的夹角 α 为 45°，斜二测图的投影方向与投影平面的夹角 α 为 arccot2。这样，在斜等测图中，与投影面垂直的任意直线段，其投影长度不变，如图 7-15(a)中的 $OP=OP'$。在斜二测图中，与投影面垂直的任意直线段，其投影长度变为原来的一半，如图 7-15(b)中的 $OP=2OP'$。

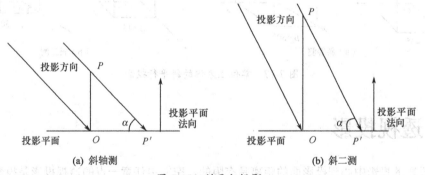

(a) 斜轴测	(b) 斜二测

图 7-15 斜平行投影

图 7-16 示出了斜轴测图的形成。令投影平面为 xOy 平面，图 7-16(a)中的点 $P'(x_P',y_P',0)$ 为点 $P(x_P,y_P,z_P)$（其中 $x_P=0$，$y_P=0$）在 xOy 平面上的斜投影，投影方向 PP' 与投影平面 xOy 的夹角为 α，平面 $OP'P$ 与平面 xOz 的夹角为 β，从而 $m=z_P\cot\alpha$，于是

$$\begin{cases} x_P' = m\cos\beta \\ y_P' = m\sin\beta \end{cases}$$

对于图 7-16(b)中的空间任意一点 $Q(x_Q,y_Q,z_Q)$，其在 xOy 平面上的斜投影为 $Q'(x_Q',y_Q',0)$，则 Q 点在投影平面上的斜投影坐标

$$\begin{cases} x_Q' = m\cos\beta + x_Q = z_Q\cot\alpha\cos\beta + x_Q \\ y_Q' = m\sin\beta + y_Q = z_Q\cot\alpha\sin\beta + y_Q \end{cases}$$

于是，得到斜平行投影的投影变换矩阵

$$T = \begin{bmatrix} 1 & 0 & 0 & 0 \\ 0 & 1 & 0 & 0 \\ \cot\alpha\cos\beta & \cot\alpha\sin\beta & 0 & 0 \\ 0 & 0 & 0 & 1 \end{bmatrix} \tag{7-47}$$

通常 β 取 30°或 45°。由图 7-15 知，斜等测图有 $\alpha=45°$ 和 $\cot\alpha=1$，斜二测图则有 $\alpha=\text{arccot}2$ 和 $\cot\alpha=1/2$。图 7-17 为一个单位立方体在 xOy 平面上的几种斜投影。

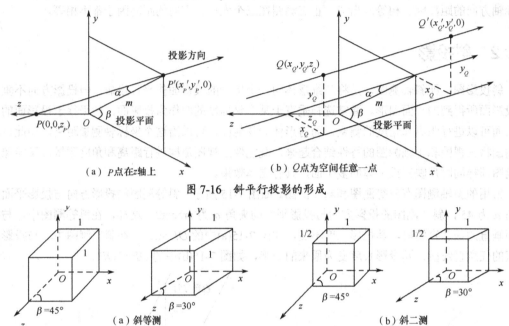

（a）P 点在 z 轴上 　　　　（b）Q 点为空间任意一点

图 7-16　斜平行投影的形成

（a）斜等测　　　　　（b）斜二测

图 7-17　单位立方体的斜平行投影

7.4　透视投影

透视投影的投影中心到投影面的距离是有限的，空间中任意一点的透视投影是投影中心到空间点构成的投影线与投影平面的交点。假设投影中心在 Z 轴上（$z=-d$ 处），投影面在 xOy 面上，投影中心与投影平面的距离为 d（如图 7-18 所示），现求空间一点 $P(x, y, z)$ 的透视投影 $P'(x', y', z')$ 点的坐标。

根据相似三角形对应边成比例的关系有 $\dfrac{x'}{x}=\dfrac{y'}{y}=\dfrac{d}{d+z}$，于是 $x'=\dfrac{x}{1+\dfrac{z}{d}}$，$y'=\dfrac{y}{1+\dfrac{z}{d}}$，$z'=0$。

该过程的齐次坐标计算形式为

$$\begin{bmatrix} x' & y' & z' & 1 \end{bmatrix} = \begin{bmatrix} x & y & z & 1 \end{bmatrix} \begin{bmatrix} 1 & 0 & 0 & 0 \\ 0 & 1 & 0 & 0 \\ 0 & 0 & 1 & \dfrac{1}{d} \\ 0 & 0 & 0 & 1 \end{bmatrix} \begin{bmatrix} 1 & 0 & 0 & 0 \\ 0 & 1 & 0 & 0 \\ 0 & 0 & 0 & 0 \\ 0 & 0 & 0 & 1 \end{bmatrix} \tag{7-48}$$

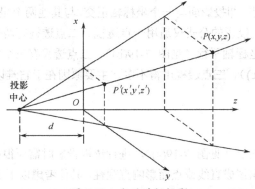

图 7-18　点的透视投影

从式（7-48）可以看出，求空间一点的透视投影时，可先将空间点的齐次坐标写成行向量矩阵的形式，再乘以透视变换矩阵，使之产生透视变形，然后乘以向投影面投影的变换矩阵，就得到了点在投影面上的投影点坐标。假定 $r=1/d$，则式（7-48）可写为

$$[x' \quad y' \quad z' \quad 1] = [x \quad y \quad z \quad 1]\begin{bmatrix} 1 & 0 & 0 & 0 \\ 0 & 1 & 0 & 0 \\ 0 & 0 & 1 & r \\ 0 & 0 & 0 & 1 \end{bmatrix}\begin{bmatrix} 1 & 0 & 0 & 0 \\ 0 & 1 & 0 & 0 \\ 0 & 0 & 0 & 0 \\ 0 & 0 & 0 & 1 \end{bmatrix} \tag{7-49}$$

这里，若投影中心在无穷远处，则 $d \to \infty$，而 $r=1/d \to 0$，式（7-49）变为平行投影。

由该矩阵还可以看出，透视投影具有透视缩小效应，即三维形体透视投影的大小与形体到投影中心的距离成反比。这种效应产生的视觉效果十分类似照相系统和人的视觉系统。等长的两直线段都平行于投影面，但离投影中心近的直线段的透视投影大，离投影中心远的直线段的透视投影小。与平行投影相比，透视投影的深度感更强，看上去更加真实，但透视投影不能真实地反映物体的精确尺寸和形状。

对于透视投影，若一组平行线平行于投影平面，它们的透视投影仍然保持平行，而不平行于投影面的平行线的投影会聚集到一个点，这个点称为灭点（Vanishing Point）。灭点可以看作无限远处的一个点在投影面上的投影。

透视投影的灭点有无数多个，不同方向的不平行于投影面的平行线组在投影面上能够形成不同的灭点。坐标轴方向的平行线在投影面上形成的灭点称为主灭点。因为有 X、Y、Z 三个坐标轴，所以主灭点最多有 3 个。注意，当某个坐标轴与投影面平行时，该坐标轴方向的平行线在投影面上的投影仍然保持平行，不会形成灭点。

透视投影可以按照主灭点的个数来分类，即按照投影面与坐标轴的夹角来分类，可以分为一点透视、二点透视和三点透视（如图 7-19 所示）。

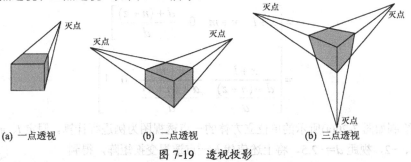

(a) 一点透视　　　　　(b) 二点透视　　　　　(b) 三点透视

图 7-19　透视投影

一点透视有一个主灭点，即投影面与一个坐标轴正交，与其他两个坐标轴平行（见图 7-19(a)）。式（7-48）给出的计算透视投影的公式仅适用一点透视。二点透视有两个主灭点，即投影面与两个坐标轴相交，与另一个坐标轴平行（见图 7-19(b)）。三点透视有三个主灭点，即投影面与三个坐标轴都相交（见图 7-19(c)）。三点透视用得不多，主要原因在于它难以构造。

7.4.1　一点透视

一点透视只有一个主灭点（见图 7-19(a)），进行透视投影时需要很好地考虑图面布局，以避免三维形体的平面或直线积聚成直线或点而影响直观性，具体考虑以下 3 点：① 三维形体与画面（投影面）的相对位置；② 视距，即视点（投影中心）与画面的距离；③ 视点的高度。

为了叙述简单，同样假定视点（投影中心）在 Z 轴上（$z=-d$ 处），画面（投影面）在 xOy 面上，一点透视的步骤如下：

① 将三维形体平移到适当位置 l、m、n。

② 令视点在 Z 轴，进行透视变换，此时的透视变换矩阵为

$$T = \begin{bmatrix} 1 & 0 & 0 & 0 \\ 0 & 1 & 0 & 0 \\ 0 & 0 & 1 & \dfrac{1}{d} \\ 0 & 0 & 0 & 0 \end{bmatrix}$$

③ 向 xOy 面作正投影变换，将结果变换到 xOy 面上。如此构造的一点透视变换矩阵为

$$T_{P1} = \begin{bmatrix} 1 & 0 & 0 & 0 \\ 0 & 1 & 0 & 0 \\ 0 & 0 & 1 & 0 \\ l & m & n & 1 \end{bmatrix} \begin{bmatrix} 1 & 0 & 0 & 0 \\ 0 & 1 & 0 & 0 \\ 0 & 0 & 1 & \dfrac{1}{d} \\ 0 & 0 & 0 & 1 \end{bmatrix} \begin{bmatrix} 1 & 0 & 0 & 0 \\ 0 & 1 & 0 & 0 \\ 0 & 0 & 0 & 0 \\ 0 & 0 & 0 & 1 \end{bmatrix} = \begin{bmatrix} 1 & 0 & 0 & 0 \\ 0 & 1 & 0 & 0 \\ 0 & 0 & 0 & \dfrac{1}{d} \\ l & m & 0 & 1+\dfrac{n}{d} \end{bmatrix} \qquad (7\text{-}50)$$

则三维形体中任意一点(x, y, z)的一点透视变换的齐次坐标计算形式为

$$\begin{bmatrix} x' & y' & z' & 1 \end{bmatrix} = \begin{bmatrix} x & y & z & 1 \end{bmatrix} \begin{bmatrix} 1 & 0 & 0 & 0 \\ 0 & 1 & 0 & 0 \\ 0 & 0 & 0 & \dfrac{1}{d} \\ l & m & 0 & 1+\dfrac{n}{d} \end{bmatrix}$$

$$= \begin{bmatrix} x+l & y+m & 0 & \dfrac{d+(n+z)}{d} \end{bmatrix} \qquad (7\text{-}51)$$

$$= \begin{bmatrix} \dfrac{x+l}{\dfrac{d+(n+z)}{d}} & \dfrac{y+m}{\dfrac{d+(n+z)}{d}} & 0 & 1 \end{bmatrix}$$

下面以绘制如图 7-20(a)所示的单位立方体的一点透视图为例进行计算。假定 l、m、n 分别赋值 0.8、-1.6、-2，视距 $d=-2.5$。将上述值代入一点透视变换矩阵，得到

$$
\begin{array}{c}
A \\ B \\ C \\ D \\ E \\ F \\ G \\ H
\end{array}
\begin{bmatrix}
0 & 0 & 0 & 1 \\
1 & 0 & 0 & 1 \\
1 & 1 & 0 & 1 \\
0 & 1 & 0 & 1 \\
0 & 0 & 1 & 1 \\
1 & 0 & 1 & 1 \\
1 & 1 & 1 & 1 \\
0 & 1 & 1 & 1
\end{bmatrix}
\begin{bmatrix}
1 & 0 & 0 & 0 \\
0 & 1 & 0 & 0 \\
0 & 0 & 0 & -0.4 \\
0.8 & -1.6 & 0 & 1.8
\end{bmatrix}
=
\begin{bmatrix}
0.8 & -1.6 & 0 & 1.8 \\
1.8 & -1.6 & 0 & 1.8 \\
1.8 & -0.6 & 0 & 1.8 \\
0.8 & -0.6 & 0 & 1.8 \\
0.8 & -1.6 & 0 & 1.4 \\
1.8 & -1.6 & 0 & 1.4 \\
1.8 & -0.6 & 0 & 1.4 \\
0.8 & -0.6 & 0 & 1.4
\end{bmatrix}
=
\begin{bmatrix}
0.44 & -0.89 & 0 & 1 \\
1 & -0.89 & 0 & 1 \\
1 & -0.33 & 0 & 1 \\
0.44 & -0.33 & 0 & 1 \\
0.57 & -1.14 & 0 & 1 \\
1.29 & -1.14 & 0 & 1 \\
1.29 & -0.43 & 0 & 1 \\
0.57 & -0.43 & 0 & 1
\end{bmatrix}
\begin{array}{c}
A' \\ B' \\ C' \\ D' \\ E' \\ F' \\ G' \\ H'
\end{array}
$$

据此可绘制出单位立方体的一点透视图，如图 7-20(b)所示。

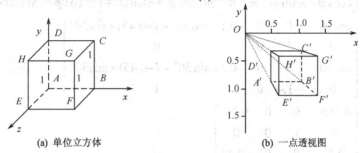

(a) 单位立方体   (b) 一点透视图

图 7-20　单位立方体的一点透视

7.4.2　二点透视

　　二点透视投影的特点是平行六面体进行透视变换后，只有平行于投影面的坐标轴方向的棱线的投影仍是互相平行的，其他两个坐标轴方向的棱线的投影分别交于两个灭点(见图 7-19(b))。作二点透视时，通常将形体绕 Y 轴旋转一个 φ 角，使形体的主要平面不平行于画面，经透视变换后使形体产生变形，然后向画面作正投影。但是，由于有些三维形体的底面往往与 xOz 平面重合，这时若按上述步骤进行透视变换会汇聚为一条直线，则直观性较差，为此必须先将三维形体适当平移。构造二点透视的一般步骤如下：

　　① 先将三维形体平移到适当位置，使视点有一定高度，且使形体的主要表面不会积聚成线。

　　② 将形体绕 Y 轴旋转一个 φ 角（$\varphi<90°$），方向满足右手定则。

　　③ 进行透视变换，此时取透视变换矩阵如下。为符合人们的视觉，使变换后的立体越远越小，一般有 $p<0$，$r<0$。

$$
T=
\begin{bmatrix}
1 & 0 & 0 & p \\
0 & 1 & 0 & 0 \\
0 & 0 & 1 & r \\
0 & 0 & 0 & 1
\end{bmatrix}
$$

　　④ 向 xOy 面作正投影，即得二点透视图，这样可得到二点透视的变换矩阵

$$
T_{p2}=
\begin{bmatrix}
1 & 0 & 0 & 0 \\
0 & 1 & 0 & 0 \\
0 & 0 & 1 & 0 \\
l & m & n & 1
\end{bmatrix}
\begin{bmatrix}
\cos\varphi & 0 & -\sin\varphi & 0 \\
0 & 1 & 0 & 0 \\
\sin\varphi & 0 & \cos\varphi & 0 \\
0 & 0 & 0 & 1
\end{bmatrix}
\begin{bmatrix}
1 & 0 & 0 & p \\
0 & 1 & 0 & 0 \\
0 & 0 & 1 & r \\
0 & 0 & 0 & 1
\end{bmatrix}
\begin{bmatrix}
1 & 0 & 0 & 0 \\
0 & 1 & 0 & 0 \\
0 & 0 & 0 & 0 \\
0 & 0 & 0 & 1
\end{bmatrix}
$$

$$= \begin{bmatrix} \cos\varphi & 0 & 0 & p\cos\varphi - r\sin\varphi \\ 0 & 1 & 0 & 0 \\ \sin\varphi & 0 & 0 & p\sin\varphi + r\cos\varphi \\ l\cos\varphi + n\sin\varphi & m & 0 & p(l\cos\varphi + n\sin\varphi) + r(n\cos\varphi - l\sin\varphi) + 1 \end{bmatrix} \quad (7\text{-}52)$$

同样，以绘制如图 7-20(a)所示的单位立方体为例，计算其二点透视图。给定 $p=-0.1$，$q=0$，$r=-0.45$，$\varphi=30°$，$l=n=0$，$m=-1.4$，将这些值代入二点透视变换矩阵 $\boldsymbol{T}_{p2}$，可得

$$\boldsymbol{T}_{p2} = \begin{bmatrix} \cos\varphi & 0 & 0 & p\cos\varphi - r\sin\varphi \\ 0 & 1 & 0 & 0 \\ \sin\varphi & 0 & 0 & p\sin\varphi + r\cos\varphi \\ l\cos\varphi + n\sin\varphi & m & 0 & p(l\cos\varphi + n\sin\varphi) + r(n\cos\varphi - l\sin\varphi) + 1 \end{bmatrix}$$

$$= \begin{bmatrix} \cos 30° & 0 & 0 & -0.1 \times \cos 30° - (-0.45) \times \sin 30° \\ 0 & 1 & 0 & 0 \\ \sin 30° & 0 & 0 & -0.1 \times \sin 30° + (-0.45) \times \cos 30° \\ 0 & -1.4 & 0 & 1 \end{bmatrix}$$

$$= \begin{bmatrix} 0.866 & 0 & 0 & 0.14 \\ 0 & 1 & 0 & 0 \\ 0.5 & 0 & 0 & -0.44 \\ 0 & -1.4 & 0 & 1 \end{bmatrix}$$

于是得到变换后单位立方体各顶点的坐标为

$$\begin{array}{c} A \\ B \\ C \\ D \\ E \\ F \\ G \\ H \end{array}\begin{bmatrix} 0 & 0 & 0 & 1 \\ 1 & 0 & 0 & 1 \\ 1 & 1 & 0 & 1 \\ 0 & 1 & 0 & 1 \\ 0 & 0 & 1 & 1 \\ 1 & 0 & 1 & 1 \\ 1 & 1 & 1 & 1 \\ 0 & 1 & 1 & 1 \end{bmatrix}\begin{bmatrix} 0.866 & 0 & 0 & 0.14 \\ 0 & 1 & 0 & 0 \\ 0.5 & 0 & 0 & -0.44 \\ 0 & -1.4 & 0 & 1 \end{bmatrix} = \begin{bmatrix} 0 & -1.4 & 0 & 1 \\ 0.866 & -1.4 & 0 & 1.14 \\ 0.866 & -0.4 & 0 & 1.14 \\ 0 & -0.4 & 0 & 1 \\ 0.5 & -1.4 & 0 & 0.56 \\ 1.36 & -1.4 & 0 & 0.7 \\ 1.36 & -0.4 & 0 & 0.7 \\ 0.5 & -0.4 & 0 & 0.56 \end{bmatrix} = \begin{bmatrix} 0 & -1.4 & 0 & 1 \\ 0.76 & -1.23 & 0 & 1 \\ 0.76 & -0.35 & 0 & 1 \\ 0 & -0.4 & 0 & 1 \\ 0.89 & -2.5 & 0 & 1 \\ 1.94 & -2.0 & 0 & 1 \\ 1.94 & -0.57 & 0 & 1 \\ 0.89 & -0.71 & 0 & 1 \end{bmatrix}\begin{array}{c} A' \\ B' \\ C' \\ D' \\ E' \\ F' \\ G' \\ H' \end{array}$$

依据这些值，可绘制出单位立方体的二点透视图，如图 7-21 所示。

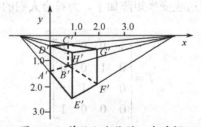

图 7-21　单位立方体的二点透视

7.4.3　三点透视

三点透视就是有三个主灭点的透视投影，平面六面体的三点透视图中三个方向的棱线分别汇

交于三个不同的灭点。同样可以简单的构造三点透视图，步骤如下：

① 将三维形体平移到适当位置。

② 将形体进行透视变换，此时取透视变换矩阵为 $T = \begin{bmatrix} 1 & 0 & 0 & p \\ 0 & 1 & 0 & q \\ 0 & 0 & 1 & r \\ 0 & 0 & 0 & 1 \end{bmatrix}$。

③ 使形体先绕 Y 轴旋转 φ 角。

④ 绕 X 轴旋转 θ 角。

⑤ 将变形且旋转后的形体向 xOy 面作正投影。

上述过程用三点透视变换矩阵表示为

$$
\begin{aligned}
T_{p3} &= \begin{bmatrix} 1 & 0 & 0 & 0 \\ 0 & 1 & 0 & 0 \\ 0 & 0 & 1 & 0 \\ l & m & n & 1 \end{bmatrix} \begin{bmatrix} 1 & 0 & 0 & p \\ 0 & 1 & 0 & q \\ 0 & 0 & 1 & r \\ 0 & 0 & 0 & 1 \end{bmatrix} \begin{bmatrix} \cos\varphi & 0 & -\sin\varphi & 0 \\ 0 & 1 & 0 & 0 \\ \sin\varphi & 0 & \cos\varphi & 0 \\ 0 & 0 & 0 & 1 \end{bmatrix} \begin{bmatrix} 1 & 0 & 0 & 0 \\ 0 & \cos\theta & \sin\theta & 0 \\ 0 & -\sin\theta & \cos\theta & 0 \\ 0 & 0 & 0 & 1 \end{bmatrix} \begin{bmatrix} 1 & 0 & 0 & 0 \\ 0 & 1 & 0 & 0 \\ 0 & 0 & 0 & 0 \\ 0 & 0 & 0 & 1 \end{bmatrix} \\
&= \begin{bmatrix} \cos\varphi & \sin\varphi\cdot\sin\theta & 0 & p \\ 0 & \cos\theta & 0 & q \\ \sin\varphi & -\cos\varphi\cdot\sin\theta & 0 & r \\ l\cos\varphi+n\sin\varphi & m\cos\theta+\sin\theta(l\sin\theta-n\cos\varphi) & 0 & lp+mq+nr \end{bmatrix}
\end{aligned}
\tag{7-53}
$$

7.5 观察坐标系及观察空间

同实施二维观察变换一样，为满足用户在图形交互式处理过程中对图形进行各种观察的要求，需要对图形实施一系列的变换。但是，三维形体的观察变换过程要复杂，因为原始图形是三维的而显示设备仅是二维的。

在三维显示过程中，一方面，用户往往要求形体不动，让视点在以形体为中心的球面上变化，以观察形体在各个方向上的形象；另一方面，用户不仅要求将三维形体投影到二维投影面上，还要在投影之前对这个形体进行裁剪，把形体上用户不关心的部分去掉，留下感兴趣的部分，并将这部分投影到投影面上显示，就需要在用户坐标系中指定一个观察空间，将这个观察空间以外的形体裁剪掉，只对落在这个空间内的物体作投影变换并予以显示。这时需要在用户坐标系中建立一个观察坐标系，并在观察坐标系中确定观察空间并建立相应的平行投影和透视投影变换。

7.5.1 观察坐标系

在实际应用中，一般需要移动视点（观察点），以便满足用户在不同的距离和角度上观察形体的需求。但在用户坐标系中直接移动观察点，并依据该观察点指定投影平面和投影中心会很复杂，因此需要在用户坐标系下建立如图 7-22 所示的观察坐标系 $x_v y_v z_v$（通常是右手系），也称为观察参考坐标系（View Reference Coordinate）。其中，点 $P_o(x_o, y_o, z_o)$ 为观察参考点（View Reference Point），它是观察坐标系的原点。依据该观察坐标系定义垂直于观察坐标系 z_v 轴的观察平面（View Plane），即投影平面。在观察坐标系中，投影平面和投影中心的表示较为简单，这样方便移动观察点。但带来的不利因素是，在投影之前必须先将三维形体从用户坐标系变换到观察坐标系中。

为了建立观察坐标系，先在用户坐标系中指定一个点作为观察参考点，然后在此点处指定矢量 N，矢量 N 的方向就是 z_v 轴的正向。一般希望 N 的方向既与用户坐标系原点相关，也与观察坐标系原点相关。例如，可以定义 N 的方向为从三维物体上的一点 P 到观察参考点的方向，如图 7-23 所示。

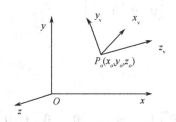

图 7-22　用户坐标系与观察坐标系

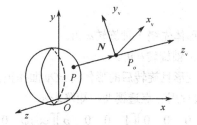

图 7-23　矢量 N 的定义

确定了矢量 N 后，再定义观察正向（View Up）矢量 V，也称为向上矢量，用来建立 y_v 轴的正向。由于一般很难选定一个恰好垂直于 N 的矢量 V，因此可以这样来确定矢量 V：先选择任一不平行于 N 的矢量 V，再由图形系统使该矢量 V 投影到垂直于矢量 N 的平面上，如图 7-24 所示，定义投影后的矢量为矢量 V。这样较之输入一个恰与 N 垂直的矢量要容易得多。最后利用矢量 N 和 V，可以计算出既与 N 又与 V 垂直的第三个矢量 U，U 则对应 x_v 轴的正向。观察坐标系也可称为 uvn 坐标系。

建立了观察坐标系后，需要建立观察平面。观察平面总是垂直于 z_v 轴，平行于 $x_v y_v$ 平面。注意三维形体在观察平面的投影与在输出设备上显示的图形一致。一般地，观察平面可以沿 z_v 轴滑动，如图 7-25 所示。如果令观察平面到观察参考点的距离为 0，观察坐标的 $x_v y_v$ 平面就成了投影变换的观察平面。

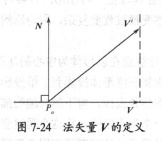

图 7-24　法矢量 V 的定义

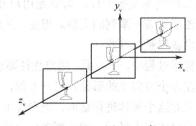

图 7-25　沿 z_v 轴的观察平面

建立了观察坐标系和观察平面后，就可以通过改变观察参考点的位置或改变 N 的方向使用户在不同的距离和角度上观察三维形体。例如，可以通过保持观察参考点不变而变化 N 的方向来从不同角度对形体进行观察，也可通过固定 N 的方向而移动观察参考点来模仿从三维形体旁走过的情景。

7.5.2　观察空间

为了实现三维观察，用户需要再指定一个观察空间，它的作用类似二维观察中的窗口，只有在观察空间内的图形才会被显示到输出设备上，而观察空间外的图形不予显示。

要建立观察空间，首先需要指定观察窗口，如图 7-26 所示。观察窗口的边平行于 x_v 轴和 y_v

轴，其中$(x_{w_{min}}, y_{w_{min}})$和$(x_{w_{max}}, y_{w_{max}})$定义了观察窗口的坐标。观察窗口可以位于观察平面的任意位置。

定义了观察窗口后，可以定义观察空间。直观来看，将观察窗口沿 z_v 轴方向作平移运动，产生的三维形体可称为观察空间。由于三维形体最终需要在二维平面上表现，因而观察空间的形状还需依赖于投影类型。对于平行投影，如图 7-27(a)和 7-28(a)所示，观察空间是一个四边平行于投影方向、两端没有底面的长方管道。对于透视投影，观察空间是顶点在投影中心（即投影参考点），棱边穿过观察窗口 4 个角点，没有底面的棱锥，如图 7-29(a)所示。

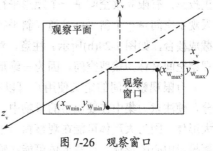

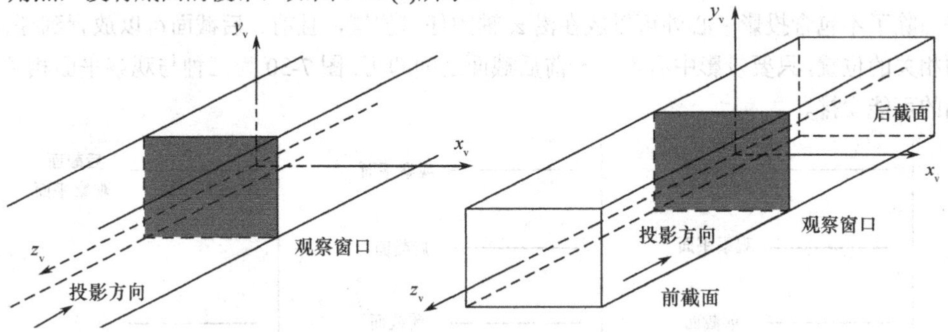

图 7-26　观察窗口

图 7-27　正投影的观察空间 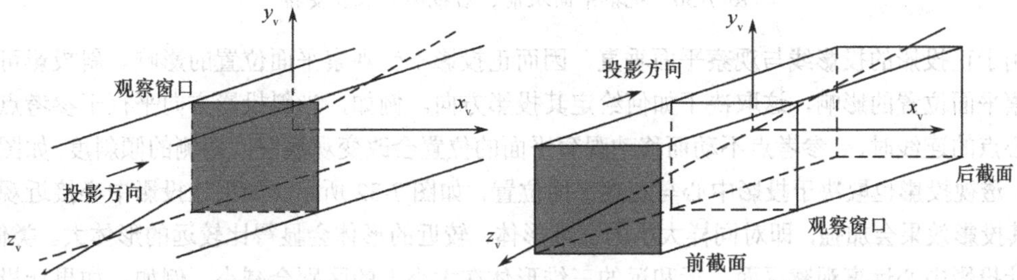
(a) 无限观察空间　　　(b) 有限观察空间

图 7-28　斜投影的观察空间 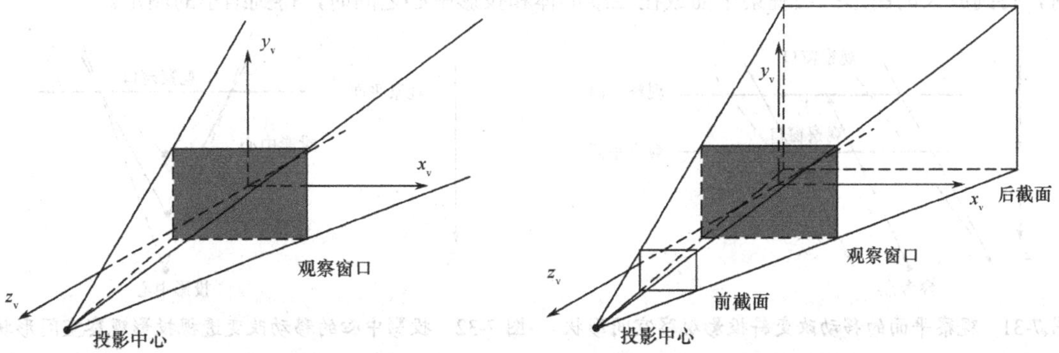
(a) 无限观察空间　　　(b) 有限观察空间

图 7-29　透视投影的观察空间
(a) 无限观察空间　　　(b) 有限观察空间

这样定义的观察空间是无限的。但大多数场合希望观察空间有限，这可以通过定义观察空间的前截面和后截面来实现。前截面和后截面都平行于观察平面，用 $z=z_{front}$ 和 $z=z_{back}$ 来定义。对于正投影，有限观察空间是一个矩形平行管道（平行六面体），如图 7-27(b)所示。对于斜投影，有限观察空间是一个斜平行管道（斜平行六面体），如图 7-28(b)所示。对于透视投影，观察空间被截成棱台，如图 7-29(b)所示。注意，对于透视投影，前截面必须在投影中心和后截面之间。有限观察空间又称为裁剪空间，因为三维形体是相对这个空间进行裁剪的。

有限观察空间的定义使用户可以在基于深度的观察操作中丢掉要观察景物之前及之后的部分，使注意力集中在要观察的景物中。在透视投影中，也用前、后截面来丢掉靠近观察面较近的大形体，因为大形体可能在观察窗口中投影成一个不可辨认的图形。类似地，后截面用来截去远离投影中心的形体，这些形体可能在输出设备上投影成一个小斑点。

观察平面和前、后截面的有关位置取决于要生成的窗口类型及特殊图形软件的限制。一般地，观察平面除了不包含投影中心外可以放在沿 z_v 轴的任何位置，且前、后截面可以放置到任何与观察平面相关的位置，只要投影中心不介于前后截面之间即可。图 7-30 为三种与观察平面相关的前、后截面的可能安排。

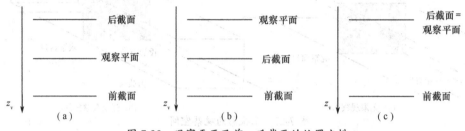

图 7-30　观察平面及前、后截面的位置安排

由于正投影的投影线与观察平面垂直，因而正投影不受观察平面位置的影响。斜投影可能受到观察平面位置的影响，这取决于如何给定其投影方向。例如，当斜投影方向平行于参考点与窗口中心点的连线时，令参考点不动而移动观察平面的位置会改变观察空间两侧的倾斜度，如图 7-31 所示。透视投影也取决于投影中心与观察平面位置，如图 7-32 所示。如果让投影中心接近观察平面，其投影效果会加强，即对同样大小的三维形体，较近的形体会显得比较远的形体大。类似地，如果让投影中心远离观察平面，近和远的三维形体在大小上的区别会减小。例如，如果让投影中心远离观察平面，透视投影则接近于平行投影。另外，当三维形体放在投影中心与观察平面之间时，得到放大的图形；当观察平面放在三维形体和投影中心之间时，得到缩小的图形。

图 7-31　观察平面的移动改变斜投影观察空间形状　　图 7-32　投影中心的移动改变透视投影观察空间形状

下面定义规范化观察空间。如前所述，三维裁剪是相对于有限观察空间进行的。有限观察空间由 6 个面围成，当裁剪三维形体时，需要与这 6 个面进行求交运算。为了减少计算量，与二维观察类似，需要将有限观察空间进行规范化处理。

在观察坐标系中，如图 7-33(a)所示，平行投影的规范化观察空间定义为

$$x_v = 1, \quad x_v = -1$$
$$y_v = 1, \quad y_v = -1$$
$$z_v = 0, \quad z_v = 1$$

如图 7-33(b)所示，透视投影的规范化观察空间为

$$x_v = z_v, \quad x_v = -z_v$$
$$y_v = z_v, \quad y_v = -z_v$$
$$z_v = z_{min}, \quad z_v = 1$$

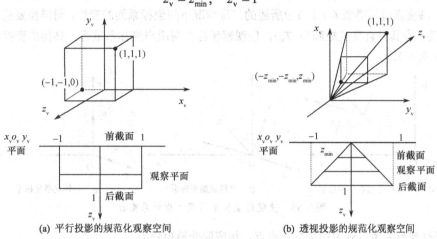

(a) 平行投影的规范化观察空间　　　　(b) 透视投影的规范化观察空间

图 7-33　规范化观察空间

7.6　三维观察流程

引入了观察坐标系和观察空间后，观察变换可以分为如图 7-34 所示的几个步骤，通常称为三维观察流程。

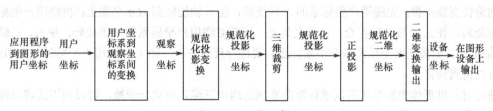

图 7-34　三维观察流程

首先，在用户坐标系中生成图形。其次，将用户坐标系下的图形描述变换到观察坐标系（View Coordinate）下，即进行用户坐标系到观察坐标系的变换。最后，根据要求在观察坐标系下进行规范化投影变换。规范化投影变换根据投影类型的不同，有不同的处理。如果是平行投影，则需要进行平行投影的规范化投影变换；如果是透视投影，则进行透视投影的规范化投影变换。两者都要求将观察空间规范化到平行投影的规范化观察空间中。这样做有两个好处：一是规范化观察空间提供了表示任意大小观察空间的一个标准形状，二是用平行投影的规范化观察空间进行裁剪可简化及标准化裁剪程序。坐标变换为规范化投影坐标后，需要进行三维裁剪。由于规范化观察空

间的每个表面均垂直于某一坐标轴，因此此时的三维裁剪较为简单。三维裁剪完毕后，进行正投影，投影到观察平面，此时投影生成的图形完全在观察窗口经规范化投影变换后的矩形窗口中。最后，将矩形窗口中的图形依据其中的二维坐标重构二维图形，经过窗口到视区的变换，将图形变换到设备坐标系中就可以显示出来。

7.6.1 用户坐标系到观察坐标系的变换

如前所述，要使三维形体投影到观察平面上，首先必须将三维形体从用户坐标系转换到观察坐标系中。该变换过程类似 6.4.2 节中所述的二维情况下的坐标系间的变换，同样需要建立三维几何复合变换（令其复合变换矩阵为 T_v），使观察坐标系与用户坐标系重合，具体的变换步骤如下（如图 7-35 所示）。

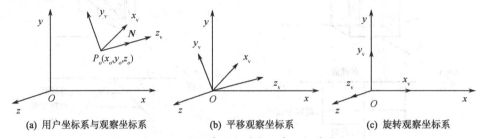

(a) 用户坐标系与观察坐标系 (b) 平移观察坐标系 (c) 旋转观察坐标系

图 7-35　使观察坐标系与用户坐标系重合

① 平移观察参考点到用户坐标系原点，相应的变换矩阵为

$$T_{v_1} = \begin{bmatrix} 1 & 0 & 0 & 0 \\ 0 & 1 & 0 & 0 \\ 0 & 0 & 1 & 0 \\ -x_0 & -y_0 & -z_0 & 1 \end{bmatrix} \tag{7-54}$$

② 进行旋转变换，分别让 x_v、y_v、z_v 轴对应到用户坐标系的 X、Y、Z 轴。当 N 不与任一用户坐标轴方向相同时，该变换过程类似 7.2.2 节中所述的任意方向矢量（这里是矢量 N）旋转到 Z 轴上的旋转变换步骤：先绕用户坐标系的 X 轴旋转，使 z_v 轴旋转到 xOz 平面上；再绕用户坐标系的 Y 轴旋转，使 z_v 轴与 Z 轴重合；特殊之处是，还需要绕用户坐标系的 Z 轴旋转，使 x_v、y_v 轴与 X、Y 轴重合。如果观察坐标系是左手系，还需要进行反射变换。如果 N 与用户坐标轴方向相同，情况可以得到简化。

通过对三维形体的规范化齐次坐标矩阵实施这两步三维几何复合变换，可以由下式将三维形体坐标变换到观察坐标系中：

$$P' = PT_{v_1}T_{v_2} = PT_{v_1}T_{r_x}T_{r_y}T_{r_z}$$

将三维形体变换到观察坐标系中后，即可对三维形体实施投影变换。

7.6.2 平行投影的规范化投影变换

在观察坐标系中对三维形体实施平行投影，其变换等同于先实施将平行投影的观察空间变换为平行投影的规范化观察空间的变换，即平行投影的规范化投影变换，再进行正投影。平行投影的规范化投影变换矩阵相当于将图 7-27 中的正交平行管道、图 7-28 中的斜平行管道归一化到图

7-33(a)中的规范化观察空间的变换矩阵。

由于在平行投影中，正投影可以看成特殊的斜投影，因此通过斜投影的规范化投影变换获得一般平行投影的规范化投影变换。在观察坐标系中，令观察窗口的左下角点坐标为($x_{w_{min}}$, $y_{w_{min}}$)，右上角点坐标为($x_{w_{max}}$, $y_{w_{max}}$)，如图 7-36 所示。再令前截面为 $z=z_{front}$，后截面为 $z=z_{back}$，参考点坐标为(x_{prp}, y_{prp}, z_{prp})，参考点可以置为观察参考坐标系中除了在观察平面上或前、后截面之间的任意位置。斜投影的投影方向定义为由从参考点到观察窗口中心点的坐标矢量给出，如图 7-36 所示。于是，平行投影的规范化投影变换可由以下三步组成。

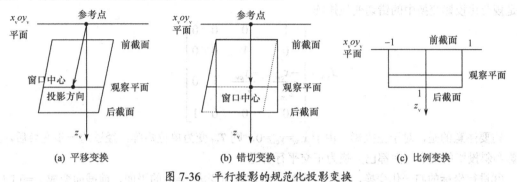

图 7-36 平行投影的规范化投影变换

① 将参考点平移到观察坐标系原点，其变换矩阵为

$$
\boldsymbol{T}_{v3} = \begin{bmatrix} 1 & 0 & 0 & 0 \\ 0 & 1 & 0 & 0 \\ 0 & 0 & 1 & 0 \\ -x_{prp} & -y_{prp} & -z_{prp} & 1 \end{bmatrix}
$$

平移后，窗口左下角点的坐标变为 $(x_{w_{min}} - x_{prp}, y_{w_{min}} - y_{prp}, -z_{prp})$，右上角点坐标变为 $(x_{w_{max}} - x_{prp}, y_{w_{max}} - y_{prp}, -z_{prp})$。变换的过程如图 7-36(a)所示。

② 对坐标系进行错切变换，使参考点和窗口中心的连线错切到 z_v 轴，即变换成图 7-36(b)所示的情形。

窗口中心 cw 的坐标为

$$
\begin{cases} x_{cw} = \dfrac{(x_{w_{min}} + x_{w_{max}})}{2} - x_{prp} \\ y_{cw} = \dfrac{(y_{w_{min}} + y_{w_{max}})}{2} - y_{prp} \\ z_{cw} = z_{vp} - z_{prp} \end{cases}
$$

因此，图 7-36(a)中的投影方向矢量为(x_{cw}, y_{cw}, z_{cw})，图 7-36(b)中的投影方向矢量为$(0, 0, z_{cw})$。由图 7-36(b)中可以看出，错切是关于 z_v 轴的错切，在 x_v 和 y_v 方向进行。关于 Z 轴的错切变换矩阵为

$$
\begin{bmatrix} 1 & 0 & 0 & 0 \\ 0 & 1 & 0 & 0 \\ a & b & 1 & 0 \\ 0 & 0 & 0 & 1 \end{bmatrix}
$$

则

$$[0 \quad 0 \quad z_{cw} \quad 1] = [x_{cw} \quad y_{cw} \quad z_{cw} \quad 1]\begin{bmatrix} 1 & 0 & 0 & 0 \\ 0 & 1 & 0 & 0 \\ a & b & 1 & 0 \\ 0 & 0 & 0 & 1 \end{bmatrix}$$

由此可解得

$$a = \frac{-x_{cw}}{z_{cw}}, \quad b = \frac{-y_{cw}}{z_{cw}}$$

于是规范化投影变换中的错切变换矩阵

$$T_{v4} = \begin{bmatrix} 1 & 0 & 0 & 0 \\ 0 & 1 & 0 & 0 \\ \dfrac{-x_{cw}}{z_{cw}} & \dfrac{-y_{cw}}{z_{cw}} & 1 & 0 \\ 0 & 0 & 0 & 1 \end{bmatrix}$$

需要注意的是，对于正投影，由于 $x_{cw}=y_{cw}=0$，则 T_{v4} 变为单位矩阵。经过这一步变换后，正投影和斜投影的观察空间都已变换为正交平行管道。

③进行坐标的归一化变换，即比例变换。将后截面变成 $z_v=1$ 的平面，前截面变成 $z_v=0$ 的平面。比较图 7-36(b)和(c)，先将前截面平移到 x_vOy_v 平面上，再进行比例变换。平移变换矩阵为

$$T_{v5} = \begin{bmatrix} 1 & 0 & 0 & 0 \\ 0 & 1 & 0 & 0 \\ 0 & 0 & 1 & 0 \\ 0 & 0 & -(z_{front} - z_{prp}) & 1 \end{bmatrix}$$

比例变换矩阵为

$$T_{v6} = \begin{bmatrix} \dfrac{2}{x_{w_{max}} - x_{w_{min}}} & 0 & 0 & 0 \\ 0 & \dfrac{2}{y_{w_{max}} - y_{w_{min}}} & 0 & 0 \\ 0 & 0 & \dfrac{1}{z_{back} - z_{front}} & 0 \\ 0 & 0 & 0 & 1 \end{bmatrix}$$

7.6.3　透视投影的规范化投影变换

在观察坐标系中对三维形体实施透视投影，其变换等同于先实施将透视投影的观察空间变换为平行投影的规范化观察空间的变换，即透视投影的规范化投影变换，再进行正投影。透视投影的规范化投影变换分两步进行：先将图 7-29 中的棱台变换为图 7-33（b）中的透视投影的规范化观察空间，再将透视投影的规范化观察空间变换为平行投影的规范化观察空间。这是因为透视投影的规范化观察空间在进行三维裁剪时仍较为复杂。

同样令观察窗口的左下角点坐标为 $(x_{w_{min}}, y_{w_{min}})$，右上角点坐标为 $(x_{w_{max}}, y_{w_{max}})$，投影中心坐标为 $(x_{prp}, y_{prp}, z_{prp})$，前截面为 $z=z_{front}$，后截面为 $z=z_{back}$，观察平面为 $z=z_{vp}$，有时观察平面可为

$z = z_{vp} = 0$。透视投影的规范化投影变换可由四步组成。步骤①和②与平行投影的规范化投影变换的步骤①和②相同，这里不再推导。

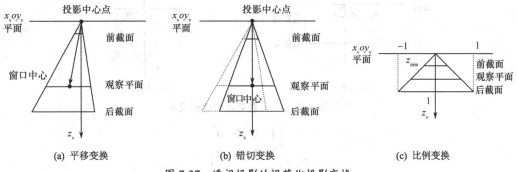

图 7-37　透视投影的规范化投影变换

①　将投影中心平移到观察坐标系原点，如图 7-37(a)所示。

②　进行错切变换，使投影中心点和窗口中心的连线错切到 z_v 轴，即变换成图 7-37(b)所示的情形。规范化投影变换中的错切变换矩阵为

$$T_{v4} = \begin{bmatrix} 1 & 0 & 0 & 0 \\ 0 & 1 & 0 & 0 \\ \dfrac{-x_{cw}}{z_{cw}} & \dfrac{-y_{cw}}{z_{cw}} & 1 & 0 \\ 0 & 0 & 0 & 1 \end{bmatrix}$$

③　进行比例变换。将图 7-37(b)所示的透视投影观察空间变换为图 7-37(c)所示的透视投影的规范化观察空间。比较图 7-37(b)和(c)，比例变换矩阵为

$$T_{v7} = \begin{bmatrix} \dfrac{2}{x_{w_{max}} - x_{w_{min}}} \cdot \dfrac{z_{vp} - z_{prp}}{z_{back} - z_{prp}} & 0 & 0 & 0 \\ 0 & \dfrac{2}{y_{w_{max}} - y_{w_{min}}} \cdot \dfrac{z_{vp} - z_{prp}}{z_{back} - z_{prp}} & 0 & 0 \\ 0 & 0 & \dfrac{1}{z_{back} - z_{prp}} & 0 \\ 0 & 0 & 0 & 1 \end{bmatrix}$$

若 $z_{vp}=0$，则

$$T_{v7} = \begin{bmatrix} \dfrac{2}{x_{w_{max}} - x_{w_{min}}} \cdot \dfrac{-z_{prp}}{z_{back} - z_{prp}} & 0 & 0 & 0 \\ 0 & \dfrac{2}{y_{w_{max}} - y_{w_{min}}} \cdot \dfrac{-z_{prp}}{z_{back} - z_{prp}} & 0 & 0 \\ 0 & 0 & \dfrac{1}{z_{back} - z_{prp}} & 0 \\ 0 & 0 & 0 & 1 \end{bmatrix}$$

④　将图 7-33(b)所示的透视投影的规范化观察空间变换为图 7-33(a)所示的平行投影的规范化观察空间。直观地看，这个变换中必包括透视变换且灭点在 $z_v>0$ 的方向上，如图 7-38 所示。只有这样，才能使棱台的 4 条会聚于原点的棱边变为棱柱中 4 条平行于 z_v 轴的边。设此变换矩阵为

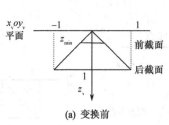

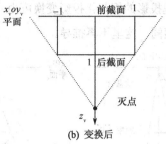

(a) 变换前　　　　　　　　　　　　(b) 变换后

图 7-38　规范化投影变换的透视变换

$$T_{v8} = \begin{bmatrix} 1 & 0 & 0 & 0 \\ 0 & 1 & 0 & 0 \\ 0 & 0 & i & r \\ 0 & 0 & n & s \end{bmatrix}$$

另外，经过步骤①、②和③的变换，可知图 7-38(a)中的前截面到原点的距离为

$$z_f = \frac{z_{front} - z_{prp}}{z_{back} - z_{prp}}$$

考虑到图 7-33(b)所示的透视投影的规范化观察空间有

$$x_v = z_v, \ x_v = -z_v, \ y_v = z_v, \ y_v = -z_v, \ z_v = z_{min}, \ z_v = 1$$

于是，图 7-38(a)中前截面的角点坐标为$(\pm z_f, \pm z_f, z_f)$，变换到图 7-38(b)，前截面的角点坐标为$(\pm 1, \pm 1, 0)$，则

$$\begin{bmatrix} 1 & 1 & 0 & 1 \\ -1 & 1 & 0 & 1 \\ 1 & -1 & 0 & 1 \\ -1 & -1 & 0 & 1 \end{bmatrix} = \begin{bmatrix} z_f & z_f & z_f & 1 \\ -z_f & z_f & z_f & 1 \\ z_f & -z_f & z_f & 1 \\ -z_f & -z_f & z_f & 1 \end{bmatrix} \begin{bmatrix} 1 & 0 & 0 & 0 \\ 0 & 1 & 0 & 0 \\ 0 & 0 & i & r \\ 0 & 0 & n & s \end{bmatrix}$$

类似地，图 7-38(a)中后截面的角点坐标为$(\pm 1, \pm 1, 1)$，变换到图 7-38(b)，后截面的角点坐标为$(\pm 1, \pm 1, 1)$，则

$$\begin{bmatrix} 1 & 1 & 1 & 1 \\ -1 & 1 & 1 & 1 \\ 1 & -1 & 1 & 1 \\ -1 & -1 & 1 & 1 \end{bmatrix} = \begin{bmatrix} 1 & 1 & 1 & 1 \\ -1 & 1 & 1 & 1 \\ 1 & -1 & 1 & 1 \\ -1 & -1 & 1 & 1 \end{bmatrix} \begin{bmatrix} 1 & 0 & 0 & 0 \\ 0 & 1 & 0 & 0 \\ 0 & 0 & i & r \\ 0 & 0 & n & s \end{bmatrix}$$

由这两组方程可以解得

$$i = \frac{1}{1-z_f}, \quad r = 1, \quad n = \frac{z_f}{1-z_f}, \quad s = 0$$

则

$$T_{v8} = \begin{bmatrix} 1 & 0 & 0 & 0 \\ 0 & 1 & 0 & 0 \\ 0 & 0 & \dfrac{1}{1-z_f} & 1 \\ 0 & 0 & -\dfrac{z_f}{1-z_f} & 0 \end{bmatrix}$$

7.7　三维裁剪

三维裁剪保留所有在观察空间内的图形以便在输出设备中显示，所有在观察空间外的图形被丢弃。三维裁剪算法可由二维裁剪算法扩展来实现。此时，三维裁剪是按有限观察空间边界平面而非二维窗口边界来进行裁剪。

三维直线段的裁剪就是要显示一条三维直线段落在三维观察空间内的部分线段。令三维观察空间的边界平面方程为 $Ax+By+Cz+D=0$，将直线段的端点(x_1, y_1, z_1)代入每个边界的平面方程，可以决定此端点是否在边界的内部。若 $Ax_1+By_1+Cz_1+D>0$，则端点在该边界平面外；若 $Ax_1+By_1+Cz_1+D\leqslant0$，则端点在该边界平面上或之内。两个端点均在某一边界平面之外的直线段被丢弃，两个端点均在所有边界平面内部的直线段被保留。直线段与边界的交点可联立直线方程与平面方程得到。

多边形面的裁剪则可以通过裁剪单个多边形边来实现。首先，对观察空间每个边界平面来测试坐标范围，若三维形体的坐标范围在所有边界内部，则保留此形体。若坐标范围在某一边界之外，则丢弃该形体。否则，需要进行求交运算。曲面的裁剪则需利用曲面边界的方程，确定与观察空间边界平面的交线来处理。

需要说明的是，裁剪之前的变换都是在齐次坐标空间中进行的，所以在裁剪时，图形上各顶点的坐标是齐次坐标。有两种方案可以用来对这些由四维齐次坐标表示的图形进行裁剪：一种是将齐次坐标转换为三维坐标，在三维空间中关于规范化观察空间进行裁剪；另一种是直接在齐次坐标空间中裁剪。前一种方法适用于直线段、折线、多边形、参数多项式曲线曲面等，因为对它们作由平移、旋转和错切构成的几何变换等将保持齐次坐标的齐次项 $h=1$，即图形上各点的齐次坐标的前三个元素就是它在三维空间中的坐标。这样不需要除以 h 的运算，就能将图形映射回三维空间了。后一种方法适用于直接在齐次坐标中表现的图形，如有理多项式曲线曲面中的 h 可能取任意不为零的值。

7.7.1　关于规范化观察空间的裁剪

由于在三维观察流程中，已将观察空间变换为规范化观察空间，其平面方程非常简单，因此，这里介绍关于规范化观察空间进行三维编码裁剪的算法。

平行投影（见图7-33(a)）的规范化观察空间的 6 个面分别为

$$x_v=1, \quad x_v=-1, \quad y_v=1, \quad y_v=-1, \quad z_v=0, \quad z_v=1$$

这 6 个面将三维空间分割成 27 个区域。

处理时，首先对直线段的端点进行编码，即对于直线段的任一端点(x, y, z)，根据其坐标所在的区域，赋予一个 6 位的二进制编码 $D_5D_4D_3D_2D_1D_0$。编码规则如下：

若 $x>1$，　　　　则 $D_0=1$，否则 $D_0=0$；

若 $x<-1$，　　　则 $D_1=1$，否则 $D_1=0$；

若 $y>1$，　　　　则 $D_2=1$，否则 $D_2=0$；

若 $y<-1$，　　　则 $D_3=1$，否则 $D_3=0$；

若 $z<0$，　　　　则 $D_4=1$，否则 $D_4=0$；

若 $z>1$，　　　　则 $D_5=1$，否则 $D_5=0$。

透视投影（见图 7-33(b)）的规范化观察空间的 6 个面的方程为

$$x_v = z_v, \quad x_v = -z_v, \quad y_v = z_v, \quad y_v = -z_v, \quad z_v = z_{min}, \quad z_v = 1$$

其编码规则如下

若 $x > z_v$, 则 $D_0 = 1$, 否则 $D_0 = 0$;

若 $x < -z_v$, 则 $D_1 = 1$, 否则 $D_1 = 0$;

若 $y > z_v$, 则 $D_2 = 1$, 否则 $D_2 = 0$;

若 $y < -z_v$, 则 $D_3 = 1$, 否则 $D_3 = 0$;

若 $z < z_{min}$, 则 $D_4 = 1$, 否则 $D_4 = 0$;

若 $z > 1$, 则 $D_5 = 1$, 否则 $D_5 = 0$。

如同二维直线段对矩形窗口的编码裁剪算法一样，若一条线段的两端点的编码都是 0，则线段落在规范化观察空间内；若两端点编码的逻辑与（逐位进行）为非零，则此线段在观察空间以外；否则，需对此直线段作分段处理，即要计算此线段和规范化观察空间相应平面的交点，该交点将直线段分为两段，去掉外侧的一段，对另一段重新编码。重复上述过程，直到裁剪结束。求交点时，可以根据端点的编码确定与观察空间 6 个面的求交顺序。

7.7.2 齐次坐标空间的裁剪

首先理解为什么要在齐次坐标空间进行裁剪。理由有二，一是可以提高效率，裁剪之前与之后的变换都是在齐次坐标空间中进行的，如果要返回三维空间裁剪，必须将图形上点的齐次坐标转换成三维坐标。但在某些特殊变换中，h 不为 1，这样就要对每个坐标作除以 h 的运算，计算量比较大。二是保证正确性，对于像有理参数样条曲线/曲面（如有理 Bezier 曲线/曲面）等可以直接用齐次坐标来表示的曲线/曲面，对它们的裁剪只能在齐次坐标空间中进行，而不能返回三维几何空间中进行。下面以平行投影为例来说明齐次坐标空间中的裁剪。

平行投影的规范化观察空间可由下列不等式定义：

$$-1 \leq x \leq 1, \quad -1 \leq y \leq 1, \quad 0 \leq z \leq 1$$

假定空间中任意一点的齐次坐标为 (x_h, y_h, z_h, h)，则

$$-1 \leq \frac{x_h}{h} \leq 1, \quad -1 \leq \frac{y_h}{h} \leq 1, \quad 0 \leq \frac{z_h}{h} \leq 1$$

该式表明，在齐次坐标空间中，裁剪空间边界的方程为

$$x_h = h, \quad x_h = -h$$
$$y_h = h, \quad y_h = -h$$
$$z_h = 0, \quad z_h = h$$

对于 $h > 0$ 和 $h < 0$ 的情况，这 6 个面分别围成两个区域：

区域 A 为 > 0：$-h \leq x_h \leq h, \quad -h \leq y_h \leq h, \quad 0 \leq z_h \leq h$

区域 B 为 $h < 0$：$-h \geq x_h \geq h, \quad -h \geq y_h \geq h, \quad 0 \geq z_h \geq h$

对于 h 可取任意值的图形来说，需要关于 A 和 B 进行两次裁剪。若可以保证 $h > 0$ 或 $h < 0$，则只进行一次裁剪就可以了。

有了裁剪空间，同样可以将相应的裁剪算法推广到齐次坐标空间中，当然，此时需要进行四维裁剪。

7.8 OpenGL 中的变换

OpenGL 图形软件包是为三维应用设计的，包含了大量的有关三维变换的操作，二维变换则可以看做三维变换的特例。OpenGL 中常用的变换包括模型视图变换、投影变换和视见区变换。

视图变换用于确定场景的位置，即设定观察参考坐标系，实现用户在任意位置、任意方向上进行观察。模型变换则用于对模型和模型内的特定对象进行平移、旋转、缩放等几何变换。从内部效果和场景最终外观的效果来说，视图变换和模型变换是相同的，向后移动对象和向前移动观察参考坐标系之间并没有本质差别。因此，OpenGL 处理时，将视图变换和模型变换统一为模型视图变换，表示这类变换可以视为模型变换或视图变换，但实际上并无区别。

OpenGL 中的投影变换定义了一个有限的观察空间，指定已完成的场景转换成屏幕上显示的最终图像的过程。常用的投影变换包括平行投影中的正投影和透视投影。

视见区变换就是二维观察中窗口到视区的变换，三维情况下是指将场景的一个二维投影映射到屏幕上的视区中。

7.8.1 矩阵堆栈

在计算机图形学中，所有的变换都是通过矩阵乘法来实现的，即将三维形体顶点构成的齐次坐标矩阵乘以三维变换矩阵，就得到了变换后的形体顶点的齐次坐标矩阵，这样只要求出形体的三维变换矩阵，就可以得到变换后的形体。在 OpenGL 中，对象的坐标变换也是通过矩阵来实现的。OpenGL 中包含了两个重要的矩阵：模型视图矩阵和投影矩阵，其中模型视图矩阵用于物体的模型视图变换，投影矩阵用于投影变换。

一般来说，在进行矩阵操作之前，需要指定当前操作的矩阵对象，这可以使用函数

```
glMatrixMode(GLenum mode);
```

定义。其中当 mode 取 GL_MODELVIEW 时，表示对模型视图矩阵进行操作；当 mode 取 GL_PROJECTION 时表示对投影矩阵进行操作，并且一旦设置了当前操作矩阵，就将保持为当前的矩阵对象，直到再次调用函数 glMatrixMode()修改它为止。默认情况下，系统处理的当前矩阵是模型视图矩阵。

实际上，在构造复杂模型时，常常需要保存中间的变化状态，以便在进行一些变换后能够恢复到某些变换前的状态。为了简化这种操作，OpenGL 为模型视图矩阵和投影矩阵各维护着一个"矩阵堆栈"，其中堆栈的栈顶矩阵就是当前的模型视图矩阵或投影矩阵。在调用变换函数的时候，系统自动计算变换函数对应的变换矩阵与当前操作的矩阵堆栈栈顶矩阵的乘积，并置为栈顶矩阵，绘制图形时使用栈顶矩阵作为图形的变换矩阵。

矩阵堆栈主要用来保存和恢复矩阵的状态，主要用于具有层次结构的模型绘制中，以提高绘图效率。OpenGL 中利用函数：

```
void glPushMatrix(void);
void glPopMatrix(void);
```

实现矩阵堆栈的操作。其中，函数 **glPushMatrix()**将当前矩阵堆栈的栈顶矩阵复制一个，并将其压入当前矩阵堆栈，以保存当前变换矩阵。函数 **glPopMatrix()**用于将当前矩阵堆栈的栈顶矩阵弹出，这样，堆栈中的下一个矩阵变为栈顶矩阵（当前变换矩阵），用来恢复当前变换矩阵原先的状态。

矩阵堆栈是有深度的，如果超出了堆栈深度或当堆栈为空时试图弹出栈顶矩阵，都会发生错

误。可以用下面的函数获取堆栈深度的最大值：

```
glGet(GL_MAX_MODELVIEW_STACK_DEPTH);
glGet(GL_MAX_PROJECTION_STACK_DEPTH);
```

7.8.2 模型视图变换

模型视图矩阵是一个 4×4 的矩阵，用于指定场景的视图变换和几何变换。在进行模型视图矩阵操作前，必须调用函数 glMatrixMode(GL_MODELVIEW)指定变换只能影响模型视图矩阵。

模型变换主要确定模型在坐标系中的位置，主要通过平移、旋转和放缩等几何变换改变模型的位置、尺寸和形状。模型变换的实现主要有以下两种方法。

1. 直接定义矩阵

OpenGL 利用函数：

```
void glLoadMatrix{fd}(const TYPE *m);
```

将 m 所指定的矩阵置为当前矩阵堆栈的栈顶矩阵。其中，m 是一个以列优先顺序保存的 16 个值组成的 4×4 矩阵的指针。例如，下面的一段程序：

```
glfloat m[] = { 1.0f,  0.0f,  3.0f,  0.0f,
                0.0f,  1.0f,  0.0f,  1.0f,
                0.0f,  0.0f,  1.0f,  1.0f,
                0.0f,  0.0f,  0.0f,  1.0f};
glMatrixMode(GL_MODELVIEW);
glLoadMatrixf(m);
```

指定了当前模型视图矩阵为

$$T = \begin{bmatrix} 1 & 0 & 0 & 0 \\ 0 & 1 & 0 & 0 \\ 3 & 0 & 1 & 0 \\ 0 & 1 & 1 & 0 \end{bmatrix}$$

此外，还可以使用函数：

```
void glMultiMatrix{fd}(const TYPE *m);
```

将模型视图矩阵与 m 指定矩阵的乘积置为当前的模型视图矩阵。其中参数 m 为一个以列优先顺序保存的 16 个连续值的数组指针。

2. 利用高级矩阵函数

在 OpenGL 中，还可以通过一些高级矩阵函数将模型视图矩阵乘以指定的变换矩阵，并将结果矩阵设置成当前的模型视图矩阵。常用的高级矩阵函数包括平移、旋转和缩放矩阵函数。

平移矩阵函数：

```
void glTranslate{df}(TYPE x,TYPE y,TYPE z);
```

用当前矩阵乘以平移矩阵，参数 x，y，z 分别是沿三个轴的正向平移的平移矢量。

旋转矩阵函数：

```
void glRotate{df}(TYPE angle,TYPE x,TYPE y,TYPE z );
```

用当前矩阵乘以旋转矩阵。其中，参数 angle 表示绕方向矢量逆时针旋转的角度，参数 x，y，z 则指定旋转轴为由原点到(x,y,z)指定的方向矢量。

缩放矩阵函数：

```
void glScale{df}(TYPE x,TYPE y,TYPE z);
```

用当前矩阵乘以缩放矩阵，其中不为零的参数 x，y，z 分别表示三个坐标轴方向的比例因子。注意，当其中某个参数为负值时，可以表示对模型进行相应轴的对称变换。

通过上述的高级矩阵函数，可以很方便地实现变换，但是这里存在一个问题：在调用函数时，修改的是当前的模型视图矩阵。新的矩阵随后将成为当前的模型视图矩阵并影响此后绘制的图形。这样模型视图矩阵函数在调用时，就会有造成效果的积累。如果不需要这样的积累可以调用重置矩阵函数：

```
void glLoadIdentity(void);
```

该函数将单位矩阵置为当前变换矩阵。一般在指定当前操作矩阵对象后，都要调用重置矩阵函数，将以前变换的影响消除，避免出现意想不到的情况。

视图变换主要用于确定观察参考坐标系，即确定视点的位置和观察方向。默认情况下，观察坐标系与用户坐标系重合，此时视点位于原点，观察方向为用户坐标系 z 轴的负向。当然，也可以调用函数：

```
void gluLookAt(GLdouble eyex,GLdouble eyey, GLdouble eyez, GLdouble centerx,
GLdouble centery, GLdouble centerz,GLdouble upx,GLdouble upy,GLdouble upz);
```

实现观察坐标系的定义。其中，P_0(eyex,eyey,eyez)定义观察坐标系原点在用户坐标系下的坐标；P_{ref}(centerx,centery,centerz)定义一个视线上的点，矢量 P_0P_{ref} 定义了观察坐标系的法矢量 N；参数 upx，upy，upz 指定观察正向矢量 V。系统利用矢量 N 和 V 计算出矢量 U，构造观察坐标系。

这里需要说明的是，OpenGL 采用的规范化齐次坐标矩阵是列向量的方式，使得进行基本几何变换的方式与前面介绍的内容稍有不同，例如使用列向量方式的平移变换，应该表示为

$$\begin{bmatrix} x' \\ y' \\ z' \\ 1 \end{bmatrix} = T_t \begin{bmatrix} x \\ y \\ z \\ 1 \end{bmatrix} = \begin{bmatrix} 1 & 0 & 0 & T_x \\ 0 & 1 & 0 & T_y \\ 0 & 0 & 1 & T_z \\ 0 & 0 & 0 & 1 \end{bmatrix} \begin{bmatrix} x \\ y \\ z \\ 1 \end{bmatrix} = \begin{bmatrix} x + T_x \\ y + T_y \\ z + T_z \\ 1 \end{bmatrix}$$

同样地，在使用列向量方式进行图形的复合变换，越先进行的变换越靠近变换前的图形点集矩阵，其矩阵形式变为

$$P' = TP = (T_n T_{n-1} T_{n-2} \cdots T_1)P \qquad (n > 1)$$

因此在处理复合变换时，应该按照模型变换的逆顺序指定变换，即最先对模型实施的变换最后指定。

7.8.3 投影变换

OpenGL 中只提供了两种投影方式：正投影、透视投影。不管是调用哪种投影函数，为了避免不必要的变换，必须调用 glMAtrixMode(GL_PROJECTION)函数指定当前处理的矩阵是投影变换矩阵。

1. 正投影

正投影，又叫正平行投影，它的有限观察空间是一个矩形的平行管道，也就是一个长方体，其特点是无论物体距离相机多远，投影后的物体大小尺寸不变。OpenGL 中正投影函数共有两个。

一个函数是

```
void glOrtho(GLdouble left,GLdouble right,GLdouble bottom,GLdouble top,
             GLdouble near,GLdouble far);
```

此函数创建一个正投影的有限观察空间。其中近裁剪平面是一个矩形，矩形左下角点三维空间坐标是(left,bottom,−near)，右上角点是(right,top,−near)；远裁剪平面也是一个矩形，左下角点空间坐标是(left,bottom,−far)，右上角点是(right,top,−far)。所有的 near 和 far 值同时为正或同时为负。如果没有其他变换，正投影的方向平行于 z 轴，且视点朝向 z 负轴。这意味着物体在视点前面时 far 和 near 都为负值，物体在视点后面时 far 和 near 都为正值。

另一个函数是

```
void gluOrtho2D(GLdouble left,GLdouble right,GLdouble bottom,GLdouble top);
```

它是一个特殊的正投影函数，主要用于二维图像到二维屏幕上的投影。它的 near 和 far 默认值分别为−1.0 和 1.0，所有二维物体的 z 坐标都为 0.0。因此它的裁剪面是一个左下角点为(left,bottom)、右上角点为(right,top)的矩形。

2. 透视投影

透视投影的特点是距离视点近的物体大，距离视点远的物体小，远到极点即为消失。它的观察空间是一个顶部和底部都被切除掉的棱椎，也就是棱台。OpenGL 透视投影函数也有两个。一个函数是

```
void glFrustum(GLdouble left,GLdouble Right,GLdouble bottom,GLdouble top,GLdouble
               near,GLdouble far);
```

此函数创建一个透视投影的有限观察空间。它的参数只定义近裁剪平面的左下角点和右上角点的三维空间坐标，即(left, bottom, −near)和(right, top, −near)；最后一个参数 far 是远裁剪平面的 Z 负值，其左下角点和右上角点空间坐标由函数根据透视投影原理自动生成。near 和 far 表示离视点的远近，它们总为正值。

另一个函数是

```
void gluPerspective(GLdouble fovy,GLdouble aspect, GLdouble zNear,
                    GLdouble zFar);
```

它也创建一个透视投影的有限观察空间，但它的参数定义于前面的不同，如图 7-39 所示，参数 fovy 定义视野在 x-z 平面（垂直方向上的可见区域）的角度，范围是[0.0, 180.0]；参数 aspect 是投影平面的纵横比（宽度与高度的比值）；参数 zNear 和 zFar 分别是近、远裁剪面沿−Z 轴到视点的距离，它们总为正值。

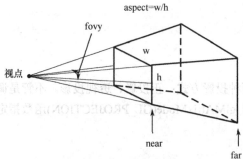

图 7-39　透视投影的观察空间

有了模型视图矩阵和投影矩阵，三维观察流程在 OpenGL 中的实现过程如下：

① 用 gluLookAt 指定观察参考坐标系。

② 指定模型在用户坐标系中的变换，变换可能不止一次。此时，由于模型变换与视图变换使用同一个矩阵堆栈，因此系统只是将当前的模型视图矩阵与模型的规范化齐次坐标相乘就可以获得第①和②步的结果。

③ 进行投影变换。此时调用的投影变换函数指定了投影的有限观察空间，并由系统完成规范化投影变换和三维裁剪的操作。

④ 进行视见变换。但在 OpenGL 中不能直接指定或修改视见变换的参数，而是根据用户指定给函数 glViewport（参见 6.6 节）的值在内部设置。

7.8.4 实例

下面给出一个实例，显示了分子的模型：一个红色大球表示原子，三个黄色小球表示电子，分别绕原子旋转。本例中的投影变换使用了透视投影，可以清楚地显示出电子在旋转到远处时，体积逐渐变小，而旋转到近处时，又渐渐变大，具有较强的距离真实感。另外，在这个例子中，还使用了动画和深度测试。

1. 动画

动画的实现是通过不断修改旋转变换的角度参数（fElect1）来实现的。也就是说，需要创建一个循环，在每次调用显示回调函数之前改变参数 fElect1 的值，使电子看起来像绕着原子旋转。为了不断地调用显示回调函数，需要利用 GLUT 库中的函数：

```
glutTimerFunc(unsigned int msecs, (*func) (int value), int value);
```
指定一个定时器回调函数，即经过 msecs 毫秒后由 GLUT 调用指定的函数，并将 value 值传递给它。被定时器调用的函数原型为

```
void TimerFunction(int value);
```
但是，这个函数与其他的回调函数不一样，该函数只能调用一次。为了实现连续的动画，必须在定时器函数中再次设置定时器回调函数。

另外，可以使用双缓存技术来获得较好的动画效果。双缓存技术使得执行的绘图代码能够在屏幕之外的缓冲区内进行渲染，然后用交换命令把图形瞬间放到屏幕上。这样在绘制动画的时候，每一帧都是在画面外的缓冲区中绘制，完成之后再很快地交换到屏幕上，这样会使动画比较平滑。在程序中，窗口初始化时可以设定窗口模式为双缓冲区窗口，代码为

```
glutInitDisplayMode(GLUT_DOUBLE | GLUT_RGB);
```
然后，在显示回调函数的结尾使用 glutSwapBuffers()函数代替 glFush()函数，该函数的作用是交换两个缓冲区的内容，即把隐藏的渲染好的图像放到屏幕上显示，并完成 OpenGL 流水线的刷新。

2. 深度测试

OpenGL 默认的方式是后绘制的图形先显示，当电子运动到原子正后方时，由于电子后绘制，因此不能产生被遮挡的效果。解决办法是启用深度测试。深度测试是一种移除被挡住表面的有效技术，它的过程是：在绘制一个像素时，会给它分配一个值（称为 z 值），这个值表示它与观察者的距离。然后，如果需要在同一个位置上绘制另一个像素，将比较新像素和已经保存在该位置的像素的 z 值。如果新像素的 z 值较小，即它离观察者更近因而在原来那个像素的前面，原来的像素就会被新像素挡住。这一操作在内部由深度缓冲区完成。为了启用深度测试，只要调用函数

```
glEnable(GL_DEPTH_TEST);
```

打开深度测试功能。如果要关闭深度测试，则只需调用 glDisable(GL_DEPTH_TEST)函数即可。

要使用深度测试，必须在创建窗口时指定其具有深度缓冲区，代码为

glutInitDisplayMode(GLUT_DOUBLE | GLUT_RGB | GLUT_DEPTH);

并且，为了使深度缓冲区正常完成深度测试功能，在每次渲染场景时，必须使用函数

glClear(GL_COLOR_BUFFER_BIT | GL_DEPTH_BUFFER_BIT);

清除深度缓冲区。

【程序 7-1】 分子模型。

```
#include <gl/glut.h>
void Initial() {
glEnable(GL_DEPTH_TEST);                              // 启用深度测试
   glClearColor(1.0f, 1.0f, 1.0f );                  // 背景为白色
}
void ChangeSize(int w, int h) {
  if(h == 0)
    h = 1;
  glViewport(0, 0, w, h);                            // 设置视区尺寸
  glMatrixMode(GL_PROJECTION);                       // 指定当前操作投影矩阵堆栈
  glLoadIdentity();                                  // 重置投影矩阵
  GLfloat fAspect;
  fAspect = (float)w/(float)h;                       // 计算视区的宽高比
  gluPerspective(45.0, fAspect, 1.0, 500.0);         // 指定透视投影的观察空间
  glMatrixMode(GL_MODELVIEW);
  glLoadIdentity();
}
void Display(void) {
  static float fElect1 = 0.0f;                       // 绕原子旋转的角度
  glClear(GL_COLOR_BUFFER_BIT | GL_DEPTH_BUFFER_BIT);        // 清除颜色和深度缓冲区
  glMatrixMode(GL_MODELVIEW);                        // 指定当前操作模型视图矩阵堆栈
  glLoadIdentity();                                  // 重置模型视图矩阵
  glTranslatef(0.0f, 0.0f, -250.0f);                 //将图形沿 z 轴负向移动
  glColor3f(1.0f, 0.0f, 0.0f);
  glutSolidSphere(12.0f, 15, 15);                    // 绘制红色的原子
  glColor3f(0.0f, 0.0f, 0.0f);
  glPushMatrix();                                    // 保存当前的模型视图矩阵
  glRotatef(fElect1, 0.0f, 1.0f, 0.0f);              // 绕 y 轴旋转一定的角度
  glTranslatef(90.0f, 0.0f, 0.0f);                   // 平移一段距离
  glutSolidSphere(6.0f, 15, 15);                     // 画出第一个电子
  glPopMatrix();                                     // 恢复模型视图矩阵
  glPushMatrix();                                    // 保存当前的模型视图矩阵
  glRotatef(45.0f, 0.0f, 0.0f, 1.0f);                // 绕 Z 轴旋转 45°
  glRotatef(fElect1, 0.0f, 1.0f, 0.0f);
  glTranslatef(-70.0f, 0.0f, 0.0f);
  glutSolidSphere(6.0f, 15, 15);                     // 画出第二个电子
  glPopMatrix();                                     // 恢复模型视图矩阵
  glPushMatrix();                                    // 保存当前的模型视图矩阵
  glRotatef(-45.0f,0.0f, 0.0f, 1.0f);                // 绕 Z 轴旋转-45°
  glRotatef(fElect1, 0.0f, 1.0f, 0.0f);
  glTranslatef(0.0f, 0.0f, 60.0f);
```

```
    glutSolidSphere(6.0f, 15, 15);                    // 画出第三个电子
    glPopMatrix();

    fElect1 += 10.0f;                                 // 增加旋转步长，产生动画效果
    if(fElect1 > 360.0f) fElect1 = 10.0f;
    glutSwapBuffers();
}
void TimerFunc(int value) {
    glutPostRedisplay();
    glutTimerFunc(100, TimerFunc, 1);                 // 100 毫秒后调用定时器回调函数
}
int main(int argc, char* argv[]) {
    glutInit(&argc, argv);
    glutInitDisplayMode(GLUT_DOUBLE | GLUT_RGB
                        | GLUT_DEPTH);                // 窗口使用 RGB 颜色，双缓存和深度缓存
glutCreateWindow("分子动画示例");
glutReshapeFunc(ChangeSize);
glutDisplayFunc(Display);
glutTimerFunc(500, TimerFunc, 1);                     // 指定定时器回调函数
Initial();
glutMainLoop();
return 0;
}
```

习题 7

7.1 名词解释：平面几何投影、观察投影、平行投影、透视投影、正投影、斜投影、一点透视、二点透视、三点透视、观察空间、规范化观察空间。

7.2 试说明什么是投影变换，给出其分类图。

7.3 已知三维变换矩阵

$$T_{3D} = \begin{bmatrix} a & b & c & p \\ d & e & f & q \\ g & h & i & r \\ l & m & n & s \end{bmatrix}$$

如果对三维物体各点坐标进行变换，试说明矩阵 T_{3D} 中各元素在变换中的具体作用。

7.4 求将图 7-40 中的物体 $ABCDEFGH$ 进行如下变换的变换矩阵，写出复合变换后图形各顶点的规范化齐次坐标，并画出复合变换后的图形。

（1）平移，使点 C 与点 $P(1, -1, 0)$ 重合。

（2）绕 Z 轴旋转 $60°$。

7.5 求将图 7-41 中的空间四面体进行如下变换的变换矩阵，写出复合变换后图形各顶点的规范化齐次坐标，并画出复合变换后的图形。

（1）关于 P 点整体放大 2 倍。

（2）关于 Y 轴进行对称变换。

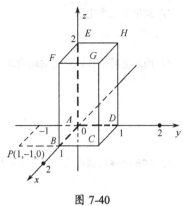

图 7-40

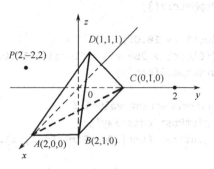

图 7-41

7.6 假定一空间直线 AB 的两个端点坐标为 $A(0,0,0)$，$B(2,2,2)$，试写出绕 AB 旋转 30° 的三维复合变换矩阵。

7.7 试作出图 7-41 中空间四面体的三视图，要求写清变换式（设平移矢量均为 1）。

7.8 试推导正轴测图的投影变换矩阵，并写出图 7-41 中四面体经过正等测变换或正二测变换（β=30°）后各顶点的齐次坐标。

7.9 求图 7-41 中四面体经过斜等测变换或斜二测变换（β=30°）后各顶点的齐次坐标。

7.10 求图 7-40 中的平面多面体经过二点透视后各顶点的齐次坐标。给定 p=-1，q=1，r=-1，φ=30，l=n=1，m=-1。

7.11 什么是观察坐标系？为什么要建立观察坐标系？

7.12 试分析三维观察的变换流程，要求用矩阵形式写出变换的具体过程。

7.13 试分析对直线段进行三维裁剪的基本思想，给出详细的变换。

7.14 试在 OpenGL 中绘制太阳、地球和月亮的运动模型。

7.15 在 OpenGL 中创建一个球体动画，使球体在窗口内做自由落体运动，并在撞击地面（窗口的下边界）后能够弹回原来的高度。

7.16 利用 OpenGL 中的多视区，分别在 4 个视区内显示如图 7-41 所示空间四面体的透视投影图、主视图、俯视图和侧视图。

第8章 曲线与曲面

曲线/曲面的计算机辅助设计源于飞机和汽车等制造工业。飞机、船舶和汽车等零件的外形常常包含一些以复杂方式自由变化的曲线/曲面，即所谓的自由曲线/曲面。传统上，采用模线样板法表示和传递自由曲线/曲面的形状。模线员和绘图员通过在型值点处固定均匀的带弹性的细木条、有机玻璃条或金属条（样条）来绘制所需的曲线，即模线，依此制成样板作为生产与检验的依据。这是采用模拟量进行传递的设计制造方法。随着计算机的普及应用，人们发现可以用数学方法唯一地定义自由曲线/曲面的形状，将形状信息从模拟量传递改变为数值量传递，由此导致了计算机辅助几何设计 CAGD（Computer Aided Geometric Design）学科的产生。1974 年，美国犹他大学首先举行了 CAGD 会议，标志着 CAGD 的正式诞生。目前，人们普遍认为，CAGD 是综合了微分几何、代数几何、数值计算、逼近论、拓扑学以及数控技术等学科的一门边缘性学科。CAGD 中，依据定义形状的几何信息可建立相应的曲线/曲面方程，即数学模型，并在计算机上通过执行计算和处理程序，计算出曲线/曲面上大量的点及其他信息，通过分析与综合就可了解所定义的形状所具有的局部和整体的几何特征。实际上，在形状信息的计算机表示、分析与综合中，核心问题是计算机表示，即需建立既适合于计算机处理，又能有效地满足形状表示与几何设计要求，同时还便于进行形状信息传递和产品数据交换的描述形状的数学方法。计算机处理曲线/曲面的内容很丰富，本章只简要介绍曲线/曲面表示与设计的基本方法。

8.1 基本概念

8.1.1 曲线/曲面数学描述的发展

近几十年来，CAGD 在多变量曲线插值、Coons 曲面、Bezier 曲线/曲面、B 样条曲线/曲面、有理曲线/曲面、多边形曲面片等方面有了长足发展。1963 年，美国波音（Boeing）飞机公司的弗格森（Ferguson）首先提出了将曲线/曲面表示为参数的矢函数方法，引入参数三次曲线，构造了组合曲线和由四角点的位置矢量及两个方向的切矢定义的弗格森双三次曲面片。在这以前，曲线的描述一直采用显式的标量函数 $y=y(x)$ 或隐方程 $F(x, y)=0$ 的形式，曲面采用 $z=z(x, y)$ 或 $F(x, y, z)=0$ 的形式。弗格森采用的曲线/曲面的参数形式从此成为自由曲线/曲面数学描述的标准形式。

1964 年，麻省理工学院（MIT）的孔斯（Coons）发表了一个具有一般性的曲面描述方法，给定围成封闭曲线的 4 条边界就可定义一块曲面片。目前在 CAGD 中得到广泛应用的是它的特殊形式——孔斯双三次曲面片。它与弗格森双三次曲面片一样，都存在形状控制与连接的问题。

由舍恩伯格（Schoenberg）1964 年提出的样条函数提供了解决连接问题的一种技术。用于自由曲线/曲面描述的样条方法是它的参数形式，即参数样条曲线/曲面。样条方法用于解决插值问题，在构造整体达到某种参数连续阶（指可微性）的插值曲线/曲面时是很方便的，但不存在局部形状调整的自由度，样条曲线和曲面的形状难以预测。

法国雷诺（Renault）汽车公司的贝齐尔（Bezier）以逼近为基础研究了曲线/曲面的构造，于1971年提出了一种由控制多边形定义曲线的方法，设计者只要移动控制顶点就可方便地修改曲线的形状，而且形状的变化完全在预料之中。Bezier方法简单易用，又漂亮地解决了整体形状控制问题，至今一些著名软件，如UGII、UNISURF、DUCT等仍保留着Bezier曲线/曲面，但它还存在连接问题和局部修改问题。

德布尔（de Boor）1972年给出了关于B样条的一套标准算法。美国通用汽车公司的Gordon和Riesenfeld于1974年将B样条理论应用于自由曲线/曲面描述，提出了B样条曲线/曲面。B样条克服了Bezier方法的不足之处，比较成功地解决了局部控制问题，又轻而易举地在参数连续基础上解决了连接问题，具有局部修改方便、形态控制灵活、直观等特点，成为构造曲线/曲面的主要工具。

另外，尽管上述各种方法尤其是B样条方法较成功地解决了自由型曲线/曲面的数学描述问题，但将它应用于圆锥截线及初等解析曲面却不成功，都只能给出近似表示（通常，这类初等解析曲面主要由代数几何里的隐方程形式来表达）。在参数表示范围里，Forrest于1968年首先给出了表达为有理Bezier形式的圆锥截线。Ball在他的CONSURF系统中提出的有理方法在英国飞机公司得到普遍的使用。然而，要在几何设计系统中引入这些与前述自由型曲线/曲面描述不相容的方法，将会使系统变得十分庞杂。我国的唐荣锡教授在1990年提到，工业界感到最不满意的是系统中需要并存两种模型，这违背了产品几何定义唯一性原则，容易造成生产管理混乱。正因如此，直到20世纪80年代中期，有理曲线/曲面仍没有像非有理形式那样得到广泛应用。人们希望找到一种统一的数学方法。

1975年，美国Syracuse大学的Versprille在他的博士论文中首先提出了有理B样条方法。以后，由于Piegl和Tiller等人的贡献，至20世纪80年代后期，非均匀有理B样条（NURBS）方法成为用于曲线/曲面描述的流行最广的技术。非有理与有理Bezier和非有理B样条曲线/曲面都被统一在NURBS标准之中。1991年颁布的关于工业产品数据交换的STEP国际标准中，把NURBS作为定义工业产品几何形状的唯一数学方法。国外几乎所有商品化CAD软件号称使用了NURBS，数据交换标准IGES、PDDI等都已经收入了NURBS曲线/曲面，目前NURBS技术仍在发展中。

8.1.2　曲线/曲面的表示要求

要在计算机内表示曲线和曲面，其形状的数学描述应保留产品形状的尽可能多的性质，通常满足下列要求：

① 唯一性。它对所采用的数学方法的要求是，由已给定的有限信息决定的形状应是唯一的。而传统上采用的描述自由曲线/曲面的模线样板法是按模拟量传递的，不能保证形状定义的唯一性。

② 几何不变性。当用有限的信息决定一个曲线或曲面，如用3点决定一条抛物线，4点决定一条三次曲线时，如果这些点的相对位置确定，我们要求的形状就固定了，不应随所取的坐标系而改变。如果采用的数学方法不具有几何不变性，用同样的数学方法去拟合在不同测量坐标系下测量得到的同一组数据点（不考虑测量误差），就会得到不同形状的拟合曲线。通常，标量函数不具有几何不变性，而参数曲线/曲面表示在某些情况下具有几何不变性。

③ 易于定界。工程上，曲线/曲面的形状总是有界的，形状的数学描述应易于定界。参数方程表示易于定界。

④ 统一性。能统一表示各种形状并处理各种情况，包括各种特殊情况。例如，曲线描述要求

用一种统一的形式既能表示平面曲线，也能表示空间曲线。统一性的高要求是找到统一的数学形式既能表示自由型曲线/曲面，也能表示初等解析曲线/曲面，从而建立统一的数据库，以便进行形状信息传递及产品数据交换。

⑤ 易于实现光滑连接。通常，单一的曲线段或曲面片难以表达复杂的形状，必须将一些曲线段相继连接在一起成为组合曲线，或将一些曲面片相继拼接起来成为组合曲面，才能描述复杂的形状。当表示或设计一条光滑曲线或一张光滑曲面时，必须确定曲线段间、曲面片间的连接是光滑的。

⑥ 几何直观。几何直观即几何意义明显。从几何直观上处理问题往往比变成代数问题更易为工程应用人员所接受，从而更具生命力，这是解决几何问题本身发展的要求。

8.1.3 曲线/曲面的表示

曲线和曲面方程能表示为非参数形式或参数形式。对于一条曲线，其上点的各坐标变量之间满足一定关系，可以用一个方程描述出来，则得到该曲线的非参数表示，如 $y=kx+B$ 或 $f(x, y, z)=0$。

在解析几何中，空间曲线上一点 P 的每个坐标被表示为某个参数 t 的函数 $x=x(t), y=y(t), z=z(t)$。把三个方程合在一起，三个坐标分量组成曲线上该点的位置矢量，曲线被表示为参数 t 的矢量函数 $P(t) = (x, y, z) = (x(t), y(t), z(t))$。它的每个坐标分量都是以参数 t 为变量的标量函数。这种矢量表示等价于笛卡儿分量表示 $P(t) = x(t)\mathbf{i} + y(t)\mathbf{j} + z(t)\mathbf{k}$。其中，$\mathbf{i}$、$\mathbf{j}$、$\mathbf{k}$ 分别为沿 X 轴、Y 轴、Z 轴正向的三个单位矢量。这样，给定一个 t 值，就得到曲线上一点的坐标，当 t 在[a, b]内连续变化时，就得到了曲线。这里将参数限制在[a, b]之内，因为通常感兴趣的仅仅是曲线的某一段。不妨假设这段曲线对应的参数区间即为[a, b]。为了叙述方便，可以将区间[a, b]规范化成[0, 1]，所需的参数变换为 $t' = \dfrac{t-a}{b-a}$。不失一般性地假定参数 t 在[0, 1]之间变化。于是，得到曲线的参数形式

$$P = P(t) \qquad t \in [0,1]$$

该形式把曲线上表示一个点的位置矢量的各分量合写在一起当成一个整体。通常要考察的正是这个整体（而不是组成这个整体的各分量）和曲线上点之间的相对位置关系（而不是它们与所取坐标系之间的相对位置关系）。类似地，可把曲面表示为双参数 u 和 v 的矢量函数。

相对非参数表示方法，参数表示方法更能满足形状数学描述的要求，因而具有更好的性能：

① 点动成线。如果把参数 t 视为时间，$P(t)$可看做一质点随时间变化的运动轨迹，其关于参数 t 的一阶导数 $P' = \dfrac{dP}{dt}$ 与二阶导数 $P'' = \dfrac{d^2P}{dt^2}$ 分别是质点的速度矢量与加速度矢量。这可看做矢量形式的参数曲线方程的物理解释。

② 通常总是能够选取那些具有几何不变性的参数曲线/曲面表示形式，且能通过某种变换使某些不具有几何不变性的表示形式具有几何不变性，从而满足几何不变性的要求。

③ 任何曲线在坐标系中都会在某一位置上出现垂直的切线，因而导致无穷大斜率。而在参数方程中，可以用对参数求导来代替，即 $\dfrac{dy}{dx} = \dfrac{\dfrac{dy}{dt}}{\dfrac{dx}{dt}}$，从而解决了这一问题。这一关系式还说明，斜率与切线矢量的长度无关，即

$$\frac{dy}{dx} = \frac{m \cdot \dfrac{dy}{dt}}{m \cdot \dfrac{dx}{dt}} = \frac{n \cdot \dfrac{dy}{dt}}{n \cdot \dfrac{dx}{dt}}$$

④ 规格化的参数变量 $t \in [0,1]$，使其相应的几何分量是有界的，而不必用其他参数去定义其边界。

⑤ 对非参数方程表示的曲线/曲面进行仿射和投影变换，必须对曲线/曲面上的每个型值点进行变换；对参数表示的曲线/曲面可直接对其参数方程进行仿射和投影变换，从而节省计算工作量。

⑥ 参数方程将自变量和因变量完全分开，使得参数变化对各因变量的影响可以明显地表示出来。

基于这些优点，以后将用参数表达形式来讨论曲线/曲面问题。

8.1.4 插值与逼近

在计算机图形学中，样条曲线是指由多项式曲线段连接而成的曲线，在每段的边界处满足特定的连续条件。样条曲面则可以用两组正交样条曲线来描述。它们有不同的样条描述方法，每种方法都是带有特定边界条件的特殊多项式表达类型。

当用一组型值点来指定曲线/曲面的形状时，其形状完全通过给定的型值点列（如图 8-1 所示），得到的曲线/曲面称为曲线/曲面的拟合。而当用一组控制点来指定曲线/曲面的形状时，求出的形状不必通过控制点列，该方法称为曲线/曲面的逼近，如图 8-2 所示。另外，求给定型值点之间曲线上的点称为曲线的插值。

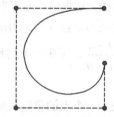

图 8-1 曲线的拟合示例   图 8-2 曲线的逼近示例

对于逼近样条，连接控制点序列的折线通常被显示出来，以提醒设计者关注控制点的次序。一般，连接有一定次序控制点的直线序列被称为控制多边形或特征多边形，如图 8-2 中虚线所示。

8.1.5 连续性条件

当许多参数曲线段首尾相连构成一条曲线时，如何保证各曲线段在连接处具有合乎要求的连续性是一个重要问题。假定参数曲线段 P_i 以参数形式描述如下：

$$P_i = P_i(t) \qquad t \in [t_{i0}, t_{i1}]$$

这里讨论参数曲线两种意义上的连续性：参数连续性与几何连续性。

1. 参数连续性

0 阶参数连续性，记作 C^0 连续性，如图 8-3(a) 所示，指曲线的几何位置连接，即第一个曲线段在 t_{i1} 处的 x、y、z 值与第二个曲线段在 $t_{(i+1)0}$ 处的 x、y、z 值相等，即

$$P_i(t_{i1}) = P_{(i+1)}(t_{(i+1)0})$$

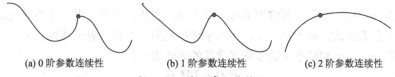

| (a) 0 阶参数连续性 | (b) 1 阶参数连续性 | (c) 2 阶参数连续性 |

图 8-3　曲线段参数连续性

1 阶参数连续性，记作 C^1 连续性，如图 8-3(b)所示，代表两个相邻曲线段的方程在相交点处有相同的一阶导数（切线），即

$$P_i(t_{i1}) = P_{(i+1)}(t_{(i+1)0}) \quad 且 \quad P_i'(t_{i1}) = P_{(i+1)}'(t_{(i+1)0})$$

2 阶参数连续性，记作 C^2 连续性，如图 8-3(c)所示，它指两个相邻曲线段的方程在相交点处具有相同的一阶和二阶导数。类似地，还可定义高阶参数连续性。

对于 C^2 连续性（见图 8-3(c)），交点处的切向量变化率相等，即切线从一个曲线段平滑地变化到另一个曲线段。相对而言，图 8-3(b)中两段相连的曲线段在交点处的形状发生了突变，这是因为它们的切向量的变化率不同。若沿着图 8-3(b)中的曲线段路径以相同的参数间隔移动镜头，则会产生移动过程的不连续性。若沿着图 8-3(c)中的曲线段路径移动，则镜头会平稳地运动。

2. 几何连续性

与参数连续性不同的是，几何连续性只需曲线段在相交处的参数导数成比例即可。

0 阶几何连续性，记作 G^0 连续性，与 0 阶参数连续性的定义相同，满足：

$$P_i(t_{i1}) = P_{(i+1)}(t_{(i+1)0})$$

1 阶几何连续性，记作 G^1 连续性，指一阶导数在相邻段的交点处成比例，则相邻曲线段在交点处切向量的大小不一定相等。

2 阶几何连续性，记作 G^2 连续性，指相邻曲线段在交点处其一阶和二阶导数均成比例。在 G^2 连续性下，两个曲线段在交点处的曲率相等。

8.1.6　样条描述

对于给定了控制点位置的样条参数曲线，需要给出该参数曲线的样条描述，以唯一确定这条曲线。在计算机图形学中，样条参数多项式曲线是最简单也是理论和应用最成熟的样条参数曲线。

一条三维的 n 次参数多项式曲线可以用下面的 t 参数方程描述：

$$\begin{cases} x(t) = a_n t^n + \cdots + a_2 t^2 + a_1 t^1 + a_0 \\ y(t) = b_n t^n + \cdots + b_2 t^2 + b_1 t^1 + b_0 \qquad t \in [0,1] \\ z(t) = c_n t^n + \cdots + c_2 t^2 + c_1 t^1 + c_0 \end{cases} \tag{8-1}$$

将方程（8-1）写成矩阵乘积形式

$$\boldsymbol{P}(t) = \begin{bmatrix} x(t) \\ y(t) \\ z(t) \end{bmatrix}^{\mathrm{T}} = \begin{bmatrix} t^n & t^{n-1} & \dots & t & 1 \end{bmatrix} \begin{bmatrix} a_n & b_n & c_n \\ \cdots & \cdots & \cdots \\ a_1 & b_1 & c_1 \\ a_0 & b_0 & c_0 \end{bmatrix} = \boldsymbol{TC} \tag{8-2}$$

式中，$\boldsymbol{T}$ 是 $1 \times (n+1)$ 阶关于参数 t 的幂次的行向量矩阵，$\boldsymbol{C}$ 是 $(n+1) \times 3$ 阶的系数矩阵。将已知的边界条件，如端点坐标以及端点处的一阶导数等，代入该矩阵方程，求得系数矩阵

$$\boldsymbol{C} = \boldsymbol{M}_S \boldsymbol{G}$$

式中，$\boldsymbol{G}$ 是包含样条形式的几何约束条件（边界条件）在内的 $(n+1) \times 3$ 阶矩阵，$\boldsymbol{M}_S$ 是一个 $(n+1) \times (n+1)$

阶矩阵，也称为基矩阵，它将几何约束值转化成多项式系数，并且提供了样条曲线的特征。基矩阵描述了一个样条表达式，对于从一个样条表示转换到另一个样条表示特别有用。

通过这样的分解，得到样条参数多项式曲线的矩阵表示：

$$P(t) = TM_S G$$

式中，T 和 M_S 确定了一组新的基函数（Blending Function），或称混合函数。

由此可以得到，指定一个具体的样条参数表示有以下 3 种等价的方法：① 列出一组加在样条上的边界条件；② 列出描述样条特征的矩阵；③ 列出一组混合函数（基函数），它可以由指定的曲线几何约束来计算曲线路径位置。

后面的章节中将讨论一些常用的样条曲线/曲面。

8.2　三次样条

三次多项式方程是能表示曲线段的端点通过特定点且在连接处保持位置和斜率连续性的最低阶次的方程，它在灵活性和计算速度之间提供了一个合理的折中方案。与更高次的多项式方程相比，三次样条只需要较少的计算量和存储空间，并且比较稳定。与低次多项式相比，三次样条在模拟任意曲线形状时更加灵活。

给定 $n+1$ 个控制点 $P_k(x_k, y_k, z_k)$（$k=0, 1, 2, \cdots, n$），可得到通过每个点的分段三次多项式曲线

$$\begin{cases} x(t) = a_3 t^3 + a_2 t^2 + a_1 t + a_0 \\ y(t) = b_3 t^3 + b_2 t^2 + b_1 t + b_0 \qquad t \in [0,1] \\ z(t) = c_3 t^3 + c_2 t^2 + c_1 t + c_0 \end{cases} \tag{8-3}$$

式中，t 为参数，当 $t=0$ 时，对应每段曲线段的起点；当 $t=1$ 时，对应每段曲线段的终点。对于 $n+1$ 个控制点，要生成 n 条三次样条曲线段，每段都需要求出多项式中的系数，可以通过在两段相邻曲线段的"重叠点"处设置足够的边界条件来获得这些系数。

8.2.1　自然三次样条

自然三次样条是原始模线样板法的一个数学模型。在早期的船舶、汽车和飞机工业中，常常将富有弹性的细木条或有机玻璃条作为样条，利用压铁压在样条的一系列型值点上，通过调整压铁，绘制出曲线。由材料力学公式可以证明，这条曲线是一条三次样条曲线。从物理样条的性质可以很容易看出，三次参数样条曲线在所有曲线段的公共连接处均具有位置、一阶和二阶导数的连续性，即具有 C^2 连续性。

由于有 $n+1$ 型值点需要拟合，这样共有 n 个曲线段方程，于是有 $4n$ 个多项式系数需要确定（如图 8-4 所示）。对于每个内点 P_i（$i=1, 2, \cdots, n-1$），有 4 个边界条件：P_i 点两侧的两条曲线段在该点处有相同的一阶和二阶导数，并且两条曲线段都通过该点。这样就得到了 $4(n-1)$ 个方程。加上由 P_0 点（曲线的起点）和 P_n 点（曲线的终点）得到的两个方程，还需要两个条件才能够解方程组。解决的方法有以下几种：方法一是在 P_0 和 P_n 点处设其二阶导数为 0；方法二是增加两个隐含的型值点，分别位于型值点序列的两端，即 P_{-1} 和 P_{n+1} 点，此时所有的型值点都是内点，可以构造出所需的 $4n$ 个方程；方法三是给出 P_0 和 P_n 点处的一阶导数；最后一种方法是假设第一段曲线段和最后一段曲线段为抛物线，这两段曲线段的二阶导数为常数，满足 $P_0'' = P_1''$ 且 $P_{n-1}'' = P_n''$。

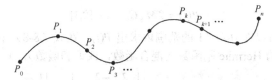

图 8-4 n+1 个控制点拟合的三次参数样条曲线

虽然三次参数样条曲线是模线样板法的一个数学模型，但是它的每段曲线段参数 t 的取值范围均在 0～1，只适用于型值点分布比较均匀的情况。当型值点间的间隔极不均匀时，其效果很差，在间隔较大的一段，曲线扁平且靠近弦线（连接两个相邻型值点的直线段）；在间隔很小的一段，曲线可能出现扭曲，解决这一问题的办法是令两端点之间的弦长为参数 t。另一个最主要的缺点是，如果型值点序列中的任意一点发生变化，整条曲线都要受到影响，即自然三次样条不允许"局部控制"。如果不给出完整的型值点集，就不可能构造出三次样条曲线的一部分。

8.2.2 Hermite 插值样条

假定型值点 P_k 和 P_{k+1} 之间的曲线段为 $P(t)$（$t \in [0,1]$），则满足下列条件的三次参数曲线为三次 Hermite 样条曲线：

$$P(0) = P_k \qquad P(1) = P_{k+1}$$
$$P'(0) = R_k \qquad P'(1) = R_{k+1}$$

式中，R_k 和 R_{k+1} 是在型值点 P_k 和 P_{k+1} 处相应的导数值。

对于三次 Hermite 样条曲线，有

$$P(t) = \begin{bmatrix} t^3 & t^2 & t & 1 \end{bmatrix} \begin{bmatrix} a_x & a_y & a_z \\ b_x & b_y & b_z \\ c_x & c_y & c_z \\ d_x & d_y & d_z \end{bmatrix} = \begin{bmatrix} t^3 & t^2 & t & 1 \end{bmatrix} \begin{bmatrix} a \\ b \\ c \\ d \end{bmatrix} = TC \tag{8-4}$$

对式（8-4）求导可得

$$P'(t) = \begin{bmatrix} 3t^2 & 2t & 1 & 0 \end{bmatrix} \begin{bmatrix} a \\ b \\ c \\ d \end{bmatrix} \tag{8-5}$$

将 Hermite 样条的边界条件代入式（8-4）和式（8-5），得到

$$\begin{bmatrix} P(0) \\ P(1) \\ P'(0) \\ P'(1) \end{bmatrix} = \begin{bmatrix} P_k \\ P_{k+1} \\ R_k \\ R_{k+1} \end{bmatrix} = \begin{bmatrix} 0 & 0 & 0 & 1 \\ 1 & 1 & 1 & 1 \\ 0 & 0 & 1 & 0 \\ 3 & 2 & 1 & 0 \end{bmatrix} C \tag{8-6}$$

于是可以求出矩阵

$$C = \begin{bmatrix} a \\ b \\ c \\ d \end{bmatrix} = \begin{bmatrix} 0 & 0 & 0 & 1 \\ 1 & 1 & 1 & 1 \\ 0 & 0 & 1 & 0 \\ 3 & 2 & 1 & 0 \end{bmatrix}^{-1} \begin{bmatrix} P_k \\ P_{k+1} \\ R_k \\ R_{k+1} \end{bmatrix} = \begin{bmatrix} 2 & -2 & 1 & 1 \\ -3 & 3 & -2 & -1 \\ 0 & 0 & 1 & 0 \\ 1 & 0 & 0 & 0 \end{bmatrix} \begin{bmatrix} P_k \\ P_{k+1} \\ R_k \\ R_{k+1} \end{bmatrix} = M_h G_h \tag{8-7}$$

式中，M_h 是 Hermite 矩阵，为常数矩阵，它是边界约束矩阵的逆矩阵；G_h 是 Hermite 样条曲线型值点及其切矢构成的矩阵。由此，可得到三次 Hermite 样条曲线方程为

$$P(t) = TM_h G_h \qquad t \in [0,1] \tag{8-8}$$

显然，只要给定 G_h，就可以在 $0 \le t \le 1$ 的范围内求出 $P(t)$。在式（8-8）中，由于 T 和 M_h 是固定的，因此通常将 TM_h 称为 Hermite 基函数（混合函数，或调和函数），其表达式为

$$TM_h = \begin{bmatrix} t^3 & t^2 & t & 1 \end{bmatrix} \begin{bmatrix} 2 & -2 & 1 & 1 \\ -3 & 3 & -2 & -1 \\ 0 & 0 & 1 & 0 \\ 1 & 0 & 0 & 0 \end{bmatrix}$$

则 Hermite 基函数的各分量为

$$\begin{cases} H_0(t) = 2t^3 - 3t^2 + 1 \\ H_1(t) = -2t^3 + 3t^2 \\ H_2(t) = t^3 - 2t^2 + t \\ H_3(t) = t^3 - t^2 \end{cases} \tag{8-9}$$

图 8-5 示出了 Hermite 基函数随参数 t 变化的曲线形状。将式（8-9）代入式（8-8）得到

$$P(t) = P_k H_0(t) + P_{k+1} H_1(t) + R_k H_2(t) + R_{k+1} H_3(t)$$

可以看出，Hermite 基函数的这些分量对 P_0、P_1、P_0' 和 P_1' 分别起作用，使得在整个参数域范围内产生曲线上每个坐标点的位置，从而构成三次 Hermite 样条曲线。

三次 Hermite 样条曲线的优点是可以局部调整，因为每个曲线段仅依赖于端点约束。但是在很多应用中，不希望输入除型值点坐标位置之外的信息，于是产生了基于 Hermite 样条的变化形式：Cardinal 样条和 Kochangek-Bartels 样条，它们通过相邻型值点的坐标位置计算型值点处的导数，从而生成样条曲线。

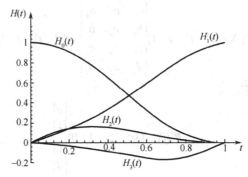

图 8-5　Hermite 基函数

8.3　Bezier 曲线/曲面

据 Boehm 等人称，Bezier 曲线分别由 de Casteljau（大约在 1959 年）和 Bezier（大约在 1962 年）独立研制。de Casteljau 当时为法国雪铁龙公司开发 CAD 系统，而 Bezier 是法国雷诺汽车公司的工程师。由于 Bezier 在雷诺公司开发的 UNISURF 系统在几个出版刊物上公开发表，于是公认以 Bezier 的名字命名该曲线，以充分肯定 Bezier 在 CAGD 领域所做的开创性工作。

Bezier 曲线从一开始就是面向几何而不是面向代数的，以直观地交互式方式使人对设计对象的控制达到直接的几何化程度，这就使用户可以像美术家、式样设计师或设计工程师一样，能够利用易于控制的输入参数来改变曲线的阶次和形状，直到输出与所预期的形状相符为止。

8.3.1 Bezier 曲线的定义

Bezier 曲线也是参数多项式曲线，由一组控制多边形折线（控制多边形）的顶点唯一定义。在控制多边形的各顶点中，只有第一个和最后一个顶点在曲线上，其他的顶点则用以定义曲线的导数、阶次和形状（如图 8-6 所示）。曲线的形状趋向于控制多边形的形状，所以改变多边形的顶点就会改变曲线的形状，这就使观察者对输入、输出关系有直观的感觉。若要增加某一曲线段的阶次，仅需指定另一个中间顶点，这大大提高了灵活性。

Bezier 曲线的数学基础是能够在第一个和最后一个顶点之间进行插值的一个多项式混合函数。通常，对于有 $n+1$ 个控制点的 Bezier 曲线段用参数方程表示如下：

$$P(t) = \sum_{k=0}^{n} P_k \mathrm{BEN}_{k,n}(t) \qquad t \in [0, 1] \tag{8-10}$$

式中，$P_k(x_k, y_k, z_k)$（$k=0, 1, 2, \cdots, n$）是控制多边形的 $n+1$ 个顶点，$\mathrm{BEN}_{k,n}(t)$ 是 Bernstein 基函数，有

$$\mathrm{BEN}_{k,n}(t) = \frac{n!}{k!(n-k)!} t^k (1-t)^{n-k} = \mathrm{C}_n^k t^k (1-t)^{n-k} \qquad k = 0, 1, \cdots, n \tag{8-11}$$

注意，当 $k=0$，$t=0$ 时，$t_k=1$，$k!=1$。

Bezier 曲线是一个阶数比控制点少 1 的多项式，下面给出一阶、二阶和三阶 Bezier 曲线的表达式。

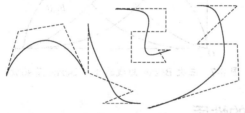

图 8-6　Bezier 曲线的例子

1. 一次 Bezier 曲线

当 $n=1$ 时，有两个控制点 P_0 和 P_1，Bezier 多项式是一个一次多项式：

$$P(t) = \sum_{k=0}^{1} P_k \mathrm{BEN}_{k,1}(t) = (1-t)P_0 + tP_1 \qquad t \in [0, 1] \tag{8-12}$$

于是，一次 Bezier 曲线是连接起点 P_0 和终点 P_1 的直线段。

2. 二次 Bezier 曲线

当 $n=2$ 时，有三个控制点 P_0，P_1，P_2，Bezier 多项式是一个二次多项式

$$\begin{aligned} P(t) &= \sum_{k=0}^{2} P_k \mathrm{BEN}_{k,n}(t) = (1-t)^2 P_0 + 2t(1-t)P_1 + t^2 P_2 \\ &= (P_2 - 2P_1 + P_0)t^2 + 2(P_1 - P_0)t + P_0 \qquad t \in [0, 1] \end{aligned} \tag{8-13}$$

于是，二次 Bezier 曲线是一条抛物线。

3. 三次 Bezier 曲线

当 $n=3$ 时，有 4 个控制点 P_0、P_1、P_2、P_3，Bezier 多项式是一个三次多项式

$$P(t) = \sum_{k=0}^{3} P_k \mathrm{BEN}_{k,n}(t)$$

$$= \text{BEN}_{0,3}(t)P_0 + \text{BEN}_{1,3}(t)P_1 + \text{BEN}_{2,3}(t)P_2 + \text{BEN}_{3,3}(t)P_3$$

$$= (1-t)^3 P_0 + 3t(1-t)^2 P_1 + 3t^2(1-t)P_2 + t^3 P_3 \qquad t \in [0,1]$$

(8-14)

式中，$\text{BEN}_{0,3}(t)$、$\text{BEN}_{1,3}(t)$、$\text{BEN}_{2,3}(t)$ 和 $\text{BEN}_{3,3}(t)$ 是三次 Bezier 曲线的基函数，如图 8-7 所示，它们都是三次曲线，任何三次 Bezier 曲线都是这 4 条曲线的线性组合。注意，图 8-7 所示的每个基函数在参数 t 的整个 $(0,1)$ 开区间内不为 0。这样，Bezier 曲线不可能对曲线形状进行局部控制。如果改变任一控制点位置，整条曲线受到影响。

将式（8-14）写成矩阵形式

$$P(t) = \begin{bmatrix} t^3 & t^2 & t & 1 \end{bmatrix} \begin{bmatrix} -1 & 3 & -3 & 1 \\ 3 & -6 & 3 & 0 \\ -3 & 3 & 0 & 0 \\ 1 & 0 & 0 & 0 \end{bmatrix} \begin{bmatrix} P_0 \\ P_1 \\ P_2 \\ P_3 \end{bmatrix} = TM_{be}G_{be} \qquad t \in [0,1]$$

式中，M_{be} 是三次 Bezier 曲线系数矩阵，为常数矩阵。G_{be} 是 4 个控制点位置矢量。

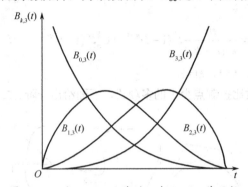

图 8-7　三次 Bezier 曲线的 4 个 Bezier 基函数

8.3.2　Bezier 曲线的性质

1. 端点

根据 Bezier 曲线的式（8-10）和式（8-11），可以得到，当 t=0 时，有

$$P(0) = \sum_{k=0}^{n} P_k \text{BEN}_{k,n}(0)$$

$$= P_0 \text{BEN}_{0,n}(0) + P_1 \text{BEN}_{1,n}(0) + \cdots + P_n \text{BEN}_{n,n}(0)$$

$$= P_0$$

式中，$\text{BEN}_{0,n}(0) = 1$，而其他的 Bernstein 基均为 0。类似地，当 $t=1$ 时，

$$P(1) = \sum_{k=0}^{n} P_k \text{BEN}_{k,n}(1)$$

$$= P_0 \text{BEN}_{0,n}(1) + P_1 \text{BEN}_{1,n}(1) + \cdots + P_n \text{BEN}_{n,n}(1) = P_n$$

式中，$\text{BEN}_{n,n}(1) = 1$，其他 Bernstein 基均为 0。由此可见，Bezier 曲线总是通过起始点和终止点。

2. 一阶导数

Bernstein 基函数的导数为

$$\text{BEN}'_{k,n}(t) = \frac{n!}{k!(n-k)!} (kt^{k-1}(1-t)^{n-k} - (n-k)(1-t)^{n-k-1}t^k)$$

$$= \frac{n(n-1)!}{(k-1)!((n-1)-(k-1))!} t^{k-1}(1-t)^{(n-1)-(k-1)} - \frac{n(n-1)!}{k!((n-1)-k)!} t^k(1-t)^{(n-1)-k}$$

$$= n(\text{BEN}_{k-1,n-1}(t) - \text{BEN}_{k,n-1}(t))$$

将其代入式（8-10），可以得到曲线在控制点处的一阶导数：

$$P'(t) = n \sum_{k=0}^{n} P_k(\text{BEN}_{k-1,n-1}(t) - \text{BEN}_{k,n-1}(t))$$

$$= n((P_1 - P_0)\text{BEN}_{0,n-1}(t) + (P_2 - P_1)\text{BEN}_{1,n-1}(t) + \cdots + (P_n - P_{n-1})\text{BEN}_{n-1,n-1}(t))$$

$$= n \sum_{k=1}^{n} (P_k - P_{k-1})\text{BEN}_{k-1,n-1}(t)$$

在起始点处，$t=0$，$\text{BEN}_{0,n-1}(0)=1$，其他 Bernstein 基均为 0；而在终止点处，$t=1$，$\text{BEN}_{n-1,n-1}(0)=1$，其他 Bernstein 基均为 0。可以计算出起始点和终止点的一阶导数：

$$\begin{cases} P'(0) = n \sum_{k=1}^{n}(P_k - P_{k-1})\text{BEN}_{k-1,n-1}(0) = n(P_1 - P_0) \\ P'(1) = n \sum_{k=1}^{n}(P_k - P_{k-1})\text{BEN}_{k-1,n-1}(0) = n(P_n - P_{n-1}) \end{cases} \quad (8\text{-}15)$$

由此可见，Bezier 曲线在起点处的切线位于前两个控制点的连线上，而终点处的切线位于最后两个控制点的连线上，即曲线起点和终点处的切线方向与起始折线段和终止折线段的切线方向一致。

3. 二阶导数

类似地，可以计算出 Bezier 曲线在控制点处的二阶导数为

$$\begin{cases} P''(0) = n(n-1)((P_2 - P_1) - (P_1 - P_0)) \\ P''(1) = n(n-1)((P_{n-2} - P_{n-1}) - (P_{n-1} - P_n)) \end{cases} \quad (8\text{-}16)$$

这说明 Bezier 曲线在起始点和终止点处的二阶导数分别取决于最开始的三个控制点和最后的三个控制点。可以证明，Bezier 曲线在起始点和终止点处的 r 阶导数由起始点或终止点和它们的 r 个邻近的控制多边形顶点来决定。事实上，正是由该性质以及 Bezier 曲线的端点性质出发推导出了 Bezier 基函数。

4. 对称性

Bezier 曲线具有对称性，即保持控制多边形的顶点位置不变，仅仅把它们的顺序颠倒一下，将下标为 k 的控制点 P_k 改为下标为 $n-k$ 的控制点 P_{n-k} 时，曲线保持不变，只是走向相反而已。

5. 凸包性

当 t 在[0, 1]区间变化时，对于任一 t 值，Bernstein 基函数均为正，即

$$\text{BEN}_{k,n}(t) = \frac{n!}{k!(n-k)!} t^k(1-t)^{n-k} \geqslant 0$$

并且 Bernstein 基函数各项之和恒为 1，即

$$\sum_{k=0}^{n} \text{BEN}_{k,n}(t) = \sum_{k=0}^{n} \frac{n!}{k!(n-k)!} t^k(1-t)^{n-k} = ((1-t)+t)^n \equiv 1$$

参照式（8-10）可以看出，任一曲线位置 $P(t)$ 仅是控制点位置的加权和。在几何图形上，这意味着 Bezier 曲线各点均落在控制多边形各顶点构成的凸包中。这里的凸包指的是包含所有顶点的最小凸多边形。Bezier 曲线的凸包性保证了曲线随控制点平稳前进而不会振荡。

6．几何不变性

Bezier 曲线的形状仅与控制多边形各顶点的相对位置有关，与坐标系的选择无关，即具有几何不变性。

7．变差减少性

变差减少性是指如果控制多边形是一个平面图形，则该平面内的任意直线与该 Bezier 曲线的交点个数不多于该直线与控制多边形的交点个数；如果控制多边形不是平面图形，则任意平面与 Bezier 曲线的交点个数不会超过它与控制多边形的交点个数。变差减少性反映了 Bezier 曲线比控制多边形波动得少，即比控制多边形更加光滑。

8．控制顶点变化对曲线形状的影响

移动 n 次 Bezier 曲线的第 i 个控制点 P_i，将在曲线上参数为 $t=i/n$ 的那个点 $P(i/n)$ 处发生最大的影响。这是因为相应的基函数 $\text{BEN}_{i,n}(t)$ 在 $t=i/n$ 处达到最大值。

8.3.3 Bezier 曲线的生成

1．绘制一段 Bezier 曲线

由于 Bezier 曲线只要求输入控制多边形，直观而又简便，因此在大多数图形软件中都提供 Bezier 曲线绘制功能。

为了绘制 Bezier 曲线，利用递归公式

$$\mathrm{C}_n^k = \frac{n!}{k!(n-k)!} = \frac{n-k+1}{n}\mathrm{C}_n^{k-1} \qquad (n \geqslant k)$$

将式（8-10）表示成三个坐标分量的形式

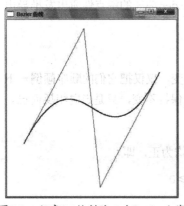

$$\begin{cases} x(t) = \sum_{k=0}^{n} x_k \text{BEN}_{k,n}(t) \\ y(t) = \sum_{k=0}^{n} y_k \text{BEN}_{k,n}(t) \quad t \in [0,1] \\ z(t) = \sum_{k=0}^{n} z_k \text{BEN}_{k,n}(t) \end{cases}$$

程序 8-1 实现了 Bezier 曲线的绘制，其中多项式系数的值由函数 GetCnk 计算，沿曲线路径的坐标位置由函数 GetPointPr 计算，最后由 BezierCurve 函数通过 OpenGL 画点功能实现曲线绘制。这里绘制的是一个包含 4 个控制点的三次 Bezier 曲线，为了更好地表现曲线的性质，其控制多边形用细线画出，最后生成的曲线如图 8-8 所示。

图8-8　程序8-1绘制的三次Bezier曲线

【程序 8-1】　Bezier 曲线的绘制。

```
#include <GL/glut.h>
#include <math.h>
#include <stdlib.h>
class Pt3D{                    // 定义二维点坐标数据结构
public:
  GLfloat  x, y, z;
```

```
};
// 计算多项式的系数
void GetCnk(GLint n, GLint *c) {
    GLint  i, k;
    for(k=0; k<=n; k++){
        c[k]=1;
        for(i=n; i>=k+1; i--)
            c[k]=c[k]*i;
        for(i=n-k; i>=2; i--)
            c[k]=c[k]/i;
    }
}
// 计算 Bezier 曲线上点的坐标
void GetPointPr(GLint *c, GLfloat t, Pt3D *Pt, int ControlN, Pt3D *ControlP) {
    GLint  k, n=ControlN-1;
    GLfloat  Bernstein;
    Pt->x=0.0; Pt->y=0.0; Pt->z=0.0;
    for(k=0; k<ControlN; k++){
        Bernstein = c[k]*pow(t, k)*pow(1-t, n-k);
        Pt->x += ControlP[k].x*Bernstein;
        Pt->y += ControlP[k].y*Bernstein;
        Pt->z += ControlP[k].z*Bernstein;
    }
}
// 根据控制点，求曲线上的 m 个点
void BezierCurve(GLint m, GLint ControlN, Pt3D *ControlP) {
    GLint *C, i;
    Pt3D  CurvePt;
    C = new GLint[ControlN];
    GetCnk(ControlN-1, C);
    glBegin (GL_POINTS);
    for(i=0; i<=m; i++){
        GetPointPr(C, (GLfloat)i/(GLfloat)m, &CurvePt, ControlN, ControlP);
        glVertex2f(CurvePt.x, CurvePt.y);
    }
    glEnd();
    delete [] C;
}
void initial(void) {
    glClearColor (1.0, 1.0, 1.0, 0.0);
}
void Display(void) {
    glClear(GL_COLOR_BUFFER_BIT);
    GLint ControlN=4,m=500;          // 指定有 4 个控制点，生成的 Bezier 曲线由 500 个点组成
    Pt3D ControlP[4]={{-80.0,-40.0,0.0},{-10.0,90.0,0.0},{10.0,-90.0,0.0},{80.0,40.0,0.0}};
    // 控制点坐标
    glPointSize(2);                  // 设置当前绘制点大小
    glColor3f(0.0, 0.0, 0.0);
    BezierCurve(m,ControlN,ControlP); //绘制 Bezier 曲线
    glBegin(GL_LINE_STRIP);          // 绘制控制多边形
```

```
    for(GLint i=0; i<4; i++)
        glVertex3f(ControlP[i].x, ControlP[i].y,ControlP[i].z);
    glEnd();
    glFlush();
}
void Reshape(GLint newWidth, GLint newHeight) {
    glViewport(0, 0, newWidth, newHeight);
    glMatrixMode(GL_PROJECTION);
    glLoadIdentity();
    gluOrtho2D(-100.0, 100.0, -100.0, 100.0);
}
void main(void) {
    glutInitDisplayMode(GLUT_SINGLE | GLUT_RGB);
    glutInitWindowPosition(100, 100);
    glutInitWindowSize(400, 400);
    glutCreateWindow("Bezier 曲线");
    initial();
    glutDisplayFunc(Display);
    glutReshapeFunc(Reshape);
    glutMainLoop();
}
```

2. Bezier 曲线的拼接

通常可以使用任意数目的控制点逼近一条 Bezier 曲线，但需要计算更高次的多项式。高次 Bezier 曲线不仅计算困难，还有许多问题有待理论解决。在实际应用中，复杂曲线常常由几个三阶 Bezier 曲线首尾拼接而成。由于 Bezier 曲线通过端点，比较容易获得 0 阶连续性，因此问题的关键在于如何保证连接处具有 G^1 和 G^2 连续性。

假设有两段 Bezier 曲线 $P_1(t)$ 和 $P_2(t)$，其控制多边形顶点分别为 P_0，P_1，P_2，P_3 和 Q_0，Q_1，Q_2，Q_3，并且 $P_3=Q_0$。由式（8-15）可计算两段曲线在端点 P_3（Q_0）处的一阶导数：

$$\begin{cases} P_1'(1) = 3(P_3 - P_2) \\ P_2'(0) = 3(Q_1 - Q_0) \end{cases}$$

为了实现 G^1 连续，需要有 $P_1'(1) = \alpha P_2'(0)$，即

$$(P_3 - P_2) = \alpha(Q_1 - Q_0)$$

式中，α 为比例因子。由此可知，实现 G^1 连续的条件是 P_2、P_3（Q_0）和 Q_1 在同一条直线上，并且 P_2 和 Q_1 应该分布在 P_3（Q_0）的两侧，如图 8-9 所示。

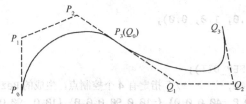

图 8-9　两段三次 Bezier 曲线的拼接

类似地，也可以在两段三阶 Bezier 曲线间得到 G^2 连续性，但是对三阶 Bezier 曲线段不一定要求二阶连续。这是因为每段三阶 Bezier 曲线仅有 4 个控制点，若要二阶连续，则固定了前 3 个控制点，只留下一个点用于调整曲线段的形状。

8.3.4　Bezier 曲面

利用两组正交的 Bezier 曲线可以生成 Bezier 曲面，如图 8-10 所示，Bezier 曲面可以用 Bezier 混合函数的笛卡儿积形式来描述：

$$P(u,v) = \sum_{i=0}^{m}\sum_{j=0}^{n} P_{i,j}\text{BEN}_{i,m}(u)\text{BEN}_{j,n}(v) \quad (u,v)\in[0,1]\times[0,1] \tag{8-17}$$

式中，$P_{i,j}$ 为 $(m+1)\times(n+1)$ 个控制顶点的位置矢量。所有的控制顶点构成空间的一张网格，称为控制网格或 Bezier 网格。$\text{BEN}_{i,m}(u)$ 和 $\text{BEN}_{j,n}(v)$ 分别是两个正交方向的 Bernstein 基函数，其中的 m 和 n 不一定相等。

$m=n=3$ 时的双三次 Bezier 曲面是最常用的，也是最重要的 Bezier 曲面。它由 4×4 个控制顶点形成控制网格。其计算公式为

$$P(u,v) = \sum_{i=0}^{3}\sum_{j=0}^{3} P_{i,j}\text{BEN}_{i,3}(u)\text{BEN}_{j,3}(v) \quad (u,v)\in[0,1]\times[0,1] \tag{8-18}$$

双三次 Bezier 曲面及其控制网格如图 8-11 所示，其矩阵表示为

$$\boldsymbol{P}(u,v) = \boldsymbol{U}\boldsymbol{M}_{\text{be}}\boldsymbol{P}\boldsymbol{M}_{\text{be}}^{\text{T}}\boldsymbol{V}^{\text{T}}$$

式中，

$$\boldsymbol{U} = \begin{bmatrix} u^3 & u^2 & u & 1 \end{bmatrix} \qquad \boldsymbol{V} = \begin{bmatrix} v^3 & v^2 & v & 1 \end{bmatrix}$$

$$\boldsymbol{M}_{\text{be}} = \begin{bmatrix} -1 & 3 & -3 & 1 \\ 3 & -6 & 3 & 0 \\ -3 & 3 & 0 & 0 \\ 1 & 0 & 0 & 0 \end{bmatrix} \qquad \boldsymbol{P} = \begin{bmatrix} P_{0,0} & P_{0,1} & P_{0,2} & P_{0,3} \\ P_{1,0} & P_{1,1} & P_{1,2} & P_{1,3} \\ P_{2,0} & P_{2,1} & P_{2,2} & P_{2,3} \\ P_{3,0} & P_{3,1} & P_{3,2} & P_{3,3} \end{bmatrix}$$

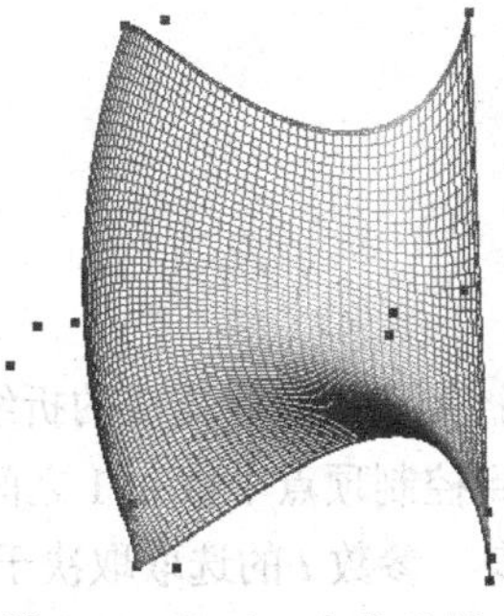

图 8-10　Bezier 曲面示例 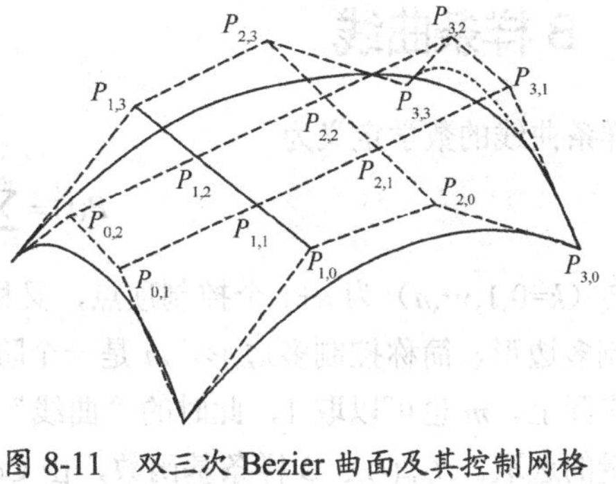　　　　　　　图 8-11　双三次 Bezier 曲面及其控制网格

$\boldsymbol{P}$ 矩阵是该曲面的控制网格上 16 个控制顶点的几何位置矩阵。

下面来看 Bezier 曲面的性质。在式（8-18）中，分别设定 $(u,v)=(0,0)$，$(u,v)=(0,1)$，$(u,v)=(1,0)$，$(u,v)=(1,1)$，很容易证明控制网格的 4 个角点正好是 Bezier 曲面的 4 个角点；同时，控制网格最外一圈顶点定义了 Bezier 曲面的边界曲线，它们都是三次 Bezier 曲线。这样，Bezier 曲面 4 个角点处都有两条切线，一条沿着 u 的方向，另一条沿着 v 的方向。与 Bezier 曲线类似，Bezier 曲面也处在由其控制点形成的凸包内，同时

$$P(u,v) = \sum_{i=0}^{m}\sum_{j=0}^{n}\text{BEN}_{i,m}(u)\text{BEN}_{j,n}(v) = 1 \quad (u,v)\in[0,1]\times[0,1]$$

实际上，除了差变减少性外，Bezier 曲线其他所有性质都可以推广到 Bezier 曲面。

与 Bezier 曲线类似，在实际的工程应用中，复杂的曲面也是由低次的 Bezier 曲面拼接而成，

如图 8-12 所示的两个 Bezier 曲面形成了一个曲面。为了确保从一个部分平滑地转换到另一个部分，需要在边界上建立 0 阶和 1 阶连续性。对于 Bezier 曲面，只要在边界上匹配控制点就可以获得 0 阶连续性；1 阶连续性的获得则要求在边界曲线上的任何一点，两个曲面跨越边界的切线矢量应该共线，而且两切线矢量的长度之比为常数。

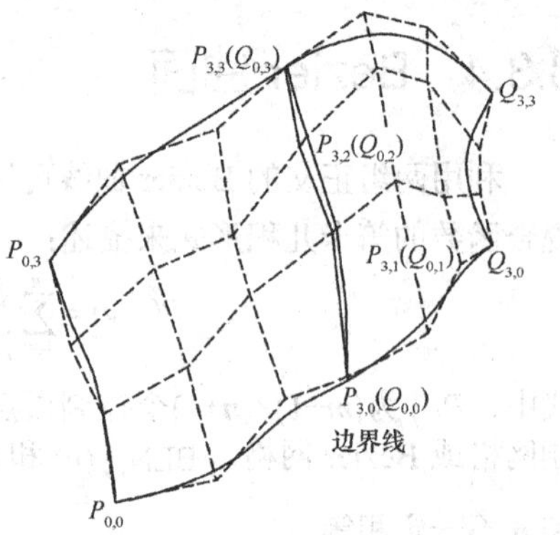

图8-12　Beziet曲面片的拼接

8.4　B 样条曲线/曲面

以 Bernstein 基函数构造的 Bezier 曲线虽然有很多优点，也有不足。一是控制多边形的顶点个数决定了 Bezier 曲线的阶数，即 $n+1$ 个顶点的控制多边形必然产生 n 次 Bezier 曲线，而且当 n 较大时，控制多边形对曲线的控制将会减弱。通常，这个缺点可以通过多段低阶 Bezier 曲线逼近的方法解决。二是 Bezier 曲线不能进行局部修改，任何一个控制点位置的变化对整条曲线都有影响。

B 样条方法保留了 Bezier 方法的优点，克服了其由于整体表示带来的不具备局部性质的缺点，具有表示与设计自由型曲线/曲面的强大功能，被广泛应用于 CAD 系统和许多图形软件包中。B 样条的理论早在 1946 年由 Schoenberg 提出，但论文直到 1967 年才发表。1972 年，de Boor 与 Cox 分别独立地给出了关于样条计算的标准算法。但作为一个在 CAGD 中实现形状数学描述的基本方法，B 样条方法是由 Gordon 和 Riesenfeld 于 1974 年在研究 Bezier 方法的基础上引入的，他们拓广了 Bezier 曲线，用 B 样条基代替 Bernstein 基，克服了 Bezier 曲线的弱点。

8.4.1　B 样条曲线

B 样条曲线的数学定义为

$$P(t) = \sum_{k=0}^{n} P_k B_{k,m}(t) \tag{8-19}$$

式中，P_k（$k=0,1,\cdots,n$）为 $n+1$ 个控制顶点，又称 de Boor 点。由控制顶点顺序连成的折线称为 B 样条控制多边形，简称控制多边形。m 是一个阶参数，可以取 2 到控制顶点个数 $n+1$ 之间的任一整数。实际上，m 也可以取 1，此时的"曲线"恰好是控制点本身。参数 t 的选取取决于 B 样条结点矢量的选取。$B_{k,m}(t)$ 是 B 样条基函数，由 Cox-de Boor 递归公式定义为

$$\begin{cases} B_{k,1}(t) = \begin{cases} 1 & t_k \leq t < t_{k+1} \\ 0 & \text{其他} \end{cases} \\ B_{k,m}(t) = \dfrac{t-t_k}{t_{k+m-1}-t_k} B_{k,m-1}(t) + \dfrac{t_{k+m}-t}{t_{k+m}-t_{k+1}} B_{k+1,m-1}(t) \end{cases} \tag{8-20}$$

由于 $B_{k,m}(t)$ 的各项分母可能为 0，所以这里规定 0/0=0。下面是其参数说明。

m 是曲线的阶参数，$m-1$ 是 B 样条曲线的次数，曲线在连接点处具有 $m-2$ 阶连续性。

t_k 是结点值，$T=(t_0,t_1,\cdots,t_{n+m})$ 构成了 $m-1$ 次 B 样条函数的结点矢量，其中的结点是非减序列，生成的 B 样条曲线定义在从结点值 t_{m-1} 到结点值 t_{n+1} 的区间上，而每个基函数定义在 t 的取值范围内的 t_k 到 t_{k+m} 的子区间上。

从式（8-19）和式（8-20）可以看出，仅仅给定控制点和参数 m 还不足以完全表达 B 样条曲

线，还需要给定结点矢量并使用公式（8-20）来获得基函数。结点矢量分为三种：均匀的、开放均匀的和非均匀的。B样条曲线通常也这样来分类。

1. 均匀周期性 B 样条曲线

当结点沿参数轴均匀等距分布，即 $t_{k+1}-t_k$=常数时，所生成的曲线称为均匀 B 样条曲线。例如可以取 T=(-2, -1.5, -1, -0.5, 0, 0.5, 1, 1.5, 2)。不过大多数情况下，结点矢量取 0 为起始点、1 为间距的递增整数 T=(0, 1, 2, 3, 4, 5, 6, 7)。均匀 B 样条的基函数呈周期性，即给定 n 和 m，所有的基函数具有相同的形状，每个后续基函数仅仅是前面基函数在新位置上的重复：

$$B_{k,m}(t) = B_{k+1,m}(t + \Delta t) = B_{k+2,m}(t + 2\Delta t)$$

式中，Δt 是相邻结点值的间距，等价地可以写成

$$B_{k,m}(t) = B_{0,m}(t - k\Delta t) \qquad (8\text{-}21)$$

下面以均匀二次（三阶）B 样条曲线为例来说明均匀周期性 B 样条基函数的计算。假定有 4 个控制点，取参数值 $n=3$，$m=3$，则有 $n+m=6$，不妨设结点矢量 T=(0, 1, 2, 3, 4, 5, 6)，此时 $t_k=k$。根据式（8-20），可以得到基于该结点矢量的 B 样条基函数的计算式：

$$\begin{cases} B_{k,1}(t) = \begin{cases} 1 & k \leqslant t < k+1 \\ 0 & \text{其他} \end{cases} \\ B_{k,m}(t) = \dfrac{t-k}{m-1}B_{k,m-1}(t) + \dfrac{k+m-t}{m-1}B_{k+1,m-1}(t) \end{cases} \qquad (8\text{-}22)$$

由此，可以计算出第一段基函数（前 4 个控制点）：

$$B_{0,3}(t) = \begin{cases} \dfrac{1}{2}t^2 & 0 \leqslant t < 1 \\ \dfrac{1}{2}t(2-t) + \dfrac{1}{2}(t-1)(3-t) & 1 \leqslant t < 2 \\ \dfrac{1}{2}(3-t)^2 & 2 \leqslant t < 3 \end{cases}$$

利用式（8-21），分别用 t-1、t-2、t-3 替代 $B_{0,3}$ 中的 t，则得到 $B_{1,3}(t)$、$B_{2,3}(t)$、$B_{3,3}(t)$：

$$B_{1,3}(t) = \begin{cases} \dfrac{1}{2}(t-1)^2 & 1 \leqslant t < 2 \\ \dfrac{1}{2}(t-1)(3-t) + \dfrac{1}{2}(t-2)(4-t) & 2 \leqslant t < 3 \\ \dfrac{1}{2}(4-t)^2 & 3 \leqslant t < 4 \end{cases}$$

$$B_{2,3}(t) = \begin{cases} \dfrac{1}{2}(t-2)^2 & 2 \leqslant t < 3 \\ \dfrac{1}{2}(t-2)(4-t) + \dfrac{1}{2}(t-3)(5-t) & 3 \leqslant t < 4 \\ \dfrac{1}{2}(5-t)^2 & 4 \leqslant t < 5 \end{cases}$$

$$B_{3,3}(t) = \begin{cases} \dfrac{1}{2}(t-3)^2 & 3 \leqslant t < 4 \\ \dfrac{1}{2}(t-3)(5-t) + \dfrac{1}{2}(t-4)(6-t) & 4 \leqslant t < 5 \\ \dfrac{1}{2}(6-t)^2 & 5 \leqslant t < 6 \end{cases}$$

图 8-13 给出了上述 4 段二次均匀 B 样条基函数，可以看出，每个基函数 $B_{k,m}(t)$ 均定义在 t 的取值范围内间距为 $m=3$ 的 t_k 到 t_{k+m} 的子区间上。还可以看出 B 样条曲线的局部控制特性：如第一个控制点 P_0 仅与基函数 $B_{0,3}(t)$ 作乘法，因此 P_0 点位置的改变只会影响曲线从 $t=0$ 到 $t=3$ 处的形状。

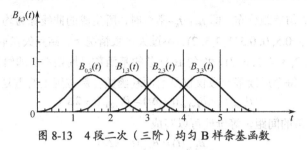

图 8-13　4 段二次（三阶）均匀 B 样条基函数

本例还说明，均匀二次 B 样条曲线的定义范围：$t_{m-1}=2$ 到 $t_{n+1}=4$ 的区间上出现所有的基函数，而在 $t=2$ 以下和 $t=4$ 以上，并不是所有的基函数都出现。由于所得 B 样条曲线的定义范围是 2～4，于是通过求基函数在这些点的值可以得到曲线的起点和终点：

$$P(\text{start}) = \frac{1}{2}(P_0 + P_1) , \quad P(\text{end}) = \frac{1}{2}(P_2 + P_3)$$

由此可见，均匀二次 B 样条曲线开始于头两个控制点的中间点位置，终止于后两个控制点的中间点位置。同样通过对基函数求导，用端点值替换参数 t，可以得到均匀二次 B 样条曲线起点和终点处的导数：

$$P'(\text{start}) = P_1 - P_0 , \quad P'(\text{end}) = P_3 - P_2$$

这样，曲线在起点处的导数与前两个控制点的连线平行，在终点处与后两个控制点的连线平行。图 8-14 给出了取 4 个控制点时，得到的二次均匀 B 样条曲线形状。当然，可以将均匀 B 样条曲线的边界条件进行归一化处理：将基函数的参数 t 映射到从 0～1 的单位区间上，于是起始和终止条件只要使 $t=0$ 和 $t=1$ 即可获得。

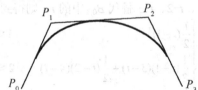

图 8-14　4 个控制点的二次周期性 B 样条曲线

可以将上面的结论进行如下推广：

① 对于由任意数目的控制点构造的二次均匀周期性 B 样条曲线，曲线的起始点位于前两个控制点之间，终止点位于最后两个控制点之间。

② 对于高次多项式，起点和终点是 $m-1$ 个控制点的加权平均值点。若某一控制点出现多次，样条曲线会更加接近该点。

三次均匀周期性 B 样条曲线也是得到普遍应用的样条曲线之一，在许多图形软件包中都包含了这类曲线，这里用它来说明 B 样条曲线的矩阵表示。

对于三次周期性 B 样条曲线，$m=4$，每个基函数定义在 t 的取值范围内 t_k 到 t_{k+m} 的子区间上。如果用 4 个控制点来拟合三次曲线，则 $n=3$。仍然假设结点矢量 $T=(0, 1, 2, 3, 4, 5, 6)$。于是得到与式（8-22）相同的基函数计算式，将结点矢量代入式（8-21）和式（8-22）可计算得到与二次 B

样条相同的 $B_{0,k}(t)$（$k=0$，1，2，3）。再来计算 $B_{0,4}(t)$：

$$B_{0,4}(t) = \frac{t}{3}B_{0,3}(t) + \frac{4-t}{3}B_{0,3}(t-1)$$

$$= \begin{cases} \frac{1}{6}t^3 & 0 \leqslant t < 1 \\ \frac{1}{6}t^2(2-t) + \frac{1}{6}t(3-t)(t-1) + \frac{1}{6}(4-t)(t-1)^2 & 1 \leqslant t < 2 \\ \frac{1}{6}t(3-t)^2 + \frac{1}{6}(4-t)(3-t)(t-1) + \frac{1}{6}(4-t)^2(t-2) & 2 \leqslant t < 3 \\ \frac{1}{6}(4-t)^3 & 3 \leqslant t < 4 \end{cases}$$

类似地，利用式（8-21），分别以 $t-1$、$t-2$、$t-3$ 替代 $B_{0,4}$ 中的 t，则得到 $B_{1,4}(t)$、$B_{2,4}(t)$ 和 $B_{3,4}(t)$。由于这 4 个基函数在 $t \in [3,4)$ 的区间上重叠，因此均匀三次 B 样条曲线段的定义范围为 $t_{m-1}=3$ 和 $t_{n+1}=4$。将 4 个基函数在重叠区域上的参数 t 分别重新设定到 $t \in [0,1)$ 区间上，则得到

$$\begin{cases} B_{0,4}(t) = \frac{1}{6}(-t^3 + 3t^2 - 3t + 1) \\ B_{1,4}(t) = \frac{1}{6}(3t^3 - 6t^2 + 4) \\ B_{2,4}(t) = \frac{1}{6}(-3t^3 + 3t^2 + 3t + 1) \\ B_{3,4}(t) = \frac{1}{6}t^3 \end{cases} \quad t \in [0,1)$$

将 4 个基函数的值代入式（8-19），写为矩阵形式

$$P(t) = \sum_{k=0}^{n} P_k B_{k,m}$$

$$= \begin{bmatrix} B_{0,4}(t) & B_{1,4}(t) & B_{2,4}(t) & B_{3,4}(t) \end{bmatrix} \begin{bmatrix} P_0 \\ P_1 \\ P_2 \\ P_3 \end{bmatrix}$$

$$= \begin{bmatrix} t^3 & t^2 & t & 1 \end{bmatrix} \frac{1}{6} \begin{bmatrix} -1 & 3 & -3 & 1 \\ 3 & -6 & 3 & 0 \\ -3 & 0 & 3 & 0 \\ 1 & 4 & 1 & 0 \end{bmatrix} \begin{bmatrix} P_0 \\ P_1 \\ P_2 \\ P_3 \end{bmatrix}$$

$$= \boldsymbol{T}\boldsymbol{M}_B\boldsymbol{G}_B \quad t \in [0,1)$$

式中，$\boldsymbol{G}_B$ 为几何矩阵，是 4 个控制点的位置矢量，$\boldsymbol{M}_B$ 是三次周期性 B 样条曲线的系数矩阵，为常数矩阵。还可以算出三次周期性 B 样条在 4 个连续控制点上的边界条件为

$$P(0) = \frac{1}{6}(P_0 + 4P_1 + P_2), \quad P(1) = \frac{1}{6}(P_1 + 4P_2 + P_3)$$

$$P'(0) = \frac{1}{2}(P_2 - P_0), \quad P'(1) = \frac{1}{2}(P_3 - P_1)$$

上式说明，三次周期性 B 样条曲线从靠近 P_1 处开始，在靠近 P_2 处结束，且每个曲线段的两个端点处的导数平行于相邻控制点的连线。图 8-15 给出了取 4 个控制

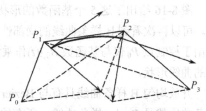

图8-15　4个控制点的三次周期性B样条曲线

点时得到的三次周期性 B 样条曲线形状的。

2. 开放均匀 B 样条曲线

开放均匀 B 样条曲线的结点矢量具有这样的特点：在两端的结点值重复 m 次，其余结点的间距是均匀的，因此可以把它看成特殊的均匀 B 样条类型，也可以看成是特殊的非均匀 B 样条类型。结点矢量可以这样定义：令 $L=n-m$，从 0 开始，按 $t_i \leqslant t_{i+1}$ 排列。

$$T = (\underbrace{0,\cdots,0}_{m \uparrow},1,2,\cdots,k-1,\underbrace{k,\cdots,k}_{m \uparrow}) \qquad (k=n-m+2)$$

用数学公式描述为

$$t_i = \begin{cases} 0 & 0 \leqslant i < m \\ i-m+1 & m \leqslant i \leqslant L+m \\ L+2 & i > L+m \end{cases}$$

例如，$m=3$，$n=6$ 的开放均匀 B 样条函数的结点矢量是 $T=(0, 0, 0, 1, 2, 3, 4, 5, 5, 5)$，如果把这个矢量归一化到从 0～1 的单位区间，结点矢量 $T=(0, 0, 0, 0.2, 0.4, 0.6, 0.8, 1, 1, 1)$。

下面来看开放均匀的二次（三阶）B 样条曲线。假设它有 5 个控制点，则 $m=3$，$n=4$，$L=n-m=1$，此时的结点矢量 $T=(0, 0, 0, 1, 2, 3, 3, 3)$。由式（8-19）可知，该 B 样条曲线由 5 个基函数 $B_{k,3}(t)$（$k=0, 1, 2, 3, 4$）混合而成。由于每个基函数定义在 t 的取值范围内的 t_k 到 t_{k+m} 的子区间上，则有：$B_{0,3}(t)$ 定义在从 $t_0=0$ 到 $t_3=1$ 的区间上，$B_{1,3}(t)$ 定义在从 $t_1=0$ 到 $t_4=2$ 的区间上，$B_{2,3}(t)$ 定义在从 $t_2=0$ 到 $t_5=3$ 的区间上，$B_{3,3}(t)$ 定义在从 $t_3=1$ 到 $t_6=3$ 的区间上，$B_{4,3}(t)$ 定义在从 $t_4=2$ 到 $t_7=3$ 的区间上。

5 个基函数由式（8-20）计算可得

$$B_{0,3}(t) = (1-t)^2 \qquad\qquad 0 \leqslant t < 1$$

$$B_{1,3}(t) = \begin{cases} \dfrac{1}{2}t(4-3t) & 0 \leqslant t < 1 \\ \dfrac{1}{2}(2-t)^2 & 1 \leqslant t < 2 \end{cases}$$

$$B_{2,3}(t) = \begin{cases} \dfrac{1}{2}t^2 & 0 \leqslant t < 1 \\ \dfrac{1}{2}t(2-t) + \dfrac{1}{2}(t-1)(3-t) & 1 \leqslant t < 2 \\ \dfrac{1}{2}(3-t)^2 & 2 \leqslant t < 3 \end{cases}$$

$$B_{3,3}(t) = \begin{cases} \dfrac{1}{2}(t-1)^2 & 1 \leqslant t < 2 \\ \dfrac{1}{2}(3t-5)(3-t) & 2 \leqslant t < 3 \end{cases}$$

$$B_{4,3}(t) = (t-2)^2 \qquad\qquad 2 \leqslant t < 3$$

图 8-16 给出了这 5 个基函数的形状，生成的 B 样条曲线定义在从结点值 $t_2=0$ 到 $t_5=3$ 的区间上。可以再次看到 B 样条曲线的局部性特征：如基函数 $B_{0,3}(t)$ 定义在从 $t_0=0$ 到 $t_3=1$ 的区间上，并且由于控制点 P_0 仅与基函数 $B_{0,3}(t)$ 作乘法，因此第一个控制点的改变仅影响 $t_0=0$ 到 $t_3=1$ 的子区间上的曲线形状。

开放均匀 B 样条曲线具有与 Bezier 样条曲线非常类似的特性。实际上，当 $m=n+1$ 时，开放 B 样条样条曲线就是 Bezier 样条曲线，所有的结点值为 0 或 1。例如，三次开放 B 样条曲线，取 4 个控制点，有 $m=n+1=4$，则结点矢量 $T=(0, 0, 0, 0, 1, 1, 1, 1)$。由开放均匀 B 样条的边界条件可知，曲线通过第一个和最后一个控制点，由于这个性质，当 $P_0=P_k$ 时，生成的是一条封闭的 B 样条曲线。另外，曲线在第一个控制点处的导数将平行于前两个控制点的连线，在最后一个控制点处的导数将平行于最后两个控制点的连线，这与 Bezier 曲线是相同的。

3. 非均匀 B 样条曲线

非均匀 B 样条函数的结点矢量 T 的值和间距可以取任何值，如可以取 $T=(0, 1, 1, 3, 3)$ 或 $T=(0, 0.1, 0.2, 0.2, 0.5, 1)$ 等。由于 t_i 分布不均匀，因此基函数不再具有平移性质，基函数的形状也各不相同，如图 8-17 所示。于是，在生成曲线时，每个基函数都要单独计算，其计算量比均匀 B 样条曲线大得多。通常限制结点值的间距为 1，以减少计算量。不过对非均匀 B 样条曲线来说，可以随意插入、删除或修改结点，从而方便地控制曲线的局部形状。

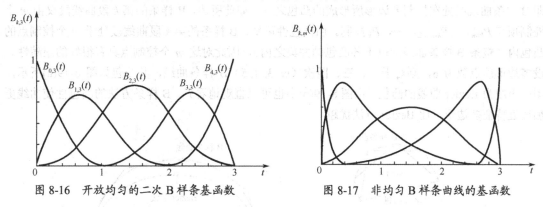

图 8-16　开放均匀的二次 B 样条基函数　　　　图 8-17　非均匀 B 样条曲线的基函数

8.4.2　B 样条曲线的性质

1. 局部支柱性

B 样条曲线与 Bezier 曲线的主要区别在于它们的基函数。Bezier 曲线的基函数在整个参数变化区间内，只有一个点或者两个点处函数值为零。而 B 样条的基函数是一个分段函数，在参数变化范围内，每个基函数在 t_k 到 t_{k+m} 的子区间内函数值不为 0，在其余区间为 0，这一重要特征称为局部支柱性。图 8-18 是一条均匀 B 样条曲线，表示顶点 P_4 变化后曲线的变化情况，可见 P_4 的变化只对其中一段曲线有影响。

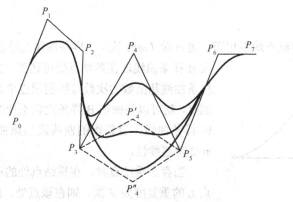

图 8-18　B 样条曲线的局部支柱性

B 样条曲线的局部支柱性对曲线和曲面的设计有两方面的影响：一是第 k 段曲线段（$P(t)$在两个相邻结点值$[t_k, t_{k+1}]$（$m-1 \leqslant k \leqslant n$）上的曲线段）仅由 m 个控制顶点 P_{k-m+1}，P_{k-m+2}，…，P_k 控制。若要修改该段曲线，仅修改这 m 个控制顶点即可。二是修改控制顶点 P_k 对 B 样条曲线的影响是局部的。对于均匀 m 次 B 样条曲线，调整一个顶点 P_k 的位置只影响 B 样条曲线 $P(t)$ 在区间$[t_k, t_{k+m})$的部分，即最多只影响与该顶点有关的 m 段曲线。局部支柱性是 B 样条最具魅力的性质。

2．凸组合性质

在所生成的 B 样条曲线的定义区间$[t_{m-1}, t_{n+1})$上，有

$$\sum_{k=0}^{n} B_{k,m}(t) \equiv 1 \qquad t \in [t_{m-1}, t_{n+1})$$

B 样条的凸组合性和 B 样条基函数的数值均大于或等于 0，它保证了 B 样条曲线的凸包性，即 B 样条曲线必处在控制多边形所形成的凸包之内。如前所述，B 样条的第 k 段曲线段仅由 m 个控制顶点 P_{k-m+1}，P_{k-m+2}，…，P_k 控制。由凸包性可知，B 样条的第 k 段曲线段处于 m 个控制点的凸包内（整条 B 样条曲线则位于各凸包的并集之内），因此对这 m 个控制点具有很好的跟随性。设多边形顶点数为 6，则对于二、三、四次（$m=3, 4, 5$）B 样条曲线，其凸包如图 8-19(a)所示，图中虚线为 Bezier 曲线的凸包。由图 8-19(b)中也可以直观地看到，B 样条方法的凸包性使曲线更加逼近特征多边形，比 Bezier 方法优越。

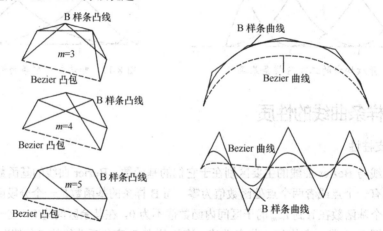

（a）B 样条曲线和 Bezier 曲线的凸包比较　　（b）B 样条曲线和 Bezier 曲线的比较

图 8-19　B 样条曲线与 Bezier 曲线的凸包性比较

3．连续性

若一结点矢量中结点均不相同，则 m 阶（$m-1$ 次）B 样条曲线在结点处为 $m-2$ 阶连续，如三次 B 样条曲线段在各结点处可达到二阶导数的连续性。由于 B 样条曲线基函数的次数与控制顶点个数无关，如果增加一个控制点，就可以在保证 B 样条次数不变的情况下相应地增加一段 B 样条曲线，且新增的曲线段与原曲线的连接处天然地具有 $m-2$ 阶连续性。

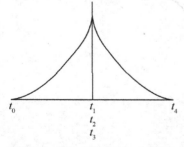

图8-20　具有重结点的三次B样条

当存在重结点时，在重结点处的连续性将相应降低。若结点 t_k 的重复度为 J 次，则在该点处，B 样条的连续性将降低 J 阶。图 8-20 为具有三重结点（重复度为 2）的三次 B 样条，由

于结点 t_1 重复度为 2，故连续性降低 2 阶，仅保持函数连续。若结点 t_1 重复度为 3，则曲线退化为离散的控制顶点。

4. 导数

B 样条基函数的微分公式为

$$B'_{k,m}(t) = (m-1)\left[\frac{B_{k,m-1}(t)}{t_{k+m-1}-t_k} - \frac{B_{k+1,m-1}(t)}{t_{k+m}-t_{k+1}}\right]$$

从而得到 B 样条曲线的导数曲线为

$$P'(t) = (m-1)\sum_{k=1}^{n}\frac{P_k - P_{k-1}}{t_{k+m-1}-t_k}B_{k,m-1}(t) \qquad t \in [t_{m-1},t_{n+1}]$$

它是一条 $m-1$ 阶的 B 样条曲线。上式说明，B 样条曲线的导数可以用其低阶的 B 样条基函数和顶点矢量的差商序列的线性组合表示，由此不难证明，m 阶 B 样条曲线段之间达到 $m-2$ 次的连续性。

5. 几何不变性

B 样条曲线 $P(t)$ 的形状和位置与坐标系的选择无关。

6. 差变减少性

如果 B 样条曲线 $P(t)$ 的控制多边形位于一个平面之内，则该平面内的任意直线与 $P(t)$ 的交点个数不多于该直线与控制多边形的交点个数。如果控制多边形不是平面图形，则任意平面与 $P(t)$ 的交点数不会超过它与控制多边形的交点数。

8.4.3　B 样条曲面

B 样条曲面是 B 样条曲线的二维扩展，其表达式为

$$P(u,v) = \sum_{k_1=0}^{n_1}\sum_{k_2=0}^{n_2}P_{k_1,k_2}B_{k_1,m_1}(u)B_{k_2,m_2}(v) \tag{8-23}$$

式中，P_{k_1,k_2} 称为控制顶点，所有的 $(n_1+1)\times(n_2+1)$ 个控制顶点组成的空间网格称为控制网格，也称为特征网格。$B_{k_1,m_1}(u)$ 和 $B_{k_2,m_2}(v)$ 是定义在 u、v 参数轴上的结点矢量 $U=(u_0, u_1, \cdots, u_{n1+m1})$ 和 $V=(v_0, v_1, \cdots, v_{n2+m2})$ 的 B 样条基函数。与 B 样条曲线类似，当结点矢量 U、V 沿 u、v 轴均匀等距分布时，称 $P(u,v)$ 为均匀 B 样条曲面，否则称为非均匀 B 样条曲面。

B 样条曲面具有与 B 样条曲线相同的局部支柱性、凸包性、连续性和几何不变性等性质。与 Bezier 曲面相比，B 样条曲面极为自然地解决了曲面片之间的连接问题。

8.5　有理样条曲线/曲面

B 样条方法在表示和设计自由型曲线/曲面时显示了强大的威力，然而在表示和设计由二次曲面或平面构成的初等曲面时却遇到了麻烦。这是因为 B 样条曲线（面），包括其特例的 Bezier 曲线（面），不能精确表示除抛物线（面）外的二次曲线（面），只能给出近似表示。近似表示将带来处理上的麻烦，使本来简单的问题复杂化，还带来原来不存在的设计误差问题。例如，若要用 Bezier 曲线较精确地表示一个半圆，则需用到五次 Bezier 曲线，还必须专门计算其控制顶点。这

样，为了精确表示二次曲线与曲面，就不得不采用另一套数学描述方法，如用隐式方程表示。这样不仅重新带来隐式方程表示所存在的问题，还将导致一个几何设计系统采用两种不同的数学方法，这是计算机处理系统最忌讳的。解决这个问题的途径就是改造现有的 B 样条方法，在保留它描述自由型曲线/曲面强大能力的同时，扩充其统一表示二次曲线与曲面的能力。这个方法就是有理样条（Rotional Spline）方法。由于在形状描述实践中，有理样条经常以非均匀类型出现，而均匀、准均匀、分段 Bezier 三种类型又可看成非均匀类型的特例，所以人们习惯称之为非均匀有理 B 样条（Nonuniform Rational B-Spline，NURBS）方法。有理函数是两个多项式之比，因此有理样条是两个样条参数多项式之比。综上所述，NURBS 方法是既能描述自由型曲线/曲面又能精确表示二次曲线与曲面的有理参数多项式方法。

有理参数多项式有两个重要的优点：一是有理参数多项式具有几何和透视投影变换不变性，如要产生一条经过透视投影变换的空间曲线，对于用无理多项式表示的曲线，第一步需生成曲线的离散点，第二步对这些离散点作透视投影变换，得到要求的曲线。对于用有理多项式表示的曲线，第一步对定义曲线的控制点作透视投影变换，第二步是用变换后的控制点生成要求的曲线。显然，后者比前者的工作量小许多。二是用有理参数多项式可精确地表示圆锥曲线、二次曲面，进而可统一几何造型算法。

8.5.1 NURBS 曲线/曲面的定义

NURBS 曲线是一个分段的有理参数多项式函数，表达式为

$$P(t) = \frac{\sum_{k=0}^{n} w_k P_k B_{k,m}(t)}{\sum_{k=0}^{n} w_k B_{k,m}(t)} \tag{8-24}$$

式中，P_k 为控制顶点，参数 w_k 是控制点的权因子，对于一个特定的控制点 P_k，其权因子 w_k 越大，曲线越靠近该控制点。当所有的权因子都为 1 时，得到非有理 B 样条曲线，因为此时式（8-24）中的分母为 1（基函数之和）。$B_{k,m}(t)$ 是定义在结点矢量 $T=(t_0, t_1, \cdots, t_{n+m})$ 上的 B 样条基函数。

下面用 NURBS 曲线来表示二次曲线。假定用定义在三个控制顶点和开放均匀的结点矢量上的二次（三阶）B 样条函数来拟合，于是，$T=(0, 0, 0, 1, 1, 1)$，取权函数

$$w_0 = w_2 = 1, \quad w_1 = \frac{r}{1-r} \quad (0 \leqslant r < 1)$$

则有理 B 样条的表达式

$$P(t) = \frac{P_0 B_{0,3(t)} + \dfrac{r}{1-r} P_1 B_{1,3(t)} + P_2 B_{2,3(t)}}{B_{0,3(t)} + \dfrac{r}{1-r} B_{1,3(t)} + B_{2,3(t)}} \tag{8-25}$$

然后取不同的 r 值得到各种二次曲线。当 $r>1/2$，$w_1>1$ 时，得到双曲线；当 $r=1/2$，$w_1=1$ 时，得到抛物线；当 $r<1/2$，$w_1<1$ 时，得到椭圆弧；当 $r=0$，$w_1=0$ 时，得到直线段，如图 8-21 所示。

当选控制点为 $P_0=(0,1)$，$P_1=(1,1)$，$P_2=(1,0)$，$w_1=\cos\alpha$ 时，式（8-25）可产生第一象限的 1/4 单位圆弧，如图 8-22 所示。若要产生单位圆的其他部分只需要改变控制点的位置即可。

类似地，NURBS 曲面可以由下面的有理参数多项式函数来表示

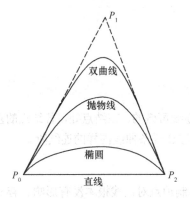
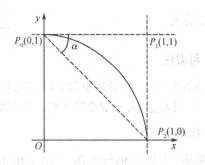

图 8-21　由不同有理样条权因子生成的二次曲线段　　图 8-22　由有理样条函数生成的第一象限上的圆弧

$$P(u,v) = \frac{\sum_{k_1=0}^{n_1} \sum_{k_2=0}^{n_2} w_{k_1,k_2} P_{k_1,k_2} B_{k_1,m_1}(u) B_{k_2,m_2}(v)}{\sum_{k_1=0}^{n_1} \sum_{k_2=0}^{n_2} w_{k_1,k_2} B_{k_1,m_1}(u) B_{k_2,m_2}(v)} \qquad (8-26)$$

式中，P_{k_1,k_2} 为控制顶点，所有的 $(n_1+1) \times (n_2+1)$ 个控制顶点组成控制网格。$B_{k_1,m_1}(u)$ 和 $B_{k_2,m_2}(v)$ 是定义在 u、v 参数轴上的结点矢量 $U=(u_0, u_1, \cdots, u_{n_1+m_1})$ 和 $V=(v_0, v_1, \cdots, u_{n_2+m_2})$ 的 B 样条基函数。

除了式（8-24）和式（8-26）的有理参数多项式函数表示，NURBS 曲线还可以用有理基函数表示和齐次坐标表示。三种表示形式是等价的，却有不同的意义。有理参数多项式表示是有理表示的由来，表明 NURBS 曲线是 Bezier 曲线和非有理 B 样条曲线的推广。在有理基函数表示形式中，可以较清楚地了解 NURBS 曲线的性质。NURBS 曲线的齐次坐标表示表明，NURBS 曲线是在高一维空间里它的控制顶点的齐次坐标或带权控制顶点所定义的非有理 B 样条曲线在 $w=1$ 的超平面上的中心投影，赋予 NURBS 曲线明确的几何意义。

8.5.2　有理基函数的性质

NURBS 曲线也可用有理基函数表示

$$P(t) = \sum_{k=0}^{n} P_k R_{k,m}(t)$$
$$R_{k,m}(t) = \frac{w_k B_{k,m}(t)}{\sum_{j=0}^{n} w_j B_{j,m}(t)} \qquad (8-27)$$

式中，$R_{k,m}(t)$ 称为有理基函数，它具有如下性质。

1．普遍性

如果令全部权因子均为 1，则 $R_{k,m}(t)$ 退化为 $B_{k,m}(t)$；如果结点矢量仅由两端的 m 重结点构成，则 $R_{k,m}(t)$ 退化为 Bernstein 基函数。由此可知，有理基函数将 Bezier 样条、B 样条和有理样条有效地统一起来，具有普遍性。

2．局部性

$R_{k,m}(t)$ 在 t_k 到 t_{k+m} 的子区间中取正值，在其他地方为零，即有 $R_{k,m}(t) \geqslant 0$（$t \in [t_k, t_{k+m}]$），且有 $R_{k,m}(t)=0$（$t \notin [t_k, t_{k+m}]$）。

3. 凸包性

可以证明

$$\sum_{k=0}^{n} R_{k,m}(t) = 1$$

4. 可微性

在结点区间内，当分母不为 0 时，$R_{k,m}(t)$是无限次连续可微的。在结点处，若结点的重复出现次数为 J，则 $R_{k,m}(t)$为 $m-J-2$ 阶可微，即在结点处具有与 B 样条曲线同样的连续阶。

5. 权因子

如果某个权因子 w_k 等于 0，则 $R_{k,m}(t)=0$，相应的控制顶点对曲线根本没有影响。若 $w_k=+\infty$，则 $R_{k,m}(t)=1$，说明权因子越大，曲线越靠近相应的控制顶点。

8.5.3　NURBS 曲线/曲面的特点

NURBS 曲线具有与 B 样条曲线相同的局部调整性、凸包性、几何不变性、变差减少性、造型灵活等特点。类似地，NURBS 曲面也具有局部调整性、凸包性、几何不变性等性质，但不具有差变减少性。此外，NURBS 曲线/曲面还具有以下优点：

① 既为自由型曲线/曲面也为初等曲线/曲面的精确表示与设计提供了一个公共的数学形式，一个统一的数据库就能够存储这两类形状信息。

② 为了修改曲线/曲面的形状，既可以借助调整控制顶点，又可以利用权因子，因而具有较大的灵活性。

③ 计算稳定且速度快。

④ NURBS 有明确的几何解释，使它对有良好的几何知识尤其是画法几何知识的设计人员特别有用。

⑤ NURBS 具有强有力的几何配套计算工具，包括结点插入与删除、结点细分、升阶、结点分割等，能用于设计、分析与处理等各个环节。

⑥ NURBS 具有几何和透视投影变换不变性。

⑦ NURBS 是非有理 B 样条形式以及有理与非有理 Bezier 形式的有意义的推广。

鉴于 NURBS 在形状定义方面的强大功能与潜力，不等到该方法完全成熟，美国国家标准局在 1983 年制定的 IGES 规范第 2 版中就将 NURBS 列为优化类型。1991 年，国际标准化组织（ISO）正式颁布了工业产品几何定义的 STEP 标准，以此作为产品数据交换的国际标准，其中自由型曲线/曲面唯一地用 NURBS 表示。

尽管如此，NURBS 也还存在如下缺点：

① 需要额外的存储以定义传统的曲线/曲面。例如，为用一个外切正方形作为控制多边形定义一个整圆，至少需要 7 个控制顶点(x_k, y_k, z_k)、7 个权因子和 10 个结点，而传统的表示只要给出圆心(x_r, y_r, z_r)、半径 R 和垂直于圆所在平面的法矢量(n_x, n_y, n_z)。这意味着，在三维空间用 NURBS 方法定义一个整圆要求 38 个数据，而传统的方法只要求 7 个数据。

② 权因子的不合适应用可能导致很坏的参数化，甚至毁掉随后的曲面结构。

③ 某些技术用传统形式比用 NURBS 工作得更好。例如，曲面与曲面求交时，NURBS 方法特别难于处理刚好接触的情况。

④ 某些基本算法，如求反曲线/曲面上的点的参数值，存在数值不稳定问题。

NURBS 方式是建立在非有理 Bezier 方法与非有理 B 样条方法基础上，然而把 NURBS 方法看成非有理 Bezier 方法与非有理 B 样条方法的直接推广就过于简单了，也是不恰当的。在 NURBS 里将会遇到非有理方法中未出现的一系列新问题，计算将变得复杂，特别是权因子与参数化的问题。有关 NURBS 曲线和曲面的几何连续性问题也较为复杂。我国的施法中教授与朱心雄教授认为，对 NURBS 要慎用，他们把 NURBS 方法比作一匹烈性的骏马，当还未摸透它的脾气时，就驾驭不了它，相反还会把人摔得鼻青脸肿。当摸透权因子的脾气后，就会变滥用为巧用，变慎重为自如，就能充分发挥 NURBS 的潜能。有关 NURBS 的描述，读者可以参阅相关的参考文献，这里不再详述。

8.6 曲线/曲面的转换和计算

8.6.1 样条曲线/曲面的转换

Hermite 样条曲线、Bezier 曲线和 B 样条曲线都是多项式曲线，不过是曲线的不同表示形式。不同表示形式适用于不同的应用场合，因此有时希望从一种样条表示形式转换到另一种表示形式。不妨假设已知一种样条表示的矩阵描述形式为

$$P(t) = TM_1 G_1$$

式中，M_1 是描述样条表示的矩阵，如系数矩阵。G_1 是几何约束的列矩阵，如控制点位置矢量。为了变换到另一种样条表示：

$$P(t) = TM_2 G_2$$

需要计算出几何约束矩阵 G_2，即

$$P(t) = TM_1 G_1 = TM_2 G_2$$

显然有

$$G_2 = M_2^{-1} M_1 G_1 = M_{1,2} G_1$$

式中，$M_{1,2}$ 称为从第一个样条形式转换到第二个样条形式的变换矩阵，为常数矩阵。

下面以将三次周期性 B 样条变换到三次 Bezier 样条为例，来简单说明变换矩阵的计算。

根据 $P(t) = TM_B G_B = TM_{be} G_{be}$，有

$$G_{be} = M_{be}^{-1} M_B G_B = M_{B,be} G_B$$

则

$$M_{B,be} = \begin{bmatrix} 1 & 3 & -3 & 1 \\ 3 & -6 & 3 & 0 \\ -3 & 3 & 0 & 0 \\ 1 & 0 & 0 & 0 \end{bmatrix}^{-1} \frac{1}{6} \begin{bmatrix} 1 & 3 & -3 & 1 \\ 3 & -6 & 3 & 0 \\ -3 & 0 & 3 & 0 \\ 1 & 4 & 1 & 0 \end{bmatrix} = \frac{1}{6} \begin{bmatrix} 1 & 4 & 1 & 0 \\ 0 & 4 & 2 & 0 \\ 0 & 2 & 4 & 0 \\ 0 & 1 & 4 & 1 \end{bmatrix}$$

由于三次 Hermite 样条矩阵为

$$M_h = \begin{bmatrix} 2 & -2 & 1 & 1 \\ -3 & 3 & -2 & -1 \\ 0 & 0 & 1 & 0 \\ 1 & 0 & 0 & 0 \end{bmatrix}$$

三次 Bezier 样条矩阵 M_{be} 和三次均匀 B 样条矩阵 M_B 等都是非奇异矩阵，因此它们的逆矩阵存在。

非均匀 B 样条不能用一个通用的样条矩阵来描述。不过可以安排一个结点序列，将非均匀 B 样条变换到 Bezier 表达式，然后 Bezier 矩阵可以变换到其他矩阵形式。

8.6.2 样条曲线/曲面的离散生成

为了显示一个样条曲线或曲面，必须确定曲线或曲面上的离散点坐标，这意味着须在函数值域内按参数 t 的某增量求出对应的参数多项式样条函数的离散值。

1. Horner 规则

Horner 规则是最简单和最直观的规则，通过逐次分解因子来减少计算量。下面以三次样条为例进行说明。由式（8-2）可知

$$P(t) = \begin{bmatrix} x(t) \\ y(t) \\ z(t) \end{bmatrix}$$

而三次样条的参数多项式为

$$\begin{cases} x(t) = a_x t^3 + b_x t^2 + c_x t + d_x \\ y(t) = a_y t^3 + b_y t^2 + c_y t + d_y \\ z(t) = a_z t^3 + b_z t^2 + c_z t + d_z \end{cases}$$

对于参数 t 的某个特定值，Horner 规则用下列分解因子的方法来求多项式的值（以 x 坐标为例）：

$$x(t) = [(a_x t + b_x) t + c_x] t + d_x$$

式中，每个 x 坐标值的计算需进行三次加法和三次乘法。于是，沿三次样条曲线按参数 t 的增量求每个 $P(t)$ 的值需要进行 9 次加法和 9 次乘法。类似地，沿 n 次样条曲线按参数 t 的增量求每个 $P(t)$ 的值需进行 cn 次加法和 cn 次乘法（c 为某一常数），计算复杂度为 $O(n)$ 次乘法。

2. 向前差分计算

向前差分计算是求解多项式函数值最快的方法。它采用增量算法的思想，利用前次计算出的函数值以及当前的函数值增量来求出当前的函数值，以 x 坐标值 $x_{k+1} = x_k + \Delta x_k$ 为例，每步的增量 Δx_k 称为向前差分（Forward Difference）。

为了说明这种方法，首先将 t 的取值范围 $t_{k+1} = t_k + \delta$（k=0, 1, 2, …）分成固定大小的子区间，并且 $t_0=0$。再来看线性样条的向前差分计算。线性样条的参数多项式为（以 x 坐标为例）：

$$x(t) = a_x t + b_x$$

两个相邻的 x 坐标位置表示为

$$\begin{cases} x_k = a_x t_k + b_x \\ x_{k+1} = a_x t_{k+1} + b_x = a_x(t_k + \delta) + b_x \end{cases}$$

于是，线性样条的向前差分（增量）$\Delta x_k = x_{k+1} - x_k = a_x \delta$ 为常数。

再来看三次样条的向前差分计算。两个相邻的 x 坐标位置表示为

$$\begin{cases} x_k = a_x t_k^3 + b_x t_k^2 + c_x t_k + d_x \\ x_{k+1} = a_x t_{k+1}^3 + b_x t_{k+1}^2 + c_x t_{k+1} + d_x \end{cases}$$

其向前差分为

$$\Delta x_k = x_{k+1} - x_k$$
$$= a_x t_{k+1}^3 + b_x t_{k+1}^2 + c_x t_{k+1} + d_x - a_x t_k^3 - b_x t_k^2 - c_x t_k - d_x$$
$$= a_x (t_k + \delta)^3 + b_x (t_k + \delta)^2 + c_x (t_k + \delta) + d_x - a_x t_k^3 - b_x t_k^2 - c_x t_k - d_x \qquad (8\text{-}28)$$
$$= 3a_x \delta t_k^2 + (3a_x \delta^2 + 2b_x \delta) t_k + (a_x \delta^3 + b_x \delta^2 + c_x \delta)$$

该向前差分是参数 t_k 的二次多项式函数。由此可见，n 次多项式的向前差分仍然是参数 t 的多项式函数，不过多项式的次数为 $n-1$。

在实际应用中，通常希望向前差分是常数以方便计算，处理的方法是将向前差分的结果多次再差分，则第一次再差分的结果为 $n-2$ 次多项式，第二次再差分的结果为 $n-3$ 次多项式，如此直到最后得到常数为止。然后反推获得当前的向前差分值。

根据式（8-28），对 Δx_k 进行再次向前差分得

$$\Delta^2 x_k = \Delta x_{k+1} - \Delta x_k = 6a_x \delta^2 t_k + 6a_x \delta^3 + 2b_x \delta^2 \qquad (8\text{-}29)$$

它是参数 t_k 的线性多项式函数，对 $\Delta^2 x_k$ 再次进行向前差分得

$$\Delta^3 x_k = \Delta^2 x_{k+1} - \Delta^2 x_k = 6a_x \delta^3 \qquad (8\text{-}30)$$

式（8-28）、式（8-29）和式（8-30）给出了三次样条的增量递推计算公式。由于 $t_0 = 0$，第一步的步长为 δ，则

$$x_0 = d_x$$
$$\Delta x_0 = a_x \delta^3 + b_x \delta^2 + c_x \delta$$
$$\Delta^2 x_0 = 6a_x \delta^3 + 2b_x \delta^2$$

一旦算出初始值，三次样条曲线的 x 坐标就可以按照下式进行增量递推计算（类似地可计算出 y 和 z 坐标）：

$$\Delta^2 x_{k-1} = \Delta^2 x_{k-2} + \Delta^3 x_{k-2} = \Delta^2 x_{k-2} + 6a_x \delta^3$$
$$\Delta x_k = \Delta x_{k-1} + \Delta^2 x_{k-1} \qquad (8\text{-}31)$$
$$x_{k+1} = x_k + \Delta x_k$$

这样，后续每个 x 坐标的计算最多只需要 3 次加法，后续三次样条坐标 $P(t)$ 的计算则只需要 9 次加法。推而广之，沿 n 次样条曲线按参数 t 的增量求每个 $P(t)$ 的值需进行 cn 次加法（c 为常数），计算复杂度为 $O(n)$ 次加法。

类似地，可以对样条曲面进行向前差分计算，但需注意差分的变量为参数 u 和 v。

3. 细分

在某些应用中只能获得少量的控制顶点，但希望能够得到可以精确控制的自由曲线。首先用少量的控制顶点来设计曲线形状，然后用细分过程来得到附加的控制点，利用这些附加的控制点，可以对曲线的某些小段做精确的调整。重复细分过程还可以使控制多边形逼近曲线路径，使某些控制顶点的位置与曲线位置重合。

Bezier 曲线最容易进行细分，这是因为该曲线通过第一个和最后一个顶点，并且参数 t 的范围总是为 0～1，比较容易确定何时控制点"充分靠近"曲线路径。其他样条的细分过程可以借助 Bezier 样条形式进行：首先将其他样条形式转换为 Bezier 样条形式，然后用 Bezier 曲线细分算法进行细分，达到要求后再将 Bezier 样条转换为原来的样条形式。下面以三次 Bezier 样条曲线为例说明细分的过程。

三次 Bezier 曲线由 4 个控制点 P_0、P_1、P_2、P_3 生成（如图 8-23 所示），第一步细分是利用中

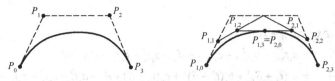

图 8-23　4 个控制点的 Bezier 曲线分成两段

点 $P(0.5)$ 将原曲线分成两段。假定两段新的 Bezier 曲线也是三次 Bezier 曲线，则两条新曲线分别需要 4 个控制点来确定。由于在两条新曲线段中，两个端点 P_0 和 P_3 处的边界条件（位置和斜率）必须与原曲线的位置和斜率相同，并且在 $P(0.5)$ 处具有相同的位置和斜率，由此可以计算出两段曲线的 8 个新控制点：

$$P_{1,0} = P_0$$

$$P_{1,1} = \frac{1}{2}(P_0 + P_1)$$

$$P_{1,2} = \frac{1}{4}(P_0 + 2P_1 + P_2) = \frac{1}{2}(P_{1,1} + \frac{1}{2}(P_1 + P_2))$$

$$P_{1,3} = \frac{1}{8}(P_0 + 3P_1 + 3P_2 + P_3)$$

$$P_{2,3} = P_3$$

$$P_{2,2} = \frac{1}{2}(P_2 + P_3)$$

$$P_{2,1} = \frac{1}{4}(P_1 + 2P_2 + P_3) = \frac{1}{2}(P_{2,2} + \frac{1}{2}(P_1 + P_2))$$

$$P_{2,0} = \frac{1}{8}(P_0 + 3P_1 + 3P_2 + P_3) = \frac{1}{2}(P_{1,2} + P_{2,1})$$

由此可见，新控制点的计算只需要用到位移和加法运算。细分的步骤可以重复多次，结束条件有很多，如可以选择当相邻控制点的距离小到满足一定的条件时结束细分，也可以选择与曲线位置重合的控制点数目作为细分的结束条件。

8.7　OpenGL 生成曲线/曲面

OpenGL 库可以生成 Bezier 曲线/曲面和 B 样条（NURBS）曲线/曲面，以及样条曲面的修剪曲线。由于 OpenGL 在绘制曲线/曲面时，使用大量的线段或多边形面来逼近，而曲线/曲面可以通过几个控制点以数学方式描述，因此在实际绘制时，需要通过曲线/曲面的控制点及其数学描述生成逼近于曲线/曲面的线段或多边形。在 OpenGL 中，这个过程由求值函数完成。用求值函数生成 Bezier 曲线/曲面，在硬件中实现时效率很高，GLU 库则在求值函数的基础上提供了一个 NURBS 接口，实现高级曲线/曲面的绘制。

8.7.1　Bezier 曲线/曲面函数

1. Bezier 曲线

8.3.3 节中实现了三次 Bezier 曲线的绘制，实际上，在 OpenGL 核心库中可以利用如下求值函数实现 Bezier 曲线的绘制：

```
void glMap1{fd}(GLenum target, TYPE t1, TYPE t2, GLint stride, GLint order,
```

```
                    const TYPE *points);
```
其中，函数后缀码 f 和 d 表示指定的数值是浮点类型或双精度浮点类型。参数 target 给出控制点数组所表示的内容，即参数 points 中存储的是什么类型的信息，一般取 GL_MAP1_VERTEX_3，表示控制点数组存储控制点的三维点坐标。参数 t1 和 t2 表示 Bezier 曲线参数 t 的最大和最小值，一般分别置为 0.0 和 1.0。参数 stride 表示数组 points 中一个坐标位置到另一个坐标位置的偏移量，对于一个三维坐标数组，stride=3。参数 order 指定 Bezier 曲线的阶数。参数 points 为指向控制点数组的指针。

使用求值器时需要调用 glEnable(GL_MAP1_VERTEX_3)来激活，然后调用函数：
```
        void glEvalCoord1{fd}(TYPE t);
```
计算沿样条路径的位置并显示计算出的曲线。其中，参数 t 是介于 t1 和 t2 之间的某个区间值。由于 t1 和 t2 的值可以不为 0.0 和 1.0，因此实际用参数 t=(t−t1)/(t2−t1)计算坐标位置。

当用函数 glEvalCoord1()计算曲线上的位置时，会隐含调用 glVertex3()函数。为了得到 Bezier 曲线，可以利用下面的程序段：
```
        glBegin(GL_LINE_STRIP);
            for(k=0; k<=50; k++)
                glEvalCoord1f(GLfloat(k)/100.0);
        glEnd();
```
使用均匀分布的参数值生成曲线。在 OpenGL 中还可以使用下面的函数来生成一组均匀分布的参数值：
```
        glMapGrid1{fd}(GLint n, TYPE t1, TYPE t2);
        glEvalMesh1(GLenum mode, GLint n1, GLint n2);
```
其中，函数 glMapGrid1()指定曲线参数 t 从 t1 开始经过 n 步均匀地变为 t2。函数 glEvalMesh1()指定从第 n1 个到第 n2 个参数（由 glMapGrid1 算出）绘制 Bezier 曲线，这里参数 mode 的取值为 GL_POINT 或 GL_LINE，表示以点或者折线的形式显示曲线。程序 8-2 给出了一个绘制 Bezier 曲线的完整例子。

【程序 8-2】 绘制 Bezier 曲线。

```
#include <GL/glut.h>
void initial(void) {
  glClearColor (1.0, 1.0, 1.0, 0.0);
    glLineWidth(4.0);                                              // 设置当前的线宽属性
  GLfloat ControlP[4][3]={{-80.0,-40.0,0.0},{-10.0,90.0,0.0},{10.0,-90.0,0.0},
                          {80.0,40.0,0.0}};                         // 指定控制点坐标
  glMap1f(GL_MAP1_VERTEX_3, 0.0, 1.0, 3,4, *ControlP);   // 设定求值器
  glEnable(GL_MAP1_VERTEX_3);                              // 启动求值器
}
void Display(void) {
  glClear(GL_COLOR_BUFFER_BIT);
  glColor3f(1.0, 0.0, 0.0);
  glMapGrid1f(100, 0.0, 1.0);                     // 从 0 到 1 生成均匀分布的 100 个参数值
  glEvalMesh1(GL_LINE, 0, 100);                   // 以折线方式绘别 Bezier 曲线
  glFlush();
}
void Reshape(GLint newWidth, GLint newHeight) {
  glViewport(0, 0, newWidth, newHeight);
  glMatrixMode(GL_PROJECTION);
```

```
      glLoadIdentity();
      gluOrtho2D(-100.0, 100.0, -100.0, 100.0);
   }
   void main(void) {
      glutInitDisplayMode(GLUT_SINGLE | GLUT_RGB);
      glutInitWindowPosition(100, 100);
      glutInitWindowSize(400, 400);
      glutCreateWindow("Bezier 曲线");
      initial();
      glutDisplayFunc(Display);
      glutReshapeFunc(Reshape);
      glutMainLoop();
   }
```

程序 8-2 中用 100 个点构成首尾连接的折线逼近曲线，如图 8-24 所示。显然，点数越多，曲线越光滑，但是计算的负担也越重。有时为了获得更好的性能，可以将曲线分成多段，每段分别调用 glMapGrid1 和 glEvalMesh1 函数。较弯处划分的段数多一些，比较平坦处划分的段数少一些。

图8-24　程序8-2生成的Bezier曲线

2. Bezier 曲面

Bezier 曲面的绘制与 Bezier 曲线类似，其求值函数为

```
      void glMap2{fd}(GLenum target, TYPE u1, TYPE u2, GLint ustride, GLint uorder,
                  TYPE v1, TYPE v2,GLint vstride, Glintvorder, const TYPE *points);
```
其中，参数 u1、u2、v1、v2 分别表示 Bezier 曲面参数 u 和 v 的最大最小值。参数 ustride 和 vstride 分别表示数组 points 中相邻控制点的偏移量。参数 uorder 和 vorder 指定 Bezier 曲面的阶数。最后的 points 为指向控制点坐标数组的指针。

在使用 glEnable 函数激活求值器后，可以使用函数：

```
      glEvalCoord2{fd}(TYPE u, TYPE v);
```
实现曲面的绘制。

除此之外，可以使用下面的函数生成曲面上的均匀间隔参数值：

```
      glMapGrid2{fd}(GLint nu, TYPE u1, TYPE u2, GLint nv, TYPE v1, TYPE v2);
      glEvalMesh2(GLenum mode, GLint nu1, GLint nu2, GLint nv1, GLint nv2);
```
其中，其参数与 Bezier 曲线的类似，只是参数 mode 的取值可以为 GL_POINT、GL_LINE 和 GL_FILL，分别表示以点、线或者填充面的形式显示曲面。程序 8-3 实现了一个填充的双三次 Bezier 曲面的绘制。

【程序 8-3】 填充的双三次 Bezier 曲面的绘制（部分）。

```
GLfloat ControlP[4][4][3]={{{-1.5, -1.5, 4.0}, {-0.5, -1.5, 2.0},
                           {-0.5, -1.5, -1.0}, {1.5, -1.5, 2.0}},
                          {{-1.5, -0.5, 1.0}, {-0.5, -0.5, 3.0},
                           {-0.5, -0.5, 0.0},{1.5, -0.5, -1.0}},
                          {{-1.5, 0.5, 4.0}, {-0.5, 0.5, 0.0},
                           {0.5, 0.5, 3.0},{1.5, 0.5, 4.0}},
                          {{-1.5, 1.5, -2.0}, {-0.5, 1.5, -2.0},
                           { 0.5,  1.5,  0.0},{1.5,  1.5,  -1.0}}}; // 指定控制点坐标
   glMap2f(GL_MAP2_VERTEX_3, 0.0, 1.0, 3, 4, 0.0, 1.0, 12, 4, &ControlP); // 设定求值器
```

```
    glEnable(GL_MAP2_VERTEX_3);                          // 启用求值器
    glColor(1.0, 0.0, 0.0)
    glMapGrid2f(40, 0.0, 1.0, 40, 0.0, 1.0);             // 生成均匀分布的参数值
    glEvalMesh2(GL_FILL, 0, 40, 0, 40);                  // 以填充方式绘制曲面
}
```

8.7.2 GLU 中的 B 样条曲线/曲面函数

虽然在 GLU 库中，提供的 B 样条曲线/曲面接口程序称为 NURBS 函数，但它可以用来生成既不是非均匀也不是有理的 B 样条。因此，这些函数可以显示具有均匀结点间隔的多项式 B 样条，还可以生成 Bezier 样条、有理或非有理样条等。一般来说，NURBS 曲线/曲面绘制的步骤如下。

① 如果要对 NURBS 曲面应用光照，可以调用函数

    glEnable(GL_AUTO_NORMAL);

使曲面自动生成面法线。当然，也可以自己计算面法线，计算的方法参见第 10 章的有关内容。

② 指定一个 NURBS 对象，这个对象既可以是曲线也可以是曲面，然后使用函数 gluNewNurbsRenderer() 创建一个指向该对象的指针，以便在创建时使用，具体程序代码如下：

    GLUnurbsObj *curveName;
    curveName = gluNewNurbsRenderer();

当然，如果系统没有足够的存储容量来存储 NURBS 对象，gluNewNurbsRenderer 函数会返回 0 值。

当 NURBS 对象不需要再使用时，可以使用函数

    gluDeleteNurbsRenderer(curveName);

删除名为 curveName 的 NURBS 对象。

③ 调用函数 gluNurbsProperty() 设置 NURBS 对象的属性，包括用于渲染的多边形的最大尺寸或线段的最大长度，该函数为

    void gluNurbsProperty(GLUnurbsObj *nobj, GLenum property, GLfloat value);

其中，参数 nobj 指定需要设置属性的对象，参数 property 指定设置属性名称，参数 value 指定属性的值。property 属性名称与参数 value 取值情况如下。

属性名称为 GLU_DISPLAY_MODE 时，指定显示模式。参数 value 的默认值为 GLU_FILL，表示以填充方式显示曲面对象；若 value 的值为 GLU_OUTLINE_POLYGON，以网格多边形的轮廓方式显示曲面；若 value 的值为 GLU_OUTLINE_PATCH，不显示网格多边形，而仅显示曲面的轮廓，包括指定的修剪曲线。

属性名称为 GLU_NURBS_MODE 时，指定 NURBS 曲线/曲面的模式。参数 value 可以只是对曲面进行绘制而不在回调中产生网格数据（GLU_NURBS_RENDERER，默认值），也可以返回经过网格化处理得到的数据（GLU_NURBS_TESSELLATOR）。

属性名称为 GLU_CULLING 时，用于确定是否进行剔除操作，将 value 置为 GLU_TRUE 启用剔除功能，使得曲面对象如果在观察空间之外将不执行网格化，以提高性能。该属性的默认值为 GLU_FALSE，即不开启剔除功能。

属性名称为 GLU_SAMPLING_METHOD 时，指定 NURBS 对象如何网格化，即 NURBS 对象如何用不同的参数（u 和 v）值进行采样，并将其分割成小的线段或多边性。参数 value 取值为 GLU_PATH_LENGTH（默认值），指定网格化得到的多边形的最大边长（单位为像素）不能超过属性 GLU_SAMPLING_TOLERANCE 的值；如果为 GLU_PARAMETRIC_ERROR，指定网格化

得到的多边形与原来曲线/曲面之间的距离（单位为像素）不能超过属性 GLU_PARAMETRIC_TOLERANCE 的值。参数为 GLU_OBJECT_PATH_LENGTH 和 GLU_OBJECT_PARAMETRIC_ERROR 时，与 GLU_PATH_LENGTH 和 GLU_PARAMETRIC_ERROR 类似，只是距离单位不是像素，而是物体空间坐标单位长度。参数取 GLU_DOMAIN_DISTANCE 时，在 u 和 v 方向上分别根据属性 GLU_U_STEP 和 GLU_V_STEP 的值决定每个单位长度内有多少个样本点。

属性名称为 GLU_SAMPLING_TOLERANCE 时，参数 value 指定经网格化处理得到的多边形的最大边长；属性名称为 GLU_PARAMETRIC_TOLERANCE 时，参数 value 指定经网格化处理得到的多边形与原来曲线之间的最大距离。同时，这两个属性将根据属性 GLU_SAMPLING_METHOD 确定边长的单位是像素还是物体空间坐标长度。

属性名称为 GLU_U_STEP 和 GLU_V_STEP 时，参数 value 指定在 u 或者 v 方向上每单位长度内有多少采样点，其默认值为 100。注意，此时采样方式应该置为 GLU_DOMAIN_DISTANCE。

属性 GLU_AUTO_LOAD_MATRIX 允许其值为 GL_TRUE（默认值）时从 OpenGL 服务器上下载用于观察、投影和视区变换的矩阵；否则，如果该值为 GL_FALSE，则必须使用函数 gluLoadSamplingMatrices()来提供这些矩阵。

函数 gluload SamplingMatrices()函数原型为

```
void gluLoadSamplingMatrices(GLUnurbsObj *nobj, const GLfloat modelMatrix[16],
                const GLfloat projMatrix[16], const GLint viewport[4]);
```

反过来，如果要获得 NURBS 属性的值，可以使用函数

```
void gluGetNurbsProperty(GLUnurbsObj *nobj, GLenum property, GLfloat *value);
```

通过参数 value 返回 NURBS 对象 nobj 的 property 属性值。

④ 如果希望发生错误时能够得到通知，可以调用函数

```
void gluNurbsCallback(GLUnurbsObj *nobj, GLenum which, void(*fn)(GLenum errorCode));
```

将函数 fn()注册为错误回调函数。其中，参数 which 指定回调函数的类型，对于错误检查，其取值为 GLU_ERROR。当 NURBS 函数检测到错误时，将使用错误代码作为唯一的参数调用函数 fn()。errorCode 的取值为 37 种错误条件，可以使用函数 gluErrorString(errorCode)获得错误代码的含义。

⑤ 创建 NURBS 曲线或曲面。要生成 NURBS 曲线，需要在函数对

```
void gluBeginCurve(GLUnurbsObj *nobj);
void gluEndCurve(GLUnurbsObj *nobj);
```

之间一次或多次调用函数：

```
void gluNurbsCurve(GLUnurbsObj *nobj, GLint uknot_count, GLfloat *ukont,
            GLint u_stride, GLfloat *ctlarray, GLint uorder, GLenum type);
```

实现曲线的绘制。其中，参数 uknot_count 指定参数化方向 u 的结点个数，参数 ukont 指定存储结点值的数组，ctlarray 为指向控制点数组第一个值的指针，u_stride 指定控制点数组中相邻控制点的偏移量，参数 uorder 指定曲线的阶数，参数 type 指定二维求值程序类型。通常对非有理控制点，参数 type 设置为 GL_MAP1_VERTEX_3，对于有理控制点，将其设置为 GL_MAP1_VERTEX_4。注意，这里没有指定控制点的数目，而是通过如下方式获得：在各参数化方向上，控制点数目等于结点数减去阶数。

要生成 NURBS 曲面，则需要在函数对

```
void gluBeginSurface(GLUnurbsObj *nobj);
void gluEndSurface(GLUnurbsObj *nobj);
```

之间一次或多次调用函数：

```
void gluNurbsSurface (GLUnurbsObj *nobj,GLint uknot_count, GLfloat *ukont,
```

GLint vknot_count, GLfloat *vkont, GLint u_stride, GLint v_stride,
GLfloat *ctlarray, GLint uorder, GLint vorder, GLenum type);

其中，参数值的含义与函数 gluNurbsCurve()基本类似，只是包含了 u 和 v 两个方向的参数。参数 type 指定二维求值程序类型，其取值除了可以为 GL_MAP2_ VERTEX_3 和 GL_MAP2_VERTEX_4，还可以是其他类型，如 GL_MAP2_TEXTURE_COORD_*和 GL_MAP2_NORMAL 分别用于计算并指定纹理坐标和面法线。

这里所说的步骤是一般 NURBS 曲线/曲面的绘制过程。相对而言，曲面的绘制更为复杂。程序 8-4 给出了一个 NURBS 曲面的绘制实例，结果如图 8-25 所示。其中，红色的点表示曲面地控制点，并增加了光标键控制旋转的交互式方法，以获得更好的显示效果。

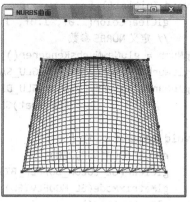

图8-25　程序8-4生成的NURBS曲面

【程序 8-4】　NURBS 曲面的绘制实例。

```c
#include <windows.h>
#include <gl/glut.h>
#include <math.h>
GLUnurbsObj  *pNurb = NULL;                        // NURBS 对象指针
GLint  nNumPoints = 4;                             // 4 X 4
GLfloat ctrlPoints[4][4][3]={{{-6.0f, -6.0f, 0.0f},   // u = 0, v = 0
                    {-6.0f, -2.0f, 0.0f},          // v = 1
                    {-6.0f,  2.0f, 0.0f},          // v = 2
                    {-6.0f,  6.0f, 0.0f}},         // v = 3
                    {{-2.0f, -6.0f, 0.0f},         // u = 1, v = 0
                    {-2.0f, -2.0f, 8.0f},          // v = 1
                    {-2.0f, 2.0f, 8.0f},           // v = 2
                    {-2.0f, 6.0f, 0.0f}},          // v = 3
                    {{2.0f, -6.0f, 0.0f},          // u =2, v = 0
                    {2.0f, -2.0f, 8.0f },          // v = 1
                    {2.0f, 2.0f, 8.0f },           // v = 2
                    {2.0f, 6.0f, 0.0f }},          // v = 3
                    {{6.0f, -6.0f, 0.0f},          // u = 3, v = 0
                    {6.0f, -2.0f, 0.0f},           // v = 1
                    {6.0f, 2.0f, 0.0f},            // v = 2
                    {6.0f, 6.0f, 0.0f}}};          // v = 3
GLfloat Knots[8] = {0.0f, 0.0f, 0.0f, 0.0f, 1.0f, 1.0f, 1.0f, 1.0f};
static GLfloat xRot = 0.0f;
static GLfloat yRot = 0.0f;
void DrawPoints(void) {                            // 绘制控制点
    int i, j;
    glPointSize(5.0f);
    glColor3ub(255, 0, 0);
    glBegin(GL_POINTS);
        for(i = 0; i<4; i++)
            for(j = 0; j<4; j++)
                glVertex3fv(ctrlPoints[i][j]);
```

```
        glEnd();
}
void Initial() {
    glClearColor(1.0f, 1.0f, 1.0f, 1.0f );
    // 定义 NURBS 参数
pNurb = gluNewNurbsRenderer();
gluNurbsProperty(pNurb, GLU_SAMPLING_TOLERANCE, 25.0f);
gluNurbsProperty(pNurb, GLU_DISPLAY_MODE,
                (GLfloat)GLU_OUTLINE_POLYGON);
}
void ReDraw(void) {
    glColor3ub(0,0,220);
    glClear(GL_COLOR_BUFFER_BIT | GL_DEPTH_BUFFER_BIT);
    glMatrixMode(GL_MODELVIEW);
    glPushMatrix();
    glRotatef(330.0f, 1.0f,0.0f,0.0f);
    glRotatef(xRot, 1.0f, 0.0f, 0.0f);
    glRotatef(yRot, 0.0f, 1.0f, 0.0f);
    gluBeginSurface(pNurb);
    gluNurbsSurface(pNurb,                  // NURBS 对象指针
            8,                              // 参数化 u 方向上的结点数目
            Knots,                          // 参数化 u 方向上递增的结点值的数组
            8,                              // 参数化 v 方向上的结点数目
            Knots,                          // 参数化 v 方向上递增的结点值的数组
            4 * 3,                          // 参数化 u 方向上相邻控制点之间的偏移量
            3,                              // 参数化 v 方向上相邻控制点之间的偏移量
            &ctrlPoints[0][0][0],           // 包含曲面控制点的数组
            4,                              // 参数化 u 方向上的阶数
            4,                              // 参数化 v 方向上的阶数
            GL_MAP2_VERTEX_3);              // 曲面的类型
    gluEndSurface(pNurb);
    DrawPoints();
    glPopMatrix();
    glutSwapBuffers();
}
void SpecialKeys(int key, int x, int y) {
    if(key == GLUT_KEY_UP)
        xRot-= 5.0f;
    if(key == GLUT_KEY_DOWN)
        xRot += 5.0f;
    if(key == GLUT_KEY_LEFT)
        yRot-= 5.0f;
    if(key == GLUT_KEY_RIGHT)
        yRot += 5.0f;
    if(xRot > 356.0f)
        xRot = 0.0f;
    if(xRot < -1.0f)
        xRot = 355.0f;
    if(yRot > 356.0f)
        yRot = 0.0f;
```

```
        if(yRot < -1.0f)
            yRot = 355.0f;
        glutPostRedisplay();
}
void ChangeSize(int w, int h) {
    if(h == 0)
        h = 1;
    glViewport(0, 0, w, h);
    glMatrixMode(GL_PROJECTION);
    glLoadIdentity();
    gluPerspective(45.0f, (GLdouble)w/(GLdouble)h, 1.0, 40.0f);
    glMatrixMode(GL_MODELVIEW);
    glLoadIdentity();
    glTranslatef (0.0f, 0.0f, -20.0f);
}
int main(int argc, char* argv[]) {
    glutInit(&argc, argv);
    glutInitDisplayMode(GLUT_DOUBLE | GLUT_RGB | GLUT_DEPTH);
    glutCreateWindow("NURBS 曲面");
    glutReshapeFunc(ChangeSize);
    glutDisplayFunc(ReDraw);
    glutSpecialFunc(SpecialKeys);
    Initial();
    glutMainLoop();
    return 0;
}
```

  NURBS 曲面还可以进行修剪，下面的语句用于指定一条对 NURBS 曲面进行修剪的二维曲线。

```
        glBeginTrim(surfName);
        gluPwlCurve(surfName, pcount, *ctlarray, stride, GLU_MAP1_TRIM_2);
        glEndTrim(surfName);
```

其中，参数 surfName 是要修剪的 NURBS 曲面的名称，确定修剪曲线的一组浮点坐标在 ctlarray 数组中指定，其中包含了 pcount 个坐标位置，参数 stride 指定连续坐标位置之间的偏移量。如果控制点在三维齐次参数空间(u, v, w)中给出，最后一个参数的值应该设为 GLU_MAP1_TRIM_3。

  gluPwlCurve()函数实际上指定了一条分段的线性修剪曲线，还可以使用 gluNurbsCurve()函数指定修剪曲线，或者构造一条 gluPwlCurve()函数和 gluNurbsCurve()函数混合的修剪曲线。但是，构成一条修剪曲线的函数必须放在同一个 glBeginTrim()和 glEndTrim()函数对中。并且，任何指定的修剪曲线必须是不自相交的封闭曲线。

  在沿着修剪曲线进行曲面修剪时，沿修剪曲线方向前进，总是留下左边的曲面部分，剪去右边的曲面部分。为了确保留下需要的曲面部分，要考虑修剪曲线的方向是顺时针还是逆时针。如果修剪曲线为逆时针方向，则修剪曲线内部的曲面被保留，反之，修剪曲线内部的曲面被裁剪掉。程序 8-5 实现了用逆时针的分段线性修剪曲线和顺指针的修剪曲线实现对程序 8-4 所绘制的 NURBS 曲面的修剪。注意，曲线的修剪最少要包括两条方向不同曲线，以获得希望的裁剪结果。

  【程序 8-5】 NURBS 曲面的修剪实例。

```
GLfloat Knots[8]={0.0f, 0.0f, 0.0f, 0.0f, 1.0f, 1.0f, 1.0f, 1.0f}; // NURB 的结点序列
```

```
/* 逆时针 */
GLfloat outsidePts[5][2] = {{0.0f, 0.0f}, {1.0f, 0.0f},
                            {1.0f, 1.0f}, {0.0f, 1.0f}, {0.0f, 0.0f}};
/* 顺时针 */
GLfloat insidePts[4][2] = {{0.25f, 0.25f}, {0.5f, 0.5f}, {0.75f, 0.25f}, {0.25f, 0.25f}};
gluBeginSurface(pNurb);
gluNurbsSurface(pNurb, 8, Knots, 8, Knots, 4 * 3, 3, &ctrlPoints[0][0][0],
                4, 4, GL_MAP2_VERTEX_3);
gluBeginTrim(pNurb);
gluPwlCurve(pNurb,                          // NURBS 对象指针
            5,                              // 曲线上点的数目
            &outsidePts[0][0],              // 包含曲线点的数组
            2,                              // 曲线上相邻两个点的偏移量
            GLU_MAP1_TRIM_2);               // 曲线的类型：GLU_MAP1_TRIM_2（二维曲线）
                                            //              GLU_MAP1_TRIM_3（空间曲线）
gluEndTrim (pNurb);
gluBeginTrim (pNurb);
gluPwlCurve (pNurb, 4, &insidePts[0][0], 2, GLU_MAP1_TRIM_2);
gluEndTrim (pNurb);
gluEndSurface(pNurb);
```

习 题 8

8.1　名词解释：曲线的拟合、曲线的逼近、曲线的插值、控制多边形、参数连续性、几何连续性、几何不变性、变差减少性、凸包性、对称性、局部支柱性、凸组合性。

8.2　用参数方程形式描述曲线/曲面有什么优点？

8.3　写出样条参数多项式曲线的数学表达形式，并说明什么是基函数。

8.4　设定一种边界条件，编程绘制自然三次样条曲线。

8.5　编程实现交互式地绘制三次 Hermite 样条曲线。

8.6　试比较 Bezier 曲线、B 样条曲线和 NURBS 曲线的几何特征。

8.7　编程实现交互式地绘制三次 Bezier 曲线，要求可以实现曲线的拼接，并据此验证 Bezier 曲线的凸包性、端点等性质。

8.8　试证明 Bezier 曲线的对称性。

8.9　编程实现交互式地绘制双三次 Bezier 曲面，观察曲面与控制网格之间的关系。

8.10　编制程序分别实现交互式地绘制二次均匀 B 样条曲线、二次周期性 B 样条曲线、开放均匀二次 B 样条曲线、非均匀二次 B 样条曲线，验证 B 样条的局部支柱性、凸组合性、连续性等性质。

8.11　编程实现交互式地绘制双三次 B 样条曲面，观察曲面与控制网格之间的关系。

8.12　编程实现交互式地绘制二次 NURBS 曲线，与双曲线、抛物线等各类二次曲线进行对比分析。

8.13　试分析为什么目前 NURBS 曲线/曲面得到了广泛应用和重视，它们有什么缺陷吗？

8.14　编程实现 Bezier 曲线的细分，细分结束条件通过参数交互式输入。

第9章 消　隐

计算机图形系统生成的三维场景要经过投影变换才能最终显示在二维屏幕上，这个过程中丢失了图形的深度信息，生成的图形往往具有二义性。为了生成没有二义性的具有真实感的图形，一个首要问题就是在给定视点和视线方向后，决定场景中哪些物体的表面是可见的，哪些是被遮挡不可见的，这一问题称为物体的消隐或隐藏线/面的消除。

消隐算法按其实现方式分为图像空间消隐算法和景物空间消隐算法两大类。图像空间（屏幕坐标系）消隐算法以屏幕像素为采样单位，确定投影于每一像素的可见景物表面区域，并将其颜色作为该像素的显示颜色。景物空间消隐算法直接在景物空间（观察坐标系）中确定视点不可见的表面区域，并将它们表达成同原表面一致的数据结构。图像空间消隐算法有深度缓存器算法、A 缓存器算法、区间扫描线算法等；景物空间消隐算法则包含 BSP 算法、多边形区域排序算法等；介于二者之间的有深度排序算法、区域细分算法、光线投射算法等。

尽管消隐算法的种类繁多，但它们都必然涉及排序和连贯性这两个基本原则。各景物表面按照距离视点远近排序的结果，可用于确定消隐对象之间的遮挡关系，这是因为一个物体离视点越远，它越有可能被另一个距视点较近的物体遮挡。当然，也并不是所有离视点远的对象都会被离视点近的对象所遮挡，还需要其他一些判别计算。消隐算法的效率很大程度上取决于排序的效率，而在消隐算法中利用连贯性是提高排序效率的一种重要手段。所谓连贯性是指所考察的物体或视区内的图像局部保持不变的一种性质。对于连贯性，我们并不陌生，在第 5 章中介绍多边形区域填充的扫描转换算法时，我们就用到了边的连贯性和扫描线的连贯性。连贯性利用得越充分、越巧妙，消隐算法的效率也就越高。

9.1　深度缓存器算法

深度缓存器算法最早由 Catmull 提出，是一种典型的、最简单的图像空间面消隐算法，但其所需的存储容量较大，不仅要有帧缓存器来存放每个像素的颜色值，还需要有深度缓存器来存放画面上每一像素对应的可见表面采样点的深度值。由于通常选择 Z 轴的负向为观察方向，因此算法沿着观察系统的 Z 轴来计算各景物距离观察平面的深度，故该算法也称为 Z-buffer 算法。

Z-buffer 算法的原理是：先将待处理的景物表面上的采样点变换到图像空间（屏幕坐标系），计算其深度值，并根据采样点在屏幕上的投影位置，将其深度值与已存储在 Z 缓存器中相应像素处的原可见点的深度值进行比较。如果新的采样点的深度（z 值）大于原可见点的深度，表明新的采样点遮住了原可见点，则用该采样点处的颜色值更新帧缓存器中相应像素的颜色值，同时用其深度值更新 Z 缓存器中的深度值；否则，不做更改。

假定 xOy 面为投影面（屏幕坐标系），Z 轴为观察方向（如图 9-1 所示）。过屏幕上任一像素点(x, y)作平行于 Z 轴的射线 R，与物体表面相交于 P_1 和 P_2 点，则 P_1 和 P_2 为物体表面上对应像素(x, y)的点，P_1 和 P_2 的 z 坐标值称为该点的深度值。深度缓存消隐算法比较 P_1 和 P_2 的 z 坐标值，

将最大的 z 坐标值存入 Z 缓存器中，最大 z 值对应点处的物体表面颜色值存入显示器的相应帧缓存。该算法通常应用于表面是平面多边形的物体，因为这些物体适于很快地计算出表面深度值，算法易于实现。当然，如果物体的表面是曲面，则可以用多个平面多边形作近似表示。

深度缓存器算法可以在规范化坐标系中实现，其中 z 值范围可由 0 变化到 1（或系统可存储的最大值）。算法共需两块存储器：Z 缓存和帧缓存。前者保存屏幕坐标系上各像素点所对应的深度值，后者保存各点的颜色值。Z-buffer 算法步骤如下：

（1）初始化。把 Z 缓存中各 (x, y) 单元置为 z 的最小值，而帧缓存各 (x, y) 单元置为背景色。

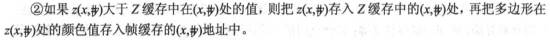

图9-1 深度缓存器算法的原理
（P_1近，可见）

（2）在把物体表面相应的多边形扫描转换成帧缓存中的信息时，对于多边形内的每一个采样点 (x, y) 进行以下几步处理：

①计算采样点 (x, y) 的深度 $z(x, y)$。

②如果 $z(x, y)$ 大于 Z 缓存中在 (x, y) 处的值，则把 $z(x, y)$ 存入 Z 缓存中的 (x, y) 处，再把多边形在 $z(x, y)$ 处的颜色值存入帧缓存的 (x, y) 地址中。

若②条件成立，说明多边形 (x, y) 处的点比帧缓存中 (x, y) 处现在具有颜色的点更靠近观察者，因此要重新记录新的深度和颜色。Z-buffer 算法在运行过程中，可以从显示屏上看到消隐的全过程。物体在屏幕上出现的顺序是和多边形处理的顺序一致的，没有必要规定从前到后，或从后到前的处理顺序。

实现上述算法还要解决一个问题：计算采样点 (x, y) 的深度 $z(x, y)$。假定多边形的平面方程为 $Ax+By+Cz+D=0$。若 $C \neq 0$，则把 (x, y) 值代入平面方程可得该点的深度值为

$$z(x, y) = \frac{-Ax - By - D}{C} \tag{9-1}$$

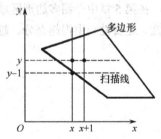

图9-2 利用扫描线的连贯性加速深度的计算

若 $C=0$，则说明多边形的法向与 Z 轴垂直，它在 xOy 的投影为一条直线，在算法中可以不考虑这种多边形。

可以利用连贯性加速深度的计算。如图 9-2 所示，若已知某像素点 (x, y) 的对应深度值为 z，则其相邻点 $(x+1, y)$ 的深度值可由式 (9-1) 得到

$$z(x+1, y) = \frac{-A(x+1) - By - D}{C} = z(x, y) - \frac{A}{C} \tag{9-2}$$

对于确定的多边形，$-A/C$ 为常数，故沿扫描线的后继点的深度值，可由前面点的深度值仅执行一次加法而获得。于是，对于每条扫描线，首先计算出与其相交的多边形的最左边（x 最小）的交点所对应的深度值，然后由式（9-2）计算出该扫描线上所有后继点的深度值。

类似地，如图 9-2 所示，当处理下一条扫描线 $y=y-1$ 时，该扫描线上与多边形相交的最左边（x 最小）交点的 x 值可以利用上一条扫描线上的最左边的 x 值计算：

$$x\big|_{y-1, \min} = x\big|_{y, \min} - \frac{1}{k} \tag{9-3}$$

式中，k 为多边形上与该扫描线相交的边的斜率。于是，由式（9-1）和式（9-3），可得

$$z(x\big|_{y-1, \min}, y-1) = \frac{-Ax\big|_{y-1, \min} - B(y-1) - D}{C}$$

$$= \frac{-A(x\big|_{y,\min} - \frac{1}{k}) - B(y-1) - D}{C}$$

$$= z(x\big|_{y,\min}, y) + \frac{A/k+B}{C}$$

(9-4)

其增量$(B+A/k)/C$为常数。

为了充分利用物体表面沿相邻扫描线和相邻像素的连贯性,可采用类似 5.4.1 节中介绍的边表和有效边表来提高算法的执行效率,不过这里需要加上一张多边形表以存放各多边形的方程系数、颜色等信息。在一些参考资料中,将构造了有效边表的深度缓存器算法称为扫描线深度缓存器算法,即扫描线 Z-buffer 算法。

深度缓存器算法最大的优点是算法原理简单,不过算法的复杂度为 $O(N)$,N 为物体表面采样点的数目。另一优点是便于硬件实现。现在许多中高档的图形工作站上都配置有硬件实现的 Z-buffer 算法,以便于图形的快速生成和实时显示。

深度缓存器算法的缺点是占用太多的存储单元,假定屏幕分辨率为 1024×768,则需要 2×1024×768 个存储单元,即使每一存储单元只占 1 字节,也需要超过 100 万字节。不过,若采用扫描线 Z-buffer 算法,可以每次只对一条扫描线进行处理,这样深度缓存器所需的存储量仅为 1×屏幕水平显示分辨率×深度存储位数,当然需要增加边表和多边形表的存储量。

深度缓存器算法的其他缺点还有,它在实现反走样、透明和半透明等效果方面存在困难。由于该算法是一种点采样算法,它以任意顺序将可见表面上的采样点的颜色写到帧缓存中,这使得获取前置滤波反走样所需的信息变得困难。同时,在处理透明或半透明效果时,深度缓存器算法在每个像素点处只能找到一个可见面,即它无法处理多个多边形的累计颜色值。A 缓存器算法可以解决这两个问题,它对 Z 缓存器进行了扩充,使其各单元均对应于一个多边形的列表。这样可以考虑各像素点处,多个多边形对其颜色值的贡献,还可对物体的边界进行反走样处理。

9.2 区间扫描线算法

9.1 节讨论的扫描线 Z-buffer 算法通过将消隐问题分散到每条扫描线来简化深度缓存器算法。与传统的深度缓存器算法相比,该算法利用了沿扫描线的连贯性,可采用增量算法求解多边形上的采样点,且占用的存储量也大大减少,但仍需对投影在屏幕上的所有多边形进行采样。显然,对被完全遮挡的多边形或平面区域作逐点采样是无意义的,避免对被遮挡区域的采样是进一步提高扫描线算法计算效率的关键。如果对屏幕上每条扫描线的扫描结果进行分析不难发现,每条扫描线被物体中多边形的边界在屏幕的投影分割成若干相互邻接的子区间,每个子区间上只有一个可见面,如图 9-3 所示。因此,只要在每个子区间内任一点处,在投影于该处的各多边形中找出在该处深度(z 值)最大的多边形(最近的多边形),则该多边形为该扫描线子区间内的唯一可见面,可按该多边形的光照属性和几何位置计算确定子区间内各像素的显示颜色,就是所谓的区间扫描线算法。区间扫描线算法也是一种图像空间消隐算法。

算法首先为各多边形建立一张边表和一张多边形表。边表需包含进行消隐的场景中所有线段的端点坐标、线段斜率的倒数、指向多边形表中对应多边形的指针。多边形表需包含各多边形的平面方程系数、各多边形的颜色值、指向边表的指针。在消隐算法执行的过程中,从边表和多边形表中提取信息,构造一张有效边表。有效边表中包含与当前扫描线相交的边,按 x 的升序进行

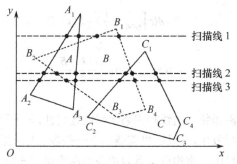

图 9-3　区间扫描线算法原理

排列。排列后，这些边将扫描线分成一个个子区间 $[x_i, x_{i+1}]$，如图 9-4 所示，可将扫描线上的子区间分为如下 3 种：① 子区间为空，如图 9-4 中的子区间 1 和 5；② 子区间中只包含一个多边形，如图 9-4(a)中的 2 和 4、图 9-4(b)中的 2 和 4、图 9-4(c)中的 4；③ 子区间中包含多个多边形，如图 9-4(a)中的 3、图 9-4(b)中的 3、图 9-4(c)中的 2 和 3。

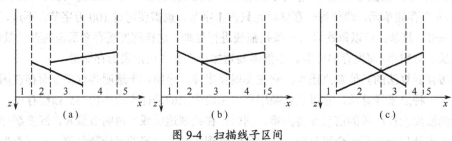

图 9-4　扫描线子区间

若这些多边形在子区间内不相互贯穿，如图 9-4(a)中的 3，则仅需计算这些多边形在子区间任一端点处的深度，深度（z 值）大的平面为可见面。若两多边形交于子区间一端点但不贯穿，如图 9-4(b)中的 3，则只要计算它们在区间另一端点处的深度，深度大者为可见面。为了使算法能处理互相贯穿的多边形，见图 9-4(c)，扫描线上的分割点不仅应包含各多边形的边与扫描线的交点，还应包含这些贯穿边界与扫描线的交点，如图 9-4(c)中增加了一个分割点，从而形成了子区间 2 和 3，否则算法不能处理多边形相互贯穿的情形。

当然，还有另一种难以处理的情形就是循环遮挡（实际上贯穿也可看做循环遮挡的一种），则需将多边形进行划分以消除循环遮挡。例如，对于图 9-5(b)所示的循环遮挡情形，通过延伸一个多边形可以找到虚的贯穿边界（虚线所示），沿虚的贯穿边界进行划分可以消除循环遮挡。对于图 9-5(a)所示的贯穿情形，也可以将多边形沿贯穿边界（虚线所示）进行划分以消除贯穿。

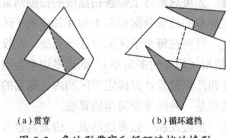

(a) 贯穿　　　　　　　　(b) 循环遮挡

图 9-5　多边形贯穿和循环遮挡的情形

在形成了子区间后，为了在每个子区间上找到离观察者最近的多边形，只要取其投影覆盖该子区间的各多边形，计算它们在区间端点处采样点的 z 值（深度），深度最大的平面为可见面。于是，需要在有效边表的每个分割点对应的数据结点中增加一类信息：为每个多边形建立一个标志位，以表示扫描线上每个子区间所对应的覆盖多边形。

综上所述，有效边表中需包含：扫描线上各子区间的分割点坐标（含贯穿边界形成的分割点，按 x 的升序进行排列）、每个分割点处为各多边形设立的标志位、同时含指向多边形表中各对应多边形的指针。

以图 9-3 为例（假定不存在贯穿情形）来说明区间扫描线算法如何进行消隐。扫描线 1 包含两个子区间，在边 A_1A_2 与 A_1A_3 对应的子区间中，只有多边形 A 的标志位为 "on"。因此，可将平面 A 的颜色值直接填入该子区间上各像素点对应的帧缓存中而无须进行深度判别。可类似处理边 B_1B_2 与 B_1B_4 对应的子区间。扫描线 1 的其余子区间均为空，其上像素点对应的帧缓存中取为背景色（初始化时已完成）。

扫描线 2 包含 5 个子区间，边 B_2B_3 与 A_1A_3 对应的子区间中，有多边形 A 和 B 的标志位为 "on"，须用平面方程来比较两多边形的深度值。假定平面 A 的深度大于平面 B 的深度，则将平面 A 的属性值直接填入该子区间上各像素点对应的帧缓存中。可类似处理边 C_1C_2 与 B_1B_4 对应的子区间。

从扫描线 3 上可以看出，有效边表可以充分利用线段的连贯性：扫描线 3 与扫描线 2 有相同的有效边表，且子区间分割点的次序未发生变化，故对扫描线 3，无须在边 B_2B_3 与 A_1A_3 以及边 C_1C_2 与 B_1B_4 对应的子区间处再进行深度判别，直接沿用上面的结论即可。

9.3　深度排序算法

深度排序算法（Depth-Sorting Method）是介于图像空间消隐算法和景物空间消隐算法之间的一种算法，在景物空间中预先计算物体上各多边形可见性的优先级，再在图像空间中产生消隐图。

计算物体上各多边形可见性的优先级实际上是将多边形按离视点的远近进行排序，确定一个深度优先级表。若场景中任何多边形在深度上均不贯穿或循环遮挡，则各多边形的优先级顺序可完全确定。算法约定，距视点近的优先级高，距视点远的优先级低。生成图像时，优先级低的多边形先画，优先级高的多边形后画。这样，后画的多边形就会将先画的多边形遮挡住，从而达到消隐的效果。该算法通常被称为画家算法，这是因为算法的过程与画家创作油画的情形类似：油画家在创作一幅油画时，总是先画背景，再画较远处的场景，然后是近一点的物体，最后画最近的景物。深度排序算法可分为两步进行：① 将多边形按深度进行排序。距视点近的优先级高，距视点远的优先级低；② 由优先级低的多边形开始，逐个对多边形进行扫描转换。其中步骤①是关键。假定沿 Z 轴的负向进行观察，因而 z 值大的距观察者近，多边形 A 上各点 z 坐标的最小值和最大值分别记作 $z_{min}(A)$，$z_{max}(A)$。

将多边形按深度进行排序的算法步骤如下：

（1）对场景中的所有多边形按 z_{min}（多边形）由小到大的顺序存入一个先进先出队列中，记为 M，同时初始化一空的先进先出队列 N（N 中存放已确定优先级的多边形，优先级低的先进，扫描转换时也先处理）。

（2）若 M 中的多边形个数为 1，则将 M 中的多边形直接加入到 N 中，算法结束；否则按先进先出的原则从 M 中取出第一个多边形 A 进行处理（A 是 M 中 z_{min} 值最小的多边形），同时将 A 从 M 中删除。

（3）从当前 M 中任意选择一个多边形 B，对 A 与 B 进行判别。

① 若对 M 中任意的 B 均有 $z_{min}(B)>z_{max}(A)$（如图 9-6 所示）的情形，则说明 A 是 M 中所有多边形中深度最深的，它与其他多边形在深度方向上无任何重叠，不会遮挡别的多边形。将 A 按先进先出原则加入 N 中，转（2），否则继续。

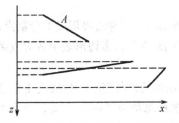

图9-6　A 与其他多边形均无深度重叠

② 说明存在某一多边形 B，使得 A 与 B 有深度重叠，则需要依次进行以下判别：

<a> 判别多边形 A 和 B 在 xOy 平面上投影的包围盒有无重叠。若无重叠（如图 9-7 所示），则 A、B 在队列中的顺序无关紧要，将 A 按先进先出原则加入 N 中，转（2），否则继续。

<b> 判别平面 A 是否完全位于 B 上 A 与 B 的重叠平面之后。若是（如图 9-8 所示），则将 A 按先进先出原则加入 N 中，转（2），否则继续。

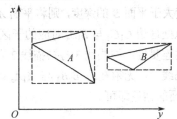

图 9-7　A，B 在 xOy 平面上投影的包围盒无重叠

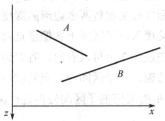

图 9-8　A 位于 B 上 A 与 B 的重叠面之后

<c> 判别 B 上平面 A 与 B 的重叠平面是否完全位于 A 之前。若是（如图 9-9 所示），则将 A 按先进先出原则加入 N 中，转（2），否则继续。

<d> 判别多边形 A 和 B 在 xOy 平面上的投影有无重叠。若无重叠，则 A、B 在队列中的顺序无关紧要，将 A 按先进先出原则加入 N 中，转（2）；否则在 A 与 B 投影的重叠区域中任取一点，分别计算出 A、B 在该点处的 z 值，若 A 的 z 值小，说明 A 距视点远，优先级低，将 A 按先进先出原则加入 N 中，转（2）；若 A 的 z 值大，则交换 A 和 B 的关系，即将 B 看做当前处理对象，转（3），进行 M 中其他多边形的判别。因为先交换 A 和 B 的关系，再继续判别发现 B 遮挡了 C 的一部分，还必须交换 B 和 C 的关系（如图 9-10 所示），故最后优先级由低到高的顺序为 C、B、A。

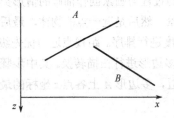

图 9-9　B 上 A 与 B 的重叠面完全位于 A 之前

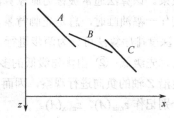

图 9-10　A、B、C 之间的遮挡关系

排序完成后得到队列 N。N 是按优先级由低到高顺序排列的多边形先进先出队列，因此只需从 N 中逐个取出多边形进行扫描转换即可。注意，算法不能处理图 9-5 所示的循环遮挡情形。

9.4　区域细分算法

区域细分算法本质上是一种图像空间消隐算法，不过它也使用了一些景物空间操作来完成多边形的深度排序。

区域细分算法的出发点是投影平面上一块足够小的区域可以被至多一个多边形所覆盖。因此，可以这样来构造算法：考察投影平面上的一块区域，如果可以很"容易"地判断覆盖该区域中的哪个或哪些多边形是可见的，则可按这些多边形的光照属性和几何位置计算确定子区域内各像素的显示颜色；否则就将这块区域细分为若干较小的区域，并把上述推断原则递归地应用到每个较小的区域中去。当区域变得越来越小时，每块区域上所覆盖的多边形就越来越少，最终的区域会易于分析判断。这显然是图像空间消隐算法的一种，它利用了区域相关性。

在循环细分过程的每一阶段，可将每个多边形根据其投影与所考察的区域之间的关系分为 4 类（如图 9-11 所示）：① 围绕多边形，多边形的投影完全包含了考察的那块区域；② 相交多边形，多边形的投影与该区域相交；③ 被包含多边形，多边形的投影完全落在该区域中；④ 分离多边形，多边形的投影完全落在该区域外。

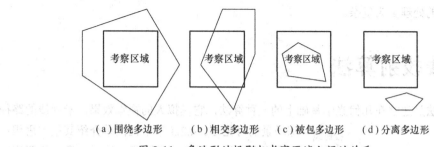

（a）围绕多边形　　（b）相交多边形　　（c）被包多边形　　（d）分离多边形

图 9-11　多边形的投影与考察区域之间的关系

根据这 4 种类别可以进行多边形的可见性测试。若以下条件之一为真，则不必对区域进一步细分，可以直接处理：

① 所有多边形均是该区域的分离多边形，则可直接将该区域中的所有像素点置为背景颜色。

② 针对该区域，仅存在一个相交多边形，或仅存在一个被包含多边形，或仅存在一个围绕多边形，则可先将该区域中的所有像素点置为背景颜色，再将相应多边形的颜色值填入对应像素点的帧缓存中。

③ 针对该区域，有多于一个的相交多边形、被包含多边形或围绕多边形，则计算所有围绕的、相交的以及被包含的多边形在该区域 4 个顶点处的 z 坐标，如果存在一个围绕多边性，它的 4 个 z 坐标比其他任何多边性的 z 坐标都大（最靠近视点），那么可将该区域中的所有像素点置为该多边形的颜色值。

对条件①和②的测试很简单，对条件③则在图 9-12 中有进一步的说明。在图 9-12(a)所示的情形下，围绕多边形的 4 个交点离视点的距离比任何多边形都近，这样可以容易地判别满足条件③。但对于图 9-12(b)中的情形，尽管围绕多边形似乎是位于相交多边形的前面，但需进一步测试，才能判定该围绕多边形是否挡住了其他所有的多边形，此时进行区域再细分要比继续进行复杂的测试快。

再细分以后，只有那些被包含多边形和相交多边形需要再次检验，而原来那个区域的围绕多边形和分离多边形仍然是每个细分后区域的围绕多边形和分离多边形。随着细分的进行，一些被包含多边形和相交多边形将被消除，因而区域将越来越容易分析。一旦达到显示器的分辨率，细分就终止。对一个 512×512 的光栅显示器，最多做 9 次细分。如果经过最多次数的细分以后，仍不出现上述测试条件①到③的情形，也只需计算该点的覆盖多边形在该点处的深度，并将最近的

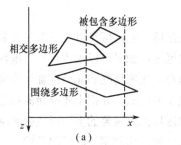
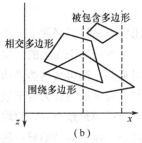

图 9-12　满足测试条件③的两个例子

多边形的颜色置为该像素点的颜色。

区域细分方式有两种：一种是将区域简单地分割为 4 块大小相等的矩形；另一种是自适应细分，即沿多边形的边界对区域进行细分，这样可以减少分割次数，但在区域细分和测试多边形与区域的关系方面的处理更为复杂。

9.5　光线投射算法

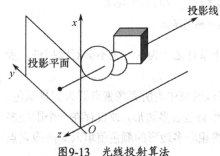

图9-13　光线投射算法

光线投射算法是建立在几何光学基础上的一种算法，它模拟人的视觉效果，沿视线的路径跟踪场景的可见面。4.2.3 节中已简单介绍其基本思想：由视点出发通过投影窗口（屏幕）的任一像素位置构造一条射线（投影线），将射线与场景中的所有多边形求交（如图 9-13 所示），如果有交点，就将该像素点的颜色置为深度（z 值）最大的交点（最近的交点）所属的多边形的颜色；如果没有交点，就将该像素点的颜色置为背景颜色。算法步骤可简单描述如下：

（1）通过视点和投影平面（显示屏幕）上的所有像素点作一入射线，形成投影线。

（2）将任一投影线与场景中的所有多边形求交。

（3）若有交点，则将所有交点按 z 值的大小进行排序，取出最近交点所属多边形的颜色；若没有交点，则取出背景的颜色。

（4）将该射线穿过的像素点置为取出的颜色。

光线投射算法与 Z-buffer 算法类似，只不过 Z-buffer 算法是从多边形出发得到每个投影点的深度值，光线投射算法则是从投影点出发反过来求与多边形的交点。光线投射算法不需要帧缓存，但它需要计算交点。可以利用连贯性、外接矩形以及空间分割等技术来加速交点的计算。另外，光线投射算法对于包含曲面，特别是球面的场景有很高的计算效率。

9.6　BSP 树

与画家算法类似，BSP 算法也是从远到近往屏幕上覆盖景物的画面，BSP 算法在对场景进行消隐之前需建立场景的 BSP 树。4.2.6 节中已对 BSP（Binary Space Partitioning）树进行过简单介绍。实际上，建立场景 BSP 树的过程是对场景所含景物多边形递归地进行二叉分类的过程。先在场景中选取任意一剖分平面 P，将场景的整个空间分割成两个子空间（相对于视点，这两个子空间一个位于 P 之前，一个位于 P 之后，如图 9-14(a)所示）。相应地，场景中的景物也被 P 分成两组。由于 C 与 P 相交，因此 P 把 C 分割成两个物体 C 和 D。这样，用剖面 P 进行第一次分割后，形成两组景物 B、D 和 A、C（B、D 在 P 之前，A、C 在 P 之后）。再用剖分平面 Q 对第一次剖分生成的两个子空间进行分割，并对每个子空间中所含的景物进行分类（见图 9-14(a)），分为 D 和 B、C 和 A（D、C 在 Q 之前，B、A 在 Q 之后）。递归进行上述空间剖分和景物分类过程，直至每个子空间中所含景物少于给定的阈值为止。上述分割过程可表示成一棵 BSP 树，图 9-14(b)为图 9-14(a)的分割过程和形成的分类景物。对于由多边形组成的场景，常选择与某一多边形重合的平面作为分割平面。一旦构造出 BSP 树，即可依据当前视点所在的位置，对场景中每个分割平面所生成的两个子空间进行分类，其中包含视点的子空间标记为"front"，位于分割平面另一侧的子空间标记为"back"。然后，递归搜索场景的 BSP 树，优先绘制标识为"back"的子空间中所含景物。

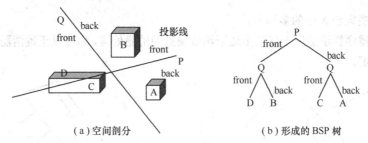

（a）空间剖分　　　　　　　（b）形成的 BSP 树

图 9-14　BSP 算法原理

BSP 算法非常适合在场景不变、视点变化的场合对场景中各多边形作快速排序，它是一种决定场景可见性的有效方法。目前已有许多系统借助硬件来完成 BSP 树的生成和处理。

9.7　多边形区域排序算法

多边形区域排序算法是一种景物空间消隐算法。算法思想源于对隐藏面的观察，由于隐藏面是场景中位于场景可见面之后的多边形表面或表面的一部分，它们在投影面上的投影区域完全为可见面的投影所覆盖，因此，可以将多边形按深度值由小到大排序，用前面的可见多边形去切割位于其后的多边形，使得最终每一个多边形要么是完全可见的，要么是完全不可见的。

该算法与其他消隐算法的不同之处是通过在投影平面上，对各多边形的投影作二维裁剪，找出重叠部分。通常利用 Weiler-Atherton 裁剪算法进行裁剪。该算法要求多边形中的边是有方向的，且沿边的方向前进，多边形的内部区域总是在前进方向的左侧。假定作为裁剪样板的多边形 P_A 在 xOy 上的投影多边形为 A，作为被裁剪对象的多边形 P_B 在 xOy 上的投影为 B（如图 9-15 所示）。可利用 Weiler-Atherton 裁剪算法用 A 去裁剪 B，得到重叠部分 B_{in}，令 B_{in} 在 P_A 和 P_B 上的对应部分分别为 $P_{A_{in}}$ 和 $P_{B_{in}}$，P_A 上除了 $P_{A_{in}}$ 外其余部分形成的多边形设为 $P_{A_{out}}$，即 $P_{A_{out}} = P_A - P_{A_{in}}$，类似地有 $P_{B_{out}} = P_B - P_{B_{in}}$。当然，由于裁剪余下的部分可能是离散的，因而 $P_{A_{out}}$ 和 $P_{B_{out}}$ 可能会有多个，为描述简单，不妨假定只有一个的情况，多个的情况可类似处理。

设场景内有 $n+1$ 个多边形，且假定沿 Z 轴的负向进行观察，记 $z_{min}(P)$ 为多边形 P 上各顶点 z

坐标的的最小值。另外设定三个集合 M、N、L，集合 M 存放待处理的多边形，集合 N 存放可见的多边形，集合 L 中存放排好序的多边形。多边形区域排序算法可简单描述如下：

（1）初始化。将场景中的多边形全部放入集合 M 中，集合 N，L 置为空。

（2）若集合 M 中的多边形的个数为 1，则从集合 M 中取出该多边形放入 N 中，转⑥；否则对 M 中的所有多边形按 $z_{min}(P)$ 由大到小（由近到远）的顺序进行预排序，放入 L 中。

（3）从 L 中取出当前深度（z 值）最大的多边形，即最近的多边形作为裁剪多边形 P_A，求出该多边形在 xOy 面上的投影多边形 A，且从集合 M 和 L 中去掉 P_A。

（4）若 L 为空，则将 P_A 放入 N 中（可见面），转②；否则，从 L 中取出一个多边形 P_B，并从集合 L 中去掉 P_B，用 A 对 P_B 的投影 B 进行裁剪，得到 B_{in}。

（5）若 B_{in} 为空，即没有重叠部分，转④；否则求出重叠多边形 $P_{A_{in}}$ 和 $P_{B_{in}}$ 各自顶点的 z 值，据此比较其深度，以确定 P_A 是否是离视点较近的多边形。若是，将多边形 P_B 从 M 中去掉，将 $P_{B_{out}}$ 加入到 M 中，转④；否则，将多边形 $P_{A_{out}}$ 放入 M 中，L 置空，转②。

（6）扫描转换集合 N 中的多边形。

多边形区域排序算法适用于任意多边形构成场景的消隐处理，如可以正确消隐如图 9-16 所示的循环遮挡的情况。

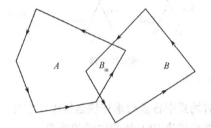

图 9-15　多边形区域排序算法中的裁剪

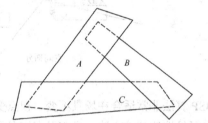

图 9-16　三个多边形循环遮挡

9.8　OpenGL 中的消隐处理

消隐处理是真实感图形显示的重要内容，OpenGL 提供了消隐操作。这种操作主要有两类：一类是对于场景中多边形后向面的处理，另一类是利用深度缓存进行可见性的测试。

1．多边形剔除

多边形剔除主要用于去除多边形物体本身的不可见面，以提高图形系统的性能。在多边形表面模型中，一个面包括正面和反面，通常正面会被观察者看见，反面通常看不见，这种看不见的面可以直接进行消隐处理，可以使用 OpenGL 中的多边形剔除函数：

```
glEnable(GL_CULL_FACE);
glCullFace(mode);
```

这里，用 GL_CULL_FACE 符号常量调用 glEnable()函数，表示开启多边形表面剔除功能。然后调用 glCullFace()函数，指定多边形所要剔除的面，参数 mode 可以赋值为 GL_FRONT、GL_BACK 和 GL_FRONT_AND_BACK，分别表示剔除多边形的前面、后面及前后面。

剔除操作可以影响从开启剔除功能开始绘制直至调用函数

```
glDisable(GL_CULL_FACE);
```

关闭剔除功能为止的所有多边形。由于实际场景的情况非常复杂，在不同情况下可能要看多边形正面或者反面。例如，采用多边形包围的房间时，在房间外看到的是多边形的正面，而在房间内看到的是多边形的反面。对于这种情况，最简单的办法就是通过 glFrontFace 函数对多边形的正面和反面进行反转处理。

图 9-17 中绘制了两个茶壶，它们被一个裁剪平面切开，第一个茶壶使用了多边形剔除，其内部变得不可见；第二个茶壶没有使用多边形剔除，其内部也是可见的。

【程序 9-1】 多边形剔除示例。

图 9-17　茶壶的剔除操作示例

```
#include <windows.h>
#include <gl/glut.h>
void Initial() {
    glEnable(GL_DEPTH_TEST);                       // 启用深度测试
    glFrontFace(GL_CW);                            // 设置多边形绕法顺时针为正面
    glClearColor(1.0, 1.0, 1.0, 0.0);
}
void ChangeSize(int w, int h) {
    if(h == 0)
        h = 1;
    glViewport(0, 0, w, h);
    glMatrixMode(GL_PROJECTION);
    glLoadIdentity();
    if(w <= h)
        glOrtho (-4.0f, 4.0f, -4.0f*h/w, 4.0f*h/w, -4.0f, 4.0f);
    else
        glOrtho (-4.0f*w/h, 4.0f*w/h, -4.0f, 4.0f, -4.0f, 4.0f);
    glMatrixMode(GL_MODELVIEW);
    glLoadIdentity();
}
void Display(void) {
    glClear(GL_COLOR_BUFFER_BIT | GL_DEPTH_BUFFER_BIT);
    glColor3f(1.0, 0.0, 0.0);
    glPushMatrix();
    /* 第一个茶壶使用了剔除*/
    glEnable(GL_CULL_FACE);                        // 开启多边形表面剔除功能
    glCullFace (GL_BACK);                          // 剔除茶壶的后向面
    glTranslatef(-2.0f, 0.0f, 0.0f);
    glRotatef(180.0f, 0.0f, 1.0f, 0.0f );
    GLdouble equ[4] = {-1.0f, 2.3f, 2.3f, 2.3f };          // equ 中保存平面方程的系数
    glClipPlane(GL_CLIP_PLANE0, equ);             // glClipPlane 定义裁剪平面
    glEnable(GL_CLIP_PLANE0);                      // 开启裁剪平面
    glutSolidTeapot(1.0);                          // 绘制茶壶
    glPopMatrix();
    /* 第二个茶壶关闭了剔除操作*/
    glDisable(GL_CULL_FACE);                       // 关闭剔除功能
    glTranslatef(2.0f, 0.0f, 0.0f);
```

· 263 ·

```
    glRotatef(180.0f, 0.0f, 1.0f, 0.0f );
    glClipPlane(GL_CLIP_PLANE0, equ);
    glEnable(GL_CLIP_PLANE0);
    glutSolidTeapot(1.0);
    glPopMatrix();
    glDisable(GL_CLIP_PLANE0);                    // 禁用裁剪平面
    glFlush();
}
int main(int argc, char* argv[]) {
    glutInit(&argc, argv);
    glutInitDisplayMode(GLUT_SINGLE | GLUT_RGB);
    glutInitWindowSize(400,400);
    glutCreateWindow("茶壶的剔除操作");
    glutReshapeFunc(ChangeSize);
    glutDisplayFunc(Display);
    Initial();
    glutMainLoop();
    return 0;
}
```

2. 深度测试

OpenGL 中的深度测试采用深度缓存器算法，消除场景中的不可见面。7.8.4 节中已经简单介绍了深度缓存与深度测试的用法，这里进一步讨论。

在默认情况下，深度缓存中深度值的范围在 0.0～1.0，这个范围值可以通过函数

```
glDepthRange(nearNormDepth, farNormalDepth);
```

将深度值的范围变为 nearNormDepth～farNormalDepth。而 nearNormDepth 和 far NormalDepth 可以取 0.0～1.0 内的任意值，甚至让 nearNormDepth>farNormalDepth。这样通过 glDepthRange() 函数可以在透视投影有限观察空间中的任意区域进行深度测试。

另一个非常有用的函数是

```
glClearDepth(maxDepth);
```

其中，参数 maxDepth 可以是 0.0～1.0 的任意值。glClearDepth() 函数用 maxDepth 对深度缓存进行初始化，而默认情况下，深度缓存用 1.0 进行初始化。由于在进行深度测试中，大于深度缓存初始值的多边形都不会被绘制，因此 glClearDepth() 函数可以用来加速深度测试处理。这里需要注意的是，指定了深度缓存的初始值后，应调用函数

```
glClear(GL_DEPTH_BUFFER_BIT);
```

完成深度缓存的初始化。

在深度测试中，默认情况是将需要绘制的新像素的 z 值与深度缓冲区中对应位置的 z 值进行比较，如果比深度缓存中的值小，那么用新像素的颜色值更新帧缓存中对应像素的颜色值。这种比较测试的方式可以通过函数：

```
glDepthFunc(func);
```

进行修改。其中，参数 func 的值可以为 GL_NEVER（没有处理）、GL_ALWAYS（处理所有）、GL_LESS（小于）、GL_LEQUAL（小于等于）、GL_EQUAL（等于）、GL_GEQUAL（大于等于）、GL_GREATER（大于）或 GL_NOTEQUAL（不等于），默认值是 GL_LESS。这些测试可以在各种应用中减少深度缓存处理的的计算。

例 9-2 中使用了一个键盘回调函数,用于切换不同的比较测试方式。在默认的 GL_LESS 比较方式中,离观察者近的对象(z 值小)被显示出来,如图 9-18(a)所示,而在 GL_GREATER 比较方式中,离观察者远的对象(z 值大)被显示出来,如图 9-18(b)所示。

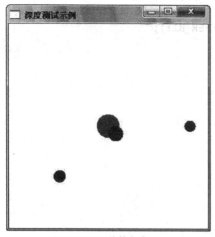 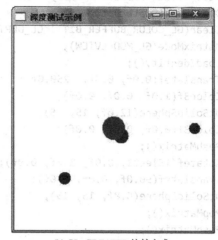

(a) GL_LESS 比较方式 (b) GL_GREATER 比较方式

图 9-18　程序 9-2 深度测试效果示例

【程序 9-2】 深度测试的效果示例。

```
#include <gl/glut.h>
GLenum DepthFunc = GL_LESS;                  // 用于确定当前的深度比较测试方式
void Initial() {
  glEnable(GL_DEPTH_TEST);                   // 启用深度测试
  glClearColor(1.0f, 1.0f, 1.0f, 1.0f );
}
void ChangeSize(int w, int h) {
  if(h = = 0)
      h = 1;
  glViewport(0, 0, w, h);
  glMatrixMode(GL_PROJECTION);
  glLoadIdentity();
  GLfloat fAspect;
  fAspect = (float)w/(float)h;
  gluPerspective(45.0, fAspect, 1.0, 500.0);
  glMatrixMode(GL_MODELVIEW);
  glLoadIdentity();
}
void Keyboard(unsigned char key, int x, int y) {
  if(key == 'l' || key == 'L') {
      DepthFunc = GL_LESS;
      glClearDepth (1.0);                    // 不同的比较测试方式需要不同的初始值
  }
  else if(key == 'g' || key == 'G') {
      DepthFunc = GL_GREATER;
      glClearDepth (0.0);                    // 设置深度初始值
  }
```

```
        glutPostRedisplay();
}
void Display(void) {
    static float  fElect1 = 0.0f;
    glDepthFunc(DepthFunc);                              // 设置深度比较测试方式
    glClear(GL_COLOR_BUFFER_BIT | GL_DEPTH_BUFFER_BIT);
    glMatrixMode(GL_MODELVIEW);
    glLoadIdentity();
    glTranslatef(0.0f, 0.0f, -250.0f);
    glColor3f(1.0f, 0.0f, 0.0f);
    glutSolidSphere(12.0f, 15, 15);
    glColor3f(0.0f, 0.0f, 0.0f);
    glPushMatrix();
    glRotatef(fElect1, 0.0f, 1.0f, 0.0f);
    glTranslatef(90.0f, 0.0f, 0.0f);
    glutSolidSphere(6.0f, 15, 15);
    glPopMatrix();
    glPushMatrix();
    glRotatef(45.0f, 0.0f, 0.0f, 1.0f);
    glRotatef(fElect1, 0.0f, 1.0f, 0.0f);
    glTranslatef(-70.0f, 0.0f, 0.0f);
    glutSolidSphere(6.0f, 15, 15);
    glPopMatrix();
    glPushMatrix();
    glRotatef(-45.0f,0.0f, 0.0f, 1.0f);
    glRotatef(fElect1, 0.0f, 1.0f, 0.0f);
    glTranslatef(0.0f, 0.0f, 60.0f);
    glutSolidSphere(6.0f, 15, 15);
    glPopMatrix();
    fElect1 += 10.0f;
    if(fElect1 > 360.0f)  fElect1 = 10.0f;
    glutSwapBuffers();
}
void TimerFunc(int value) {
    glutPostRedisplay();
    glutTimerFunc(100, TimerFunc, 1);
}
int main(int argc, char* argv[]) {
    glutInit(&argc, argv);
    glutInitDisplayMode(GLUT_DOUBLE | GLUT_RGB | GLUT_DEPTH);
    glutCreateWindow("深度测试示例");
    glutReshapeFunc(ChangeSize);
    glutDisplayFunc(Display);
    glutKeyboardFunc(Keyboard);
    glutTimerFunc(500, TimerFunc, 1);
    Initial();
    glutMainLoop();
    return 0;
}
```

习 题 9

9.1 参照 5.4 节中的有效边表算法设计一个扫描线 Z-buffer 算法，要求写出各表的数据结构和算法步骤。

9.2 举例说明消隐算法中可以采样哪些技术以提高效率。

9.3 区间扫描线算法的基本原理是什么？如何处理多边形贯穿的情况？

9.4 编制程序实现深度排序算法。

9.5 有哪些手段可以实现区域细分，试设计其算法步骤。

9.6 试比较光线投射算法和 Z-buffer 算法的异同。

9.7 试给出 BSP 树算法的具体算法步骤。

9.8 试说明多边形区域排序算法的算法思想。

第 10 章　真实感图形绘制

　　真实感图形绘制是指通过综合利用数学、物理学、计算机和心理学等知识，在计算机图形输出设备上绘制出能够以假乱真的美丽景象。真实感图形绘制在仿真模拟、几何造型、广告影视、指挥控制、科学计算的可视化等领域都有着广泛的应用，是计算机图形学研究的重点内容之一。真实感图形绘制涵盖的内容十分丰富，本章仅对其中涉及的基本概念和基本方法进行简单介绍。有关真实感图形绘制更详细、更深入的内容，如纹理映射、真实感图形的实时绘制、柔性景物的模拟等，读者可参阅相关参考书籍和参考文献。

　　真实感图形绘制中有两个基本概念：光强和光照模型。在计算机图形学中，常使用光强或光强度来描述物体表面朝某方向辐射光的颜色，是一个既能表示光能大小又能表示其色彩组成的物理量。采用光强度可以正确描述光在物体表面的反射、透射和吸收现象，可以据此计算物体表面在空间给定方向上的光的颜色。光照模型（Illumination Model），也称为明暗模型，主要用于物体表面采样点处光强度的计算。简单的光照模型仅考虑光源照射在物体表明产生的反射光。这种光照明模型通常假定物体表面是光滑的且由理想材料构成，生成的图形可以模拟出不透明物体表面的明暗过渡，具有一定的真实感效果。除了考虑反射光，复杂的光照模型还要考虑其他因素，如周围环境光对物体表面的影响、物体的透明度、阴影处理、物体表面细节的处理、光源的位置和个数等。这类光照模型称为整体光照模型，能模拟镜面映像、透明等较精致的光照效果，使绘制的图形更接近自然景物。

　　用计算机完成三维场景的真实感图形绘制，需完成 4 个基本步骤：① 在计算机中进行场景造型，即采用数学方法建立三维场景的几何描述，并将它们输入到计算机中；② 进行取景变换和透视变换，即将三维几何描述转换为二维透视图；③ 进行消隐处理，确定景物中的所有可见面，将视域之外或被其他景物遮挡的不可见面消除；④ 进行真实感图形绘制，根据假定的光照条件和景物外观因素，依据一定的光照模型，计算可见面投射到观察者眼中的光强大小，据此生成投影画面上每一个像素的颜色值，在图形显出设备上绘制。

10.1　简单光照模型

　　当光线照射到一个物体的表面上时，物体对光会产生反射、透射（对透明物体）和散射作用，物体内部还会吸收一部分光。简单光照模型中假定光源是点光源，物体是非透明物体，且表面光滑，于是透射光和散射光将近似为零，可以忽略不计。由于被物体吸收的光不会产生视觉效果，因此简单光照模型只考虑反射光的作用。反射光由环境光、漫反射光和镜面反射光三部分组成。

10.1.1　环境光

　　在没有光源的地方，景物没有受到光源的直接照射，但其表面仍具有一定的亮度，使它们可见。这是因为光线在场景中经过复杂的传播后，形成了弥漫于整个空间的光线，称为环境光（Background Light）。环境光不直接来自光源，而是来自周围的环境对光的反射。环境光的特点是：照射在物体上的光来自周围各方向，又均匀地向各方向反射，如图 10-1 所示。物体上某点 P 接收到的环境光来自它周围其他点发出的发射光，其他点发出的反射光又可能受到 P 点发出的反射光的影响。在辐射度方法中将精确模拟这种效果。这里近似地认为，同一环境下的环境光是恒定不变的，对任何物体的表面都相等。设 I_a 为环境光的强度，于是 P 点对环境光的反射强度为

$$I_e = I_a K_a \qquad (10\text{-}1)$$

式中，I_a 是环境光反射强度，K_a 为物体表面对环境光的反射系数（Amibient Reflection Coefficient）。在同一环境光的照射下，物体表面呈现的光强度未必相同，因为它们具有不同的 K_a。

10.1.2 漫反射光

简单光照模型中采用点光源照射物体。点光源是位于空间某个位置的一个点，向周围所有的方向上辐射等光强的光（如图 10-2 所示），记其光强为 I_p。在点光源的照射下，物体表面的不同部分亮度不同，亮度的大小依赖于它的朝向以及它与点光源之间的距离。

一个粗糙的、无光泽的表面呈现为漫反射（Diffuse Reflection）。当光线照射到这样的表面上时，光线沿各方向都进行相同的反射，所以从任何角度去看这种表面都有相同的亮度。漫反射的特点是：光源来自一个方向，反射光均匀地射向各方向。设物体表面在 P 点的法矢为 N，从 P 点指向光源的矢量为 L，而 N 和 L 的夹角为 θ（如图 10-3 所示）。由郎伯余弦定理（Lambert's cosine law）可得点 P 处漫反射光的强度为

$$I_d = I_p K_d \cos\theta \qquad \theta \in [0, \frac{\pi}{2}] \qquad (10\text{-}2)$$

式中，I_p 为入射光的强度，即点光源的光强；K_d 为漫反射系数（Diffuse Reflection Coefficient），且有 $K_d \in [0, 1]$，它由物体的材料属性以及入射光的波长决定；θ 为光线的入射角。

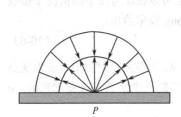

图 10-1 环境光的反射

图 10-2 点光源发射的光线路径

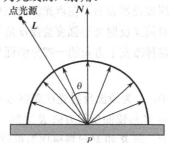

图 10-3 漫反射

式（10-2）表明，漫反射光的光强 I_d 只与入射角有关，与反射角无关，即与视点的位置无关，视点移到任何地方，观察到的漫反射光强都相等。另外，若 $\theta < 0$ 或 $\theta > \frac{\pi}{2}$，则光线被物体自身遮挡而照射不到 P 点。若 L 和 N 都已规格化为单位矢量，则 $\cos\theta = L \cdot N$，于是式（10-2）可写为

$$I_d = I_p K_d (L \cdot N) \qquad (10\text{-}3)$$

注意，光照方程的计算必须在用户坐标系或观察坐标系中进行错切和透视变换之前完成，因为透视变换、错切变换等不具有角度不变性，它们会改变入射角 θ。

如果用 R、G、B 三个分量表示入射光的光强，则

$$I_p = (I_{p_R}, I_{p_G}, I_{p_B})$$

可将式（10-3）写为

$$I_{d_R} = I_{p_R} K_{d_R} (\boldsymbol{L} \cdot \boldsymbol{N})$$
$$I_{d_G} = I_{d_G} K_{d_G} (\boldsymbol{L} \cdot \boldsymbol{N}) \tag{10-4}$$
$$I_{d_B} = I_{p_B} K_{d_B} (\boldsymbol{L} \cdot \boldsymbol{N})$$

式中，K_{d_R}、K_{d_G}、K_{d_B} 分别为 R、G、B 三基色的漫反射系数；I_{d_R}、I_{d_G}、I_{d_B} 为漫反射光强 I_d 的 R、G、B 分量。用式（10-4）可以进行彩色绘制。

上面的光强计算假定只有一个点光源，实际上如果有多个点光源，漫反射光照模型的计算也不复杂

$$I_d = \sum_{i=1}^{n} I_{p,i} K_d (\boldsymbol{L}_i \cdot \boldsymbol{N}) \tag{10-5}$$

10.1.3 镜面反射光

镜面反射遵循反射定律，入射光和反射光分别位于表面法矢的两侧。对于理想的高光泽度反

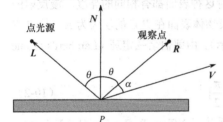

图10-4 镜面反射

射面，反射角等于入射角时，光线才会被反射，即只有在等于入射角的反射角方向上，观察者才能看到反射光，如图 10-4 所示。对于这种理想的反射面，镜面反射的光强要比环境光和漫反射的光强高出很多倍，这时，如果观察者正好处在 P 点的镜面反射方向上，就会看到一个比周围亮得多的高光点。

实际上，非理想的反射面，只要其表面是光滑的，如金属或瓷器表面，在点光源的照射下也会产生一块特别亮的区域，称为高光点或镜面光斑。尽管这时镜面反射光的强度会随 α 角的增加而急剧减小，但观察者还是可以在 α 角很小的情况下接收到这种改变了方向的一部分镜面反射光。这种镜面反射情况由 Phong 模型给出：

$$I_s = I_p K_s \cos^n \alpha \tag{10-6}$$

式中，I_s 为镜面反射光在观察方向上的光强；I_p 为点光源的强度；K_s 为镜面反射系数；α 为视点方向 $\boldsymbol{V}$ 与镜面反射方向 $\boldsymbol{R}$ 之间的夹角；n 是与物体表面光滑度有关的一个常数，表面越光滑，n 越大。若 $\boldsymbol{R}$ 和 $\boldsymbol{V}$ 已规格化为单位矢量，则式（10-6）可写为

$$I_s = I_p K_s (\boldsymbol{R} \cdot \boldsymbol{V})^n \tag{10-7}$$

注意，镜面反射产生的颜色只是光源的颜色，在白光的照射下，高光点是白色。K_s 与物体的颜色无关，物体的颜色可通过设置式（10-4）中的漫反射系数来控制。

于是，从视点观察到物体上任一点 P 处的光强度 I 应为环境光反射光强度 I_e、漫反射光强度 I_d 以及镜面反射光的光强度 I_s 的总和

$$I = I_e + I_d + I_s = I_a K_a + I_p K_d (\boldsymbol{L} \cdot \boldsymbol{N}) + I_p K_s (\boldsymbol{R} \cdot \boldsymbol{V})^n \tag{10-8}$$

式（10-8）可以这样计算：连接 P 点和光源得到矢量 $\boldsymbol{L}$，连接 P 点和视点得到矢量 $\boldsymbol{V}$，当然，镜面反射方向 $\boldsymbol{R}$ 的计算要更复杂一些。在实际应用中，为减少计算工作量，要进行一些假设和近似。例如，假设光源和视点均在无穷远处（光源在无穷远处即采用平行光照射场景，视点在无穷

远处即采用平行投影），这样矢量 L 和 V 就是一个常量。另外，取一个矢量 H（如图 10-5 所示），以 $H \cdot N$ 来近似 $R \cdot V$，而 H 的计算较为简单：

$$H = \frac{L + V}{2}$$

则式（10-8）可以写为

$$I = I_e + I_d + I_s = I_a K_a + I_p K_d (L \cdot N) + I_p K_s (H \cdot N)^n \tag{10-9}$$

式中，H 应规格化为单位矢量 $H = \dfrac{L + V}{|L + V|}$。由于假定 L 和 V 都是常量，因此 H 只要计算一次。

β 为 H 和 N 之间的夹角，α 为 R 和 V 之间的夹角（如图 10-5 所示），则

$$\theta + \beta = \frac{1}{2}(2\theta + \alpha)$$

于是

$$\beta = \frac{1}{2}\alpha$$

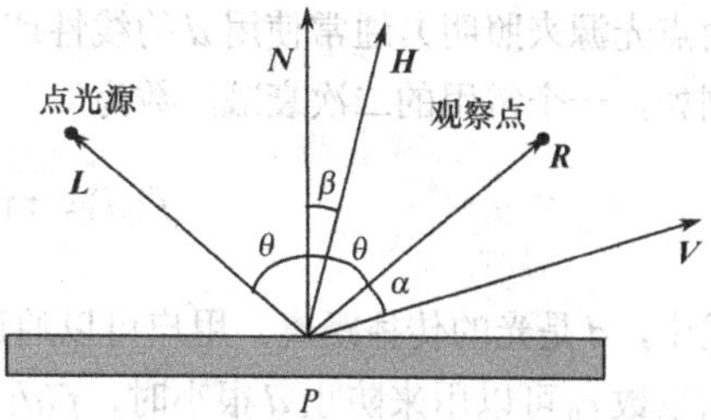

图 10-5　用 $H \cdot N$ 来近似 $R \cdot V$

显然，α 与 β 成线性比例关系，当 α 变化时，β 随之变化，只不过它的变化幅度只有 α 变化幅度的一半。因此，采用式（10-8）和式（10-9）的计算结果是不相同的，后者的高光区域更大，如图 10-6 所示。不过考虑到式（10-8）本身是一个经验公式，只要适当调节 n 的大小，使得高光区域大小适中，就不会产生太大的误差（通常表面越光滑，n 越大，高光区域也就越小）。

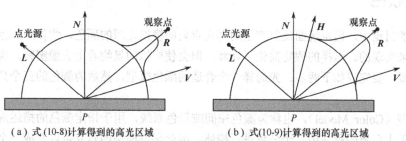

（a）式（10-8）计算得到的高光区域　　　　（b）式（10-9）计算得到的高光区域

图 10-6　分别用式（10-8）和式（10-9）计算得到的的高光区域

式（10-9）的光强计算假定只有一个点光源，若在场景中有多个点光源，则可以在任一 P 点上叠加各光源所产生的光照效果

$$I = I_e + I_d + I_s = I_a K_a + \sum_{i=1}^{n} I_{p,i} K_d (L_i \cdot N) + \sum_{i=1}^{n} I_{p,i} K_s (H_i \cdot N)^n \tag{10-10}$$

为了保证每个点的光强不超过某上限（防止过亮或过暗），可以对光强计算公式中各项设置上限。若某项计算出的值超过该上限，则将其取为上限。或者首先计算出场景中各点的强度，然后将计算出的值按比例变换到正常的光强范围。

以上只考虑了点光源的情况，而 Warn 模型可以提供模拟立体光照效果的方法，它已在 PHIGS+ 中实现，获得较好的效果。欲知具体内容请读者自行查阅参考文献。

10.1.4　光强衰减

在同一光源的照射下，距光源比较近的景物看起来会亮一些，而距光源较远的景物看起来会

暗一些。这是因为光在传播的过程中，其能量会发生衰减。若要得到真实感的光照效果，在光照模型中必须考虑光强衰减，否则会影响生成图形的真实效果。例如，当有两个具有相同光学参数的平行表面互相遮挡时，它们将无法被区分开来，显示出来的结果将成为一个表面。

辐射光线从一点光源出发在空间中传播时，它的强度将按因子 $1/d^2$ 衰减，其中 d 为光的传播距离。这表明，一个接近光源（d 较小）的表面将得到较高的入射光强度，而较远的表面则强度较小。

然而，当 d 很小时，$1/d^2$ 会产生过大的强度变化，d 很大时变化又太小，因此，若直接采用因子 $1/d^2$ 来进行光强度衰减，简单的点光源照明并不总能产生真实感的图形（真实的场景中很少用点光源来照明）。通常使用 d 的线性或二次函数的倒数来实现光强度衰减，以弥补点光源的不足。例如，一个常用的二次衰减函数为

$$f(d) = \min\left(1, \frac{1}{c_0 + c_1 d + c_2 d^2}\right) \tag{10-11}$$

式中，d 是光的传播距离。用户可以通过调整系数 c_0、c_1、c_2 的值来得到场景中不同的光照效果，如系数 c_0 可以用来防止 d 很小时，$f(d)$ 变得过大。

用式（10-11）的函数对式（10-10）进行修正，可得

$$I = I_e + I_d + I_s = I_a K_a + \sum_{i=1}^{n} f(d_i) I_{p,i} K_d (L_i \cdot N) + \sum_{i=1}^{n} f(d_i) I_{p,i} K_s (H_i \cdot N)^n \tag{10-12}$$

10.1.5　颜色

在前面的讨论中，假定镜面反射产生的高光点只能模拟光源的颜色，物体的颜色是通过设置漫反射系数来实现的。这样的假定简化了计算，但会使模拟的景物看上去像塑料。实际上，为产生彩色的场景，要完成如下两步：先选择一个合适的颜色模型，然后为颜色的三个分量分别建立光照模型。

颜色模型（Color Model），也称为颜色空间或彩色系统，用于指定颜色的描述规范。在颜色模型中，由于大多数颜色使用三个分量进行描述，因此颜色模型的建立可以看成一个三维的坐标系统，其中的每个空间点表示某种特定的颜色。常用的颜色模型包括面向硬件的和面向视觉感知的颜色模型。面向硬件的颜色模型主要与硬件设备有关，如用于彩色显示器的 RGB（红、绿、蓝）模型、用于彩色打印机的 CMY（青、深红、黄）模型等。面向视觉感知的颜色模型考虑了人类对颜色的感知状况，更符合人描述和解释颜色的方式，如最常用的 HSI（Hue, Saturation, Intensity）模型，即色调、饱和度、密度（对应亮度或灰度）颜色模型，以及 HSV（Hue, Saturation, Value）模型等。这类颜色模型多用于颜色处理和分析方面。不同颜色模型之间大多可以进行直接转换，有关颜色模型的具体内容，可以查阅图像处理相关的书籍。

这里假定选择 RGB 颜色模型，则环境光的强度可以表示为

$$I_a = (I_{a_R}, I_{a_G}, I_{a_B})$$

式中，$I_{a_R}, I_{a_G}, I_{a_B}$ 分别为其红、绿、蓝三分量。类似地，入射光的光强可以表示为

$$I_p = (I_{p_R}, I_{p_G}, I_{p_B})$$

而环境光反射系数可以表示为

$$K_a = (K_{a_R}, K_{a_G}, K_{a_B})$$

式中，$K_{a_R}, K_{a_G}, K_{a_B}$ 分别为 RGB 三基色的环境光反射系数。

类似地，有漫反射系数 $K_d = (K_{d_R}, K_{d_G}, K_{d_B})$ 和镜面反射系数 $K_s = (K_{s_R}, K_{s_G}, K_{s_B})$，则式（10-12）中的光强计算公式可写为

$$
\begin{cases}
I_R = I_{a_R} K_{a_R} + \sum_{i=1}^{n} f(d_i) I_{p_R,i} K_{d_R} (L_i \cdot N) + \sum_{i=1}^{n} f(d_i) I_{p_R,i} K_{s_R} (H_i \cdot N)^n \\
I_G = I_{a_G} K_{a_G} + \sum_{i=1}^{n} f(d_i) I_{p_G,i} K_{d_G} (L_i \cdot N) + \sum_{i=1}^{n} f(d_i) I_{p_G,i} K_{s_G} (H_i \cdot N)^n \\
I_B = I_{a_B} K_{a_B} + \sum_{i=1}^{n} f(d_i) I_{p_B,i} K_{d_B} (L_i \cdot N) + \sum_{i=1}^{n} f(d_i) I_{p_B,i} K_{s_B} (H_i \cdot N)^n
\end{cases}
\tag{10-13}
$$

为计算方便，对各反射系数做如下分解：

$$
\begin{bmatrix} K_{a_R} \\ K_{a_G} \\ K_{a_B} \end{bmatrix} = K_a \begin{bmatrix} S_{d_R} \\ S_{d_G} \\ S_{d_B} \end{bmatrix}, \quad
\begin{bmatrix} K_{d_R} \\ K_{d_G} \\ K_{d_B} \end{bmatrix} = K_d \begin{bmatrix} S_{d_R} \\ S_{d_G} \\ S_{d_B} \end{bmatrix}, \quad
\begin{bmatrix} K_{s_R} \\ K_{s_G} \\ K_{s_B} \end{bmatrix} = K_s \begin{bmatrix} S_{s_R} \\ S_{s_G} \\ S_{s_B} \end{bmatrix}
\tag{10-14}
$$

在式（10-14）中可以看到，一旦选定了景物表面的漫反射和镜面反射的颜色矢量后，用户只需调整 K_a、K_d、K_s 就可改变景物表面的光照颜色和效果。将式（10-14）代入式（10-13）可得

$$
\begin{cases}
I_R = I_{a_R} K_a S_{d_R} + \sum_{i=1}^{n} f(d_i) I_{p_R,i} K_d S_{d_R} (L_i \cdot N) + \sum_{i=1}^{n} f(d_i) I_{p_R,i} K_s S_{s_R} (H_i \cdot N)^n \\
I_G = I_{a_G} K_a S_{d_G} + \sum_{i=1}^{n} f(d_i) I_{p_G,i} K_d S_{d_G} (L_i \cdot N) + \sum_{i=1}^{n} f(d_i) I_{p_G,i} K_s S_{s_G} (H_i \cdot N)^n \\
I_B = I_{a_B} K_a S_{d_B} + \sum_{i=1}^{n} f(d_i) I_{p_B,i} K_d S_{d_B} (L_i \cdot N) + \sum_{i=1}^{n} f(d_i) I_{p_B,i} K_s S_{s_B} (H_i \cdot N)^n
\end{cases}
\tag{10-15}
$$

若仅用光谱波长 λ 来表示彩色中的各分量，则式（10-15）的光强计算可统一表示为

$$
I_\lambda = I_{a_\lambda} K_a S_{d_\lambda} + \sum_{i=1}^{n} f(d_i) I_{p_\lambda,i} K_d S_{d_\lambda} (L_i \cdot N) + \sum_{i=1}^{n} f(d_i) I_{p_\lambda,i} K_s S_{s_\lambda} (H_i \cdot N)^n
\tag{10-16}
$$

式中，λ 为红、绿、蓝三色的波长。实际上，λ 可取为可见光范围内的任意波长，则式（10-16）可用于任意的颜色模型。

由上述公式可知，当环境光和光源的光强一定时，物体表面的颜色是由 K_a、K_d、K_s 决定的。因此当使用光照来描述物体表面时，总是更强调该物体表面由具有某些反射属性的材质组成，而不强调它具有特殊的颜色。所谓材质属性，就是物体表面对环境光、漫反射光和镜面光的反射属性，每类反射属性包括了对红、绿、蓝三原色的反射率。

10.2 基于简单光照模型的多边形绘制

对由平面多边形组成的场景进行真实感绘制常常使用上面介绍的简单光照模型。如果场景的表面是曲面，则可以由多个平面多边形来近似表示。多边形绘制的方法有两种：一种方法是将每个多边形用单一光强（恒定光强）来绘制，另一种方法是用扫描法来得到面上各点的光强。

10.2.1 恒定光强的多边形绘制

恒定光强的多边形绘制，也称恒定光强的明暗处理，是一种简单而高效的多面体绘制方法，只用一种颜色绘制整个多边形。任取多边形上一点，利用简单光照模型计算出它的颜色，该颜色即是多边形的颜色。

在下列条件都满足的情况下,恒定光强的多边形绘制方式也可以得到一个较为真实的　场景：

条件 1　光源在无穷远处，则多边形上所有点的 $L \cdot N$ 为常数，衰减函数也是一个常数。

条件 2　视点在无穷远处，则多边形上所有点的 $V \cdot R$ 为常数。

条件 3　多边形是景物表面的精确表示，即不是一个含曲线面景物的近似表示。

这种恒定光强的绘制方法，每个多边形只需计算一次，速度快，但产生的图形效果不理想。

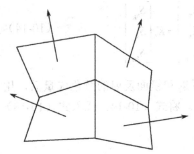

如图 10-7 所示，由于相邻多边形的法矢量不同，因而计算出的颜色也不相同，造成整个景物表面的颜色过渡不光滑，即在边界处产生不连续的变化，呈块状效应。因此，当采用该绘制方法处理曲面的近似表示时，很难产生令人满意的光滑图形。当然，可以把曲面离散成很细的小多边形块，但这样做使存储量以及处理时间的耗费极大。如果采用较粗的离散精度，那么两个相邻多边形的边界看起来像凸出的折痕，这就是令人讨厌的马赫带效应，即肉眼感觉到的亮度变化比实际的亮度变化更大。改进的方法有两种：一种是对多边形顶点的颜色进行插值以产生中间各点的颜色，即 Gouraud 明暗处理方法；另一种是对多边形顶点的法矢量进行插值以产生中间各点的法矢量，即 Phong 明暗处理方法。

图10-7　相邻多边形的法向各不相同

10.2.2 Gouraud 明暗处理

Gouraud 明暗处理方法，又称为亮度插值明暗处理，通过对多边形顶点颜色进行线性插值来绘制其内部各点。顶点被相邻多边形共享，所以相邻多边形在边界附近的颜色过渡会比较光滑，可以消除恒定光强绘制中存在的光强不连续现象。

用 Gouraud 明暗处理来绘制多边形时需进行三个步骤：

（1）计算每个多边形顶点处的平均单位法矢量，即在多边形各顶点处，通过将共享该顶点的所有多边形面的法向量取平均值而得到该点所对应的法矢量。顶点 V 处的法矢量可近似地取为共享顶点 V 的多边形单位法矢量的平均值（如图 10-8 所示），即

$$N_v = \frac{\sum\limits_{i=1}^{n} N_i}{\left| \sum\limits_{i=1}^{n} N_i \right|} \tag{10-17}$$

（2）对每个顶点根据简单光照模型计算其光强。

（3）在多边形表面上将顶点强度进行线性插值。比如可以在扫描线消隐算法中，对多边形顶点颜色进行双线性插值，获得多边形内部（扫描线上位于多边形内）各点的颜色。

双线性插值方法如图 10-9 所示，待绘制多边形的投影为 $A(x_A, y_A)B(x_B, y_B)C(x_C, y_C)$，在　图 10-9 中，边 BC 与扫描线的交点为 $S(x_S, y_S)$，边 AC 与扫描线的交点为 $T(x_T, y_T)$，$P(x_P, y_P)$ 是 ST 上一点。

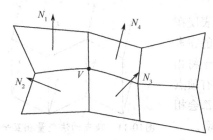
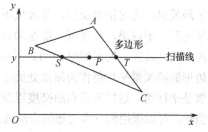

图 10-8 顶点 V 处的法矢量由共享 V 的多边形的单位法矢计算 　　图 10-9 Gouraud 明暗处理的双线性插值

S 点的光强 I_S 可以由 B 和 C 点的光强 I_B 和 I_C 通过线性插值得到

$$I_S = \frac{y_S - y_C}{y_B - y_C} I_B + \frac{y_B - y_S}{y_B - y_C} I_C \tag{10-18}$$

同样，交点 T 的光强 I_T 可由 A 和 C 点的光强 I_A 和 I_C 通过线性插值得到

$$I_T = \frac{y_T - y_C}{y_A - y_C} I_A + \frac{y_A - y_T}{y_A - y_C} I_C \tag{10-19}$$

则扫描线上的点 P 的光强 I_P 可由 S 和 T 点的光强 I_S 和 I_T 通过线性插值得到

$$I_P = \frac{x_T - x_P}{x_T - x_S} I_S + \frac{x_P - x_S}{x_T - x_S} I_T \tag{10-20}$$

可以由连贯性来加速光强的计算，分为两种情况：一是同一扫描线上后续点的连贯性，二是某多边形的边在相邻扫描线上的连贯性。

当 $x = x+1$ 时（如图 10-10(a)所示），沿扫描线上的后续点的光强值为

$$I_{P,x+1} = I_{P,x} + \frac{I_T - I_S}{x_T - x_S} \tag{10-21}$$

若在 y 扫描线上最左边点 $S_y(x,y)$（如图 10-10(b)所示）的光强度 $I_{S,y}$ 被插值为

$$I_{S,y} = \frac{y - y_C}{y_B - y_C} I_B + \frac{y_B - y}{y_B - y_C} I_C \tag{10-22}$$

则可得到下一扫描线 y-1 最左边点 S_{y-1} 的光强度为

$$I_{S,y-1} = I_{S,y} + \frac{I_C - I_B}{y_B - y_C} \tag{10-23}$$

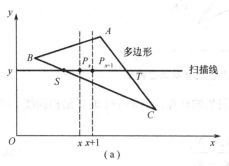
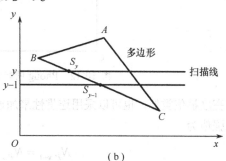

图 10-10 双线性插值中的的连贯性

从上面讨论可以看出，Gouraud 明暗处理的优点是算法简单，计算量小，解决了两个多边形之间亮度不连续过渡以及多边形域内亮度单一的问题。但是这种方法也有一些缺陷。其一，线性光强插值会造成表面上出现过亮或过暗的条纹，即马赫带效应没有完全消除。其二，这种方法只

考虑了漫反射，而对镜面反射，其效果不太理想，主要表现在高光域的形状不规整，高光域只能在顶点周围形成，不能在多边域内形成。其三，处理如图 10-11 所示的情况时，由于将相邻多边形的法矢量平均值作为顶点处的法矢量，因此所有顶点法矢量是平行的，这样各顶点的亮度以及整个面的亮度都会相同。当然，可以采用细分多边形的方法减少该问题的出现。

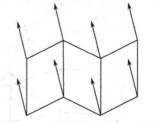

图10-11　顶点的法矢量相互平行

10.2.3　Phong 明暗处理

Phong 明暗处理方法由 Phong Bui Tuong 提出，又称为法矢量插值明暗处理。Phong 明暗处理的基本步骤如下：

（1）计算每个多边形顶点处的平均单位法矢量，与 Gouraud 明暗处理方法的第（1）步相同。

（2）用双线性插值方法求得多边形内部各点的法矢量。求法矢量的双线性插值方法如图 10-12 所示，待绘制多边形的投影为 $A(x_A, y_A)B(x_B, y_B)C(x_C, y_C)$，边 BC 与扫描线的交点为 $S(x_S, y_S)$，边 AC 与扫描线的交点为 $T(x_T, y_T)$，$P(x_P, y_P)$ 是 ST 上一点。点 S 和 T 的法矢量 N_S 和 N_T 可以由 A、B、C 点的法矢量 N_A、N_B、N_C 通过线性插值得到

$$N_S = \frac{y_S - y_C}{y_B - y_C}N_B + \frac{y_B - y_S}{y_B - y_C}N_C \tag{10-24}$$

$$N_T = \frac{y_T - y_C}{y_A - y_C}N_A + \frac{y_A - y_T}{y_A - y_C}N_C \tag{10-25}$$

则扫描线上点 P 的法矢 N_P 可由点 S 和 T 的法矢 N_S 和 N_T 通过线性插值得到

$$N_P = \frac{x_T - x_P}{x_T - x_S}N_S + \frac{x_P - x_S}{x_T - x_S}N_T \tag{10-26}$$

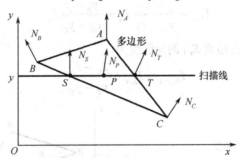

图 10-12　Phong 明暗处理的法矢量双线性插值

与亮度插值类似，也可以采用连贯性来加速法矢量的计算。当 $x=x+1$ 时，沿扫描线上的后续点的光强值为

$$N_{P,x+1} = N_{P,x} + \frac{N_T - N_S}{x_T - x_S} \tag{10-27}$$

若在 y 扫描线上最左边点 $S_y(x, y)$ 的法矢 $N_{S,y}$ 被插值为

$$N_{S,y} = \frac{y - y_C}{y_B - y_C}N_B + \frac{y_B - y}{y_B - y_C}N_C \tag{10-28}$$

则下一扫描线 $y-1$ 最左边点 S_{y-1} 的法矢为

$$N_{S,y-1} = N_{S,y} + \frac{N_C - N_B}{y_B - y_C} \tag{10-29}$$

（3）按光照模型确定多边形内部各点的光强。Gouraud 明暗处理，即亮度插值明暗处理是显示漫反射曲面的一种有效方法，虽然也能模拟镜面反射，但高光域的形状取决于多边形的相对位置。相对而言，Phong 明暗处理，即法矢量插值的优点是结果精确，真实感强。但它的计算量大，既要通过计算各顶点的法矢量来插值计算多边形上各点的法矢量，也要用光照模型计算各点的光强值。当然，有多种加速法矢量插值的方法，这里不再赘述。

最后要指出的是，若绘图只是作为辅助设计的一种手段，即显示设计中产品的形状，作为进一步改进设计的依据和参考，上述明暗度处理方法一般够用了。若要绘制更完美的真实感图形，如用于广告或取得其他艺术效果，就必须使用更精确的方法。

10.3　透明处理

当物体是透明的时候，如玻璃或透明塑料，一方面会反射光（如图 10-13 所示），另一方面，光通过不同的透明介质表面时，会发生折射，即改变传播方向。通常，折射光线由平面多边形背后的发光体形成，这些物体的反射光穿过透明表面而增加表面的总光强。

为了模拟折射，需要较大的计算量。这里先讨论一种生成透明物体图形最简单的方法。这种方法忽略光线在穿过透明物体时所发生的折射。虽然这种模拟方法产生的结果不真实，但在许多场合往往非常有用。

简单透明处理中，投影面上的点的光强由不透明的背景景物穿过透明景物的透射光强与透明表面的反射光强加权得到。投影面上 P 点的光强 I_P 由不透明的背景景物光强 I_B 与透明表面的光强 I_A 加权（如图 10-14 所示）得到

$$I_P = (1-k_t)I_A + k_t I_B \tag{10-30}$$

式中，k_t（$0 \leqslant k_t \leqslant 1$）是透明景物的透射系数，反映有多少背景光线被透射。在极端情形下，当 k_t 接近于 1 时，表示景物高度透明，观察者完全看到背景景物；当 k_t 接近于 0 时，表示物体几乎完全不透明，背景景物被遮挡，对当前像素点的光强度不产生影响。为了得到逼真的效果，通常只对透明和不透明多边形表面的环境光分量和漫反射光分量采用式（10-30）进行加权计算，得到的结果再加上透明景物的镜面反射分量作为像素的光强值。

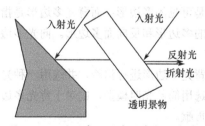

图 10-13　透明表面的光强包括反射光和折射光

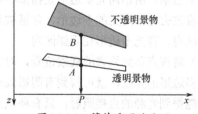

图 10-14　简单透明的处理

通常用 Z-buffer 算法来实现透明效果。最简单的方法是，先处理不透明物体以决定可见不透明表面的深度，然后将透明物体的深度值与先前存在的帧缓冲器中不透明面的深度值进行比较，将可见透明面的光强与其后面的可见不透明面的光强综合考虑而进行绘制。

下面再讨论带有折射的透明模拟。当光线照射在一个透明景物的表面时，一部分光被反射，

一部分光被折射（如图 10-15 所示）。由于光线在不同物质中的传播速度不同，因而折射光线的路径与入射光线也不同。折射光线的方向即折射角 θ_r 可由入射角 θ_i、入射物质的折射率 η_i 及折射物质的折射率 η_r 根据 Snell 定律计算：

$$\sin \theta_r = \frac{\eta_i}{\eta_r} \sin \theta_i \qquad (10\text{-}31)$$

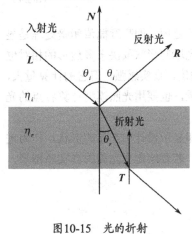

图10-15　光的折射

严格地说，折射率是关于入射光波长的函数，但通常将折射率定义为光线在真空中的传播速度与其在物质中的传播速度之比，因而折射率是大于 1 的常数，这实际上是将折射率取为平均折射率。一般地，空气的折射率约为 1，玻璃的折射率约为 1.5。从图 10-15 中还可以看出，一束光线折射穿过一个透明物体时，折射的最终结果是入射光线平行移动了一段小的位移。由于式（10-31）中三角函数的计算很费时，因次可以通过将入射光路径平移一个小的位移来简单表示折射效果。

由 Snell 定律和图 10-15 可以得到折射方向上的单位透射矢量

$$T = \left(\frac{\eta_i}{\eta_r} \sin \theta_i - \cos \theta_r \right) N - \frac{\eta_i}{\eta_r} L \qquad (10\text{-}32)$$

式中，N 为物体表面的单位法矢，L 为光源方向的单位法矢。

透射矢量 T 可用于计算折射光与透明表面后的物体的交点。由该交点的光强综合其他光强可以产生更逼真的透明效果。但确定折射路径与物体的交点需要的计算量相当大。

10.4　产生阴影

阴影是由于物体截断光线而产生的，所以如果光源位于物体一侧，阴影总是位于物体的另一侧，也就是与光源相反的一侧。从理论上来讲，只有那些从视点看过去是可见的，而从光源看过去是不可见的面，肯定落在阴影之内。因此，阴影算法需要确定哪些面从光源位置看过去是不可见的。我们将产生具有阴影的图形绘制算法分为如下两个基本步骤。

（1）将视点移到光源位置，用多边形区域排序消隐算法，将多边形分成两大类：向光多边形和背光多边形。所谓向光多边形是指那些从光源看过去是可见的多边形；而背光多边形是指那些从光源看过去是不可见的多边形，包括被其他面遮挡了的多边形和反向面多边形。向光多边形不在阴影区内，背光多边形在阴影区内。

（2）将视点移到原来的观察位置，对向光多边形和背光多边形进行消隐，并选用一种光照模型计算多边形的亮度，就可得到有阴影效果的图形。若选用简单光照模型，则对于背光多边形，由于不能得到光源的直接照射，只有环境光对其光强有贡献。

10.5　模拟景物表面细节

用前面几节介绍的方法进行真实感图形绘制，往往由于其表面过于光滑和单调，看起来仍然不真实。这是因为现实世界中的物体的表面往往有各种纹理，即表面细节，如刨光的木材表面有木纹、建筑物墙壁上有装饰图案、机器外壳表面有说明其名称、型号的文字等，它们通过颜色色彩或明暗度的变化体现表面细节。这种纹理称为颜色纹理。另一类纹理则是由不规则的细小凹凸造成的，如橘子皮表面的皱纹和未磨光石材表面的凹痕，通常称为几何纹理。颜色纹理取决于物体表面的光学属性，而几何纹理由物体表面的微观几何形状决定。

10.5.1 用多边形模拟表面细节

简单地模拟景物表面细节的方法是用多边形（称为表面图案多边形）来模拟纹理的结构和模式。这种方法用于简单、规则的颜色纹理处理，如景物表面上的文字、建筑物表面上的规则装饰图案等。

处理时，首先根据待生成的颜色纹理构造表面图案多边形，然后将表面图案多边形覆盖到物体的表面上。表面图案多边形不参与消隐计算，但当用光照模型计算景物表面的光强时，表面图案多边形的各反射系数代替它所覆盖的部分物体表面的相应反射系数参与计算。还可以用任意朝向的表面图案多边形来模拟不规则表面。不过当颜色纹理变得精细复杂时，该方法存在一定的困难，如它难以模拟地毯的表面花纹。

10.5.2 纹理的定义和映射

生成颜色纹理的一般方法，是预先定义纹理模式，然后建立物体表面的点与纹理模式的点之间的对应。当物体表面的可见点确定之后，以纹理模式的对应点参与光照模型进行计算，就可把纹理模式附加到物体表面上。这种方法称为纹理映射（Texture Mapping）。

不妨假定纹理模式在一个纹理空间（记为 st 坐标系，如图 10-16 所示）中用矩阵定义，而场景中的物体在物体空间（记为 uv 坐标系）中定义，投影平面上的像素点则在像素空间（记为 xy 坐标系）中定义。可以有两种方法实现映射：一是将纹理模式映射至物体表面，再映射至投影平面；二是将像素区域映射至物体表面，再映射至纹理空间。

图 10-16　纹理映射中纹理空间、物体空间和像素空间的变换

由纹理空间向物体空间的映射通常用参数线性函数来表示

$$\begin{cases} u = f_u(s,t) = a_u s + b_u t + c_u \\ v = f_v(s,t) = a_v s + b_v t + c_v \end{cases} \tag{10-33}$$

物体空间向像素空间的映射则由观察和投影变换来完成。然而，从纹理空间向像素空间的映射有一个不利因素，即选中的纹理模式块常常与像素边界不匹配，这就需要计算像素的覆盖率。因此，由像素空间向纹理空间的映射成为最常用的纹理映射方法（如图 10-17 所示），避免了像素分割计算，并能简化反走样操作。其反走样的思想与 5.7.3 节中加权区域取样的思想类似，即投影一块包含相邻像素中心的向外扩充了的像素区域（如图 10-18 所示），并运用高斯函数等在纹理模

式中对光强进行加权。但是，由像素空间向纹理空间映射必须计算观察投影变换的逆变换和纹理映射变换的逆变换。

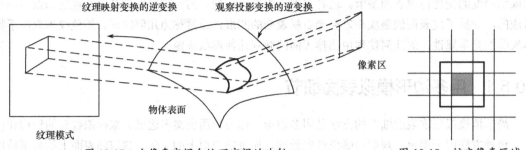

图 10-17　由像素空间向纹理空间的映射　　　　图 10-18　扩充像素区域

　　另一种模拟表面纹理的方法是采用将被应用于场景中的物体的颜色变量的过程定义，避免了将二维纹理模式映射到物体表面所需的变换计算。其绘制的基本思想是，当在一个三维空间区域内进行图形绘制时，由于通常不可能为一个空间区域中的所有点保存其纹理值，故需用过程纹理函数来将纹理空间中的值映射到物体表面。

　　过程纹理函数均为解析表达的数学模型，这些模型的共性是能够用一些简单的参数来逼真地描述一些复杂的自然纹理细节。就其本质而言，它们均是经验模型。常用的过程纹理函数有木纹函数、三维噪声函数、湍流函数、Fourier 合成技术等。比如，可以使用在三维空间中定义的共振函数（正弦曲线）来生成木纹，在共振变量上叠加一个噪声函数，即可实现木纹和大理石纹理中的随机变化。Fourier 合成技术则常用来模拟各种表面规则或不规则的动态变化的自然景象，如水波纹、云、火、烟、雾、山脉、森林等。该方法同样适用于二维物体表面上建立纹理。

10.5.3　凹凸映射

　　纹理映射技术只考虑了表面的颜色纹理，即只能在光滑表面上描绘各种事先定义的花纹图案，但不能表现由于表面的微观几何形状凹凸不平而呈现出来的粗糙质感。1978 年，Blinn 提出了一种无须修改表面几何模型，即能模拟表面凹凸不平效果的有效方法——凹凸映射技术（Bump Mapping）。

　　假定用 $P(u, v)$ 表示一个参数曲面上的点，可以通过计算得到该点处的表面法矢量

$$N_P = P_u \times P_v \tag{10-34}$$

式中，P_u 与 P_v 为 P 关于参数 u 和 v 的偏导数。

　　为了得到扰动效果，在景物表面每个采样点处沿其法矢量附加一微小增量，从而生成一张新的表面 $Q(u, v)$，可表示为

$$Q(u, v) = P(u, v) + b(u, v)n = P(u, v) + b(u, v)\frac{N}{|N|} \tag{10-35}$$

式中，$b(u, v)$ 为用户定义的扰动函数，不妨假定它是一个连续可微函数；$n = N/|N|$ 是表面单位法矢量。新表面的法矢量可以通过对两个偏导数求叉积来获得

$$N_Q = Q_u \times Q_v \tag{10-36}$$

式中，Q_u 与 Q_v 为 Q 关于参数 u 和 v 的偏导数，可写为

$$\begin{cases} Q_u = \dfrac{\partial(P+bn)}{\partial u} = P_u + b_u n + bn_u \\ Q_v = \dfrac{\partial(P+bn)}{\partial v} = P_v + b_v n + bn_v \end{cases} \tag{10-37}$$

由于粗糙表面的凹凸高度相对于表面尺寸一般要小得多，因而扰动函数 $b(u,v)$ 非常小，故上两式中的最后一项可略去，这样扰动后的表面法矢可近似表示为

$$\begin{aligned} N_Q &= Q_u \times Q_v \\ &\approx (P_u + b_u n) \times (P_v + b_v n) \tag{10-38} \\ &= P_u \times P_v + b_v(P_u \times n) + b_u(n \times P_v) + b_u b_v(n \times n) \end{aligned}$$

由于 $n \times n = 0$，因此

$$N_Q = P_u \times P_v + b_v(P_u \times n) + b_u(n \times P_v) \tag{10-39}$$

最后，法向量 N_Q 要经过规范化，才能用于曲面明暗度的计算，以产生凹凸不平的几何纹理。

扰动函数 $b(u,v)$ 可以任意选择，可以是简单的网格图案、字符位映射、Z 缓存器图案和随意手描图案等。当 $b(u,v)$ 由一幅不能用数学方法描述的图案定义时，可用一个二维 u、v 查询表来列出它在若干离散点处的值，表上未列出的其他点处的扰动函数值可用双线性插值方法获得，其偏导数 P_u 和 P_v 则可用有限差分法来确定。

10.6 整体光照模型与光线追踪

10.6.1 整体光照模型

一般地，入射光可由几部分组成：**一是来自各个光源的光强；二是来自周围环境的光强；另外，若被照明物体是透明的，还应包括从光源到达表面的透射光强和从环境达到表面的透射光强。

从视点观察到的物体 A 表面的光强来自于三方面（如图 10-19 所示）：一是光源直接照射到 A 的表面产生的反射光，二是来自其他物体的光经由 A 物体透射产生的光，三是物体 B 的表面将光反射到物体 A 的表面，再经物体 A 的表面产生的反射光。通常认为，一个完整的光照明模型应该包括由光源和环境引起的漫反射分量、镜面反射分量、规则透射分量和漫透射分量等。10.1 节中介绍的光照模型仅考虑了由光源引起的漫反射分量和镜面反射分量，而反射分量则简单地用一常数来代替。在图形学中，这类光照模型称为局部光照模型。反之，能同时模拟光源和环境照明效果的光照模型称为整体光照模型，其典型代表是 Whitted 模型及辐射度模型。辐射度模型通过考察辐射能在物体表面之间的转移和能量守恒来准确建立物体表面的漫反射模型，被广泛用于虚拟现实环境的漫游中。限于篇幅，本书对辐射度模型不做介绍，有兴趣的读者可查阅相关参考文献。

10.6.2 Whitted 光照模型

Whitted 光照模型在简单光照模型中增加了环境镜面反射光和环境规则透射光，以模拟周围环境的光投射在景物表面上产生的理想镜面反射和规则透射现象。Whitted 模型基于下列假设：如图 10-20 所示，景物表面向空间某方向 V 投射的光强 I 由三部分组成：一是由光源直接照射引起的反射光强 I_{local}；二是沿 V 的镜面反射方向 R 来的环境光 I_s 投射在光滑表面上产生的镜面反射光，三是沿 V 的规则透射方向 T 来的环境光 I_t 通过透射在透明体表面上产生的规则透射光。

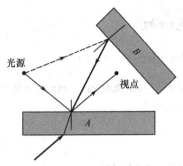

图 10-19 物体 A 表面的入射光

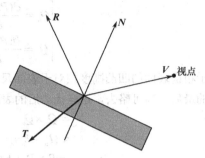

图 10-20 物体表面的镜面反射和透射

Whitted 模型的假设是合理的，因为对于光滑表面和透明体表面，虽然从除 **R** 和 **T** 外的空间各方向来的环境光对景物表面的总光强 I 都有贡献，但相对来说可以忽略不计。于是，可用如下公式给出 Whitted 光照模型：

$$I = I_{local} + K_s I_s + K_t I_t \qquad (10\text{-}40)$$

式中，K_s 和 K_t 为反射系数和透射系数，它们均在 0~1 取值。

在 Whitted 模型中，I_{local} 由简单光照模型计算，因此关键是求出 I_s 和 I_t。由于 I_s 和 I_t 是来自 **V** 的镜面反射方向 **R** 和规则透射方向 **T** 的环境光强，因而首先必须确定 **R** 和 **T**。**R** 可由几何光学中的反射定律得到，而 **T** 可由式（10-32）求得。Whitted 模型是一种递归计算模型，与下面介绍的光线跟踪技术密不可分。

10.6.3 光线跟踪算法

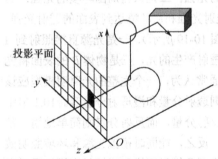

图 10-21 光线跟踪算法

20 世纪 80 年代初出现的光线跟踪（Ray Tracing）方法是 4.2.3 节和 9.5 节中介绍的光线投射思想的拓展，它基于几何光学原理，通过模拟光的传播路径来确定反射、折射和阴影等，如图 10-21 所示。由于每个像素都单独计算，因此它能更好地表现曲面细节。光线跟踪技术为整体光照模型提供了一种简单有效的绘制手段，能够生成高度真实的图形，不过该算法的计算量非常大。

在光线跟踪系统中，空间中一点被取作视点，一块平面矩形区域被取作投影屏幕（投影平面）。为了简化计算，常把视点取在 Z 轴上，并取 xOy 平面作为投影屏幕（见图 10-21），投影屏幕用两组互相垂直的平行线分成若干小方格，每个小方格对应于显示器屏幕的一个像素，常取小方格中心为取样点。

光线跟踪绘制算法是建立在几何光学基础上，通过对每个像素分别计算光强值来进行的。

（1）从视点出发，确定穿过每个像素中心的光线路径，然后沿这束光线累计光强，并将最终值赋给相应像素。因为场景中的平面多边形所反射的光将向四周散射，所以场景中会有无数条光线，但只有少数光线会穿过投影平面。因而考虑每个像素，反向跟踪一条由它出发射向场景的光线会减少像素光强计算的复杂性。

（2）对于每条像素光线，需对场景中的所有物体表面进行测试以确定其是否与该光线相交，并计算出交点的深度，深度最大（z 值）的交点即为该像素对应的可见点。然后，继续考察通过该可见点的反射光线。若可见点对应的表面是透明的，还要考察透过该表面的折射光线。可以将反射和折射光线统称为从属光线（Secondary Rays）。

（3）对每条从属光线重复如下过程：与场景中的所有物体求交，然后递归地在沿从属光线方向最近的物体表面上生成下一折射和反射光线。当由每个像素出发的光线在场景中被反射和折射时，逐个将相交物体表面加入到一个二叉光线跟踪树中。其中左子树表示反射光线，右子树表示透射光线（如图 10-22 所示）。光线跟踪的最大深度可由用户选定。当树中的一束光线到达预定的最大深度或到达某光源时，就停止跟踪。

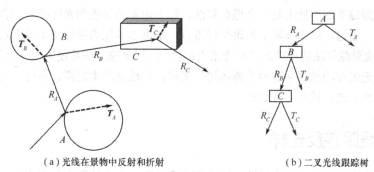

（a）光线在景物中反射和折射　　　　　　（b）二叉光线跟踪树

图 10-22　光线跟踪及光线跟踪树

（4）可以从光线跟踪树的叶结点开始，累计光强贡献以确定某像素处的光强大小。树中每个结点的光强由树中的子结点处继承而来，但光强大小随距离而衰减。像素光强是光线树根结点处的衰减光强的总和。若像素光线与所有物体均不相交，光线跟踪树即为空且光强为背景光强；若一束像素光线与某非反射的光源相交，该像素可赋予光源的强度。不过，通常光源被放置于初始光线路径之外。

下面以图 10-23 为例说明景物表面的光强如何通过各反射和折射矢量来计算。U 为入射光线的单位矢量，N 为物体表面的单位法矢量，R 为单位反射矢量，L 为指向光源的单位矢量，H 为 V（与 U 反向）和 L 之间的单位半角矢量。沿 L 的光线称为阴影光线，若它在表面和点光源之间与任何物体相交，则该表面位于点光源的阴影中。根据式（10-40）中描述的 Whitted 模型，I_{local} 由简单光照模型依据式

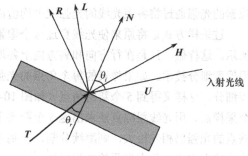

图 10-23　物体表面的各反射和折射矢量

（10-9）计算，而 I_s 和 I_t 可通过 R 和 T 求出。镜面从属光线 R 的方向决定于物体表面的法矢量和入射光线的方向：

$$R = U - (2U \cdot N) \cdot N \tag{10-41}$$

而透射方向 T 可由式（10-32）求得，注意对比图 10-23 和图 10-15 有

$$T = \frac{\eta_i}{\eta_r} U - (\cos\theta_r - \frac{\eta_i}{\eta_r}\cos\theta_i)N \tag{10-42}$$

式中，θ_r 为折射角；θ_i 为入射角；η_i 为入射物质的折射率；η_r 为折射物质的折射率。θ_r 可由 Snell 定律计算：

$$\cos\theta_r = \sqrt{1 - \left(\frac{\eta_i}{\eta_r}\right)^2 (1 - \cos^2\theta_i)} \tag{10-43}$$

由上述可知，光线跟踪算法中最核心的运算是求交。在早期的算法中，约有 95%的时间用于光线与物体表面的求交计算，所以设计高效率的求交算法是很有必要的。考虑到有时候，射线与物体相距甚远，根本不必具体计算它们的交点，只要判断出它们不可能相交，即可以不必求交点。这就是包围盒技术或称空间细分技术，即将相邻物体用一个包围盒包起来，然后用光线与包围盒求交，若无交点，则无须对被包围的物体进行求交测试。这种方法还可进行层次式的包围盒求交测试，即将几个包围盒包在一个更大的包围盒中，首先测试最外层的包围盒，然后逐个细分测试，这里不再赘述。

另外，光线跟踪算法本质上是一个递归算法。每个像素的颜色和光强必须综合各级递归计算的结果才能获得。不过，对于屏幕上的每个像素点，都可以从视点穿过这个像素点发出这样的一条射线，利用光线跟踪算法就可求出这个像素点的颜色。简单的方法是使射线穿过像素点的中心，但意味着用一根无限细的线对环境中的物体进行采样，自然会产生走样。不过，这样做的好处是射线之间是相互独立的，适合并行处理。

10.6.4 光线跟踪反走样

由于像素点和像素点之间是离散的，因此用像素点阵组合出的图形与真实景物之间必然存在一定的走样现象。光线跟踪反走样技术中最基本的两类是过采样和自适应采样，这两种方法是 5.7 节中介绍的过取样和区域取样的扩展。在光线跟踪反走样技术中，像素点被看做一个有限的方块区域，而非一个单独的点。过采样在每个像素方块区域内采用多束排列的光线（采样点），自适应采样则在像素方块区域的一些部分采用不均匀排列的光线。例如，可以在接近物体边缘处用较多的光线。还有一种采样方法是在像素区域中采用随机分布的光线。当对每个像素采用多束光线时，像素的光强通过将各束光线的光强取平均值而得到。

过采样方式是将原来使光线穿过每个像素的中心改成使光线穿过像素的 4 个角点，如图 10-24 所示。这样做，只是在行方向和列方向上各增加一个采样点，不会花费很多时间，具体实现是采用像素细分技术。如果像素的每个角点的光强与其余三个角点的光强差别很大，则将该像素进一步细分，这样又得到 5 个新的角点（如图 10-25 所示），也就是说，对像素进行一次细分就增加 5 个采样点。用光线跟踪算法求出这 5 个新增采样点的光强，再比较这些小方块角点的光强。若这些点的光强仍相差很大，则继续分割，直到各角点的光强大致相等为止。这个像素点最终的光强为这些小方块的角点光强的加权平均。

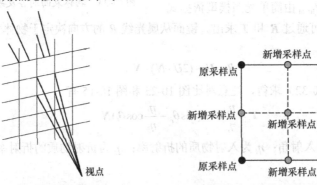

图 10-24 光线穿过像素区域的角点   图 10-25 像素细分后新增 5 个角点

将光线跟踪算法与过采样方式结合起来，可归纳如下：

（1）对每个像素的角点计算光线跟踪的光强。

（2）比较像素 4 个角点的光强，确定要进行细分的像素。

（3）对细分后新增的角点计算光线跟踪的光强。

（4）然后重复步骤（2）和（3），直到各角点的光强比较接近为止。

（5）加权平均求出投影平面上各像素点的光强。

反走样显示场景的另一种方法是将像素光线看做一个圆锥体（如图 10-26 所示），每个像素生成一束光线，光线与场景中的景物表面有一个有限的相交区域。为了确定像素被相交区域覆盖的面积百分比，可以计算光束锥体与景物表面的交点。对一个球而言，这需要计算出两个圆周的交点，而对多面体，则需求出圆周与多边形的交点。

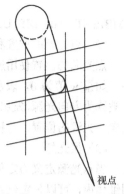

图 10-26　锥形的像素光线

10.7　OpenGL 中的光照与表面绘制函数

光照处理是 OpenGL 中的一个重要内容，在 OpenGL 中提供了多个用于设定点光源，指定物体材质以及多边形表面绘制方式的函数，以实现真实感图形的绘制。

10.7.1　OpenGL 点光源

在 OpenGL 场景描述中可以包含多个点光源，光源的各种属性设置使用函数

```
void glLight{if} (GLenum light, GLenum pname, TYPE param);
void glLight{if}v (GLenum light, GLenum pname, TYPE *param);
```

指定。其中，参数 light 指定进行参数设置的光源，其取值可以是符号常量 GL_LIGHT0，GL_LIGHT1，…，GL_LIGHT7；参数 pname 指定对光源设置何种属性，其取值如表 10-1 所示；参数 param 指定对于光源 light 的 pname 属性设置何值，非矢量版本中，它是一个数值，矢量版本中，它是一个指针，指向一个保存了属性值的数组。

表 10-1　参数 pname 的取值及其含义

pname 取值	默 认 值	含 义
GL_AMBIENT	(0.0, 0.0, 0.0, 1.0)	光源中环境光分量
GL_DIFFUSE	(1.0, 1.0, 1.0, 1.0) 或(0.0, 0.0, 0.0, 1.0)	光源中漫反射光分量
GL_SPECULAR	(1.0, 1.0, 1.0, 1.0) 或(0.0, 0.0, 0.0, 1.0)	光源中镜面光分量
GL_POSITION	(0.0, 0.0, 1.0, 0.0)	光源的坐标位置
GL_SPOT_DIRECTION	(0.0, 0.0, −1.0)	光源聚光灯方向矢量
GL_SPOT_EXPONENT	(0.0)	聚光指数
GL_SPOT_CUTOFF	180.0	聚光截止角
GL_CONSTANT_ATTENUATION	1.0	固定衰减因子
GL_LINEAR_ATTENUATION	0.0	线性衰减因子
GL_QUADRATIC_ATTENUATION	0.0	二次衰减因子

表 10-1 给出了点光源的主要属性，分别说明如下。

（1）点光源的颜色

点光源的颜色由环境光、漫反射光和镜面光分量组合而成，在 OpenGL 中分别使用 GL_

AMBIENT、GL_DIFFUSE、GL_SPECULAR 指定。其中，漫反射光成分对物体的影响最大。

（2）点光源的位置和类型

点光源的位置使用属性 GL_POSITION 指定，其值是一个由 4 个值组成的矢量(x, y, z, w)。其中，如果 w 值为 0，表示指定的是一个离场景无穷远的光源，(x, y, z)指定了光源的方向，这种光源被称为方向光源，发出的是平行光；如果 w 值为 1，表示指定的是一个离场景较近的光源，(x, y, z)指定了光源的位置，这种光源称为定位光源。

（3）聚光灯

当点光源定义为定位光源时，默认情况下，光源向所有的方向发光。但通过将发射光限定在圆锥体内，可以使定位光源变成聚光灯。属性 GL_SPOT_CUTOFF 定义聚光截止角，即光锥体轴线与母线之间的夹角，它的值只有锥体顶角值的 1/2。聚光截止角的默认值为 180.0，意味着沿所有方向发射光线。除默认值外，聚光截止角的取值范围为[0.0, 90.0]。

GL_SPOT_DIRECTION 属性指定聚光灯光锥轴线的方向，其默认值是(0.0, 0.0, -1.0)，即光线指向 Z 轴负向。而 GL_SPOT_EXPONENT 属性可以指定聚光灯光锥体内的光线聚集程度，其默认值为 0。在光锥的轴线处，光强最大，从轴线向母线移动时，光强会不断衰减，衰减的系数是轴线与照射到顶点的光线之间夹角余弦值的聚光指数次方。

（4）光强度衰减

属性 GL_CONSTANT_ATTENUATION、GL_LINEAR_ATTENUATION、GL_QUADRATIC_ATTENUATION 分别设置公式（10-11）中的系数 c_0、c_1、c_2，用于指定光强度的衰减。

在 OpenGL 中必须明确启用或禁用光照。默认情况下，不启用光照，此时使用当前颜色绘制图形，不进行法线矢量、光源、光照模型、材质属性的相关计算。要启用光照，可使用函数

```
glEnable(GL_LIGHTING);
```

指定了光源参数后，使用函数

```
glEnable(light);
```

启用 light 指定的光源。当然，也可以用 light 参数调用 glDisable()函数，禁用 light 指定的光源。

需要特别说明的是，点光源的位置和方向是定义在场景中的，与景物一起通过几何变换和观察变换变换到观察坐标系中，因此光源既可以与场景中对象的相对位置保持不变，也可以使光源随观察点一起移动。

10.7.2 OpenGL 全局光照

在 OpenGL 中还需要设定全局光照（相当于背景光）。OpenGL 提供了下面的函数对全局光照的属性进行定义。

```
void glLightMode{if} (GLenum pname,TYPE param);
void glLightMode{if}v (GLenum pname,TYPE *param);
```

其中，参数 pname 指定全局光照的属性，其取值见表 10-2；参数 param 指定进行设置的属性的值。

表 10-2　参数 pname 的取值及含义

pname 取值	默 认 值	含　　义
GL_LIGHT_MODEL_AMBIENT	(0.2, 0.2, 0.2, 1.0)	整个场景的环境光成分
GL_LIGHT_MODEL_LOCAL_VIEWER	GL_FALSE	如何计算镜面反射角
GL_LIGHT_MODEL_TWO_SIDE	GL_FALSE	单面光照还是双面光照
GL_LIGHT_MODEL_COLOR_CONTROL	GL_SINGLE_COLOR	镜面反射颜色是否独立于环境颜色、散射颜色

属性 GL_LIGHT_MODEL_AMBIENT 指定 OpenGL 场景中的背景光，如果不指定，系统使用低强度的白色(0.2, 0.2, 0.2, 1.0)光。

镜面反射时需要几个矢量参数，包括从物体表面到观察位置的矢量 V，它指出表面位置与观察位置的关系。矢量 V 的默认方向为正 z 方向(0.0, 0.0, 1.0)，如果不希望用默认值而使用位于观察坐标原点的实际观察位置来计算 V，则将 GL_LIGHT_MODEL_LOCAL_VIEWER 属性值指定为 GL_TRUE。

在有些应用中，需要看到物体的后向面，如实体的内部剖视图。此时需要打开双面光照，即对物体的前向面和后向面都进行光照计算。

在光照计算中，通常分别计算环境光、表面散射光、漫反射光和镜面反射光的贡献，再将其叠加。默认情况下，纹理映射在光照处理后进行。但这样镜面高光区的纹理图案会变得不太理想。为此，可以将 GL_LIGHT_MODEL_COLOR_CONTROL 指定为 GL_SEPARATE_SPECULAR_COLOR，在纹理映射之后应用镜面颜色。这样，对于光照计算将生成两个颜色：镜面反射颜色和非镜面反射颜色。纹理图案先和非镜面反射颜色混合，再与镜面反射颜色混合。

10.7.3　OpenGL 表面材质

在启用光照后，物体表面的颜色将由照射在其上的光的颜色以及物体的材质属性决定。所谓物体的材质属性，就是物体表面对各种光的反射系数。在 OpenGL 中使用下面的函数来设定：

```
void glMaterial{if} (GLenum face, GLenum pname, TYPE param);
void glMaterial{if}v (GLenum face, GLenum pname, TYPE *param);
```

其中，face 的取值可以是符号常量 GL_FRONT、GL_BACK、GL_FRONT_AND_BACK，指定当前设定的材质属性应用于物体表面的前向面、后向面还是前后向面，这使得可以对物体内、外表面设置不同的材质属性，在打开双面光照的情况下产生特殊的效果。参数 pname 指定设置的材质属性，其取值见表 10-3；参数 param 设置属性的值。

表 10-3　参数 pname 的取值及含义

pname 取值	默 认 值	含　　义
GL_AMBIENT	(0.2, 0.2, 0.2, 1.0)	材质对环境光的反射系数
GL_DIFFUSE	(0.8, 0.8, 0.8, 1.0)	材质对漫射光的反射系数
GL_AMBIENT_AND_DIFFUSE		材质对环境光和漫射光的反射系数
GL_SPECULAR	(0.0, 0.0, 0.0, 1.0)	材质对镜面光的反射系统
GL_SHININESS	0.0	镜面反射指数
GL_EMISSION	(0.0, 0.0, 0.1, 1.0)	材质的发射光颜色
GL_COLOR_INDEXS	(0, 1, 1)	环境颜色索引、漫反射颜色索引和镜面反射颜色索引

属性 GL_AMBIENT 和 GL_DIFFUSE 的值定义了物体表面对环境光和漫射光中 R、G、B 颜色分量的反射系数。如果使用属性 GL_AMBIENT_AND_DIFFUSE，那么物体表面的环境光和漫射光将使用相同的反射系数。

镜面反射可以在物体表面形成高光区域。OpenGL 中通过改变属性 GL_SPECULAR 的值来改变物体表面对镜面反射光的反射率，还可以通过属性 GL_SHININESS 的值来改变高光区域的形状和大小。GL_SHININESS 属性值的取值范围为[0.0, 128.0]，值越大，高光区域越小，光线集中程度越高。

在很多应用中，有时希望物体亮一些，特别是对于一些表示光源的物体，此时可以通过 GL_EMISSION 属性使物体表面看起来有点发光。

在设定材质属性后，物体的最终颜色是由其材质属性的 RGB 值和光照属性的 RGB 值共同决定的。例如，如果当前环境光源的 RGB 值为(0.5, 1.0, 0.5)，而物体材质的环境反射系数为(0.5, 0.5, 0.5)，那么物体表面的环境光颜色为

$$(0.5×0.5, 1.0×0.5, 0.5×0.5)=(0.25, 0.5, 0.25)$$

即将每个环境光源的成分与材质的环境反射率相乘。这样，物体表面的颜色为多项 RGB 值的叠加，包括材质对环境光的反射率与环境光结合的 RGB 值，材质对漫反射光的反射率与漫反射光结合的 RGB 值，材质对镜面光的反射率与镜面反射光结合的 RGB 值等。这里要说明的是，当叠加的 RGB 中任何一个颜色分量的值大于 1.0，那么就用 1.0 计算。

但是，在这种设定下，有时很难判断出物体在光照环境中的颜色，为此 OpenGL 提供了另一种材质模式，即颜色材质模式，可以通过如下函数设置

```
void glColorMaterial (GLenum face, GLenum mode);
```

其中，参数 face 可以取 GL_FRONT、GL_BACK、GL_FRONT_AND_BACK，指定物体的哪个面的材质属性使用颜色材质模式；参数 mode 允许的取值是 GL_AMBIENT、GL_DIFFUSE、GL_SPECULAR、GL_AMBIENT_AND_DIFFUSE 或 GL_EMISSION，指定将更新哪种材质属性。

在使用了颜色材质模式后，需要调用如下函数

```
glEnable(GL_COLOR_MATERIAL);
```

这样，可以通过 glColor()函数来指定物体表面的颜色，而相应的材质属性将通过颜色值和光源的 RGB 值计算出来。

10.7.4 OpenGL 透明处理

在颜色值的设定中，我们使用了包含 4 个值的数组，其中前三个值分别代表颜色中 R，G，B 分量的值，最后一个值是 alpha 值。alpha 是一个调和值，可以确定物体表面的透明程度，完全透明表面的 alpha 值为 0.0，不透明表面的 alpha 值为 1.0。

设定调和值后可以使用 OpenGL 的颜色调和功能来处理表面，次序为从观察位置最远的对象开始到最近的对象结束，然后使用表面颜色的 alpha 值，进行混合操作。混合操作是指将输入对象（源）的颜色值与当前存储在帧缓存中的像素（目标）颜色值合并的过程，在 OpenGL 中实现混合需要进行以下三步操作。

（1）开启混合操作。使用函数 glEnable(GL_BLEND)开启混合操作。

（2）指定计算源因子和目标因子的计算方式。在 OpenGL 中，通过函数

```
void glBlendFunc(GLenum srcfactor, GLenum destfactor);
```

分别对源混合因子和目标混合因子进行设置。其中，参数 srcfactor 指定如何计算源混合因子，参数 destfactor 指定如何计算目标混合因子，它们的取值如表 10-4 所示。

常量颜色可以使用函数 glBlendColor()指定。

（3）进行混合计算。假定计算出的源和目标混合因子分别为(S_r, S_g, S_b, S_a)和(D_r, D_g, D_b, D_a)，并且分别使用下标 s 和 d 区分表示源和目标的 RGBA 值，则混合后的 RGBA 值如下：

$$(R_sS_r + R_dD_r, \ G_sS_g+G_dD_g, \ B_sS_b +B_dD_b, \ A_sS_a +A_dD_a)$$

表 10-4　源混合因子和目标混合因子取值

常　量	RGB 混合因子	Alpha 混合因子
GL_ZERO	$(0, 0, 0)$	0
GL_ONE	$(1, 1, 1)$	1
GL_SRC_COLOR	(R_s, G_s, B_s)	A_s
GL_ONE_MINUS_SRC_COLOR	$(1, 1, 1) - (R_s, G_s, B_s)$	$1-A_s$
GL_DST_COLOR	(R_d, G_d, B_d)	A_d
GL_ONE_MINUS_DST_COLOR	$(1, 1, 1) - (R_d, G_d, B_d)$	$1-A_d$
GL_SRC_ALPHA	(A_s, A_s, A_s)	A_s
GL_ONE_MINUS_SRC_ALPHA	$(1, 1, 1) - (A_s, A_s, A_s)$	$1-A_s$
GL_DST_ALPHA	(A_d, A_d, A_d)	A_d
GL_ONE_MINUS_DST_ALPHA	$(1, 1, 1) - (A_d, A_d, A_d)$	$1-A_d$
GL_CONSTANT_COLOR	(R_c, G_c, B_c)	A_c
GL_ONE_MINUS_CONSTANT_COLOR	$(1, 1, 1) - (R_c, G_c, B_c)$	$1-A_c$
GL_CONSTANT_ALPHA	(A_c, A_c, A_c)	A_c
GL_ONE_MINUS_CONSTANT_ALPHA	$(1, 1, 1) - (A_c, A_c, A_c)$	$1-A_c$
GL_SRC_ALPHA_SATURATE	$(f, f, f); f=\min(A_s, 1-A_d)$	1

注：表中源颜色、目标颜色和常量颜色的 RGBA 值分别用下标 s，d，c 表示。减法表示将各分量分别相减。

最后，将计算出的各分量截取到[0,1]。

通过混合，可以实现透明表面与不透明表面或透明表面的融合。

10.7.5　OpenGL 表面绘制

OpenGL 提供常数强度表面绘制或 Gourand 表面绘制方法来显示表面，但不提供 Phong 表面绘制、光线跟踪或辐射度算法的程序，绘制方法使用函数 glShadeModel()定义，详细的内容参见 5.5.3 节。

10.7.6　实例

由于光照部分的内容比较多，这里只给出一个多光源的实例（程序 10-1），其中设置了两个光源，一个是漫反射的蓝色点光源，另一个是红色聚光光源，它们都照在一个球体上，产生亮斑，如图 10-27 所示。

图 10-27　程序 10-1 两个光源的球体绘制效果

```
#include <windows.h>
#include <gl/glut.h>
void Initial(void) {
    GLfloat mat_ambient[]= { 0.2f, 0.2f, 0.2f, 1.0f };
    GLfloat mat_diffuse[]= { 0.8f, 0.8f, 0.8f, 1.0f };
    GLfloat mat_specular[] = { 1.0f, 1.0f, 1.0f, 1.0f };
    GLfloat mat_shininess[] = { 50.0f };
    GLfloat light0_diffuse[]= { 0.0f, 0.0f, 1.0f, 1.0f};
    GLfloat light0_position[] = { 1.0f, 1.0f, 1.0f, 0.0f };
    GLfloat light1_ambient[]= { 0.2f, 0.2f, 0.2f, 1.0f };
    GLfloat light1_diffuse[]= { 1.0f, 0.0f, 0.0f, 1.0f };
    GLfloat light1_specular[] = { 1.0f, 0.6f, 0.6f, 1.0f };
    GLfloat light1_position[] = {-3.0f,-3.0f, 3.0f, 1.0f };
    GLfloat spot_direction[]={ 1.0f, 1.0f, -1.0f};
    // 定义材质属性
    glMaterialfv(GL_FRONT, GL_AMBIENT, mat_ambient);      // 指定材质的环境反射光反射系数
    glMaterialfv(GL_FRONT, GL_DIFFUSE, mat_diffuse);      // 指定材质的漫反射光反射系数
    glMaterialfv(GL_FRONT, GL_SPECULAR, mat_specular);    // 指定材质的镜面反射光反射系数
    glMaterialfv(GL_FRONT, GL_SHININESS,mat_shininess);   // 指定材质的镜面反射指数值
    // light0 为漫反射的蓝色点光源
    glLightfv(GL_LIGHT0, GL_DIFFUSE, light0_diffuse);     // 指定漫反射光成分
    glLightfv(GL_LIGHT0, GL_POSITION,light0_position);    // 设置光源的位置
    // light1 为红色聚光光源
    glLightfv(GL_LIGHT1, GL_AMBIENT, light1_ambient);     // 指定环境光成分
    glLightfv(GL_LIGHT1, GL_DIFFUSE, light1_diffuse);     // 指定漫反射光成分
    glLightfv(GL_LIGHT1, GL_SPECULAR,light1_specular);    // 指定镜面光成分
    glLightfv(GL_LIGHT1, GL_POSITION,light1_position);    // 指定光源的位置
    glLightf (GL_LIGHT1, GL_SPOT_CUTOFF, 30.0);           // 指定聚光截止角
    glLightfv(GL_LIGHT1, GL_SPOT_DIRECTION,spot_direction);    // 指定聚光灯的方向
    glEnable(GL_LIGHTING);                                // 启用光源
    glEnable(GL_LIGHT0);                                  // 启用光源
    glEnable(GL_LIGHT1);                                  // 启用光源
    glEnable(GL_DEPTH_TEST);
    glClearColor(1.0f, 1.0f, 1.0f, 1.0f);
}
void ChangeSize(GLsizei w, GLsizei h) {
    if(h == 0)
        h = 1;
    glViewport(0, 0, w, h);
    glMatrixMode(GL_PROJECTION);
    glLoadIdentity();
    if (w <= h)
        glOrtho (-5.5f, 5.5f, -5.5f*h/w, 5.5f*h/w, -10.0f, 10.0f);
    else
        glOrtho (-5.5f*w/h, 5.5f*w/h, -5.5f, 5.5f, -10.0f, 10.0f);
    glMatrixMode(GL_MODELVIEW);
```

```
    glLoadIdentity();
  }
void Display(void) {
    glClear(GL_COLOR_BUFFER_BIT | GL_DEPTH_BUFFER_BIT);
    glPushMatrix();
    glTranslated (-3.0f, -3.0f, 3.0f);
    glPopMatrix ();
    glutSolidSphere(2.0f, 50, 50);
    glFlush();
  }
void main(void) {
    glutInitDisplayMode(GLUT_SINGLE | GLUT_RGB);
    glutCreateWindow("多光源球");
    glutDisplayFunc(Display);
    glutReshapeFunc(ChangeSize);
    Initial();
    glutMainLoop();
}
```

10.8 OpenGL 中的纹理映射

OpenGL 支持一维、二维和三维的颜色纹理映射。实现纹理映射主要包含指定纹理和纹理坐标这两个步骤。物体表面上的任意一点都对应一个纹理属性值。在 OpenGL 中提供了大量的函数用于纹理映射，这里仅对纹理映射的一般过程给出简要介绍，详细的内容可以参见《OpenGL 编程指南》一书。

在 OpenGL 中可以使用下面三个函数分别指定一维、二维和三维的纹理。

```
    void glTexImage1D(GLenum target, GLint level, GLint components, GLsizei width,
            GLint border, GLenum format, GLenum type, const GLvoid *texels);
    void glTexImage2D(GLenum target, GLint level, GLint components, GLsizei width,
            GLsizei height, GLint border, GLenum format, GLenum type,
            const GLvoid *texels);
    void glTexImage3D(GLenum target, GLint level, GLint components, GLsizei width,
            GLsizei height, GLsizei depth, GLint border, GLenum format,
            GLenum type, const GLvoid *texels);
```

参数 target 取值一般为 GL_TEXTURE_1D、GL_TEXTURE_2D 和 GL_TEXTURE_3D，分别与一维、二维和三维的纹理相对应。参数 level 表示纹理多分辨率层数，通常取值为 0，表示只有一种分辨率。参数 components 的可能取值为 1~4 的整数以及多种符号常量，表示纹理元素中存储的哪些分量（RGBA 颜色、深度等）在纹理映射中被使用，1 表示使用 R 颜色分量，2 表示使用 R 和 A 颜色分量，3 表示使用 R、G、B 颜色分量，4 表示使用 RGBA 颜色分量。参数 width、height、depth 分别指定纹理的宽度、高度、深度，其中一维纹理只有宽度，二维纹理只有宽度和高度。参数 border 指定边框的大小，其取值为 0（没有边框）或 1。OpenGL 要求纹理的宽度、高度和深度值必须为 2^m+2b，m 是一个非负的整数，b 为参数 border 的值。参数 format 和 type 表示给出的图像数据的数据格式和数据类型，取值都是符号常量。参数 texels 指向内存中指定的纹理图像数据，这意味着 OpenGL 将按照 type 指定的格式读取 texels 中的数据，按照 format 指定的格式去理解数据，并将这些数据转化为 RGBA 形式。

在定义了纹理后，需要启用纹理的函数：

```
glEnable(GL_TEXTURE_1D);
glEnable(GL_TEXTURE_2D);
glEnable(GL_TEXTURE_3D);
```

在启用纹理后，需要建立物体表面上点与纹理空间的对应关系，一种方式是在绘制基本图元时，在 glVertex()函数调用之前调用 glTexCoord()函数，明确指定当前顶点所对应的纹理坐标。例如：

```
glBegin(GL_TRIANGLES);
glTexCoord2f(0.0, 0.0);  glVertex2f(0.0, 0.0);
glTexCoord2f(1.0, 1.0);  glVertex2f(15.0, 15.0);
glTexCoord2f(1.0, 0.0);  glVertex2f(30.0, 0.0);
glEnd();
```

其图元内部点的纹理坐标利用顶点处的纹理坐标采用线性插值的方法计算出来。另一种方式是通过函数：

```
void glTexGen{ifd} (GLenum coord, GLenum pname, TYPE param);
void glTexGen{ifd}v (GLenum coord, GLenum pname, TYPE *param);
```

让 OpenGL 自动生成纹理坐标。其中，参数 coord 必须为 GL_S、GL_T、GL_R、GL_Q，指出要生成 s、t、r 还是 q 纹理坐标；参数 pname 取值为 GL_TEXTURE_GEN_MODE、GL_OBJECT_PLANE、GL_EYE_PLANE，指出使用哪个函数生成纹理坐标；参数 param 指定设置的值。在指定了自动纹理映射函数后，需要明确启用自动纹理生成，如用函数

```
glEnable(GL_TEXTURE_GEN_S);
```

启用纹理 s 坐标的自动生成。以此类推，可以启用其他坐标的自动生成。

在 OpenGL 中，纹理坐标的范围被指定为[0, 1]，而在使用映射函数进行纹理坐标计算时，有可能得到不在[0, 1]之间的坐标。此时 OpenGL 有两种处理方式：截断或者重复，它们被称为环绕模式。在截断模式（GL_CLAMP）中，将大于 1.0 的纹理坐标设置为 1.0，将小于 0.0 的纹理坐标设置为 0.0。在实际应用中，如果希望只有一个纹理图像复制出现在大的物体表面上，截断模式十分有效。在重复模式（GL_REPEAT）中，如果纹理坐标不在[0, 1]之间，则将纹理坐标值的整数部分舍弃，只使用小数部分，这样使纹理图像在物体表面重复出现。例如，使用下面的函数：

```
glTexParameterf(GL_TEXTURE_2D, GL_TEXTURE_WRAP_S, GL_CLAMP);
glTexParameterf(GL_TEXTURE_2D, GL_TEXTURE_WRAP_S, GL_REPEAT);
```

分别指定二维纹理中 s 坐标采取截断或重复处理方式。

还有一个问题需要解决。以二维纹理为例，纹理图像是一个矩形，被映射到多边形或物体表面并被转换成屏幕坐标后，纹理元素与屏幕像素不太可能一一对应。因此，在变换和纹理映射后，屏幕上的一个像素可能对应纹理元素的一小部分（放大），也可能对应大量的纹理元素（缩小）。在 OpenGL 中，允许指定多种方式来决定如何完成像素与纹理元素对应的计算方法（滤波）。比如，下面的函数可以指定放大和缩小的滤波方法：

```
glTexParameteri(GL_TEXTURE_2D, GL_TEXTURE_MAG_FILTER, GL_NEAREST);
glTexParameteri(GL_TEXTURE_2D, GL_TEXTURE_MIN_FILTER, GL_NEAREST);
```

其中，glTexParameteri()函数的第一个参数指定使用的是一维、二维或三维纹理；第二个参数为 GL_TEXTURE_MAG_FILTER 或 GL_TEXTURE_MIN_FILTER，指出要指定缩小还是放大滤波算法；最后一个参数指定滤波的方法。

常用的放大和缩小滤波方法主要有 GL_NEAREST 和 GL_LINEAR 两种。如果滤波方法为 GL_NEAREST，则使用点采样的方式，将使用坐标离像素中心最近的纹理元素，这可能导致锯齿现象；如果滤波方法为 GL_LINEAR，将使用离像素中心最近的 2×2 纹理元素阵列（一维纹理为两个纹理元素，三维纹理为 2×2×2 纹理元素阵列）的加权线性平均值。GL_NEAREST 的计算量小于 GL_LINEAR，执行速度更快，但 GL_LINEAR 的质量更高。

程序 10-2 将一个 32×32 的图像映射到一个四边形面上，每个纹理颜色使用 RGBA 分量指定，并且该图像没有边界。

【程序 10-2】 一个四边形的纹理映射示例。

```
static GLubyte TexImage[32][32][4];
// 指定纹理 s 和 t 坐标的环绕模式为重复模式，纹理过滤的方法为 GL_NEAREST
glTexParameteri(GL_TEXTURE_2D,GL_TEXTURE_WRAP_S, GL_REPEAT);
glTexParameteri(GL_TEXTURE_2D,GL_TEXTURE_WRAP_T, GL_REPEAT);
glTexParameteri(GL_TEXTURE_2D,GL_TEXTURE_MAG_FILTER, GL_NEAREST);
glTexParameteri(GL_TEXTURE_2D,GL_TEXTURE_MIN_FILTER, GL_NEAREST);
// 指定二维纹理
glTexImage2D(GL_TEXTURE_2D, 0, GL_RGBA, 32, 32, 0, GL_RGBA, GL_UNSIGNED_BYTE, TexImage);
glEnable(GL_TEXTURE_2D);                    // 启用二维纹理
glBegin(GL_QUADS);                          // 绘制具有二维纹理的四边形
glTexCoord2d(0.0,0.0);    glVertex3f(0.0, 0.0, 0.0);
glTexCoord2d(0.0,1.0);    glVertex3f(0.0, 2.0, 0.0);
glTexCoord2d(1.0,1.0);    glVertex3f(2.0, 2.0, 0.0);
glTexCoord2d(1.0,0.0);    glVertex3f(2.0, 0.0, 0.0);
glEnd( );
glDisable(GL_TEXTURE_2D);
```

习 题 10

10.1 试说明多边形区域排序算法的算法思想。

10.2 在计算机中实现真实感图形绘制必须包含哪些步骤，各步骤解决什么样的问题？

10.3 光照模型中考虑的因素有哪些，忽略的因素有哪些，分析这些因素会造成什么样的绘制效果。编制程序验证你的结论，并说明能否有改进方法。

10.4 试查阅参考文献，说明计算机图形处理中采用的颜色模型有哪些？

10.5 在简单光照模型的实现程序中加入光强衰减和颜色模型，说明会出现哪些变化。

10.6 编制程序，分别利用 Gouraud 和 Phong 明暗处理模型实现一个简单多面体（如四面体）的绘制，并比较两种方法的优劣。

10.7 试说明透明处理和阴影处理的基本原理。

10.8 试在 10.6 题编制的程序中加入透明处理和阴影处理，使绘制效果更逼真。

10.9 编制 OpenGL 程序，显示包含一个球面和正四面体，使用具有衰减的聚光灯进行光照，球面和正四面体具有不同的材质。分别调整球面和正四面体的材质属性，以及聚光灯的衰减系数（包括沿光线路径和聚光灯光锥体内的衰减），观察显示结果。

10.10 编制 OpenGL 程序，显示一个圆环，点光源设在圆环的中心位置，通过键盘操作实现光源的移动，观察光源移动时圆环的显示效果。

10.11 编制 OpenGL，实现通过一块半透明（Alpha 值为 0.5）的蓝色玻璃观察一个红色茶壶表面的效果。

10.12 纹理处理有哪几种方式，各有什么特点？

10.13 编制程序实现颜色纹理的映射处理。

10.14 整体光照模型较简单光照模型增加考虑了哪些因素？为什么？

10.15 试说明光线跟踪算法的主要原理和算法步骤。

10.16 编制 OpenGL 程序，绘制一段七色彩虹（使用一维纹理）。

10.17 编制 OpenGL 程序，绘制一个球面，其表面具有黑白相间的矩形纹理，并使用点光源照射。

参 考 文 献

[1] Donald Heran，M.Pauline Baker．Computer Graphics(C Version)．Prentice Hall，1997．

[2] 唐泽圣，周嘉玉，李新友．计算机图形学基础．北京：清华大学出版社，1995．

[3] Donald Heran，M.Pauline Baker．计算机图形学（第三版）．蔡士杰等译．北京：电子工业出版社，2005．

[4] 倪明田，吴良芝．计算机图形学．北京：北京大学出版社，1999．

[5] 孙家广等．计算机图形学（第三版）．北京：清华大学出版社，1998．

[6] 唐荣锡，汪嘉业，彭群生等．计算机图形学教程（修订版）．北京：科学出版社，2000．

[7] 孙家广，许隆文．计算机图形学．北京：清华大学出版社，1996．

[8] 金廷赞．计算机图形学．杭州：浙江大学出版社，1988．

[9] Edward Angel．交互式计算机图形学——自顶向下方法与 OpenGL 应用（第三版 影印版）．北京：高等教育出版社，2003．

[10] Dave Shreiner，Mason Woo，Jackie Neider，Tom Davis．OpenGL 编程指南（第四版）．邓郑祥译．北京：人民邮电出版社，2005．

[11] Richard S. Wright，Jr. Michael Sweet． OpenGL 超级宝典（第二版）．潇湘工作室译．北京：人民邮电出版社，2001．

[12] 杨钦，徐永安，翟红英．计算机图形学．北京：清华大学出版社，2005．

[13] Tomas Akenine-Möller，Eric Haines．实时计算机图形学（第二版）．普建涛译．北京：北京大学出版社，2004．

[14] David F.Rogers．计算机图形学的算法基础．石教英，彭群生译．北京：机械工业出版社，2002．

[15] 唐泽圣等．三维数据场可视化．北京：清华大学出版社，1999．

[16] 朱心雄．自由曲线/曲面造型技术．北京：科学出版社，2000．

[17] 施法中．计算机辅助几何设计与非均匀有理 B 样条（CAGD&NURBS）．北京：北京航空航天大学出版社，1994．

[18] 彭群生，鲍虎军，金效刚．计算机真实感图形的算法基础．北京：科学出版社，1999．

[19] 苏步青，刘鼎元．计算几何．上海：上海科学技术出版社，1980．

[20] 章毓晋．图像处理和分析．北京：清华大学出版社，1999．

[21] 刘乐善，欧阳星明，刘学清．微型计算机接口技术及其应用．武汉：华中理工大学出版社，2000．

[22] 陈传波，陆枫．计算机图形学基础．武汉：华中科技大学讲义，2000．

[23] 周功业，张威，陆枫．计算机显示技术与图形学．武汉：华中理工大学讲义，1996．

[24] 荆人杰等．计算机图像处理．杭州：浙江大学出版社，1980．

[25] 汪成为，高文，王行仁．灵境（虚拟现实）技术理论、实现及应用．北京：清华大学出版社，1996．

[26] Jams D.Foley，Andries van Dam，Steven K.Feiner，John F.Hughes．Computer Graphics，Principles and Practice．Addision-wesley Publishing Company，1990

[27] 唐荣锡，汪嘉业，彭群生等，计算机图形学教程．北京：科学出版社，1990．

[28] 刘乃琦，顾书吉，徐朝寅．计算机图形技术基础．成都：电子科技大学出版社，1994．

[29] 李建平．计算机图形学原理教程．成都：电子科技大学出版社，1998．

[30] 王洵．计算机图形学基础．北京：科学出版社，2000．

[31] 孙立镌．计算机图形学．哈尔滨：哈尔滨工业大学出版社，2000．

[32] 陈元琰，张晓竞．计算机图形学实用技术．北京：科学出版社，2000．